软件工程技术丛书

# 嵌入式软件自动化测试

黄松 洪宇 郑长友 朱卫星 编著

Automatic Testing of Embedded Software

机械工业出版社
China Machine Press

图书在版编目（CIP）数据

嵌入式软件自动化测试 / 黄松等编著 . -- 北京：机械工业出版社，2022.8
（软件工程技术丛书）
ISBN 978-7-111-71128-5

I. ①嵌…　II. ①黄…　III. ①软件 – 测试 – 高等学校 – 教材　IV. ① TP311.5

中国版本图书馆 CIP 数据核字（2022）第 114964 号

本书共 8 章。第 1 ~ 3 章介绍了软件测试的基本概念、原理和分类等基础理论，嵌入式系统和软件的组成与特点，以及嵌入式软件测试的特点、策略、方法和原则；第 4 章介绍了常用嵌入式软件测试方法；第 5 章介绍了测试需求分析、测试设计与实现、测试报告的撰写等主要内容；第 6 章阐述了嵌入式软件测试自动化的需求、理论原理、技术分类和应用原则；第 7 章介绍了现有可应用于嵌入式软件测试的自动化工具的功能与特点；第 8 章通过全国大学生软件测试大赛嵌入式专项真题，讲解了如何应用前面所学知识系统地组织、计划与实施嵌入式软件测试。附录给出了测试过程中技术文档的模板。

本书可以作为高等院校软件测试课程的教材，也可供刚进入软件测试行业的从业人员参考使用。

# 嵌入式软件自动化测试

出版发行：机械工业出版社（北京市西城区百万庄大街 22 号　邮政编码：100037）

| | |
|---|---|
| 责任编辑：姚　蕾 | 责任校对：付方敏 |
| 印　　刷：北京捷迅佳彩印刷有限公司 | 版　　次：2022 年 10 月第 1 版第 1 次印刷 |
| 开　　本：186mm × 240mm　1/16 | 印　　张：20.25 |
| 书　　号：ISBN 978-7-111-71128-5 | 定　　价：69.00 元 |

客服电话：（010）88361066　68326294

# 前　言

随着计算科学、控制科学、人工智能等信息技术的迅猛发展，嵌入式软件在武器系统、航空航天、工业控制、医疗电子、汽车电子、智能家电以及穿戴设备等领域已经无处不在，为人们的工作、生活、学习带来了极大的便利。与此同时，由于嵌入式软件处于整个系统的核心控制地位，因此其失效带来的损失往往是巨大的，一些安全关键领域中的软件失效甚至会危及人类生命和国家安全，即使是非安全性系统，大批量的生产也会导致严重的经济损失。这就要求对嵌入式系统，包括嵌入式软件进行严格的测试、确认和验证。

嵌入式软件测试相对于主机环境下的软件测试有其独有的特点，两者最大的不同在于硬件/软件集成测试阶段是嵌入式软件所特有的，目的是验证嵌入式软件与其所控制的硬件设备能否正确地交互。

受限于硬件的依赖性和测试环境的复杂性，目前高等教育人才培养方案中对于嵌入式软件测试的教学内容涉及较少，计算机和软件学院开设的软件测试课程几乎不涉及嵌入式软件的内容，也很少开设嵌入式系统课程，造成学生缺乏嵌入式系统的知识背景。电子学院和自动化学院开设的嵌入式系统类的课程一般只包括嵌入式软件开发的教学内容，很少涉及软件测试的理论和方法。而上述学院的毕业生是目前嵌入式软件测试人才的主要来源。嵌入式软件测试教材的欠缺是造成目前软件测试教学与人才能力需求有差距的主要原因，不利于嵌入式软件测试专门人才的培养，这种现状不仅存在于普通本科院校，也存在于高职院校，造成社会对于嵌入式软件测试的研究型人才和工程技术人才的需求缺口巨大。

同时，现有的软件测试领域尤其是嵌入式软件测试领域的教材普遍存在“过虚”或“过实”的问题。“过虚”教材通常只涉及软件部分的理论知识，缺少软件测试的实际案例，没有较为成熟的实验环境，即使有案例，也只停留在书本上，很难为学生提供上手实践的条件；“过实”的教材则大部分为面向某专用测试工具的“功能说明书”或者“操作手册”，使得初学者不知其所以然。真正能做到系统化“虚实结合”（即理论联系实际）的教材为数不多。

本书以“全面提高人才培养能力”的要求为目标，以嵌入式软件测试专业人员应该具备的基本能力为主线，以能够胜任一流本科专业建设的“规范”与“标杆”的高质量现代化教材为努力方向，在内容上兼顾软件测试知识体系的完整性和通用性，以及嵌入式软件测试的特殊性。

- 第 1 ~ 3 章介绍了软件测试的基本概念、原理和分类等基础理论，嵌入式系统和软件的组成与特点，以及嵌入式软件测试的特点、策略、方法和原则。
- 第 4 章介绍了常用的等价类划分测试、边界值测试、因果图测试、决策表测试、逻辑覆盖测试、组合测试以及蜕变测试等黑盒和白盒测试方法，每种方法都配有具体实例。
- 第 5 章以军工领域目前遵循的实际工程实践为依据，介绍了测试需求分析、测试设计与实现、测试报告撰写等主要内容，以帮助学生掌握如何开展实际项目的测试。
- 第 6 章从为什么需要自动化测试开始，阐述了嵌入式软件测试自动化的需求、理论原理、技术分类、应用原则等。
- 第 7 章分类介绍了现有可应用于嵌入式软件测试的自动化工具（超过 20 种测试工具）的功能与特点。
- 第 8 章通过全国大学生软件测试大赛嵌入式专项真题，讲解如何应用前面所学知识系统地组织、计划与实施嵌入式软件测试。
- 附录给出了测试过程中技术文档的模板。

本书附配套 PPT、授课视频、相关教学案例以及习题答案（见华章官网 hzbook.com）。实践部分配套提供全国大学生软件测试大赛嵌入式专项所使用的教学实践平台 ETest 教学版（http://www.kiyun.com/index.php?s=/show/fangzhen/cid/2/id/145.html），以实现和大赛相同的实验环境。

为了探索嵌入式人才能力培养的规律和推动国内高等教育软件测试实践教学的发展，本书作者联合南京大学的陈振宇老师、同济大学的朱少民老师、金陵科技学院的张燕老师以及南京邮电大学的王子元老师等在 2016 年开创了全国大学生软件测试大赛，吸引了国内各层次高校的博士生、硕士生、本科生、高职学生的广泛参与。大赛中设立了嵌入式软件测试专项，经过 5 届大赛的探索和总结，我们对嵌入式软件测试的教学规律和教学实验环境有了更深的认识和理解。除此之外，我们还听取和采纳了国内从事软件测试教学的老师、大赛合作企业的专家的建议和需求，对教学内容和框架进行了反复思考和取舍。在此对提出建议和意见的大赛发起者和各学校带队老师表示感谢。

本书不仅能满足嵌入式软件测试相关课程的日常教学需要，而且在内容上兼顾了嵌入式软件测试竞赛指导需求，在实验环境上兼顾了带有硬件实验箱和纯模拟环境条件下实践教学与竞赛环节的开展。准备参加全国软件测试大赛的老师和学生可以把本书作为参赛指导书。

本书可以作为本科院校软件测试课程的教材。如果高职院校选用本教材，可以对理论和方法部分进行必要的取舍，如可跳过蜕变测试、自动化测试理论等内容。此外，本书兼顾理论和实践的教学内容，对于刚进入软件测试行业的从业人员来说，也可以增强他们的嵌入式软件测试能力，提升专业技能。

感谢研究生孙金磊、吴开舜、姚永明、陈明宇、骆润、杨森、阳真、王廷永、罗浩榕、万进勇等同学的辛苦付出，感谢大家在资料准备、大赛数据分析以及勘误方面做的大量工作。即使有这么多幕后英雄，本书仍不可避免地会存在错误和不足，欢迎读者不吝指教，我们将在后续版本中继续完善。

# 目　录

第 1 章
Chapter 1

# 软件测试概述

在软件产品的开发中，不管采用的技术多么先进、过程多么完善、语言多么成熟、方法多么完备，都只能减少错误的引入，不可能完全杜绝错误的产生。软件的这些错误需要通过测试发现，同时错误密度也需要通过测试进行评估和分析。

软件生命周期的各个阶段均存在软件测试活动，每个阶段性成果都需要通过软件测试来衡量是否符合预先定义的目标与具体的质量要求，以尽早对软件质量做出判定并及时发现与修正问题。可以说，软件测试是保证软件质量的关键。

## 1.1 软件测试的定义及发展

软件测试是对软件产品和阶段性工作成果进行质量检验，力求发现其中的各种缺陷，并督促缺陷得到修正，从而控制软件产品的质量。这里面涉及两个基本概念，即“软件缺陷”和“软件质量”，具体定义将在 1.2 及 1.3 节中给出。

软件测试定义的发展是在正反两方面的争辩中形成的。1973 年，软件测试领域的先驱 Bill Hetzel 博士给出了软件测试的第一个定义：“软件测试就是为程序能够按预期设想运行而建立足够的信心”。1983 年，Bill Hetzel 博士对该定义进行了修订，即：“软件测试就是一系列活动，这些活动是为了评估一个程序或软件系统的特性或能力，并确定其是否达到了预期效果”。

这个阶段对软件测试的认识体现了正向思维方式：软件测试以人们的“设想”或“预期的结果”为依据，用于验证软件产品是否正确工作以及是否符合事先定义的要求。这里的“设想”或“预期的结果”是指需求定义、软件设计的结果。

Bill Hetzel 的软件测试定义是“正向”的，它强调测试以需求和设计为出发点，在需求和设计所描述的环境下充分地验证软件的所有功能。这种“正向”的测试定义有利于规范化与标准化测试活动，有利于指导测试工作的重点。Bill Hetzel 的软件测试定义也得到了国际标准组织的认可，例如，1983年，电气与电子工程师协会（Institute of Electrical and Electronics Engineers，IEEE）在IEEE Standard 729中对软件测试下了一个标准的定义：使用人工或自动的手段来运行或测量软件系统的过程，目的是检验软件系统是否满足规定的要求，并找出与预期结果之间的差异；软件测试是一门需要经过设计、开发和维护等完整阶段的软件工程。这里明确地提出了软件测试是以检验软件产品是否满足需求为目标。

同一时期，Glenford J. Myers则认为，软件测试不应该专注于验证软件是工作的，相反，应该用逆向思维去发现尽可能多的错误。他认为，从心理学的角度看，如果将“验证软件是工作的”作为测试的目的，非常不利于测试人员发现软件的错误。他认为应该将验证软件是不工作的作为重点，假定软件总是有错误的，测试就是为了发现缺陷，而不是证明程序无错误。如果发现了问题则说明程序有错，但如果没有发现问题，也并不能说明问题就不存在，而是至今未发现软件中所潜在的问题。1979年，Glenford J. Myers在其经典著作《软件测试的艺术》(*The Art of Software Testing*）中给出了软件测试的定义：“测试是为了发现错误而执行一个程序或者系统的过程”。

Glenford J. Myers的软件测试定义受到了业界的普遍认同，但是如果只强调测试的目的是寻找错误，就可能使测试人员忽视软件产品的某些基本需求或客户的实际需求，测试活动可能会存在一定的随意性和盲目性，也容易使开发人员产生错误的印象，认为测试人员的工作就是挑毛病。同时，Glenford J. Myers的软件测试定义强调测试是执行一个程序或者系统的过程，也就是说，测试活动是在程序代码完成之后进行的，而不是贯穿于整个软件开发过程的活动，即软件测试不包括软件需求评审、软件设计评审和软件代码静态检查等一系列活动，从而使软件测试的定义停留在“动态测试”(dynamic testing）层面，即需要运行软件才能完成测试。如果在此时发现功能设计不合理或性能不好，就需要修改需求或修改设计，从而不得不返工到需求定义或系统设计阶段，会付出很大的返工代价，并很有可能导致项目进度延期。所以，有必要将软件测试延伸到需求、设计阶段，即对软件半成品（阶段性成果）——需求定义文档、设计技术文档进行验证，从而将动态测试延伸到静态测试（static testing)，尽早地发现问题，把问题消灭在萌芽之中，将每个阶段产生的缺陷及时清除，以极大地提高产品的质量，有效地降低企业的成本。静态测试就是不需要运行软件系统，而对软件的半成品（如需求文档、设计文档、代码）进行评审，即开展需求评审、设计评审、代码评审等活动。静态测试还只是对产品进行评审，不包括流程评审、管理评审，以区别于“质量保证”(Quality Assurance，QA)。

软件测试从“动态测试”延伸到“静态测试”，是从狭义的软件测试发展到广义的软件测试，也使“软件测试”不再停留在编程之后的某个阶段上，而是贯穿于整个软件开发生命周期（Software Development Life Cycle，SDLC）的质量保证活动。有了广义软件测试的概念，在敏捷开发（agile development）中，软件测试就能被解释为对软件产品质量的持续评估。在敏捷方法中，不仅提倡持续集成，而且提倡持续测试。

2014 年，在 SWEBOK 3.0 发布的软件工程知识体系中，将软件测试定义为“从一个通常是无限的执行域（集合）中选择合适的、有限的测试用例，对程序所期望的行为进行动态验证的活动过程”。该定义强调测试是对程序行为的动态验证，而把静态验证（主要是评审活动）归为质量管理，这里的软件测试是一种狭义的软件测试。而广义的软件测试包含静态测试（静态验证）和动态测试（动态验证），而且测试中的静态验证也不仅局限于对需求（文档）、设计（文档）等过程文档的评审活动，还包括对代码和数据的评审、分析和测试。这里的评审不仅包含对产品的评审，而且包含对流程、管理和技术的评审。这里的动态测试和 SWEBOK 3.0 的概念是一致的，属于动态验证，带有一定“试验”的性质，不包括静态的评审。

因为没有办法证明软件是正确的，软件测试本身总是具有一定的风险性，所以软件测试被认为是对软件系统中潜在的各种风险进行评估的活动。从风险的观点看，软件测试就是对风险的不断评估，从而引导软件开发的工作，进而将最终发布的软件所存在的风险降到最低。基于风险的软件测试可以被看作一个动态的监控过程，对软件开发全过程进行检测，随时发现不健康的征兆，发现问题、报告问题，并重新评估新的风险，设置新的监控基准，不断地持续下去，包括回归测试。这时，软件测试可以被完全看作软件质量控制的过程。

测试的经济观点就是以最小的代价来获得最高的软件产品质量，这正是风险观点在软件开发成本上的体现，通过风险的控制来降低软件开发成本。经济观点也要求软件测试尽早开展工作，发现缺陷的时间越早，修复缺陷的工作量就越小，所造成的损失就越小。所以，从经济观点出发，测试不能在软件代码写完之后才开始，而是从项目启动的第一天起，测试人员就参与进去，尽快、尽早地发现更多的缺陷，并督促和帮助开发人员修正缺陷。软件测试的经济学观点可以从 Boehm 的著作《软件工程经济》（*Software Engineering Economics*，1981）中得到进一步的印证。

## 1.2 软件及软件缺陷的概念

### 1.2.1 软件

什么是软件？对软件的定义有各式各样的版本。

1）在 GB/T 11457—2006《信息技术 软件工程术语》中，软件的定义是：

① 与计算机系统的操作有关的计算机程序、规程、规则，以及可能有的文件及数据。

② 与计算机系统的操作有关的程序、规程、规则及任何与之有关的文件。

2）在 GJB 2786A—2009《军用软件开发通用要求》中，软件的定义是：能使计算机硬件完成计算和控制功能的有关计算机指令和计算机数据定义的组合。

3）在 IEEE 610.12—1990《软件工程术语集》中，软件的定义是：计算机程序以及可能的相关文档和有关计算机系统操作的数据。

虽然定义各式各样，但软件的内涵都与程序、数据和文档有关。究竟是 [ 程序 ]+[ 数据 ]=[ 软件 ]，还是 [ 程序 ]+[ 数据 ]+[ 文档 ]=[ 软件 ] 各有各的理由。我们权且认为：广义的软件是 [ 程序 ]+[ 数据 ]+[ 文档 ]，狭义的软件是 [ 程序 ]+[ 数据 ]。

### 1.2.2 软件缺陷

**软件缺陷**（defect）是指软件产品中出现的瑕疵或缺点，导致软件产品无法满足用户需求或者规格说明，需要修复或者替换。代码中的缺陷俗称 Bug，也可以是文档缺陷、配置参数的缺陷等。

在软件工程领域，还存在着与缺陷相关的几个术语，如错误（error)、故障（fault)、失效（failure）以及事故（accident）等，虽然在大多数场合可以忽略它们之间的差异，但对这些术语和概念的微小差异的辨析，有助于读者更好地理解软件测试，在阅读有关文献和标准时，能够更加准确地理解和把握作者想要表达的意思。下面对这几个术语进行辨析。

1）错误：产生不正确结果的人为动作（IEEE Std 1044—2009）。例如，我们计算 c=a/b 时，正确的代码先需要判断 b 是否为 0，但由于程序员的疏忽，在编码过程中没有对 b 进行“是否为 0”的判断，这种行为就是一种错误行为。

2）缺陷：工作产品中出现的瑕疵或缺点，导致软件产品无法满足用户需求或者规格说明，需要修复或者替换（IEEE Std 1044—2009）。缺陷是人的错误行为导致的后果。它发生在产品或服务不符合指定或预期的使用要求（ISO9000—2015）时。例如：在上述例子中，如果设计中没有考虑“b 是否为 0”的情况，那么这是一种设计缺陷；如果设计中考虑了“b 是否为 0”的情况，而在编程实现时疏忽了，那么这就是一种编程缺陷。

3）故障：软件运行时，缺陷被激活导致的不正确现象或者错误显示（IEEE Std 1044—2009）。存在于软件产品中的缺陷可能永远不会被激活表现为故障现象，只有当条件被满足时，故障才会发生，但软件缺陷依然存在于软件产品中，是一个隐患。例如，在上述例子中，只有当除数 b 为 0 的条件被满足时，才会发生“除 0”故障。

4）失效：产品运行时所需功能的终止或在规格说明中应当可以执行的功能却未能执行；产品在规格说明范围内却未能执行相应功能的事件（IEEE Std 1044—2009）。产品预期功能不执行或不正确执行（NASA-STD-8719.13A）。失效是缺陷被激活导致程序发生故障后引发的某种功能失效或者性能不达标。例如，在 c=a/b 这个例子中，b 为 0 时因为未进行除数为 0 的判断，缺陷被激活，进而导致某个函数利用 c=a/b 时报错，这样软件在规格说明范围中未能执行相应功能，此时软件的计算功能失效。

5）事故：意外事件或一系列事件导致的死亡、伤害、职业病、设备损坏、财产损失、环境的破坏损失（NASA-STD-8719.13A、IEEE Std 1228—1994）。例如，由于 c=a/b 中没有进行除数为 0 的判断导致电力管理软件的崩溃，进而引发电力设备故障，造成巨额经济损失，这就是一起事故。

如果测试人员在测试阶段无法发现软件的缺陷，那么错误就无从更正，缺陷存在于软件的最终版本中并被交付用户使用，如果这些缺陷被激活，则会引发故障，从而发生软件的失效，并可能给用户带来事故。

通过以上分析，软件缺陷相关术语的关系可以简单归纳为图 1-1 所表示的内容：人为的错误产生缺陷，缺陷被激活后引发故障，故障导致失效，失效可能导致事故的发生。

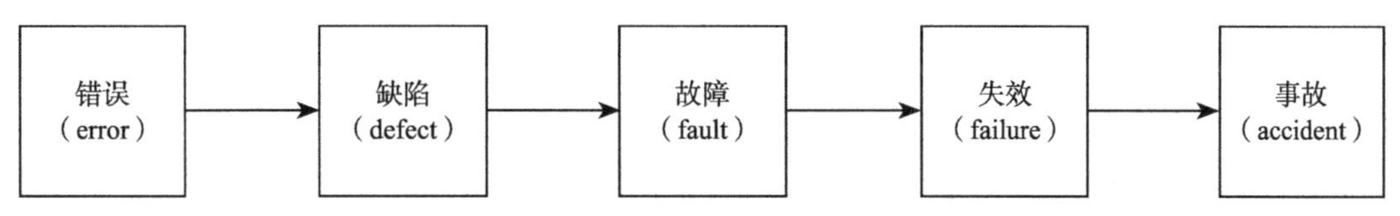


图 1-1　软件缺陷相关术语的关系

## 1.3　软件质量及软件质量模型

### 1.3.1　软件质量

在 ISO/IEC 25023:2016 标准中，质量是产品或服务所满足需求能力（包括明示的与隐含的）的固有特性和特征的集合。其中“固有特性”是指某事物中本来就有的技术特性；“明示的需求”一般是指在国家标准、行业规范、产品说明书或产品规格说明书中具体描述或客户明确提出的要求；“隐含的需求”一般不会在文档中给出明确规定，通常为组织根据产品自身的用途和特性做出的相应规定，它是由社会习俗约定、行为惯例所要求的一种潜规则，是不言而喻的。

在 ISO/IEC 25000 系列标准中，软件质量是系统满足其各利益相关者所明示和隐含的需求的程度。这些明示和隐含的需求在 ISO/IEC 25000 系列标准中通过质量模型来表示，这些模型将产品质量分为若干个特征，在某些情况下，这些特征进一步细分为若干个子特征，这种分层分解的方式为产品质量提供了可行的度量。系统可测量的质量相关特征称为质量特性，质量特性的测量称为质量度量。除非特征或次特征可以直接测量，否则为了得出质量特征或子特征的度量，必须确定一组共同涵盖特征或子特征的属性，获得每个属性的质量度量，并在计算上将它们以某种度量模型结合起来，以得出与质量特征或子特征相对应的派生质量度量。

## 1.3.2　两个软件质量模型

**1. ISO/IEC 9126 标准下的软件质量模型**

ISO/IEC 9126 标准描述了关于软件产品质量的两部分模型：内部质量和外部质量，使用质量。

（1）内部质量和外部质量

1）内部质量和外部质量的定义。

内部质量（internal quality）是指产品属性的总和，决定了产品在特定条件下使用时，满足明示和隐含需求的能力。内部质量是基于内部视角的软件产品特性的总体。内部质量针对内部质量需求而被测量和评价。

外部质量（external quality）是指产品在特定条件下使用时，满足明示和隐含需求的程度。外部质量是基于外部视角的软件产品特性的总体，即当软件执行时，通常是在模拟环境中用模拟数据测试时，使用外部度量所测量和评价的质量。在测试期间，大多数故障都应该可以被发现和消除。然而，在测试后仍会存在一些故障。这是因为难以纠正软件的体系结构或软件其他的基础设计方面的错误，所以基础设计在整个测试中通常保持不变。估计的（或预测的）外部质量是在了解内部质量的基础上，对每个开发阶段的最终软件产品的各个质量特性加以估计或预测的质量。

2）内部质量和外部质量的质量模型。

质量模型（quality model）是指一组特性及特性之间的关系，它提供规定质量需求和评价质量的基础。软件产品质量宜使用已定义的质量模型来评价。质量模型旨在为软件产品和中间产品设置质量目标时使用。软件产品质量应该按层次分解为一个由特性和子特性所组成的质量模型，该模型可作为与质量相关的问题清单来使用。

根据 ISO 9126 系列标准，内部质量是指在特定的使用条件下产品满足明示的和隐含的需求所明确具备能力的全部固有特性，体现了产品的内在质量，而外部质量是指在特定的使用条件下产品能够满足明示的和隐含的需求的程度，是产品质量的外部（实际）表现。从上述定义可知，外部质量和内部质量有着相同要求，前者是外部表现，后者是内在特性，所以外部质量和内部质量的模型（质量属性、度量指标）基本是一致的。外部和内部质量的质量模型将软件质量属性划分为六个特性（功能性、可靠性、易用性、效率、可维护性和可移植性），并进一步细分为若干子特性。这些子特性均可用内部或者外部度量来测量。外部和内部质量的质量模型如图 1-2 所示。

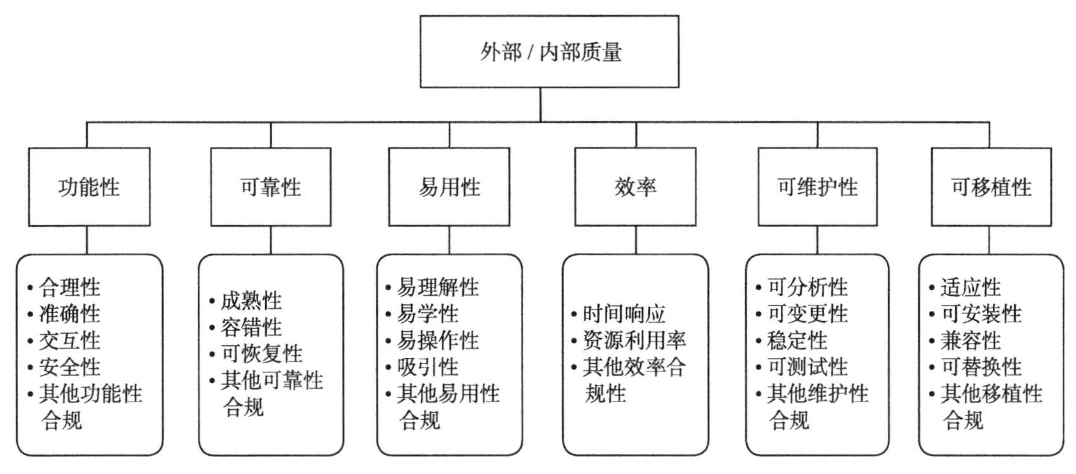


图 1-2　外部和内部质量的质量模型

为了帮助大家理解外部和内部质量，下面进行举例说明。

例如当下十分流行的短视频 App，如果不能准确地提供人脸动态识别、体感识别功能，那么就丧失了其功能性，如果不能在短短几十秒时间内抓住用户的碎片化时间，就缺乏了易用性。

再例如设计一个集合类时，应该确保集合基本的增、删、改功能操作正确。设计者可以在集合的删除操作中抛出“NotSupportedException”或断言错误以表明该集合是一个只增集合。但是，设计者不能通过忽略删除方法的实现来达到同样的目的。一个逻辑上不严整的设计往往会对将来使用该模块的开发人员造成误导，如果开发人员没有经过测试而直接使用该设计，最终将会在可维护性方面出现问题。

上述所提到的质量模型，均分为三个层次，分别对应质量特性、子特性和度量，目前被国内和国际标准采用，这对应到软件质量评价阶段就是：

- 高层：软件质量需求评价准则（Software Quality Requirement Code，SQRC）。软件质量需求评价准则推荐了最高级的六个质量特性，分别是：功能性、可靠性、易用性、效率、可维护性和可移植性。
- 中层：软件质量设计评价准则（Software Quality Design Code，SQDC）。软件质量设计评价准则推荐了：合理性、准确性、交互性、安全性、其他功能性合规；成熟性、容错性、可恢复性、其他可靠性合规；易理解性、易学性、易操作性、吸引性、其他易用性合规；时间响应、资源利用率、其他效率合规性；可分析性、可变更性、稳定性、可测试性、其他维护性合规；适应性、可安装性、兼容性、可替换性、其他移植性合规。

- 低层：软件质量度量评价准则（Software Quality Measurement Code，SQMC）。软件质量度量评价准则并未明确给出相关推荐度量，各实际使用单位可视实际情况而定。

三层准则的关系如图 1-3 所示。

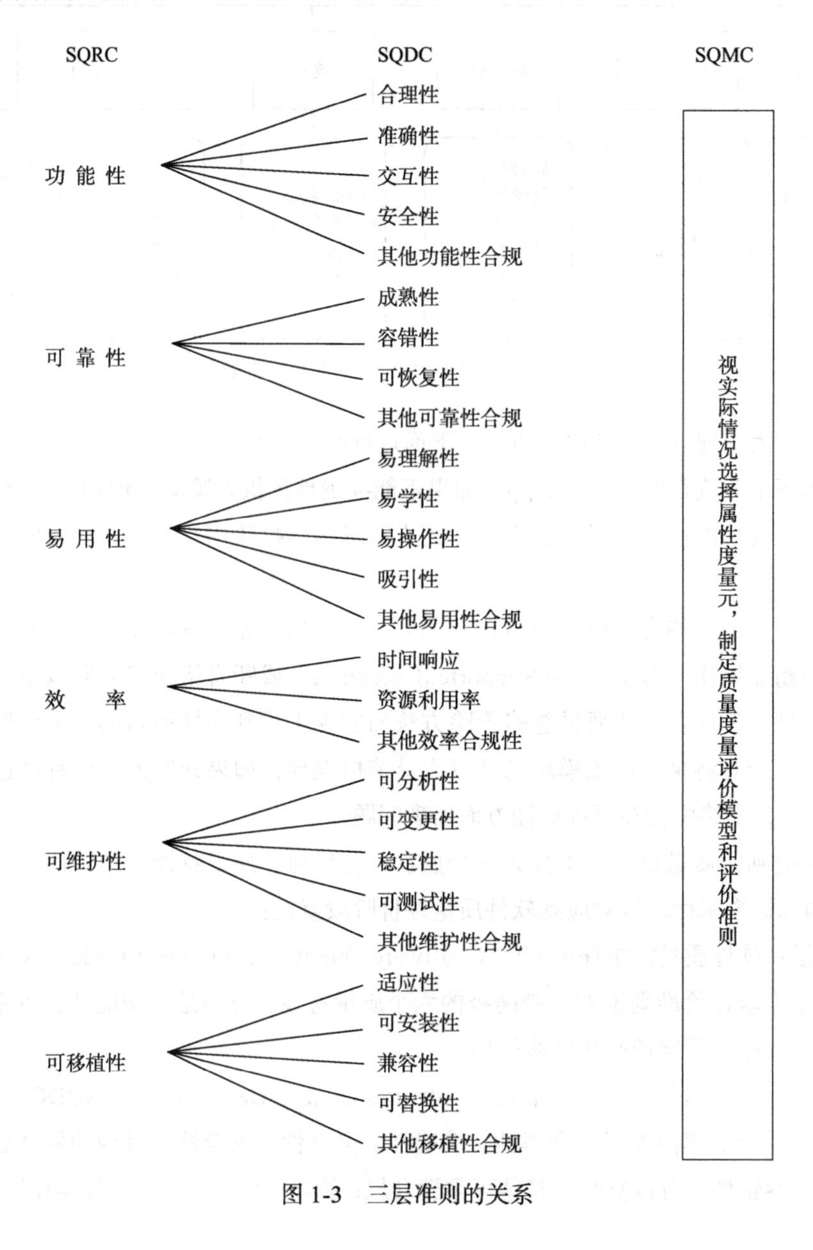


图 1-3 三层准则的关系

（2）使用质量

从 ISO/IEC 9126 标准看，软件测试还要关注使用质量。

1）使用质量的定义。

使用质量是软件产品使指定用户在特定的使用环境下达到满足有效性、生产率、安全性及满意度要求的特定目标的能力。（注："用户"指的是任何类型的预期用户，包括操作者和维护者，而他们的需求可能是不同的。）

2）使用质量的质量模型。

使用质量的质量模型如图 1-4 所示。使用质量的属性分类为五个特性：有效性、效率、满意度、远离风险和语境覆盖。在使用质量中，不仅包含基本的功能和非功能特性，如功能（有效、有用）、效率（性能）、安全性等，还要求用户在使用软件产品的过程中获得愉悦，对产品信任，产品也不应该给用户带来经济、健康和环境等风险，并能处理好业务的上下文关系，覆盖完整的业务领域。

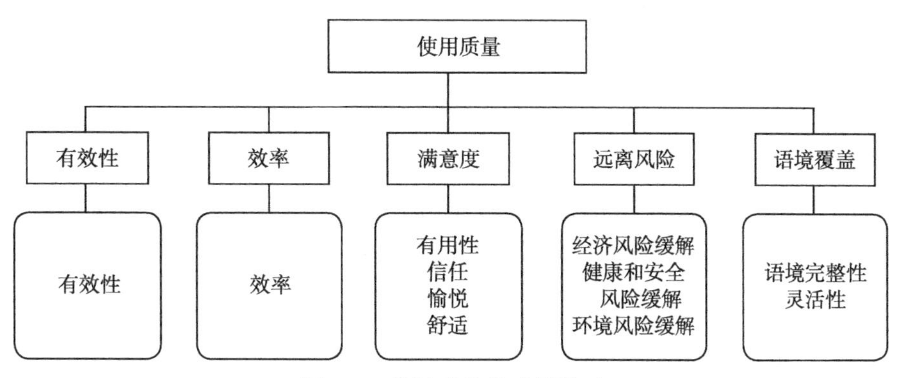


图 1-4　使用质量的质量模型

为了帮助大家理解使用质量，下面举例进行说明。例如某些手机软件的自动下载功能，在未判断用户手机连接的是 Wi-Fi 还是 3G/4G 网络的情况下，自动下载一些视频 / 音频，此时若用户没有连接 Wi-Fi，则会耗费大量流量，可能超出流量套餐额度，给用户带来不必要的经济损失。从功能上看，自动下载是一个不错的功能，但有很大的经济风险，在使用质量上有明显缺陷。再以健康风险为例，市面上有许多游戏产品，游戏越吸引人、越让用户爱不释手，说明产品越好，但同时，游戏需设置防玩家沉迷的功能或提示，尽量减少游戏软件对青少年健康的负面影响。

（3）内部质量、外部质量和使用质量的关系

软件的内部质量、外部质量和使用质量是从不同的视角在软件生命周期的不同阶段对于软件产品质量和相关度量的一种人为约定的描述，如图 1-5 所示。使用质量是基于用户

观点的质量。使用质量的获得依赖于取得必需的外部质量，而外部质量的获得则依赖于取得必需的内部质量。例如，在生命周期开始阶段作为质量需求而规定的质量大多数是从外部和用户的角度出发的，与设计质量这样的内部质量不同，后者大多是从内部和开发者的角度来看问题的。

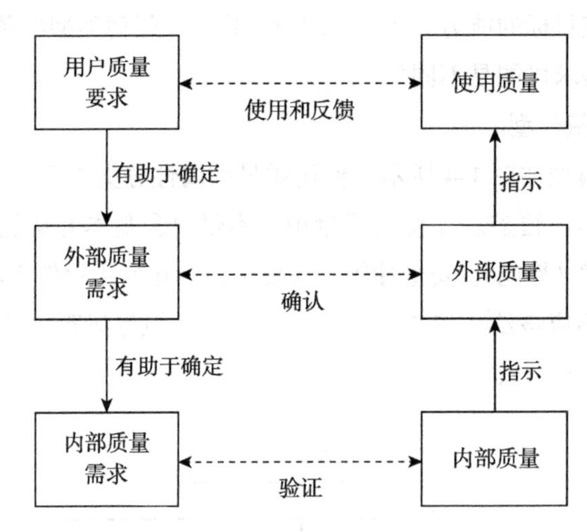


图 1-5　软件生命周期中的质量

内部质量影响外部质量、外部质量影响使用质量，而使用质量依赖外部质量、外部质量依赖内部质量，各部分之间存在如图 1-6 所示的关系。

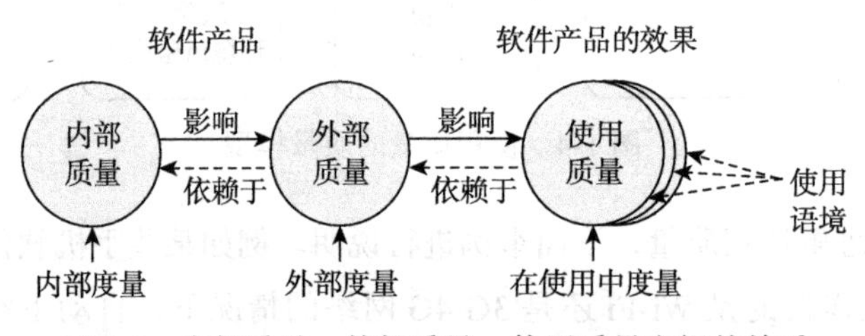


图 1-6　内部质量、外部质量、使用质量之间的关系

**2. ISO/IEC 25000 标准下的软件质量模型**

根据目前国际标准 ISO/IEC 25000，软件质量分为使用质量和产品质量（将 ISO 9126 系列标准中的内部质量、外部质量合并为产品质量，使用质量部分未发生改变）。

（1）产品质量的定义

ISO/IEC 25000 系列标准中将产品质量定义为在特定的使用条件下产品满足明示的和隐含的需求所明确具备能力的全部固有特性（内在特性），体现了产品满足要求的程度（外部表现），是产品的质量属性。

（2）产品质量模型

由与软件静态特性和计算机系统动态特性相关的八个特性（进一步细分为子特性）组成的产品质量模型，每个特性由一组相关的子特性组成。产品质量模型如图 1-7 所示。

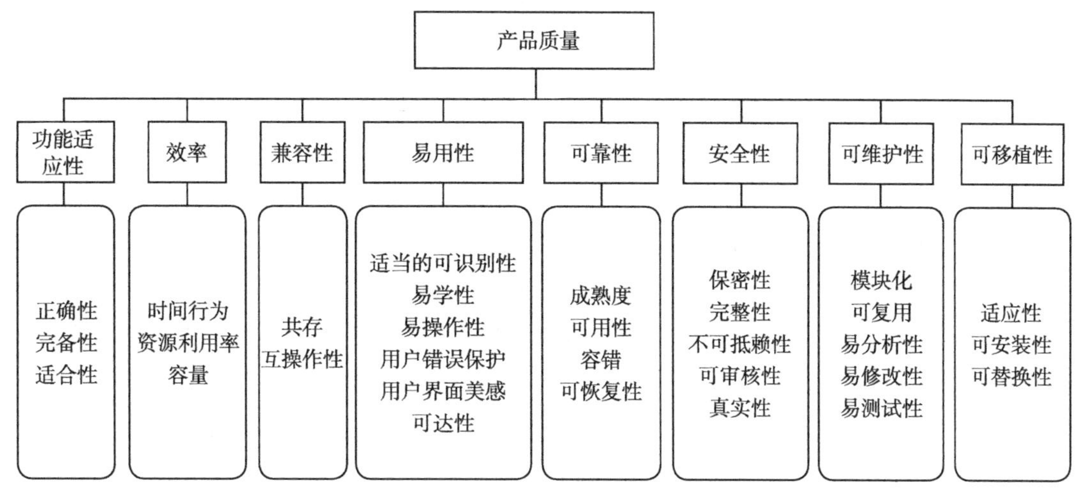


图 1-7　产品质量的质量模型

为了帮助大家理解产品质量，下面举例进行说明。以常见的导航软件为例，如果不能够为用户提供符合精度的正确导航结果，那么该导航软件的正确性存在缺陷；如果产生导航结果的时间超出了用户可以接受的范围，那么其时间行为特性存在缺陷；如果用户很难掌握该软件的使用方法，那么其易学性和易操作性都存在缺陷。对于维护软件的二级用户来说，如果难以评估、修改某个部件对软件整体的影响，或者难以诊断故障的原因，那么其易分析性是不好的。

**3. 质量特性、子特性和度量**

在模型中，软件产品质量属性的总体分类为特性和子特性的一个层次结构。该结构的最高层由质量特性所组成，最低层则由若干软件质量属性所组成。这个层次结构并不完美，因为一些属性可能对多个子特性起作用，一个属性可能影响一个或更多的特性，而一个特性也可能受到多个属性的影响，已经发现某些内部属性的级别对一些外部属性的级别产生影响，所以大多数特性既有外部属性也有内部属性。例如，可靠性可以通过观察软件在试用期内一段给定的执行时间中的失效数从外部进行测量，也可以通过审查详细的规格说明和源代码来评估容错性级别而从内部进行测量。内部属性被称为外部属性的指标。质量特性、子特性和属性的具体关系如图 1-8 所示。

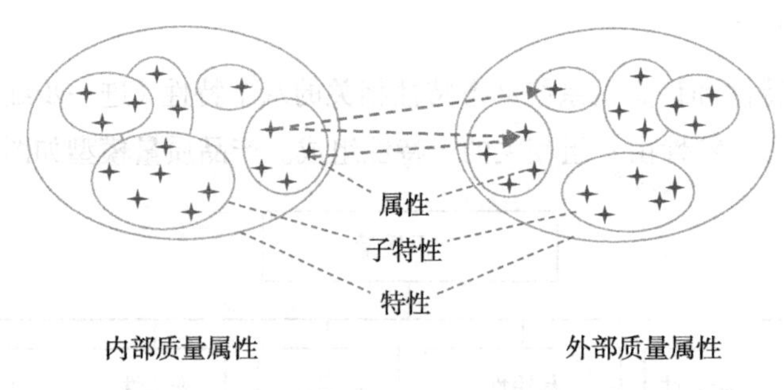


图 1-8　质量特性、子特性和属性的关系

例如，在内部和外部质量模型中，安全性这一子特性是指软件产品或系统保护信息和数据的程度，我们评价一个金融领域的软件的质量时，软件必须能够保证不泄露用户的数据，禁止未经允许上传用户数据，直接体现就是软件的加密性，传输数据的过程中通过采用全程加密的手段来保证其安全性。子特性可以通过内部度量或者外部度量来测量。在上述例子中，我们为了获取软件的全程加密属性，可以通过外部度量手段（如干扰攻击、截取数据解密的方式）来测量加密属性，也可以采用内部度量手段在编码阶段就进行全程加密判断来测量加密属性。

度量是指定义的测量方法和测量标度，通过度量得到产品的属性，进而衡量产品是否符合某个子特性。

通过外部的测量得到内部属性并不是很可靠，在外部来测量一个给定的内部属性一般是靠经验决定的，并且依赖于该软件使用的特定环境。

同样地，外部属性（例如适合性、准确性、容错性或时间特性）将影响我们观测的质量情况。使用质量中的失效（例如用户不能完成任务）可以追溯到外部质量属性（例如适合性或易操作性）和必须改变的相关内部属性。

## 1.4　软件测试的基本原理

软件测试的本质是针对需要测试的内容设计输入、观察输出，进而判断需要测试的内容是否出错的过程。

可用一个简单的原理图（如图 1-9 所示）来表示。

输入实际上有两种类型：先决条件（规格说明、在测试用例执行之前已经存在的环境、测试的前提、输入文件等）和由某种测试方法所设计的输入。

输出也包含两类：输出和输出结果的判定条件。

从这方面来看，任何测试都可以归结为将输入定义域取值映射到输出值域的一个函数。

而测试最关注的是行为，行为与软件或者系统中常见的结构视图无关。其中最明显的差别是，结构视图更关注“是什么”，而行为视图关注的是“做什么”。在软件的生命周期上看，基本文档通常都是由开发人员编写并且针对开发人员的，因此这些文档强调的是结构信息，而不是行为信息。

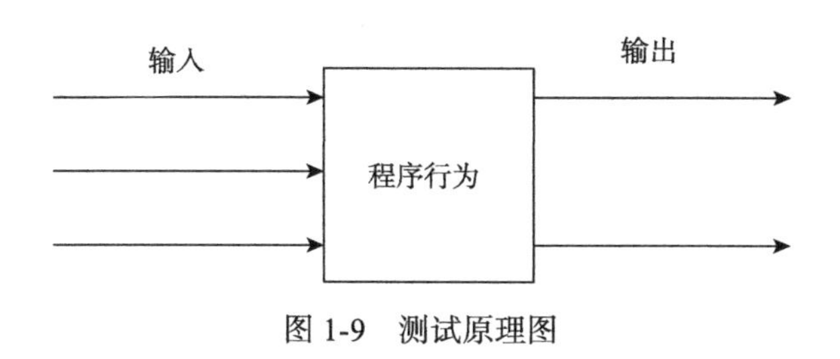


图 1-9　测试原理图

本节使用一种简单的维恩图，以澄清有关测试的问题。考虑一个程序行为全域（关注测试的本质问题），给定一段程序及其规格说明，集合 $S$ 是所描述的行为，集合 $P$ 是用程序实现的行为。

根据测试的基本原理，图 1-10 给出了规格说明和程序行为之间的关系。规格说明中所有可能的程序行为都位于标有 $S$ 的圆圈内，所有实际执行的程序行为都位于标有 $P$ 的圆圈内。通过这张图，我们可以更清晰地看出测试人员所面临的问题。$S$ 和 $P$ 相交的部分（橄榄球形区域）是“正确”部分，即既被描述又被执行的行为（有一种关于测试的观点是，测试就是确定既被描述又被实现的程序行为的范围）。另外，这里的“正确”是指在特定规格说明和实现背景下的意义，是一种相对意义上的正确。

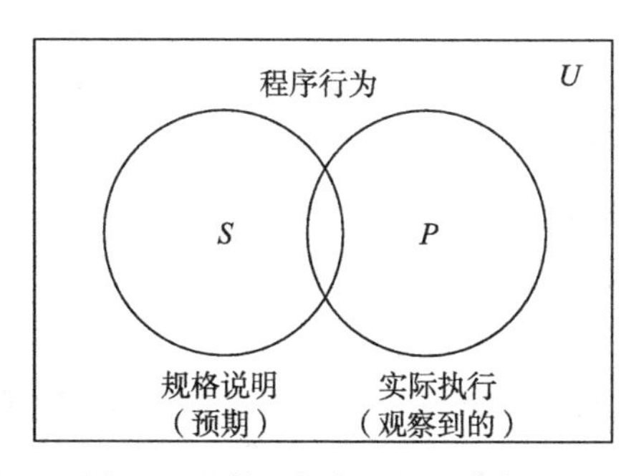


图 1-10　描述与实现的程序行为

上面简要介绍了软件测试的本质，从更通俗的意义上看，软件测试就是为了发现程序中的错误而分析或执行程序的过程。为将规格说明细化至可以用于执行的测试过程，其中最为重要的一个环节就是设计测试用例。

测试用例（test case）是分析程序或根据软件开发各阶段的规格说明和程序的内部结构，

精心设计出一组测试输入、执行条件以及预期结果，以便测试某个程序路径或核实程序是否满足某个特定需求，针对测试用例来执行相应的程序，可以更有效地发现程序中的错误。测试用例有一个标识，并与程序行为有关，通常而言，测试用例还有一组输入和一个预期的输出表。

根据ISO/IEC/IEEE 29119中的定义，测试用例由先决条件、输入、预期输出构成，用于驱动测试项目的执行，以满足测试目标，如功能的正确实现、错误识别、质量检查和其他有价值的信息。

（1）先决条件

测试用例的先决条件包括测试环境、现有数据（如数据库）、被测件及其测试项、测试工具以及硬件等。

（2）输入

输入是用来驱动测试执行的数据信息，在必要的情况下，输入也可以包含测试的具体步骤。

（3）预期输出

在预期输出中，不仅包含一个输出结果，还需要包括判定准则，用于在之后的执行中判断测试是否成功，在嵌入式测试中，预期输出多为一个阈值范围，用于检测测试是否通过。

测试显然要处理错误、缺陷、失效和事故，测试有两个显著的目标：找出软件缺陷或演示正确的执行。因此，在设计测试时必然要考虑软件缺陷的表现形式，常见的软件缺陷列举如下：

1）运行出错，包括运行中断、系统崩溃、界面混乱。

2）数据计算错误，导致结果不正确。

3）功能、特性没有实现或部分实现。

4）在某种特定条件下没能给出正确或准确的结果。

5）计算的结果没有满足所需要的精度。

6）用户界面不美观，如文字显示不对齐、字体大小不一致等。

7）需求规格说明书（Requirement Specification或Functional Specification）的问题，如漏掉某个需求、表达不清楚或前后矛盾等。

8）设计不合理，存在缺陷。如玩计算机游戏时只能用键盘而不能用鼠标。

9）实际结果与预期结果不一致。

10）用户不能接受的其他问题，如存取时间过长、操作不方便等。

## 1.5　软件测试的分类

在本节中，我们给出软件测试的一些分类。软件测试根据测试方法、测试对象以及测试类型的不同而有不同的分类方法。

可以从两种不同的角度对测试方法进行分类。从是否需要执行被测试软件的角度分类，测试方法可分为静态测试和动态测试。如果在测试过程中执行被测试软件，则称为动态测试，反之，则称为静态测试。从测试是否针对软件结构与算法的角度分类，测试方法可以分为白盒测试和黑盒测试。如果在测试过程中，不关心软件的内部结构和具体实现算法，而关注软件的运行结果和外部输入 / 输出的测试，则称为黑盒测试。反之，如果需要针对软件的内部结构和算法进行测试，则称为白盒测试。

按照软件测试不同阶段的测试对象进行划分，可以分为单元测试、集成测试（部件测试）、配置项测试、系统测试（确认测试）。

从测试类型分类（参考 GJB/Z 141—2004《军用软件测试指南》），软件测试划分如下：文档审查、代码审查、代码走查、静态分析、逻辑测试、功能测试、性能测试、接口测试、人机交互界面测试、强度测试、余量测试、可靠性测试、安全性测试、恢复性测试、边界测试、数据处理测试、安装性测试、容量测试、互操作性测试、敏感性测试、标准符合性测试、兼容性测试、中文本地化测试。

表 1-1 更加清晰地描述了这四种分类方式。

**表 1-1　软件测试分类表**

| 分类依据 | 名称 | 说　　明 |
|---|---|---|
| 基于是否关注软件结构与算法 | 黑盒测试 | 基于软件需求的测试方式 |
| | 白盒测试 | 基于软件内部设计和程序实现的测试方式 |
| 基于是否执行被测试软件 | 动态测试 | 在测试过程中，执行被测试软件 |
| | 静态测试 | 在测试过程中，不执行被测试软件 |
| 基于测试对象划分的不同测试级别 | 单元测试 | 依据详细设计说明，对软件基本组成单元进行的测试，以检查代码实现是否符合设计目标，以白盒测试为主，黑盒测试为辅，静态测试和动态测试相结合 |
| | 集成测试（部件测试） | 依据概要设计说明，将已分别通过测试的单元按设计要求以某种集成的策略对组合成的部件进行的测试，检查部件是否符合设计目标，以白盒测试为主，黑盒测试为辅，静态测试和动态测试相结合 |
| | 配置项测试 | 依据软件需求规格说明，测试配置项是否符合所有需求，包括功能性需求与非功能性需求。通常采用黑盒测试和动态测试方法 |
| | 系统测试（确认测试） | 依据系统 / 子系统需求规格说明，以验证系统的功能和性能等指标是否满足系统规格说明所指定的要求。通常采用黑盒测试和动态测试方法 |

（续）

| 分类依据 | 名称 | 说　明 |
|---|---|---|
| 基于测试类型划分的不同专项的测试 | 专项测试 | 以用户（委托方）明确的要求，依据被测软件的特性进行的专项测试，如文档审查、代码审查、静态分析、逻辑测试、功能测试、性能测试、接口测试、强度测试、余量测试、可靠性测试、安全性测试、恢复性测试、边界测试、数据处理测试、安装性测试、容量测试、互操作性测试、敏感性测试、标准符合性测试、兼容性测试等，可以在不同的测试级别单元测试、集成测试（部件测试）、配置项测试、系统测试（确认测试）中实施 |

## 1.5.1 白盒测试和黑盒测试

从哲学观点来看，分析问题和解决问题的方法有两种，即白盒方法和黑盒方法。所谓白盒方法就是能够看清楚事物的内部，即了解事物的内部结构和运行机制，通过剖析来处理和解决问题。如果没有办法或不去了解事物的内部结构和运行机制，而把整个事物看成一个整体——黑盒子，通过分析事物的输入、输出以及周边条件来分析和处理问题，这种方法就是黑盒方法。软件测试具有相似的哲学思想。根据是针对软件系统的内部结构，还是针对软件系统的外部表现行为来采取不同的测试方法，分别被称为白盒测试（White-box Testing）方法和黑盒测试（Black-box Testing）方法。

**1. 白盒测试**

已知软件产品的内部工作过程，可以通过测试验证每种内部操作是否符合设计规格要求，以及所有内部成分是否经过检查。白盒测试的测试依据主要是开发阶段的概要设计文档与详细设计文档中的内容。这种方法是把被测试对象看作一个打开的盒子，测试人员依据程序内部的逻辑结构设计测试用例，以测试程序中的主要执行通路是否按照设计要求完成了正确的实现。例如，设计规格中明确了必须采用快速排序算法，而程序员在编码实现时采用的是冒泡排序算法，虽然从功能上正确地实现了排序功能，但这是一个实现与设计不一致的问题。白盒测试中的动态测试一般通过在程序结构的不同位置设置检查点，检查程序内部的变量状态、逻辑结构、运行路径等，判断实际结果是否与预期结果一致。白盒测试也称为结构测试或逻辑驱动测试。

**2. 黑盒测试**

黑盒测试检查程序功能是否能按照规格说明书的规定正常使用、程序是否能适当地接收输入数据并产生正确的输出，以及程序能否满足各种外部状态的要求。黑盒测试的测试依据通常是开发阶段的研制总要求，以及软件需求规格说明书中的功能、性能等指标要求。黑盒测试将软件视为“黑匣子”，测试人员不需要知道编程细节，不关心软件设计和编码是如何实现的，只关心实现的结果是否满足规定的要求。黑盒测试不需要获得源代码，只需要获得可执行程序，关注软件应该做什么，而不关注它是如何做到的。黑盒测试中常用的测试用例设计方法有：等价类方法、边界值方法、决策树方法、因果图方法等。测试人员在程序接口进行测试，把利用这些方法设计好的测试数据作为程序输入，观察输出结果是否正确，检查程序功能是否被正确实现。黑盒测试也称为数据驱动测试。

## 1.5.2　静态测试和动态测试

按是否需要执行被测试软件进行划分，软件测试可分为静态测试和动态测试。静态测试通常通过文档审查、代码审查或代码走查来实现测试，动态测试通过真正执行测试项来实现测试。

### 1. 静态测试

静态测试是指不运行被测程序本身，仅通过分析或检查源程序的语法、结构、过程、接口等来检查程序的正确性，包括需求规格说明书和软件设计说明书的审查、源代码结构分析、流程图分析、符号执行等方法，通常以人工代码审查、代码走查或借助工具开展静态分析等方式进行。静态测试多利用程序的静态特性查找软件和代码缺陷，如不匹配的参数、不适当的循环嵌套和分支嵌套、不允许的递归、未使用的变量、空指针的引用和可疑的计算等。静态测试还包括其他测试活动，例如静态代码分析、跨文档跟踪分析和评论、代码结构的可读性分析、注释的可读性分析等。测试策略的设计遵循先静态后动态的原则，因此静态测试作为一种有效的测试方法，是软件质量把关的第一道关口，同时静态测试结果可用于进一步查错，为后续动态测试中的测试用例设计提供指导。

### 2. 动态测试

动态测试是指通过运行被测软件来检验其动态行为与运行结果的正确性，其中被测对象可以是一个函数、一段代码、一个构件或一个系统，检验的标准可以是被测对象的功能指标，也可以是响应时间、存储容量等性能指标。与静态测试相比，动态测试更加关注被测对象运行过程中的表象数据和最终的输出，这就导致静态测试与动态测试在测试用例设计、测试执行、测试结果判读等各个方面存在区别。

动态测试的主要特征是必须真正运行被测试的程序，通过输入测试用例对其运行情况进行分析，判断实际结果是否与期望结果一致。在配置项级和系统级测试中，大多采用黑盒测试方法，同时，需要软 / 硬件运行环境的支持，如操作系统、数据库、网络协议、网络带宽、芯片频率、芯片接口、内存大小等，这些环境因素对被测软件运行的影响也是动态测试关注的重点。在单元测试和集成测试中，往往需要构造被测试程序运行的驱动程序和桩程序，使得被测对象单元或者部件能够运行起来，可采用白盒测试方法中的逻辑测试以及黑盒测试方法中的等价类、边界值等方法设计测试用例，通过用例的执行，判断运行结果的正确与否，同时，还可以得到覆盖率分析结果。

这里需要注意，代码走查、代码审查、静态分析（控制流、数据流）等测试或以人工的方式在脑中“运行”，或通过静态分析工具以及扫描工具制定好检查规则，在工具中自动模拟“运行”进行代码分析和扫描，但这些“运行”都不是真正地运行被测试的程序，所以它们属于静态测试。

在一个完备有效的测试项目中，静态测试与动态测试都是必不可少的，动态测试经常被用来快速发现被测软件在功能、性能与兼容性上的缺陷，而静态测试更多应用于代码的缺陷定位、代码规范以及代码优化，二者相辅相成方能保证测试工作正常开展。

### 1.5.3 测试级别

在本节中，按照软件测试不同阶段的测试对象进行划分，软件测试可以分为单元测试、集成测试（部件测试）、配置项测试和系统测试（确认测试）。在军用软件测试中，这种划分的结果称为测试级别。如图 1-11 所示，单元测试的任务是验证详细设计阶段的软件开发的工作产品是否满足要求，同样，集成测试对应于概要设计，配置项测试对应于软件规格说明，系统测试对应于系统需求说明。图 1-11 中从左到右描述了基本的软件开发过程和测试行为。

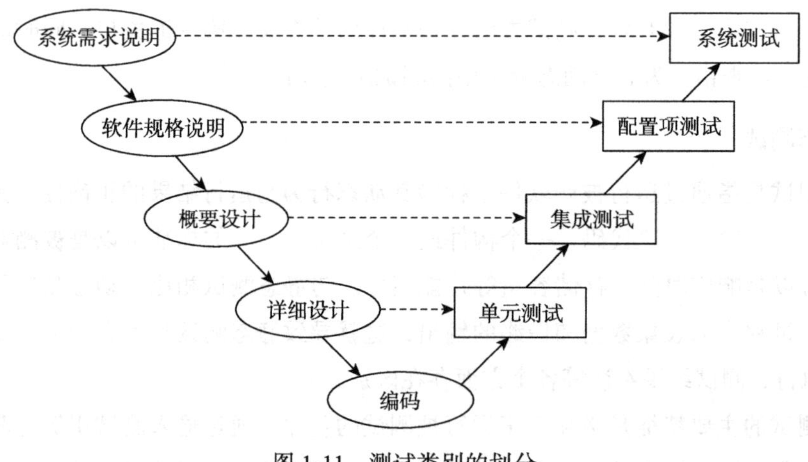


图 1-11 测试类别的划分

按照测试对象对软件测试进行划分，可以非常明确地标明测试过程中的不同级别，强调了在整个软件项目开发过程中需要经历的若干个测试级别，并与每一个开发级别对应。从尽早开始测试的角度分析，在系统需求说明完成后，即可进行系统测试计划的设计和系统测试大纲的编写，在软件规格说明确定后，即可进行配置项测试计划的设计和大纲的编写；不过从测试执行的角度来看，需要低级别的测试完成之后才能进行高级别的测试。

**1. 单元测试**

单元测试是对软件基本组成单元进行的测试，而且软件单元是在与程序的其他部分相隔离的情况下独立进行测试的。单元测试的对象可以是软件设计的最小单位——一个具体函数或一个类的方法，也可以是一个功能模块、组件。一般情况下，测试的单元能够实现一个特定的功能，并和其他单元有明确的接口定义，这样可以与其他单元区别开来。在单元测试活动中，强调测试对象的独立性，软件的独立单元将与程序的其他部分隔离开来，以避免其他单元对该单元产生影响。这样便缩小了问题分析范围，而且可以比较彻底地消除各个单元中所存在的问题，避免将来进行更高级别测试时出现问题查找困难的情况。简而言之，单元测试即检查每个软件单元能否正确地实现设计说明中的功能、性能、接口和其他设计约束等要求，以发现单元内可能存在的各种错误。

单元测试通常由开发人员在编码之后实施，以检查代码实现是否符合设计为目标，从程序内部结构出发设计测试用例，并且多个软件模块可以平行地独立进行单元测试。在进行单元测试时，测试者需要依据详细设计说明书和源程序清单，了解该模块的 I/O 条件和模块的逻辑结构，使用白盒测试的测试用例，并辅之以黑盒测试的测试用例。

在单元测试中，需要关注的主要内容如下。

1）目标：确保模块被正确地编码。

2）依据：详细设计描述。

3）过程：包含设计、脚本开发、执行、调试和分析结果的完整过程。

4）执行：由程序开发人员和测试人员共同完成。

5）采用方法：以白盒测试方法为主，以黑盒测试方法为辅。

6）评估方法：通过所有单元测试用例，代码没有严重缺陷。

单元测试的基本过程由以下 5 个步骤组成。

1）在详细设计阶段完成单元测试计划。

2）建立单元测试环境，完成测试设计和开发。

3）执行单元测试用例，并且详细记录测试结果。

4）判定测试用例是否通过。

5）提交单元测试报告。

概括来说，单元测试是对单元代码的规范性、正确性、安全性、性能等进行验证，通过单元测试，还需要验证下列内容。

1）数据或信息能否正确地流入和流出单元。

2）在单元工作过程中，内部数据能否保持其完整性，包括内部数据的形式、内容及相互关系不发生错误，也包括全局变量在单元中的处理和影响。

3）在数据处理的边界处能否正确工作。

4）单元的运行能否做到满足特定的逻辑覆盖。

5）单元中发生了错误，其中的出错处理措施是否有效。

6）指针是否被错误引用、内存是否被及时释放。

7）是否存在安全隐患，是否使用了不恰当的字符串处理函数等。

为了保证单元测试的实现，必须制订合理的计划，采用适当的测试方法和技术进行正确的评估。单元测试的主要任务包括逻辑、功能、数据和安全性等各方面的测试，具体地说，包括单元中所有独立执行路径、数据结构、接口、边界条件、容错性等的测试。故单元测试实施的特点是：

1）实施效果非常好，但实施阻力比较大，阻力主要来源于人员和管理因素，一般只在关键的程序单元中实施；

2）有比较系统的理论和方法，但也依赖于系统的特殊性和开发人员的经验；

3）有大量的辅助工具，并且开发人员自身也会开发适用于特定场景的测试代码和测试工具。

软件测试的目的之一就是尽可能早地发现软件中存在的错误，从而降低软件质量成本。测试越早进行越好，单元测试就显得更重要，单元测试也是其他级别测试的基础。在实践中，单元测试的大部分工作由开发人员完成，而开发人员更多的兴趣在编程上，即把代码写出来，而不愿在测试上花比较多的时间。一旦编码完成，开发人员总是迫切希望将代码交给测试人员，让测试人员去执行测试。如果没有做好单元测试，软件在集成阶段及后续的测试阶段会发现各种各样的错误，甚至软件根本不能运行。大量的时间将被花费在跟踪那些包含在独立单元内的、简单的错误上，所以表面的进度取代不了实际进度，反而会给整个项目或系统增加额外的工期，导致软件成本提高。软件中存在的错误发现得越早，则修改和维护的费用就越低，难度就越小，所以单元测试是早期找出这些错误的最好时机。在进行单元测试时，由于单元本身不是一个独立的程序，并不能构成一个完整的可运行的软件系统，因此需要设置一些辅助测试单元。辅助测试单元通常可分为两种：驱动单元和桩单元。驱动单元即用来模拟被测试单元的上层单元，相当于被测函数的主程序，它能够接收测试数据，并将相关数据传送给被测单元以启动被测单元，最后输出实测结果。桩单元即用来代替被测单元工作过程中调用的子单元。被测单元、驱动单元和桩单元共同构成了单元测试的测试环境，如图 1-12 所示。

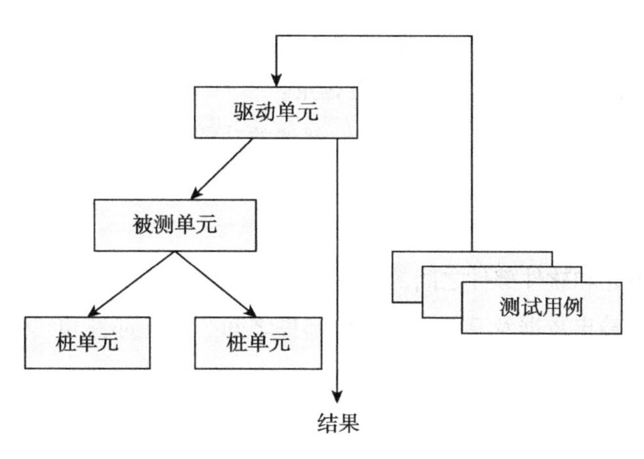


图 1-12　单元测试的测试环境

从另一个角度来看，系统的规模越大，系统集成的复杂性就越高。现在大多数软件系统的规模都很大，想完成各个单元之间的接口以进行全面的测试，几乎不可能。其结果是测试将无法达到所应该具备的全面性，较多的缺陷将被遗漏，这些缺陷即使在后期测试中再被发现，也会造成严重的影响，代码的修改量会很大。所以我们需要完整和规范的单元测试。

目前，国内软件企业对软件测试的重视程度有了很大的提高，基于条件限制，许多软件企业还无法开展全面测试。确保各单元模块被正确地编码是单元测试的主要目标，但是单元测试的目标不仅是测试代码的功能性，还需确保代码在结构上可靠且健全，使其能够在各种条件下给予正确的响应。如果系统中的代码未被适当测试，则其弱点可被用于入侵代码，并导致安全性风险以及运行效率的性能问题。执行完全的单元测试可以减少整体测试所需的工作量，降低系统失效的可能性。但是单元测试的工作量一般比较大，往往需要借助工具进行自动化测试或者半自动化测试。

**2. 集成测试（部件测试）**

集成测试主要依据概要设计说明，检查与概要设计相关的程序结构、模块接口等方面的问题。由于集成测试的对象是软件部件，因此在军用软件等领域，集成测试又称为部件测试。可以将部件简单地理解为能够完成某种较为复杂功能的、由单元集成起来的更大的软件模块。集成测试是将已分别通过测试的单元按设计要求组合起来再进行的测试，其主要功能或目标是测试单元或模块之间的接口，对软件进行集成测试前，需首先完成以下工作：

1）需对构成软件部件的每个软件单元的单元测试情况进行检查；

2）若需对软件部件进行必要的静态测试，则应先于动态测试进行；

3）需建立相应的部件测试环境，如桩模块和驱动模块，且测试环境应通过评审。

在集成测试过程中，需要满足以下几点要求：

1）需对软件设计文档规定的所有各软件部件的功能、性能等特性进行逐项测试，且每个特性应至少被一个正常的测试用例和一个被认可的异常测试用例覆盖，测试用例的输入应至少包括有效等价类值、无效等价类值和边界值；

2）应对软件单元和软件部件之间的所有调用进行测试，以达到要求的测试覆盖率；

3）软件部件的输出数据及其格式、软件部件之间、软件部件和硬件之间的所有接口均需被测试；

4）当运行条件（如数据结构、输入/输出通道容量、内存空间、调用频度等）在边界状态下，进而在人为设定的状态下时，对软件部件的功能和性能进行测试；

5）按照设计文档的要求，对软件部件的功能、性能进行强度测试；

6）对安全性关键的软件部件，需对其进行安全性分析，明确每一个危险状态和导致危险的可能原因，并对此进行针对性的测试。

集成模式是软件集成测试中的策略体现，其重要性十分明显，直接关系到测试的效率、结果等，一般要根据具体的系统来决定采用哪种模式。集成测试基本可以概括为以下两种。

1）非渐增式集成测试模式：先分别测试每个模块，再把所有模块按设计要求放在一起结合成所要的程序，如大棒模式。

2）渐增式集成测试模式：把下一个要测试的模块与已经测试好的模块结合起来进行测试，测试完以后再把下一个应该测试的模块结合进来测试。

非渐增式集成测试容易出现混乱，因为测试时可能发现一大堆错误，进行错误定位和纠正非常困难，并且在改正一个错误时又可能引入新的错误，新旧错误混杂，更难断定出错的原因和位置。与之相反的是渐增式集成测试模式，程序一段一段地扩展，测试的范围一步一步地增大，易于定位和纠正错误，测试亦可做到完全彻底。在两种模式中，渐增式集成测试模式有一定的优势，但它们有各自的优缺点。

1）渐增式测试模式需要编写的软件较多，工作量较大，而非渐增式测试开销较小。

2）渐增式测试模式发现模块间接口错误较早，而非渐增式测试模式较晚。

3）非渐增式测试模式发现错误后，较难诊断，而使用渐增式测试模式，如果发生错误，则该错误往往和最近加入的那个模块有关。

4）渐增式测试模式的测试更彻底。

5）渐增式测试模式需要较多的设备和时间。

6）使用非渐增式测试模式，可以并行测试。

### 3. 配置项测试

配置项测试指的是依据软件需求规格说明，对已经研发完毕并纳入配置管理的软件项目进行测试。软件配置项是一组可以独立进行技术状态管理的对象，软件配置项的组成包括该软件相关的代码、数据和文档。配置项是相对于配置而言的，指纳入配置管理的产品集合，包括软件相关文档和程序，以及其他配件项。通常，配置项测试指的是对已经研发完毕、纳入配置管理并准备提交给客户的软件项目进行测试。在开发方看来，配置项是一个完整的亟待发布的软件产品，一旦经过测试认可，即可发布给用户使用。

配置项测试的目标是测试软件配置项的实现是否符合软件需求说明书的要求。它的测试类型通常包括很多种，例如文档审查、静态分析、功能测试、接口测试、性能测试、人机界面测试、余量测试和安全性测试等。在安全关键领域的软件测试可能还会有更多的专项测试要求。

在配置项测试中，需要满足如下要求才能确保测试的充分性：

1）必要时，在高层控制流图中进行结构覆盖测试，并逐项测试软件需求规格说明所规定的配置项的所有功能、性能等特性，且每个特性应至少被一个正常测试用例和一个被认可的异常测试用例所覆盖；

2）测试用例的输入应至少包括有效等价类值、无效等价类值和边界值，且输出及其格式也应被测试；

3）配置项的所有外部输入、输出接口（包括和硬件之间的接口）、全部存储量、输入/输出通道的吞吐能力、处理时间的余量等均应被测试。

此外，配置项测试一般还应符合以下几项技术要求：

1）软件人机交互界面所提供的操作和显示界面均应被测试，包括用非常规操作、误操作、快速操作测试界面的可靠性；

2）当运行条件在边界状态、异常状态或人为设定的状态下时，测试配置项的功能和性能；

3）按软件需求规格说明的要求，对配置项的安全性和数据的安全保密性，及配置项的功能、性能进行强度测试；

4）对于设计中用于提高配置项的安全性和可靠性的方案，如结构、算法、容错、冗余、中断处理等进行测试；

5）对安全性关键的配置项，应对其进行安全性分析，明确每一个危险状态和导致危险的可能原因，并对此进行针对性的测试；

6）对有恢复或重置功能需求的配置项，应测试其恢复或重置功能和平均恢复时间，并且对每一种导致恢复或重置的情况进行测试。

**4. 系统测试（确认测试）**

系统测试是指依据系统 / 子系统需求规格说明，将软件系统作为整个计算机软 / 硬件系统的重要组成部分，与硬件、外部关联系统、底层支撑的操作系统以及数据和人员结合在一起，放在今后实际运行的环境下对整个系统进行的一系列测试，用于验证软件系统的功能和性能等是否满足系统规约所指定的要求。

在系统测试的所有测试用例运行完后，测试结果可以分为两类：

1）测试结果与预期结果相符。这说明软件系统的这部分功能或性能特征与系统需求相符合，没有发现问题，可以被接受；

2）测试结果与预期结果不符。这说明软件系统的这部分功能或性能特征与系统需求不一致，要为它提交一份软件问题报告。

为确保系统测试的充分性，通常需要遵从如下要求：

1）需按照系统 / 子系统需求规格说明的规定，对系统的功能、性能等特性进行逐项测试，且系统的每个特性应至少被一个正常测试用例和一个被认可的异常测试用例所覆盖，测试用例的输入应至少包括有效等价类值、无效等价类值和边界值；

2）系统的输出及其格式、配置项之间及配置项与硬件之间的所有接口、系统的全部存储量、输入 / 输出通道的吞吐能力和处理时间的余量均需要被测试。

同时，系统测试一般还应符合以下技术要求：

1）当系统在边界状态、异常状态或在人为设定的状态下运行时，对系统的功能和性能进行测试；

2）系统的安全性和数据访问的安全保密性、人机交互界面提供的操作和显示界面的可靠性、设计中用于提高系统安全性和可靠性的方案等均需被测试；

3）对安全性关键的系统，应对其进行安全性分析，明确每一个危险状态和导致危险的可能原因，并对此进行针对性的测试；

4）对有恢复或重置功能需求的系统，应对其恢复或重置功能和平均恢复时间，以及每一类导致恢复或重置的情况进行测试。

### 1.5.4　测试类型

对软件测试类型进行划分，也是软件测试分类的常用方法之一，通常，软件测试的策略或技术是该划分的依据。参考《GJB/Z 141—2004 军用软件测试指南》，软件测试类型划分如下。

### 1. 文档审查

对委托方提交文档的完整性、一致性和准确性进行的检查。文档审查应确定审查所用的检查单，不同的文档需要用不同的检查单，检查单的设计需要经过委托方确认。

### 2. 代码审查

检查代码和设计的一致性；检查代码执行标准的情况；检查代码逻辑表达的正确性；检查代码结构的合理性；检查代码的可读性。代码审查可由软件自动或人工完成，审查的重点是文档错误、编程语言错误、逻辑错误、接口错误、数据使用错误、编程风格不当、软件多余物等。

### 3. 代码走查

代码走查的测试内容与代码审查的内容基本一样，但在过程上有差别，在代码走查中，根据事先设计的测试用例，人工执行测试用例、游历程序以发现错误。

### 4. 静态分析

静态分析一般包括控制流分析、数据流分析、接口分析、表达式分析、语法 / 语义分析等。静态分析常使用软件工具进行。

### 5. 逻辑测试

逻辑测试是测试程序逻辑结构合理性、实现的正确性。一般需进行语句覆盖、分支覆盖、条件覆盖、条件组合覆盖、路径覆盖逻辑测试。

### 6. 功能测试

对软件需求规格说明或设计文档中的功能需求逐项进行的测试，验证功能是否满足要求。

### 7. 性能测试

对软件需求规格说明或设计文档中的性能需求逐项进行的测试，验证性能是否满足要求。

### 8. 接口测试

对软件需求规格说明或设计文档中的接口需求逐项进行的测试。

### 9. 人机交互界面测试

对所有人机交互界面提供的操作和显示界面进行的测试，检验是否满足用户的需求。

**10. 强度测试**

强制软件运行在异常乃至发生故障的情况下（设计的极限状态甚至超出极限），检验软件可以运行到何种程度的测试。

**11. 余量测试**

对软件是否达到规格说明中要求的余量的测试。若无明确要求，一般至少保留 20% 的余量。

**12. 可靠性测试**

在真实或仿真环境中，为做出软件可靠性估计而对软件进行的功能测试（其输入覆盖和环境覆盖一般大于普通的功能测试）。可靠性测试中必须按照运行剖面和使用的概率分布随机地选择测试用例。

**13. 安全性测试**

检验软件中已存在的安全性、安全保密性措施是否有效的测试。测试应尽可能在符合实际使用的条件下进行。

**14. 恢复性测试**

对有恢复或重置功能的软件的每一类导致恢复或重置的情况逐一进行的测试，以验证其恢复或重置功能。恢复性测试是要证实在克服硬件故障后，系统能否正常地继续进行工作，且不对系统造成任何损害。

**15. 边界测试**

对软件处在边界或端点情况下运行状态的测试。一般需进行输入 / 输出域、状态转换、功能界限、性能界限与容量界限的边界或端点测试。

**16. 数据处理测试**

对完成专门数据处理功能所进行的测试，一般需进行数据采集功能、数据融合功能、数据转换功能、删除坏数据功能、数据解释功能的测试。

**17. 安装性测试**

对安装过程是否符合安装规程的测试，以发现安装过程中的错误。一般需进行不同配置下的安装和卸载、安装规程的符合性测试。

**18. 容量测试**

检验软件的能力最高能达到什么程度的测试。容量测试一般应测试在正常情况下软件所具备的最高能力，如响应时间或并发处理个数等能力。

**19. 互操作性测试**

为验证不同软件之间的互操作能力而进行的测试。一般需进行同时运行两个或多个不同的软件、软件之间发生互操作的测试。

**20. 敏感性测试**

为发现有效输入中可能引起某种不稳定性的数据组合、可能引起某种不正常处理的数据组合的测试。

**21. 标准符合性测试**

验证软件与相关国家标准或规范（如军用标准、国家标准、行业标准及国际标准）一致性的测试。一般需建立标准符合评价准则，逐一验证是否符合指定标准。

**22. 兼容性测试**

验证被测软件在不同版本之间的兼容性。有两类基本的兼容性测试：向下兼容测试和交错兼容测试。向下兼容测试是测试软件新版本保留早期版本的功能的情况；交错兼容测试是要验证共同存在的两个相关但不同的产品的兼容性。验证软件在规定条件下与共同使用若干实体或实现数据格式转换时能满足有关要求能力的测试。

**23. 中文本地化测试**

验证软件在不降低原有能力的条件下处理中文能力的测试。一般需进行软件使用中文能力、软件处理中文能力、软件兼容中文能力、在中文环境下软件原有功能与能力的测试。

## 1.6　通过维恩图理解测试

对于图 1-10 中所示的测试程序行为，新增加一个代表测试用例的圆圈，如图 1-13 所示。

这样一来，就可以用集合的形式对软件测试活动和程序行为之间的关系进行详细说明了。现在针对集合 $S$、$P$、$T$ 之间的关系及其意义进行讨论。

1）区域 1：规格说明、测试用例、实际执行都覆盖了，说明该行为已经得到了测试。

2）区域 2：规格说明和实际执行覆盖了，而测试用例未能覆盖，该测试行为虽然得到了测试，但是对于该行为的测试用例不完备，在测试实际执行过程中往往可能发现这种情况，应当及时添加测试用例进行补充。一般而言，如果测试用例完备，则区域 2 为空。

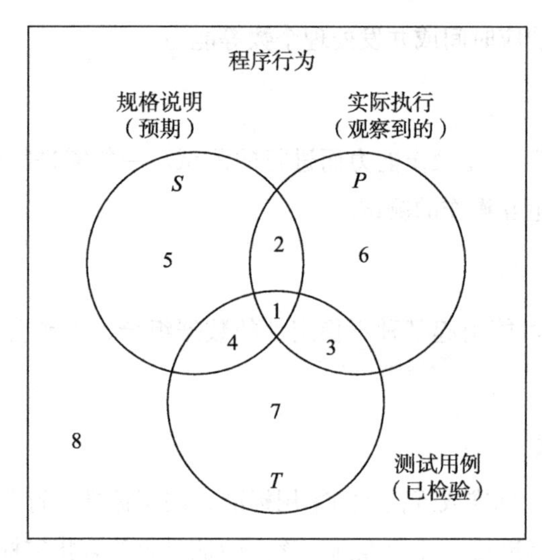


图 1-13　软件测试维恩图

3）区域 3：测试用例和实际执行覆盖了，未能覆盖规格说明。这样的区域是测试的“冗余”部分，即额外功能。对它的检查应当满足以下要求：如果该软件行为有意义，如隐含需求等，则应该修改规格说明，将其包含；如果该软件行为无意义，则应该删除这样的一些测试用例，在之后的测试中能减少测试成本。

4）区域 4：规格说明和测试用例覆盖了，缺少对于实际执行的覆盖。区域 4 是执行的“遗漏”部分，即应当执行而未执行的部分，这部分很大程度可能由于对应代码出现错误而导致相应功能无法实现，甚至可能是未对该功能进行编码，需要通过修改使其合并进入区域 1。

5）区域 5：只有规格说明覆盖了，测试用例和实际执行都未能覆盖。这部分也是程序的“遗漏”部分，应该尽可能消除该区域。出现这个部分的软件行为可能是由于需求存在二义性，设计的测试用例未能与之相吻合，也可能是设计测试用例时出现的遗漏情况。

6）区域 6：只有实际执行覆盖了，规格说明和测试用例设计都未能覆盖。这也是软件行为的“冗余”部分，从减少测试成本、提高测试效率的角度来看，应当尽可能消除这个部分，但在现阶段“敏捷测试”提出后，详细的规格说明已不存在，而“测试用例”往往被“用户故事”所取代（用户故事是用自然语言编写的描述性需求，从最终用户的角度解释特定软件的功能或特性），这种情况下，区域 6 部分的软件行为也逐渐受到重视。

7）区域 7：只有测试用例覆盖了，需求规格和执行都未能覆盖。这个部分对应于未描述、未实现的测试用例的软件行为，是测试用例的冗余部分，这个区域不会出现问题，在进行测试用例维护时应当将其删减。

8）区域 8：规格说明、测试用例、实际执行都未能覆盖的部分。

# 习题

1. 阅读本章内容，理解软件、软件测试、软件质量的概念。

2. 某公司研发了一个自动结算工资系统，系统在设计中存在这样一个场景：生成工资单之前应核对员工是否在职，如果离职则不发放工资。然而，开发该系统的程序员较为粗心，在编码过程中忽略了员工离职的情况，使得系统依旧会继续给离职员工发工资。

1）根据题意解释错误、故障、失效以及事故的概念，并给出它们之间的关系。

2）从白盒测试、黑盒测试以及静态测试、动态测试的概念出发，解释说明每类测试方法是否可以发现该缺陷，并简述原因。

3. 说明以下两张维恩图中的测试用例 $T$ 能够发现的软件缺陷，以及需要补充测试的部分。

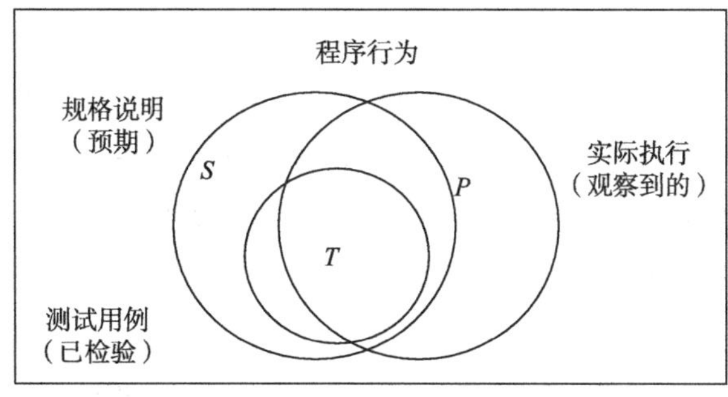


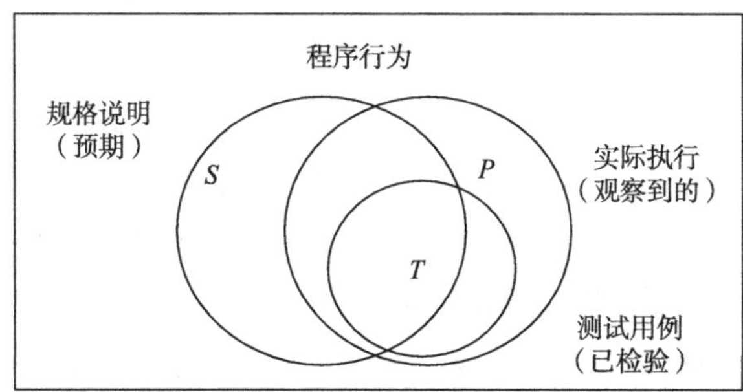


4. 软件测试的基本原理是什么？为何要设计测试用例？

5. 单元测试是对软件基本组成单元进行的测试，请简述单元测试的步骤。

6. 试对比静态测试技术和动态测试技术。

7. 简述黑盒测试、白盒测试的定义。

8. 查阅资料，理解性能测试、容量测试、强度测试的区别与联系。

9. 在测试工业界中常有这样一个观点，即程序员应当避免测试自己编码的程序，你认为这个观点是否正确？请阐述理由。

第 2 章
Chapter 2

# 嵌入式系统概述

进入后PC时代以来，计算主体由大型、静止的桌面机逐渐向微型化、便携式、网络化的嵌入式系统（Embedded System）演变，极大地推动了嵌入式系统的发展。日新月异的嵌入式系统与通信和消费产品技术相结合，以手机、智能电视、智能音箱等3C产品（Computer、Communication、Consumer Electronics）的形式通过Internet走进普通家庭，人们开始越来越多地接触到嵌入式系统。除此之外，其在工业生产、医疗器械、交通运输、航空航天、军事工业等各个领域的应用都极为广泛。据不完全统计，一个人一天当中会接触到50多个嵌入式系统设备。各类基于嵌入式系统的智能仪表、医疗电子设备、车载导航、无人驾驶汽车、军事装备等层出不穷。目前，嵌入式产品在IT产业以及电子工业的经济总额中所占的比重越来越大，对国民经济增长的贡献日益显著。如果说PC机的出现构建了信息产业的框架，推动了整个信息产业和人类文明的发展和进步，那么嵌入式系统将会更加完善这个框架，并成为信息产业发展的加速器。

嵌入式软件是基于嵌入式系统设计的软件，是嵌入式系统的重要组成部分。随着嵌入式系统的普及，嵌入式软件的多样性、复杂度大大提升，人们对嵌入式软件运行的稳定性、可靠性、准确性、安全性的要求也越来越严格。如何提高嵌入式软件的质量成为迫切需要解决的问题。从本质上来说，嵌入式软件也是计算机软件的一种。但是由于受到硬件资源以及应用场景的约束，嵌入式软件又有着不同于传统计算机软件的特性，这也为嵌入式软件的测试工作带来了新的挑战。

本章将介绍嵌入式系统及其组成和特点，以及嵌入式软件在不同领域内的应用等内容。

## 2.1 嵌入式系统

那么，到底什么是嵌入式系统？嵌入式系统由哪些部分组成？嵌入式系统的发展经历了哪些阶段？本节以这几个问题为牵引介绍嵌入式系统。

### 2.1.1　什么是嵌入式系统

嵌入式系统的定义随着硬件、软件技术的革新以及嵌入式系统应用领域的不断拓展而不断演变。IEEE（国际电气和电子工程师协会）从产品应用的角度给出了嵌入式系统的定义："嵌入式系统是控制、监视或者辅助操作机器和设备的装置"。从结构组成的角度来看，嵌入式系统又可被定义为"以应用为中心，以计算机技术为基础，软硬件可裁剪，适应应用系统对功能、可靠性、成本、体积、功耗等严格要求的专用计算机系统"。

综合以上两种定义，嵌入式系统就是嵌入到目标应用系统中、完成特定处理功能的专用计算机系统。可以得出以下三层含义。

1）嵌入式系统属于计算机系统的范畴，嵌入式软件也是软件的一种特殊形态。

2）嵌入性是嵌入式系统的最大特征，包含两个方面的含义：①嵌入到目标系统中为完成大系统功能服务的组成部分；②完成特定处理功能的软件代码是该组成部分的核心，是嵌入到专用计算机硬件中的。

3）专用性是指应用于特定领域，完成特定处理功能，不要求像通用计算机系统一样功能全面，但对体积、成本以及实时等方面有苛刻的要求，其中嵌入式软件必须针对对应的硬件约束（如内存、接口）进行专门设计和实现。

### 2.1.2　嵌入式系统的组成

通用的计算机系统可以分为软件系统和硬件系统两部分。其中，硬件系统即计算机实体部分，如 CPU、I/O 设备、存储设备、打印机、扫描仪等；软件系统即具有各类特殊功能的程序，分为系统软件和应用软件，系统软件有操作系统、数据库管理系统，还有各类服务性程序等，应用软件即按任务需要编写的各种程序，如 OFFICE 等。

而嵌入式系统作为一种专用的计算机系统，同样主要由硬件和软件两大部分组成。

**1. 嵌入式系统硬件**

嵌入式系统硬件主要包括嵌入式处理器、存储器以及通用设备接口。除此之外，嵌入式系统硬件还包括根据实际应用场合选定的传感器、激励器及其他输入 / 输出设备等。图 2-1 是嵌入式系统硬件示意图。

（1）嵌入式处理器

嵌入式处理器是嵌入式系统的核心硬件，它就像嵌入式系统的大脑，整个嵌入式系统都是围绕它构建的。当前嵌入式处理器的种类繁多，归纳起来主要有以下几类：嵌入式微控制器（Embedded Microcontroller Unit，EMC）、嵌入式微处理器（Embedded MicroProcessor Unit，EMPU）、嵌入式数字信号处理器（Embedded Digital Signal Processor，

EDSP)、专用集成电路（Application Specific Integrated Circuit，ASIC）以及可编程逻辑器件（Programmable Logic Device，PLD）等。微控制器俗称单片机，其最大特点是在一块芯片上集成了总线、存储器、寄存器、定时器、专用I/O接口等必要的处理器外部设备，只要在外围加上时钟、电源等少数电路就能构成一个简单的嵌入式系统。微处理器是在通用处理器的基础上演化而来的，其不同之处在于去除了冗余功能，从而满足了低功耗、资源有限的要求。数字信号处理器是专门设计用于信号处理的处理器，广泛用于音频、视频以及通信信号处理。专用集成电路是用于执行特定应用的微芯片，它可以在单块芯片上集成多块芯片的功能，从而降低开发成本。可编程逻辑器件是基于可重写技术的逻辑器件，用户可以根据需要重新在器件上编程就可以更改设计，便于测试和验证，常用的两种可编程逻辑器件是CPLD和FPGA。

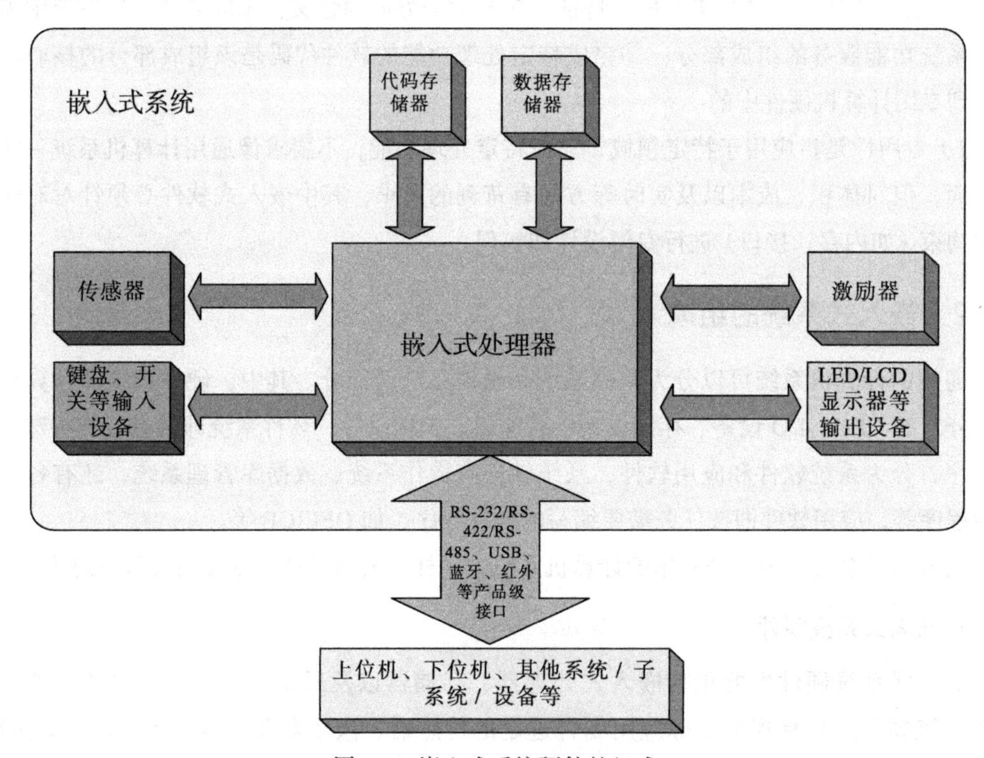


图2-1　嵌入式系统硬件的组成

（2）存储器

存储器是嵌入式系统的重要部件，主要用来存放代码和数据。代码存储器主要由只读存储器（Read-Only Memory，ROM）构成，用来存储程序指令。这类存储器在系统掉电之后，存储的内容不会丢失，因此这类存储器也叫非易失性存储器。按照制造工艺、擦除和编程技术来分，代码存储器主要有掩模型ROM、可编程ROM、可擦除可编程ROM、电可擦除可编程 ROM 以及 Flash。数据存储器又称为工作存储器，主要由随机存取存储器（Random Access Memory，RAM）构成，系统工作期间，嵌入式处理器可以对其进行读写操作。当系统掉电时，数据存储器中的数据会丢失，因此这类存储器也叫易失性存储器。随机存取存储器主要有静态 RAM 和动态 RAM 两种。

（3）通用设备接口

通用设备接口是嵌入式系统和其他系统、设备或传感器实现控制信号和数据交互的接口。接口可以分为设备级 / 板级接口（板上通信接口）和产品级接口（外部通信接口）。设备级 / 板级接口适用于同一块印刷电路板上不同设备之间的通信。这类接口有 I2C 总线、SPI 总线、UART、1-Wire 接口以及各类并行接口。产品级接口是通过有线或无线媒介，实现嵌入式系统与其他设备之间通信的接口。有线产品级接口包括 RS-232/RS-422/RS-485、USB、以太网、IEEE 1394 端口、CF-II 接口、SDIO 接口等；无线产品级接口有红外、蓝牙、无线局域网、GPRS 等。

（4）传感器、激励器及其他输入 / 输出设备

从 IEEE 对嵌入式系统的定义中可以看出，嵌入式系统执行控制和监测任务。传感器是将被监测对象的特征转化为嵌入式系统可处理的信号的装置。激励器是将嵌入式系统输出信号转化为控制对象可接收的物理量的装置。其他输入 / 输出设备包括发光二极管、LED/LCD 显示器、开关、键盘等。

**2. 嵌入式系统软件**

软件主要包括嵌入式操作系统、支撑软件、应用软件。嵌入式操作系统负责嵌入系统的全部软 / 硬件资源的分配、任务调度，控制、协调并发活动。支撑软件是用于帮助和支持软件开发的软件，通常包括数据库和开发工具。应用软件是针对某一领域实现预期功能的计算机应用软件。2.2 节将对嵌入式系统软件进行更加详细的介绍。

### 2.1.3 嵌入式系统的发展历程

早在嵌入式微处理器、控制器大规模应用之前，基于电子管和晶体管技术的嵌入式系统就已经出现。最早诞生的是 1946 年的 ENIAC，它的总体积约 90 立方米，需要一间 30 多米长的房间才能存放，共使用了 18 000 多个电子管、1500 多个继电器以及其他器件，重达 31 吨，耗电量为 150 千瓦，每秒只能运行 5000 次加法运算或 400 次乘法运算。

直到第一个采用集成电路的阿波罗导航计算机（Apollo Guidance Computer，AGC）的出现，嵌入式系统才被世人认可。首款规模化生产的嵌入式系统是 1961 年为 Minuteman-1 型导弹设计的导航计算机。首款使用机载数字计算机控制的是 1965 年的 Gemini3 号。这个

阶段的嵌入式系统大多采用价格昂贵的集成电路作为处理器，并应用于航空航天和军工领域，尤其是在军工领域，为了满足武器装备对于体积、可靠性的严格要求，不同的武器系统需要设计不同的专用嵌入式计算机系统。

之后，嵌入式系统的发展与嵌入式处理器的发展相互依附、相互促进。嵌入式系统的成熟和繁荣是随着嵌入式微处理器的诞生开始的，1971 年 11 月，Intel 公司将算数运算器和控制器电路集成在一起，推出世界上第一个微处理器 Intel 4004，后续 Intel 公司将其进一步通用化，推出 4 位的 4040 和 8 位的 8008；后来又相继推出了许多 8 位的处理器，如 Intel 公司的 8080、8085 等；1976 年 Intel 公司更快、更便宜、更容易使用的微处理器 8048 单片机诞生，使得嵌入式系统的应用领域逐步扩展到工业生产、交通运输、生活娱乐等领域。在这一时期，嵌入式系统没有操作系统的支持，而是通过汇编语言对系统进行直接控制，运行结束后清除内存，这些装置初步具备了嵌入式的应用特点。

20 世纪 80 年代，Intel 公司又在 8048 单片机的基础上成功研制出 8051 单片机。虽然只是 8 位的芯片，但是直到今天，51 系列单片机仍然有着广泛的应用。基于这类单片机的嵌入式系统只能执行一些单线程的程序，或许还谈不上是真正意义上的“系统”。世界上首枚 DSP 芯片诞生于 1982 年，DSP 芯片在模拟信号变为数字信号之后进行高速实时处理的专用处理器，其处理速度比当时最快的 CPU 快 10 ~ 50 倍。20 世纪 80 年代后期，第三代 DSP 芯片问世，运算速度进一步提升，其应用范围逐步扩大到通信、控制及计算机等多个领域。这一阶段，随着微电子工艺水平的提高，IC 制造商开始把嵌入式应用中所需要的各种部件集成到一片电路中，制造出面向 I/O 设计的微控制器，与此同时，嵌入式系统的程序员也开始基于一些简单的操作系统开发嵌入式应用软件。

20 世纪 90 年代以后，嵌入式处理器的发展取得长足的进步。据不完全统计，目前世界上嵌入式处理器已经超过 1000 多种。仅以 32 位的嵌入式处理器而言，就有超过 100 种、30 多个系列（如 ARM、MIPS、PowerPC、X86 和 SH 等）可供开发人员根据实际需要去选择。与此同时，在分布控制、数字化通信和信息家电等巨大需求的牵引下，嵌入式系统进一步飞速发展，随着硬件实时性要求的提高，嵌入式系统的软件规模也不断扩大，出现了各种实时多任务操作系统，并成为嵌入式系统的主流。

21 世纪以来，嵌入式操作系统迅速发展，许多嵌入式操作系统已经具备接入 Internet 的能力。随着 Internet 的进一步发展，以及 Internet 技术与信息家电、工业控制技术等日益紧密的结合，嵌入式系统的研究和应用也随之产生变化。一方面，新的处理器层出不穷，更新速度加快，而嵌入式操作系统的结构设计也更加便于移植，能够较快地支持更多处理器；另一方面，通用计算机上的部分技术和观念开始逐步扩展到嵌入式系统中，如数据库、移动代理等，从而使嵌入式软件平台得到进一步完善，同时各类 Linux 操作系统迅速发展，能够很好地适用于智能家电等设备，而嵌入式系统的网络化、信息化的要求随着 Internet 技术的成熟和带宽的提高而日益突出，以往功能单一的电子设备（如手机、空调、电视等）的结构变得更加复杂，网络互联成为必然趋势，嵌入式设备与 Internet 的结合才是嵌入式技术的真正未来。

## 2.2　嵌入式软件的组成及特点

随着国防、工业、生活、办公、医疗等领域对于智能化装备的需求日益增加，嵌入式系统及嵌入式软件的发展得到了极大的推动，使得嵌入式软件在整个软件产业的比重日趋提高。不同于普通计算机软件，嵌入式软件除了对准确性、安全性、稳定性有很高的要求外，还受限于硬件资源，因此还要尽可能优化。本节将详细介绍嵌入式软件的组成及特点。

### 2.2.1　嵌入式软件的组成

软件是嵌入式系统的核心部分，是根据特定的需求量身定做并在相对固定的环境下完成特定任务的应用程序。嵌入式系统的软件包括设备驱动层、嵌入式操作系统、应用程序接口 API 层以及实际应用程序层。对于简单的嵌入式系统，可以没有嵌入式操作系统，仅存在设备驱动程序和应用程序。对于大部分嵌入式系统，由于性能要求越来越高，通常需要嵌入式操作系统。图 2-2 给出了按技术复杂度分类的两类嵌入式系统软件的结构示意图。

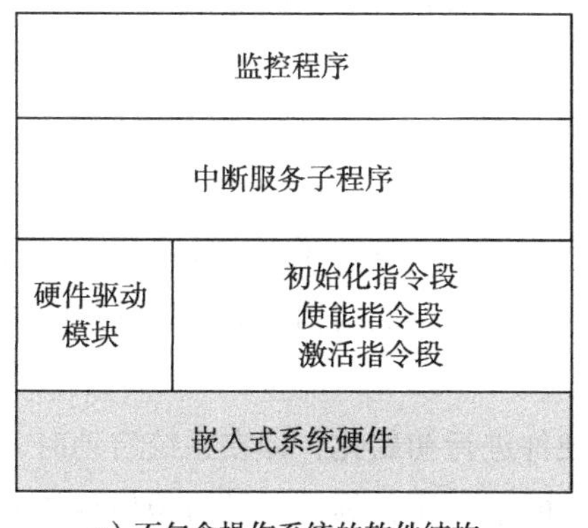


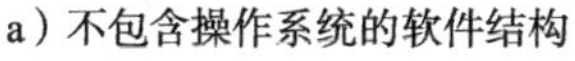
a）不包含操作系统的软件结构

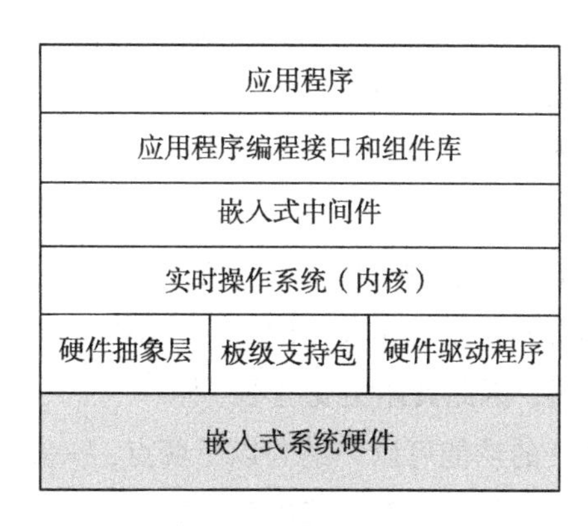


b）包含操作系统的软件结构

图 2-2　按技术复杂度分类的两类嵌入式系统软件结构示意图

图 2-2a 是不含嵌入式操作系统的嵌入式软件结构，这也是当前单片机系统常用的软件结构，包含监控程序、中断服务子程序、硬件驱动模块、初始化指令段、使能指令段和激活指令段等；在这种结构中，监控程序循环执行各个例程，如果外部设备发出中断请求信

号，则立即停止监控程序的运行，转而执行中断服务子程序。中断服务子程序在运行过程中，如果需要访问硬件，则通过驱动程序、硬件初始化指令段、硬件使能指令段或者硬件激活指令段进行访问。

图 2-2b 是包含嵌入式操作系统的嵌入式软件结构，由硬件抽象层（HAL）、板级支持包（BSP）、硬件驱动程序、嵌入式实时操作系统（RTOS）、嵌入式中间件（Embedded Middleware）、应用程序编程接口（API）、组件（构件）库以及嵌入式应用软件组成。

**1. 硬件抽象层**

硬件抽象层是位于操作系统内核与硬件电路之间的接口层，其目的就是将硬件抽象化，即可以通过程序来控制处理器、I/O 接口以及存储器等所有硬件的操作，这样使系统的设备驱动程序与硬件设备无关，提高了系统的可移植性。硬件抽象层包括相关硬件的初始化、数据的输入 / 输出、硬件设备的配置等操作。硬件抽象层又可细分为通用抽象层、体系结构抽象层、变体抽象层和平台抽象层四种。HAL 只是对硬件的一个抽象，对一组 API 进行定义，不提供具体的实现。HAL 各种功能的实现是以板级支持包的形式完成对具体硬件的操作。

**2. 板级支持包（BSP）**

板级支持包是介于硬件和嵌入式操作系统中驱动层程序之间的一层，主要是实现对嵌入式操作系统的支持，为上层的驱动程序提供访问硬件设备寄存器的函数包，使之能够更好地运行于硬件上。每个 BSP 包括一套模板。模板中有设备驱动程序的抽象结构代码、具体硬件设备的底层初始化代码等。通常在系统初始化过程中，由 BSP 将操作系统中的设备驱动程序与硬件设备相关联。随后，由通用设备驱动程序调用，实现对硬件设备的控制。另外，BSP 还参与了嵌入式系统初始化及硬件初始化的过程。

BSP 主要有两个特点：一是具有硬件相关性的特点，BSP 程序直接对硬件进行操作；二是具有操作系统相关性的特点，不同操作系统的软件层次结构不同，硬件抽象层的接口定义不同，因此具体实现也不一样。

BSP 的功能可以归纳为以下两点：一是对硬件进行初始化，即在系统启动时，完成对硬件的初始化，如对系统内存、寄存器以及设备的中断设置等；二是为操作系统的通用设备驱动程序提供访问硬件的手段，如果系统是统一编址的，则可以直接在驱动程序中用 C 语言的函数访问，如果系统是单独编址的，则只能用汇编语言编写函数进行访问。

**3. 硬件驱动程序**

系统安装的硬件设备必须经过驱动才能被使用，设备的驱动程序为上层软件提供调用的操作接口。上层软件只要调用驱动程序提供的接口，而不必关心设备内部的具体操作，就可以控制硬件设备。驱动程序除了实现基本的功能函数（初始化、中断响应、发送、接收等）外，还具备完善的错误处理函数。有些嵌入式操作系统规定了符合本操作系统 I/O 接口规范的驱动程序设计标准。

**4. 实时嵌入式操作系统（RTOS）**

实时嵌入式操作系统负责管理嵌入式系统的各种软硬件资源，完成任务调度、存储分配、时钟、中断管理等。有了实时嵌入式操作系统，进程管理、进程间的通信、内存管理、文件管理、驱动程序管理、网络协议管理等方可实现。目前广泛使用的实时嵌入式操作系统有：μC/OS-II、嵌入式 Linux、Windows CE/Mobile/Phone、VxWorks 等，以及应用在智能手机上的 Android、iOS。

**5. 嵌入式中间件**

中间件是一种独立的系统软件或服务程序，分布式应用软件借助这种软件在不同的技术之间共享资源，中间件位于客户机服务器的操作系统之上，管理计算资源和网络通信。为了提高开发速度与软件质量，一些应用提供商开发出了一些可重用的嵌入式应用软件开发平台，提供了嵌入式软件中间件，封装了一些常用的功能，提供各种编程接口库以及第三方组件和构件库，可以在此基础上进行二次开发。

**6. 嵌入式应用软件**

嵌入式应用软件位于嵌入式系统层次结构的最顶层，直接与最终用户交互，它可决定整个产品的成败。其质量及可靠性依赖于应用软件的设计质量、资源的使用情况以及与操作系统耦合的程度。嵌入式应用软件主要由多个相对独立的应用任务组成，每个应用任务完成特定的工作，比如输入 / 输出任务、计算任务和通信任务等，一般由操作系统调度各个任务。

## 2.2.2 嵌入式软件的特点

从软件的开发方式看，嵌入式软件具有交叉开发的特点，即软件在宿主机上进行开发，而在目标机环境下运行；从软件的存在形式看，嵌入式软件具有嵌入性的特点，主要体现在软件的固态化存储及软硬件之间的结合紧密；从软件的应用范围看，嵌入式软件具有专用性的特点，嵌入式软件一般面向特定领域，具有较强的专用性。

**1. 交叉开发**

图 2-3 所示为嵌入式软件的交叉开发示意图。嵌入式软件具有交叉开发的特点体现在

开发工具运行在软硬件配置丰富的宿主机上，而嵌入式应用程序运行在软硬件资源相对缺乏的目标机上。宿主机是执行编译、链接嵌入式软件的计算机；目标机是运行嵌入式软件的硬件平台。通常我们用的 PC 机就是宿主机，而我们用的开发板则是目标机，宿主机与目标机可以通过各种接口进行通信。可以看出，与普通计算机软件相比，嵌入式软件的开发要有一套与相应芯片配套的开发工具和开发环境。

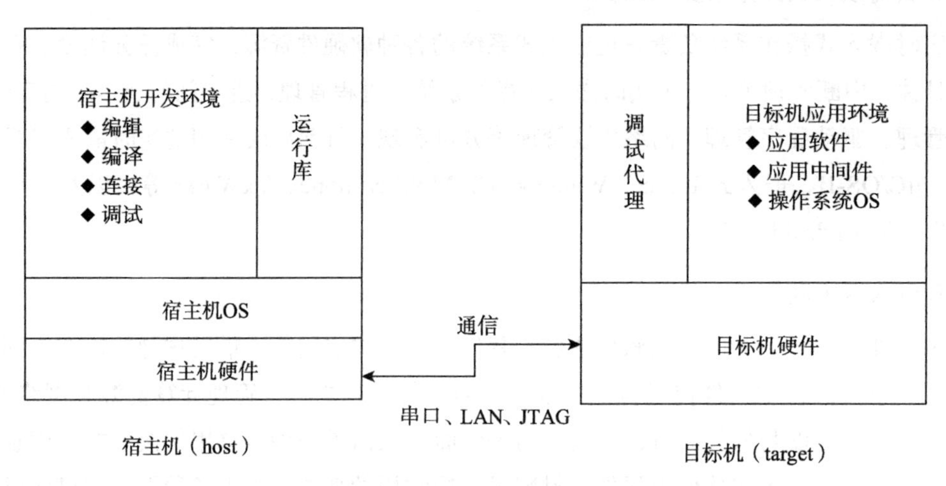


图 2-3 嵌入式软件的交叉开发示意图

如图 2-4 所示，在宿主机上的开发过程又分为三个步骤：首先使用编辑器编写源代码程序，然后通过交叉编译得到各个目标模块，最后链接成可供下载调试或固化的可执行目标程序。所谓交叉编译就是将在宿主机上编写的高级语言程序编译成可以运行在目标机上的代码，即在宿主机上编译生成另一种 CPU（嵌入式微处理器）上的二进制程序。

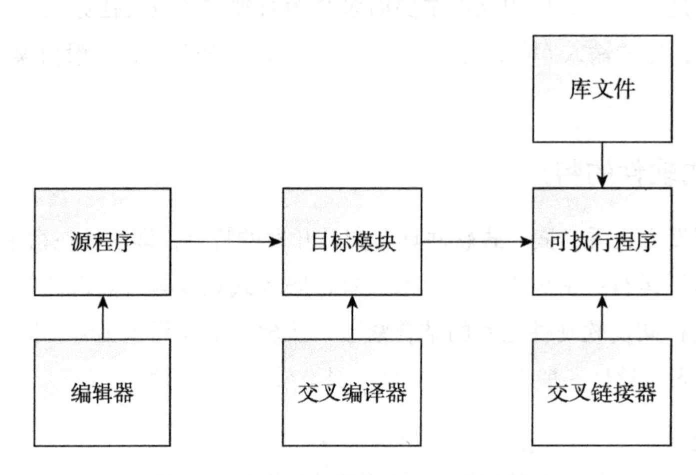


图 2-4 嵌入式软件宿主机开发示意图

嵌入式软件主要通过插桩的方式调试，测试工具运行在宿主机上，测试所需的信息在目标机上产生，并通过一定的物理 / 逻辑连接传输到宿主机上，由测试工具接收，开发好的可执行程序通过通信接口下载到目标机中，通过交叉调试器进行调试，交叉调试器指调试程序和被调试程序运行在不同机器上的调试器。调试器通过某种方式能控制目标机上被调试程序的运行方式，通过调试器能够查看和修改目标机上的内存、寄存器及被调试程序中的变量等。

**2. 嵌入性**

为了提高执行速度和系统可靠性，嵌入式系统中的软件一般都固化在非易失性存储器芯片或者单片机本身，而不存储于磁盘等载体中。

**3. 专用性**

嵌入式系统专用性很强，通常应用于特定的领域，进行嵌入式系统的开发，还需要对该领域的知识有一定的理解。

嵌入式系统自身的特性决定了嵌入式软件的其他特点。

1）系统内核小、程序精简。因为嵌入式系统提供的硬件资源有限，要求内核和程序在功能设计和实现上不能过于复杂，要尽量精简。这样既有利于控制成本，又利于实现系统安全。

2）嵌入式软件的高可靠性。由于有些嵌入式系统所承担的计算任务涉及产品质量、人身安全、国家机密等重大事务，加之有些嵌入式系统的宿主对象要工作在无人值守的场合，例如危险性高的工业环境中、在人迹罕至的气象检测环境中以及为侦察敌方行动的小型智能装置中等，因此与普通软件相比，嵌入式软件对可靠性的要求极高。

3）嵌入式软件的高实时性。在多任务嵌入式系统中，对重要性各不相同的任务进行统筹兼顾的合理调度是保证每个任务及时执行的关键，单纯通过提高处理器速度是无法实现的，只能由优质、高效的软件来完成，因此嵌入式软件的高实时性是基本要求。

4）嵌入式软件抗干扰性强。软件对故障的处理，实际上是对故障进行屏蔽，并利用容错技术在被干扰后能够进行自救。在嵌入式软件的运行过程中，要利用容错技术将多层次、多角度的预防、屏蔽及监控工作做到极致，并对干扰的种类、性质及影响做出正确的判断，从而增强其抗干扰能力。

5）嵌入式软件的灵活适用性。嵌入式软件通常可以认为是一种模块化软件，它应该能非常方便、灵活地运用到各种嵌入式系统中，而不会破坏或更改原有系统的特性和功能。首先它要小巧，不能占用大量资源；其次要使用灵活，应尽量优化配置，减小对系统的整体继承性，升级更换灵活方便。

6）嵌入式软件具有多样性。近几十年来，不同类别的嵌入式控制器层出不穷。基于不同嵌入式控制器的嵌入式软件在操作系统、编程语言、编译器等方面存在较大差异，这也使得嵌入式软件呈现出多样性。

## 2.3 嵌入式系统的设计流程

通常来说，一个嵌入式系统的开发过程如下：

1）确定嵌入式系统的需求；

2）设计嵌入式系统的体系结构。选择处理器和相关外部设备、操作系统、开发平台以及软硬件的分割和总体系统集成；

3）详细的软硬件设计和 RTL 代码、软件代码开发；

4）软硬件的联调和集成。

下面以列车通信网的设计实例来简单介绍嵌入式系统的设计流程。

**1. 确定系统的需求**

（1）MVB 简介

列车通信网（Train Communication Network，TCN）是一个集整列列车内部测控任务和信息处理任务于一体的列车数据通信的 IEC 国际标准（IEC 61375-1），它包括两种总线类型：绞线式列车总线（WTB）和多功能车厢总线（MVB）。

TCN 在列车控制系统中的地位相当于 CAN 总线在汽车电子中的地位。多功能车辆总线是用于在列车上设备之间传送和交换数据的标准通信介质。附加在总线上的设备可能在功能、大小、性能上互不相同，但是它们都和 MVB 相连，通过 MVB 来交换信息，形成一个完整的通信网络。在 MVB 系统中，根据 IEC 61375-1 列车通信网标准，MVB 有如下特点。

1）拓扑结构：MVB 的结构遵循 OSI 模式，吸取了 ISO 的标准。最多支持 4095 个设备，由一个中心总线管理器控制。简单的传感器和智能站共存于同一总线上。

2）数据类型：MVB 支持三种数据类型。

- 过程数据：过程变量表示列车的状态，如速度、电机电流、操作员的命令。过程变量的值叫作过程数据。它们的传输时间是确定和有界的。为保证这一延迟时间，这些数据被周期性地传送。
- 消息数据：消息被分成小的包，这些包分别被编号并由目的站确认。消息包及与之相关的控制数据形成消息数据。消息数据以命令方式传输。功能消息被应用层所使用，服务消息用于列车通信系统自身的管理等。

- 监视数据：监视数据是短的帧，主设备用它实现同一总线内设备的状态校验、联机设备的检测、主权传输、列车初运行和其他管理功能。

3）介质访问形式：MVB 支持 RS485 铜介质和光纤。其物理层的数据格式为 1.5Mbit/s 串行曼彻斯特编码数据。

MVB 的介质访问是由总线管理器（BA）进行管理的，总线管理器是唯一的总线主设备，所有其他设备都是从设备。主设备按照某种预定的顺序对端口进行周期性轮询，在周期的间隔，主设备转而处理偶发性请求。

4）可靠性措施：MVB 容错措施包括发送的完整性、故障的独立性和发送的可用性。

- 发送的完整性：链路层有扩充的检错机制，该机制提供的汉明码距为 8，可检测位、帧和同步错误。
- 故障的独立性：通常对铜介质进行完全双份配置，以确保设备故障的独立性。
- 发送的可用性：可用性可以通过介质冗余、电源冗余、管理器冗余等措施得以提高。

（2）MVB 系统的基本需求

MVB 系统的基本需求如下。

1）完全与 IEC 61375-1（TCN）国际标准兼容，支持 MVB 定义的三种数据类型（过程数据、消息数据、监视数据）。

2）系统可配置为：

- 总线管理器功能。
- 总线管理器功能和通信功能。
- 独立的通信功能。

3）采用 ARM7TDMI 的处理器。

4）采用实时操作系统。

5）供 TCN 的实时协议栈协议（RTP）。

6）支持 4096 逻辑端口的过程数据。

7）支持与上位 PC104 主机的双口 RAM 接口。

8）输入电压为 5V。

9）工作环境温度：–40 ~ 75℃。

（3）其他需求

多功能车辆总线系统与用户的列车控制系统同步设计，有着严格的时间限制。

**2. 设计系统的体系结构，协同分配硬件 / 软件方面的要求**

嵌入式系统包含硬件和软件两部分：硬件架构上以嵌入式处理器为中心，配置存储器、

I/O 设备、通信模块等必要的外设；软件部分以软件开发平台为核心，向上提供应用编程接口（API），向下屏蔽具体硬件特性的板级支持包（BSP）。在嵌入式系统中，软件和硬件紧密配合，协调工作，共同完成系统预定的功能。根据 OSI 的七层模型，可以确定链路层和物理层由硬件实现，其他各层由软件实现。

（1）嵌入式操作系统的选择

通常而言，为一个嵌入式系统选择操作系统要考虑如下几个因素。

1）操作系统支持的微处理器。

2）操作系统的性能。

3）操作系统的软件组件和设备驱动程序。

4）操作系统的调试工具、开发环境、在线仿真器（ICE）、编译器、汇编器、连接器、调试器以及模拟器等。

5）操作系统的标准兼容性。

6）操作系统的技术支持程度。

7）操作系统是提供源代码还是目标代码。

8）操作系统的许可使用情况。

9）操作系统的开发者声誉状况。

根据系统的需求和以上原则，在 MVB 系统中采用了 VxWorks 实时操作系统，VxWorks 是风河公司（Wind River System）开发的实时操作系统之一，以其优秀的可靠性、实时性及内核的可裁减性，被广泛应用于通信、军事、航天航空、工业控制等关键行业领域，其开发环境为 Tornado。

（2）处理器的选择

在为嵌入式系统选择处理器时需要考虑以下几个方面。

1）性能：处理器必须有足够的性能执行任务和支持产品生命周期。

2）工具支持：是否支持软件创建、调试、系统集成、代码调整和优化工具对整体项目能否成功非常关键。

3）操作系统支持：嵌入式系统应用需要使用有帮助的抽象来减少其复杂性。

4）开发人员的处理器开发经验：拥有处理器或处理器系列产品的开发经验可以减少大量学习新处理器、工具和技术的时间。

5）成本、功耗、产品上市时间、技术支持等。

在本系统的设计中，综合以上各方面的因素，考虑到处理器性能、操作系统支持以及列车上严酷的工业环境等，在 MVB 系统中选用了 ATMEL 用于工业控制领域的工业级的 AT91 系列 ARM 处理器 AT91M40800，它基于 ARM7TDMI 内核，内含高性能的 32 位

RISC 处理器、16 位高集成度指令集、8KB 片上 SRAM、可编程外部总线接口（EBI）、3 通道 16 位计数器 / 定时器、32 个可编程 I/O 口、中断控制器、2 个 USART、可编程看门狗定时器、主时钟电路和 DRAM 时序控制电路，并配有高级节能电路；同时，可支持 JTAG 调试，主频可达 40MHz。

（3）相关外部设备的选择

在确定操作系统和处理器之后，就可以确定相关的外部设备，如 FLASH、RAM、串口等。在 MVB 系统中，MVB 控制器（Multifunction Vehicle Bus Controller，MVBC）是一个 MVB 电路和实际的物理设备之间的接口控制器，它的主要功能是实现 MVB 信号与数据帧的编解码、纠错等功能，是本系统中要实现的关键硬件模块。由于系统规模、上市时间等方面的要求，系统暂时不考虑 ASIC 实现，因此在 MVB 系统中用 FPGA 来实现该关键模块，FPGA 是 ASIC 最灵活和最合算的替代方案。考虑到系统需求与 FPGA 资源、成本、供货情况等因素，我们最终选择了 Altera 公司的 Cyclone 系列 FPGA，其开发工具是 Quartus II。

**3. 详细的软硬件设计和 RTL 代码、软件代码开发**

在系统架构确定后，就可以开始进行详细的软硬件设计了。

1）硬件设计：硬件设计包括 MVB 控制器的 FPGA 设计和 MVB 系统的板级设计，其中关键的是 MVB 控制器的设计。

2）软件设计：由于在 MVB 系统中，过程数据、消息数据和监视数据是三种不同的通信机制，因此 MVB 系统经常划分为“用户应用”“层间管理”“总线管理”“监视数据”“消息数据”“过程数据”等多个模块。

**4. 软硬件的联调和集成**

以一个简单的例子来说明 MVB 系统的软硬件的集成和验证。

在 MVB 系统中过程数据是周期性发送的数据，其在本系统中的通信机制如下。对于发送方，用户应用模块将一个端口的过程变量发送给过程数据处理模块，过程数据处理模块按照逻辑端口的设置定时通过链路层接口模块更新 Traffic Memory 当中的相应逻辑端口的数据，此时发送方软件的任务完成。发送方的 MVBC 硬件接收总线管理器定时发出的主帧，通过译码器解码得到相应的逻辑端口的值，通过查询 Traffic Memory 相关的逻辑端口发送设置后将 MVBC 自动设置为发送状态，将逻辑端口的数据作为过程数据从帧通过编码器发出。

## 2.4 嵌入式软件的应用领域

嵌入式系统是数字化产品的核心，是现代计算机技术改造传统产业、提升多领域技术水平的有力工具，具有非常广阔的应用领域，可以说嵌入式系统无处不在。其主要应用领域包括智能产品（智能仪表、智能和信息家电）、工业自动化（测控装置、数控机床、数据采集与处理）、办公自动化（通用计算机中的智能接口）、电网安全、电网设备检测、石油化工、商业应用（电子秤、POS 机、条码识别机）、安全防范（防火、防盗、防泄漏等报警系统）、网络通信（路由器、网关、手机、PDA、无线传感器网络）、汽车电子与航空航天（汽车防盗报警器、汽车和飞行器黑匣子）以及军事装备等。

**1. 消费类电子领域**

后 PC 时代，计算机将无处不在，家用电器将向数字化和网络化发展，电视机、冰箱、微波炉、电话等都将嵌入计算机，并通过家庭控制中心与 Internet 连接，转变为智能网络家电，还可以实现远程医疗、远程教育等。

目前，智能小区的发展为机顶盒打开了市场，机顶盒将成为网络终端，它不仅可以使模拟电视接收数字电视节目，而且可以上网、炒股、点播电影，实现交互式电视，依靠网络服务器提供各种服务。嵌入式系统为信息家电（网络、冰箱、机顶盒、家庭网关）的实现提供了可能和广阔的技术前景。

**2. 医疗仪器领域**

嵌入式系统是推动当今医疗设备技术发展的重要领域，医疗设备中从简单的控制应用到复杂的实时操作系统应用，再到基于网络的分布式应用，都留下了嵌入式系统的身影。如今，由嵌入式系统支持的医疗仪器设备在诊所和医院里已必不可少，如用于功能诊断与患者监护的心电图机、脑电图机、电子肌动扫描器等生理参数检测设备，用于造影诊断的 X 光机、超声波扫描仪、核磁共振分析仪等嵌入式影像设备，以及用于生命维持的电子脉搏发生器、血透控制设备等。

除了医院中广泛使用嵌入式系统的价格昂贵的大型医疗设备外，价格低廉的小型设备（如电子血压计、电子血糖仪、电子体重秤等）已广泛进入家庭，家庭成员可以随时用这些小型设备对自身的健康情况进行监测。另外，嵌入式系统在远程医疗、医院信息系统、病人呼叫中心、数字化医院等领域的应用，使医院的管理更加完善和高效，同时，使病人享受到了更加快捷、方便和人性化的服务。

**3. 工业控制领域**

在过去的 30 多年里，工业自动化控制领域发生了从机械学、液压系统到电子学和软件的技术变革。工业自动化的任务是对一个技术过程，如汽车生产、行李运输、照明控制、发电或射线生成等，进行自动控制。这个任务是由工业自动化系统来承担的。如今，嵌入式系统在工业自动化的所有水平等级上都是不可或缺的。

在工业自动化的现场层、自动化层、过程控制层、生产管理层和企业管理层，均能看到嵌入式系统的身影，智能现场设备、可编程逻辑控制器、运动控制部件、数字控制部件、工业用计算机、工业以太网等都大量地应用了嵌入式系统。

**4. 汽车电子领域**

在汽车领域，越来越多具有重要竞争力的创新来自嵌入式系统的应用。一部高档小汽车中甚至包含十几个嵌入式处理器，通过现场总线控制着汽车的各个部件，包括仪表盘、定速驾驶控制、电动窗、GPS 定位导航、电子喷射装置、防抱死制动系统（ABS）和排放控制等。通过扩充无线上网、视频点播和遇险报警等功能，使新型汽车更加“耳聪目明”。

在 Mercedes-Benz S 系列型号中，每辆汽车都有 50 多个控制设备、60 多万行的嵌入式软件代码、3 个总线系统、约 150 个总线信息和 600 多个信号。随着汽车中由嵌入式电子设备驱动的创新的数目的不断增加，通过嵌入式系统研发带来的开发成本、质量保证成本和商业成本的份额也逐渐上升。根据戴姆勒 – 克莱斯勒公司的估计，在未来的 10 年内，嵌入式电子设备与软件在汽车的平均成本中所占的份额将达到 40%。

**5. 航空航天与军事装备领域**

在航空航天与军事装备领域，嵌入式系统的应用更广泛。飞机中的航电系统、通信系统、机载雷达中都存在大量的嵌入式系统应用，如飞行仪表、起落架控制系统、自动监测设备、信号处理机、数据处理机、敌我识别应答机等。航天器、人造卫星或航天运输工具中推进系统、点火系统以及电子导航装置都是嵌入式系统的具体应用。神舟飞船和长征系列火箭系统中就应用了很多嵌入式系统。

在军事装备领域也存在大量的嵌入式系统，可用于侦察、指挥控制、对外通信、火力控制等。随着装备信息化程度的不断提高，武器系统中的嵌入式应用将越来越多。嵌入式电子装备在武器系统中的含量和地位已经成为决定武器装备总体实力的关键因素。嵌入式系统已成为现代化精确武器和智能武器的灵魂，武器装备呈现出机电一体化的特征和复杂性。嵌入式系统和武器装备的结合促使一代又一代新式武器的诞生。

**6. 其他领域**

嵌入式系统在楼宇自动化中的应用，如：水、电、煤气表的远程自动抄表，门禁系统和社区的智能防盗网络系统等，实现了更高、更准确和更安全的自动化管理。在商业领域中的应用如公共交通无接触智能卡发行系统、公共电话卡发行系统、税控收款机、自动售货机和各种智能 ATM 终端将全面走入人们的生活，到时手持一卡就可以行遍天下。在国土资源监测与管理中的应用如：水文资料实时监测、防洪体系及水土质量监测、堤坝安全、地震监测网、实时气象信息网、水源和空气污染监测等，在很多环境恶劣、地况复杂的地区，嵌入式系统将实现无人监测。

## 习题

1. 什么是嵌入式系统？嵌入式系统的核心硬件是什么？
2. 嵌入式系统硬件主要包括哪些部分？
3. 嵌入式系统与普通计算机系统有哪些异同？
4. MCU 的硬件最小系统是指什么？
5. MCU 与 MPU 有哪些区别？
6. 嵌入式系统软件主要包括哪些部分？
7. 嵌入式软件有哪些特点？
8. 嵌入式系统的设计流程是怎样的？
9. 嵌入式软件有哪些应用领域？
10. 指出日常生活中常见的嵌入式系统，并简述其系统组成。

第3章
Chapter 3

# 嵌入式软件测试概述

## 3.1 嵌入式软件测试的特点

嵌入式软件测试作为一种特殊的软件测试，在业内入门门槛高，常常被认为是一种比较难的测试，这种测试与主机平台软件（也称为普通软件）测试的区别和联系是什么呢？我们之前学习的软件测试基本方法和理论能否应用到嵌入式软件测试工作中呢？本节重点阐述嵌入式软件测试与普通软件测试的区别和联系。

### 3.1.1 嵌入式软件测试与普通软件测试的相同点

**1. 软件测试的目的和原则相同，具有相同的测试信息流**

嵌入式软件测试作为一种特殊的软件测试，它的目的和原则与普通软件测试是相同的，都是为了发现软件缺陷，而后修正缺陷以提高软件的可靠性。它们的中心任务都是验证和确认软件的实际实现是否符合要求，在验证过程中发现系统缺陷。

嵌入式软件测试与普通软件测试具有相同的信息流，如图3-1所示。

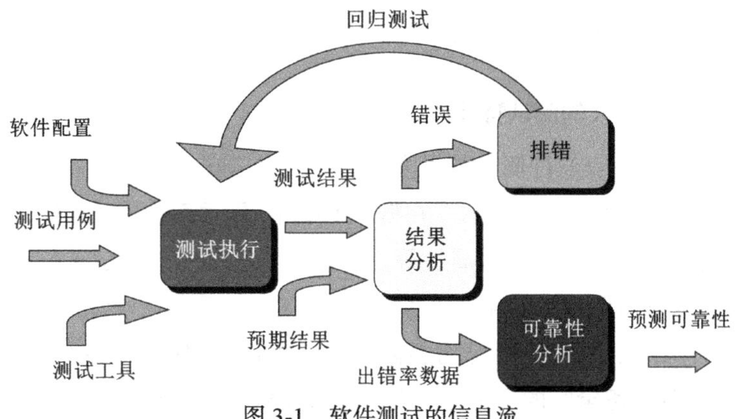


图3-1 软件测试的信息流

**2. 测试对象相同**

嵌入式软件测试和普通软件测试的对象相同，包括软件中的所有内容，并贯穿软件定义与开发的整个过程。也就是说，需求分析、概要设计、详细设计、程序编码等各个阶段所得到的文档及源程序，包括需求规格说明、概要设计规格说明、详细设计规格说明以及源程序，都应当被称为软件测试的对象。

**3. 测试的工作程序相同**

因为嵌入式软件测试的工作程序同样包括测试需求、测试策划、测试环境构建、测试设计、测试执行以及缺陷报告等阶段，所以专门的测试机构在进行测试过程的软件工程化管理时，是将嵌入式软件测试与普通软件测试纳入一个质量管理体系中的。

**4. 测试过程模型和测试级别划分相同**

嵌入式软件测试同样遵循先静态、后动态的测试顺序，按照单元测试、集成测试、系统测试的顺序由小到大逐步完成整个测试，因此依然可以用V模型来表示嵌入式软件测试过程。

**5. 软件测试的基本理论和常用的测试方法依然有效**

虽然嵌入式软件测试有其特殊性，但是软件测试的基本理论，如抽样性测试理论、故障假设测试理论，以及白盒与黑盒测试、控制流分析、等价类、边界值和场景法等方法，都可以因地制宜地应用到嵌入式软件测试中。

以上总结了嵌入式软件测试与普通软件测试的相同之处，还可以对这些相同之处进行细分，但无论嵌入式软件如何特殊，其本质上还是软件，具备软件的通用特性。总结的目的是，消除学习者对嵌入式软件测试的畏惧，打消学习者的顾虑。

下面来重点分析嵌入式软件测试和普通软件测试的不同之处，以指导和促进学习者对嵌入式软件测试知识的学习。

### 3.1.2 嵌入式软件测试的特殊性

**1. 软硬件紧密结合带来的测试特殊性**

嵌入式软件测试与一般软件测试的最大区别体现在“嵌入”两个字上，也就是说，在测试过程中必须考虑被测的软件“嵌入”在哪一个硬件/硬件系统中，测试的对象不仅仅是代码，还包括硬件的机械属性、电气属性等。从另一个角度来讲，在嵌入式测试中硬件的动作（机械动作、电路动作等）是自带“逻辑”的，这一“逻辑”会影响软件的运行结果，在嵌入式测试过程中，无论是测试需求分析阶段还是测试设计阶段，必须要考虑硬件的“逻辑”，或者说，对硬件“逻辑”的测试正是嵌入式软件测试的重要内容之一，所以嵌入式测试通常是离不开硬件的。

通常，完整的嵌入式测试是对嵌入式软件与嵌入式硬件的测试，是将软件与硬件组成的嵌入式系统看作一个实体，这个软硬件结合的实体是测试的对象。所以嵌入式测试的实现原理不同于一般的软件测试。在实现过程中，我们的测试需求分析对象是整个嵌入式系统的需求，而不是只独立地分析软件需求；在测试策划上要考虑整个嵌入式系统运行环境的构建，而不只是软件运行环境的构建，必须最大限度地模拟被测软件的实际运行环境，以保证测试的可靠性，而底层程序和应用程序界限的不清晰又增加了测试的难度；在测试设计上要分析整个嵌入式系统的输入与输出（软件与硬件的输入 / 输出），而不是只分析软件的输入与输出；在测试结果的分析过程中，测试用例"通过"的标准一定是同时满足软件与硬件的"通过"标准。

**2. 嵌入式软件开发和运行（测试）环境的分开带来的测试环境的复杂性**

单元测试阶段的所有单元测试都可以在宿主机环境下进行，只有在个别情况下会特别指定单元测试要直接在目标机环境下进行。集成测试阶段的集成测试大部分也可在宿主机环境下完成，在宿主机平台上模拟目标环境运行。所有的系统测试和确认测试都必须在目标机环境下执行。可以先在宿主机上开发和执行系统测试，然后移植到目标机环境重复执行。而确认测试最终必须在目标机环境中进行，因为系统的确认必须在真实的系统下完成，而不能在宿主机环境下模拟，这关系到嵌入式软件的最终可用性。

**3. 嵌入式系统的专用性和多样性带来的测试资源难以复制和重用**

嵌入式系统的一个突出的特点是其专用性。嵌入式系统具有功能专用、接口专用、应用场景专用等特点，即一个嵌入式系统只进行特定的一项或几项工作，嵌入式软件运行的硬件环境都是为进行这些工作而开发出来的专用硬件电路。因为它们的体系结构、硬件电路甚至所用的元器件都是不一样的，所以嵌入式软件测试的硬件环境也是复杂多样的，这使得嵌入式软件测试从测试环境的建立到测试用例的编写也是复杂多样的。嵌入式软件测试在一定程度上并不只是对嵌入式软件的测试，很多情况下是对嵌入式软件在开发平台中同硬件的兼容性测试。因此，任何一套嵌入式软件系统都需要有自己的测试环境、自己的测试用例。

**4. 嵌入式软件测试中对实时性有严格要求**

由于嵌入式系统的实时性决定了嵌入式系统的运行时间是受严格限制的，因此需要在规定的时间内完成处理任务。例如，导弹的飞行控制系统必须快速对导弹的飞行姿态变化做出反应，以保证导弹准确击中目标。因此，嵌入式软件在测试时应当充分考虑系统实时响应的问题，如在正确的时间输入有效、在错误的时间输入无效，还要考虑系统的响应时间是否在规定的时间内，并对有严格响应时间要求的嵌入式系统做性能负载测试。

**5. 嵌入式软件测试中插桩测试需要宿主机和目标机协同工作**

嵌入式软件最终的测试需要在目标机平台上进行，在对目标机进行测试时，我们需要对在宿主机上编译通过的代码进行插桩处理。插桩完成之后，需要重新对代码进行编译，如果编译通过，就可以将编译好的代码下载到目标机上执行。在目标机上执行程序的时候，需要将插桩时预测好的数据返回到宿主机上，因此，宿主机和目标机要有能够相互传递数据的网线或者串口线，宿主机上同时要有能够处理返回的数据的处理程序或软件。

**6. 嵌入式软件测试强调可靠性测试**

因为嵌入式软件对系统的可靠性和安全性要求比一般的软件系统高，所以还需要进行系统的可靠性测试。对于不同的嵌入式系统，需要制定符合系统需求的可靠级别，在进行可靠性测试时应该将系统的可靠性级别考虑进去，如一些工业控制系统，要在电磁很强的环境下可靠地工作，同时要保证操作人员的安全。

**7. 嵌入式软件测试强调内存测试**

嵌入式软件系统中的内存资源少，所以经常因为内存问题而影响系统的可靠性和稳定性。嵌入式软件测试需要对内存泄漏、内存碎片等问题进行充分测试。不允许内存在运行时发生泄漏等情况，因此嵌入式软件测试除了与普通软件测试一样需要对软件进行性能测试、GUI 测试、覆盖分析测试之外，还要对内存进行测试。

**8. 嵌入式软件测试往往需要编写测试驱动程序**

有时候，由于没有通常的外围设备，所以很难在测试过程中监测和观察嵌入式软件的运行。例如，某些嵌入式系统既没有多余的存储设备，也没有屏幕显示和打印输出装置，甚至连键盘这样的输入设备也没有，特别是用于航空航天和武器装备的嵌入式系统（如星载控制软件和导弹跟踪系统等）。此外，组成系统的软硬件之间一般存在互操作。例如，雷达系统的数据处理软件嵌入在雷达车或雷达控制台上，需要接收雷达设备传递过来的数据，惯性导航系统会和加速度表及速率螺旋等传感器相连，一方面这些组成系统的软硬件由于价格不菲或者正在研制中，在实际测试中大概率是没有的，另一方面在测试中也不容易得到交互的结果。无论是上述哪种情况，都需要测试人员对外围软硬件设备写出模拟软件以组成测试环境。嵌入式测试大赛使用的 ETest 测试工具就是便于进行测试程序开发的自动化测试框架。

## 3.2　嵌入式软件测试的策略和方法

自从出现了高级语言，嵌入式系统的开发环境和运行环境就存在差异了，开发环境被认为是主机平台（Host），软件运行环境为目标平台（Target）。嵌入式软件的开发环境和运行环境往往互相分离，即采用交叉开发（Cross Developing）的方式：开发在宿主机上进行，最终在目标机上使用。利用宿主机上丰富的资源及良好的开发环境开发和仿真调试目标机上的软件；通过串口或网络等将交叉编译生成的目标代码传输并装载到目标机上，用调试器在监控程序或实时内核 / 操作系统的支持下进行实时分析、测试和调试。

因此，这种开发环境和运行环境分离的交叉开发决定了嵌入式软件测试的基本策略为交叉测试（Cross-test）或主机目标（Host Target）测试。在测试过程中，充分利用高级语言的可移植性，将系统中与目标环境无关的工作转移到 PC 平台上完成，那么在硬件环境未建好或调试工具缺乏时就可以开展测试，这时可以借鉴常规的软件测试方法。系统中与硬件密切相关的工作在目标机上完成，用到的测试工具需要支持目标环境。最后，在目标环境中进行验证确认。交叉测试适用于高级语言，操作方便，测试成本较低，但是实时性受调试环境的制约，在目标环境中测试时要占用一定的目标资源。

### 3.2.1　交叉测试

交叉测试与其他嵌入式测试策略最大的区别主要体现在测试环境的搭建上，嵌入式软件运行于特定的硬件环境中，这一特定的硬件环境在芯片指令、存储器、总线、操作系统等各个方面都与 PC 系统完全不同，这一环境与我们日常使用的 PC 硬件环境几乎完全不兼容。所谓目标环境测试是指嵌入式软件运行于真正的嵌入式硬件系统中进行测试，基于目标的测试全面、有效，但是消耗较多的经费和时间。所谓宿主环境测试是指在 PC 中搭建一个模拟的目标机硬件环境，然后使嵌入式软件运行于这一模拟的硬件环境中。基于宿主的测试代价较小，但是对于有些对环境要求高的功能和性能，宿主机无法模拟，测试无法实现。当前，根据参与测试的被测对象以及被测系统的模拟仿真程度，嵌入式软件测试又可细分为全实物仿真测试、半实物仿真测试以及全数字仿真测试，这部分内容详见 3.4 节。

使用有效的交叉测试策略可极大地提高嵌入式软件测试的水平和效率，下面给出各个阶段的嵌入式软件测试方案。按照先静态、后动态的测试策略，动态测试按照单元测试、集成测试、系统测试和确认测试的顺序进行。

**1. 静态测试**

静态测试不运行被测程序，目的是度量程序静态复杂度、检查软件是否符合编程标准并发现代码的缺陷，比如中断的重入、数组的越界、内存操作错误等。

静态测试与编译器和指令集有关，市场上有许多功能相近的测试工具，可以根据不同的要求进行选择，具体可参见第 7 章。嵌入式系统的静态测试和普通软件的静态测试没有区别，这里不再赘述。

**2. 动态测试**

进行动态测试时必须运行被测软件。动态测试方法分为黑盒测试和白盒测试。为了较快得到测试效果，通常先进行功能测试、性能测试、接口测试等，完成所有功能测试后，为确定软件的充分性再进行必要的覆盖测试。

根据软件开发的不同阶段，动态测试又分为单元测试、集成测试、确认测试和系统测试。

（1）单元测试

所有的单元测试都可以在宿主机环境下进行，只有在个别情况下才会特别指定要直接在目标机环境下进行单元测试。应该最大化在宿主机环境下进行软件测试的比例，通过尽可能小的目标单元访问其指定的目标单元界面，提高单元的有效性和针对性。在宿主机平台上运行测试的速度比在目标机平台上快得多，当在宿主机平台上完成测试后可以在目标机环境下重复做一次测试，以保证测试结果在宿主机和目标机上的一致性。如果不一致，则要分析宿主机上与目标机上测试结果的不同之处，不同的原因在哪里，是资源环境的问题还是软件存在缺陷。

单元测试需要用到源代码，一般借助某种单元测试工具（如 C++test、Testbed 等）进行白盒测试，采用逻辑测试的基本方法获得覆盖率指标，与编程语言密切相关，唯一的不同在于嵌入式软件测试需要在宿主机平台上完成测试后在目标机环境下重复做一次测试，以保证测试结果在宿主机和目标机上的一致性。使用的基本方法和普通软件的单元测试要求相似，取决于测试人员对单元测试工具掌握的熟练程度，出于教学内容的取舍，本书也不涉及此相关内容。

（2）集成测试

软件集成也可在宿主机环境下完成，在宿主机平台上模拟目标环境运行，在此级别上的确认测试可以确定一些与环境有关的问题，比如内存定位和分配方面的错误。在宿主机环境上的集成测试依赖于目标系统的具体功能。有些嵌入式系统与目标机环境耦合得非常紧密，这种情况下就不适合在宿主机环境下进行集成。对于一个大型的软件开发而言，集成可以分为几个级别。在宿主机平台上完成低级别的软件集成有很大优势，级别越高，集成测试越依赖于目标环境。

（3）系统测试和确认测试

嵌入式系统测试和确认测试的目的是确保目标机软硬件系统正确实现研制的需求，确保其使用要求。因此，在系统测试和确认测试的执行中，嵌入式软件必须真实运行在目标机上，才能最终考核系统的运行情况。

当然，在具体的实施过程中，可采用在宿主机上开发和执行系统测试，然后移植到目标机环境下重复执行的方式，然而对目标机环境的依赖会妨碍将宿主机上的系统测试移植到目标机环境中，同时，在目标机环境下的测试运行控制不如在宿主机环境下方便自如，有些运行的中间结果获取不到。确认测试最终必须在目标机环境中进行，因为系统的确认必须在真实系统下完成，而不能在宿主机环境下模拟，这关系到嵌入式软件的可用性。

使用有效的交叉测试策略可极大地提高嵌入式软件开发测试的水平和效率，下面总结了交叉测试策略：

1）使用测试工具的插桩功能（主机环境）执行静态测试分析，并且为动态覆盖测试准备插桩好的软件代码。

2）使用源码在主机环境下执行功能测试，修正软件的错误和测试脚本中的错误。

3）使用插桩后的软件代码执行覆盖率测试，添加测试用例或修正软件的错误，保证达到所要求的覆盖率目标。

4）在目标环境下重复 2），以确认软件在目标环境中执行测试的正确性。

5）若测试需要达到极端的完整性，最好在目标系统上重复 3），以确定软件的覆盖率没有改变。

通常在主机环境下执行多数的测试，只是在最终确定测试结果和最后的系统测试时才移植到目标环境，这样可以避免发生访问目标系统资源的瓶颈，也可以减少在昂贵资源（如在线仿真器）上的费用。另外，当目标系统的硬件由于某种原因而不能使用时，最后的确认测试可以推迟到目标硬件可用，这为嵌入式软件的开发测试提供了弹性。设计软件的可移植性是成功进行交叉测试的先决条件，它通常可以提高软件的质量，并且对软件的维护大有益处。各个阶段适合的测试工具可以使嵌入式软件的测试得以方便地执行。

两种测试方法各有优缺点。“目标环境测试”在每次测试中都将被测代码重新“烧”入嵌入式硬件中，成本高，效率低，而且无法获得被测软件运行过程中的各种状态与行为，无法控制软件运行流程。但这种测试方法是最直接、最可靠的，“目标环境测试”是嵌入式软件测试难以逾越的一个阶段。“宿主环境测试”则与“目标环境测试”相反，由于被测软件运行在模拟的环境中，因此省去了将代码“烧”入硬件这一过程，成本低，效率高，而且可以随时通过模拟环境的接口观察软件运行过程中的状态和行为，可以随意设置“断点”来控制被测软件的运行与暂停。但这种测试是在模拟环境中运行的，在实际应用中采用最多的是折中的测试方法：先使用“宿主环境测试”方法进行白盒类测试，如单元测试、接口测试等；再使用“目标环境测试”方法进行黑盒类的功能测试、性能测试等，以观察被测软件在真实硬件中的表现与真实硬件对其的影响。

### 3.2.2　白盒测试

“白盒”的测试方法主要是通过考察程序的逻辑结构来验证所构造的程序是否符合设计要求。由于深入考察程序的实现细节，因此“白盒”测试方法可以构造使特定部分得到测试的输入数据，而“黑盒”测试无法做到这点。

“白盒”测试的出发点是：因为程序的结构和逻辑是为实现某种设计构造的，所以就要考察这些结构和逻辑在运行中的实际作用，验证它们是否符合设计要求。为了让特定的结构和逻辑在程序的运行中实际运转起来，就必须确定一组特定的输入作为测试数据。一般来说，程序由控制和数据两部分组成，对这两部分的考察构成了“白盒”测试的两类主要技术：控制流覆盖测试和数据流覆盖测试。这两种测试在本质上认为程序是一系列的逻辑路径的动态组合，测试时尽量覆盖所有的路径是目标之一。而覆盖测试就是达到上述目标的一种方法。

**1. 控制流覆盖测试**

控制流覆盖测试通常被简称为覆盖测试，是一种“白盒”测试技术和方法。它通过运行被测程序计算程序各类语句执行的覆盖率，并对代码的执行路径覆盖范围进行评估和分析，得出覆盖测试的指标，以回答测试的完全程度如何这一问题，帮助测试者找出被测程序中的错误。

测试人员进行覆盖测试时必须拥有程序的规格说明和程序清单，以程序的内部结构为基础来设计测试用例。根据目标的不同，覆盖测试可分为语句覆盖测试、判定覆盖测试、条件覆盖测试、判定 – 条件覆盖测试、条件组合覆盖测试、路径覆盖测试、子过程调用覆盖测试等。

覆盖测试一般应用在软件测试的早期，即单元测试阶段。

嵌入式软件测试一般要求测试用例不仅要覆盖任务书和需求规格说明书中提出的功能和性能要求，达到 100% 的功能覆盖，同时也要覆盖程序中的控制流，即覆盖软件代码中的全部语句和所有分支。

对嵌入式应用中的一些要求可靠性极高的关键软件，必须满足 RTCA/DO-178B level-A 对软件的结构测试覆盖率的要求——要做到修正条件 / 判定覆盖（通常简称为 MC/DC），即程序入口和出口的每个点至少被调用一次，从而每个程序的判定到所有可能的结果值至少转换一次，判定中的每个条件可以独立地显示出对判定结果的影响，对于复杂的布尔表达需要开发一个逻辑运算真值表，对布尔表达式中的每个变量进行“真”和“假”的设置，也就是每一个决策中的每个条件都曾经独立影响决策结果至少一次。独立影响是指在其他条件不变的情况下改变某一条件。

**2. 数据流覆盖测试**

数据流覆盖测试（简称数据流测试）是路径测试的一个变种，它根据程序控制流图考虑从最初的变量分配到后来的变量引用的分支来构造结构性测试序列集合。它与路径测试的区别在于，路径测试基本上是从纯数学的角度来分析的，而数据流测试则是利用了变量之间的关系，通过定义使用路径和程序段得到一系列的指标。其优点是可直接适当地报告程序处理的数据，缺点是不包含判定覆盖，而且太复杂。因为有很多变量，有用于计算的、用于判定的、局部的、全局的等，所以如果有指针，就会更复杂。

**3. 覆盖测试的方法**

通常，覆盖测试首先要确定软件中的模块（数据计算模块、校验模块、功能模块），然后在每一个模块中用常用的覆盖计算方法计算所有满足的路径（覆盖的方法有很多，使用哪种方法要看软件要求程度，比如航空、医疗软件要求严格，使用 DO-178B 的 MC/DC 覆盖率标准），最后设计满足覆盖率要求的测试用例（满足所有路径都覆盖是不可能的，经费也会随之上升，没有公司愿意这么做）。

在经费和时间不足的情况下，应采取对关键点的覆盖测试（或“白盒”测试），即针对重要环节的测试，然后用“黑盒”测试做补充，目前国内大多数公司都采用的方法是：先对软件进行“黑盒”测试，然后查看覆盖率，再对未覆盖的代码进行“白盒”测试。这样做可以节省时间和经费，当然这种方法也有缺点，毕竟“黑盒”测试不能代替“白盒”测试，即使在正确的输入下得到正确的输出也未必是所设想的路径。

**4. 覆盖测试的问题**

上述介绍的控制流覆盖测试和数据流覆盖测试体现了测试对程序逻辑结构覆盖的全面性。由于嵌入式软件的开发与通用软件的开发很大的不同点在于需要采用交叉开发的方式：开发工具运行在软硬件配置丰富的宿主机上，而嵌入式应用程序运行在软硬件资源相对缺乏的目标机上。因此对于这类软件的测试存在以下问题：测试工具运行在宿主机上，测试所需的信息在目标机上产生，并通过一定的物理 / 逻辑连接传输到宿主机上，由测试工具接收。因此，嵌入式软件测试的一个重要问题是，建立宿主机与目标机之间的物理 / 逻辑连接，解决数据信息的传输问题。

在目标机方，插桩过的被测应用程序将覆盖信息发送到消息队列中，一个专门的任务负责在适当的时候将这些信息发送到宿主机方。宿主机方有专门的模块负责接收覆盖信息，并交给分析工具分析或在线动态显示覆盖率的增长情况。

由于嵌入式软件所运行的目标机平台的可用资源受到限制，因此我们必须考虑代码插桩对被测软件的影响。这些影响主要体现在以下 3 个方面。

1）嵌入式系统资源有限，代码空间小，而插桩后的代码增加 20% ~ 40%，往往会超过系统中的内存空间，无法下载执行。

2）大多数嵌入式系统的实时性要求高，由于代码插桩增加了被测系统的开销（增大代码量和执行时间），从而影响被测系统的实时性，甚至会影响系统功能的实现。

3）在嵌入式系统中，往往没有文件系统，无法生成历史文件。

因此如何有效地进行代码插桩，尽可能少插入代码、尽可能小地影响被测系统执行时间以及如何有效地获得覆盖率历史数据，成为嵌入式软件结构覆盖测试的关键。

### 3.2.3　黑盒测试

"黑盒"测试又被称为功能测试、数据驱动测试或基于规格说明的测试，它实际上是站在最终用户的立场上检验输入 / 输出信息及系统性能指标是否符合规格说明书中有关功能需求及性能需求的规定。软件工程师使用"黑盒"测试可以导出执行程序所有功能需求的输入条件集。"黑盒"测试必须根据软件产品的功能设计规格来设计测试用例，并在计算机上进行测试，以检测每个已实现的功能是否符合要求。"黑盒"测试并不涉及程序内部特征和内部结构，只依靠被测程序输入和输出之间的关系或程序的功能设计测试用例。"黑盒"测试有两个显著的特点："黑盒"测试与软件的具体实现过程无关，在软件实现过程发生变化时，测试用例仍然可以用；"黑盒"测试用例的设计可以和软件实现同时进行，这样能够减少总的开发时间。

"黑盒"测试和"白盒"测试是软件测试的两种基本方法，"黑盒"测试最大的优势在于不依赖代码，而是从实际使用的角度进行测试，通过"黑盒"测试可以发现"白盒"测试发现不了的问题。因为"黑盒"测试与需求紧密相关，需求规格说明的质量会直接影响测试的结果，"黑盒"测试只能限制在需求的范围内进行。

"黑盒"测试主要是在软件的接口处进行测试。它并不能代替"白盒"测试，而是用来辅助"白盒"测试发现其他类型的错误，比如功能不对或遗漏、接口错误、数据结构或外部数据库访问错误、性能错误、初始化或中止错误。

**1."黑盒"测试方法**

"黑盒"测试的直观想法就是，既然程序被规定做某些事，那么我们就看看它是不是在任何情况下都做得对，即用"黑盒"测试发现程序中的错误，需要在所有可能的输入条件和输出条件中确定测试数据，检查程序是否都能产生正确输出。很显然，这是不可能的，因为穷举测试数量太大，人们不仅要测试所有合法输入，而且还要对那些不合法但是可能的输入进行测试，所以无法完成测试。

为此“黑盒”测试也有一套产生测试用例的方法，以产生有限的测试用例而覆盖足够多的“任何情况”。由于“黑盒”测试不需要了解程序内部结构，因此许多高层的测试（包括第三方测试），如确认测试、系统测试、验收测试，都采用“黑盒”测试。

“黑盒”测试有多种技术，可以在不同的场景情况下结合使用，主要有等价类划分、边界值分析法、决策表、状态迁移图、正交试验法等。

**2.“黑盒”测试策略**

在进行嵌入式软件“黑盒”测试时，需要把单元模块、子系统、系统的预期用途作为重要依据，根据需求和设计中对接口、负载、定时、性能的要求，判断软件是否满足这些需求规范和设计要求。为了保证正确地测试，还要检查软件与硬件之间的接口。嵌入式软件“黑盒”测试的一个重要方面是极限测试。在使用环境中，通常要求嵌入式软件的失效过程要平稳，所以，“黑盒”测试不仅要检验软件工作过程，也要检验软件失效过程。

### 3.2.4　灰盒测试

1999 年，美国洛克希德公司发表了“灰盒”测试法的论文，提出了“灰盒”测试法。“灰盒”测试是一种综合测试法，它将“黑盒”测试、“白盒”测试、回归测试和变异测试结合在一起，构成一种无缝测试技术。它是一种软件全生命周期测试法，该方法通常是深入用在由 Ada、C、Fortran 或汇编语言开发的嵌入式应用软件代码中进行功能的测试。

“灰盒”测试同“黑盒”测试一样，也是根据需求规格说明书来进行测试用例的设计，但它要深入系统内部的特殊点来进行功能测试和结构测试，如单元接口测试就是通过将接口参数传递到被测单元中，检验软件在测试执行环境控制下的执行情况。“灰盒”测试的目的是，验证软件是否满足外部指标并对软件的所有通道或路径都进行检验。通过对该程序的所有路径都进行检验，就得到了全面的验证。“灰盒”测试法是在功能上验证嵌入式系统软件，通常分为下面的 10 个步骤。

1）确定程序所有的输入和输出。

2）确定程序所有的状态。

3）确定程序主路径。

4）确定程序功能。

5）产生试验子功能 X 的输入。这里 X 为许多子功能之一。

6）制定验证子功能 X 的输出。

7）执行测试用例 X 得到结果。

8）检验测试用例 X 结果的正确性。

9）对其余子功能，重复步骤 7）和 8）。

10）重复步骤 4）~ 8），然后再执行步骤 9），进行回归测试。

程序功能正确是指在希望执行程序时，程序能够执行。子功能是指从进入到退出经过程序的一个路径。测试用例是由一组测试输入和相应的测试输出构成的测试向量。

目前有许多软件测试工具支持“灰盒”测试，并提供自动化测试手段，其自动化程度可达 70% ~ 90%。利用软件工具可从测试需求模型或被测软件模型中提取所有输入和输出变量，产生测试用例输入文件。利用现行静态测试工具可确定入口和出口测试路径。利用静态测试工具可确定所有进出路径。根据这些路径，我们可以进行测试用例设计，并确定实际测试用例的有关数据。

## 3.3　嵌入式软件测试的原则

嵌入式软件测试采用交叉测试或主机目标测试。目标环境测试：基于目标的测试全面有效，但是会消耗较多的经费和时间。宿主环境测试：基于宿主的测试代价较小，但是宿主机无法模拟有些对环境要求高的功能和性能，无法实现测试。

如果将嵌入式软件的所有测试都放在目标平台上会带来很多不利的结果，比如：

1）可能会造成与开发者争夺资源的问题，解决方案是提供更多的目标环境；

2）目标环境可能还不可行；

3）比起主机平台环境，目标环境通常是不方便的；

4）提供给开发者的目标环境和联合开发环境通常是很昂贵的；

5）开发和测试工作可能会妨碍目标环境已存在的持续应用等。

目前的趋势是，把更多的测试转移到宿主环境中进行，把宿主环境测试无法实现的复杂和独特功能放在目标环境中测试。以基于宿主环境的测试为工作重点，基于目标环境的测试作为补充。将与目标环境无关的测试转移到宿主环境中完成（如逻辑测试、界面测试以及与硬件无关的测试）。模拟或宿主环境中的测试的消耗时间通常相对较少，用调试工具可以更快地完成调试和测试任务。在系统中与硬件密切相关的测试（如硬件接口测试、中断测试、实时性测试等）尽量选择在目标环境中进行。具体原则如下。

**1. 嵌入式软件测试的关键前提——软硬件分离原则**

嵌入式软件是软硬件耦合系统，把软硬件分离开来，建立嵌入式软件的相对独立的运行环境是关键。而嵌入式软件的独立运行环境必然带着与其相关的硬件特征，这种硬件特征因测试目的的不同而有所区别。

**2. 嵌入式软件测试的透明度原则**

在整个过程中可以清晰观察和测试软件。嵌入式软件测试的关键是，要将其可视化、透明化、可操作化（可采集、可输入、可输出、可操控），从技术上说，就是要将其从整个嵌入式系统中剥离出来。有各种 EDA 软件可以用于设计、测试嵌入式硬件，但设计、测试嵌入式软件则要困难得多。

**3. 嵌入式软件开发 / 测试的测不准原则**

嵌入式软件是数字产品，具有复制一致性的特征，而硬件设备不具有复制一致性的特征，因此由软硬件组成一体的嵌入式系统也就不具备复制一致性的特征。如对信号的采集精度、输出精度必然会随着器件、温度的变化而有所变化，因此每次测试的结果都会不同。此外，测试设备都有精度的指标范围，有些测试设备精密度高，有些测试设备精密度低，由不同的测试设备获得的结果的允许范围是由设备的指标所决定的。最后，测试设备对系统的测试，必然会带来两者阻抗匹配的问题，测试设备的介入可能会影响系统的运行状态。

**4. 嵌入式软件测试的测试效率和测试精准度平衡原则**

由于嵌入式软件测试测不准原则的制约，需要在测试效率和测试精准度上求得平衡，比如一个精确度只需要达到 0.1V 的输出信号，就没有必要用高精度的万用表测试输出电压到底是多少，万用表能达到 0.01V 的精度要求足矣；比如时间的测试，如果要测一个时间，其范围在 3 ~ 5min，则完全可以不用高精度定时器，用简单的插桩代码输出也可以；而如果要求 3 ~ 5ms，可能插桩就不行了，而要用示波器捕捉。

**5. 嵌入式软件测试灵活性原则**

半物理、物理及实物接入越多，灵活性越差，实时性越强。

为了建立嵌入式软件测试平台，会使用各种手段，包括数字、半物理、物理等各种目标机仿真平台。数字到半物理、物理及实物的接入越多，可操作性（可采集、可输入、可输出、可操控）越差，灵活性也会逐渐下降。

**6. 嵌入式软件验证 / 开发 / 测试 / 确认 / 维护阶段的无缝平滑过渡原则**

验证 / 开发 / 测试 / 确认 / 维护阶段应可以使用同一构架，实现无缝平滑过渡。

研发的各个阶段对验证 / 开发 / 测试 / 确认 / 维护等应统一考虑测试，使用统一的测试策略，且贯穿于研发的各个阶段。越早展开测试工作，越有利于软件的开发和质量保证。

**7. 嵌入式软件测发一体化原则**

把测试当作研发的一个组成部分，将这两部分无缝集成。

尽可能利用开发的手段和工具，在开发工程师的平台上进行嵌入式软件测试，这样可以充分利用开发工程师的经验，也可较快写出测试用例。

**8. 嵌入式软件测试实时性原则**

不论使用什么技术手段，都要尽可能保持性能的正确性。嵌入式系统的高实时性由时间尺度来度量，但对于不同的系统，其时间尺度不同。这一原则通过实时的仿真（Real Time Simulation）与仿真的实时（Simulated Real Time）两种技术实现。

这两者在概念上的差异很大。如何将两者混合使用是一种高超的艺术。

**9. 嵌入式软件测试环境搭配原则**

根据目标机和目标机运行环境的仿真程度，嵌入式软件系统的测试环境一般分为三种类型：全实物仿真测试环境、半实物仿真测试环境和全数字仿真测试环境。三种环境可以巧妙地搭配使用，以实现不同阶段的测试目的。

**10. 嵌入式软件测试的黑白盒结合原则**

将黑盒测试的测试设计与白盒测试的过程结果结合起来可进行灰盒甚至是透明盒子测试。黑盒测试着眼于程序外部结构，不考虑内部逻辑结构，针对软件界面和软件功能进行测试；白盒测试以源代码为测试对象，除对软件进行通常的结构分析和质量度量等静态分析之外，主要进行动态测试。两者的对比如表 3-1 所示。黑盒测试和白盒测试相结合将从软件的外部特征和内部结构两方面实现对软件全方位的测试。

将白盒与黑盒方法有机结合是嵌入式软件实时开发 / 测试的一个重要发展方向。

表 3-1 黑盒测试和白盒测试对比

| 策略种类 | 黑盒测试 | 白盒测试 |
| --- | --- | --- |
| 测试对象 | 程序的功能 | 程序的结构 |
| 测试要求 | 逐一验证程序的功能 | 程序的每一组成部分至少被测试一次 |
| 采用技术 | 等价分类法<br>边界分析法<br>错误猜测法<br>因果图法 | 逻辑覆盖法<br>路径测试法 |

**11. 嵌入式软件测试的静态与动态有机结合 GPS 原则**

尽可能地把静态分析的结果应用到动态测试中。静态分析中一部分是对程序的控制流图和调用图的分析，即对整个程序的所有结构和运行的可能性分析。如果把这部分结果与动态测试结合起来，人们可以清晰地看到在某种测试条件下软件在整个结构中的运行情况。这种状态就像 GPS 卫星定位一样。

静态测试不实际运行软件，主要是对软件的编程格式、结构等方面进行评估。

而动态测试需要在主机环境或目标环境中实际运行软件，并使用设计的测试用例去探测软件漏洞。

**12. 嵌入式软件测试的综合兼顾原则**

对于嵌入式软件测试，从测试手段上看，有静态测试和动态测试；从测试方法上看，有白盒测试和黑盒测试；从测试对象上看，有单元测试、部件测试和系统测试；从研发、交付阶段看，有开发的内部测试和第二方、第三方测试等。一个好的测试方案应尽可能兼顾以上各个方面。

## 3.4　嵌入式软件测试的环境

根据被测的嵌入式软件所提供的运行环境的不同，嵌入式软件系统的测试环境一般分为三种类型：全实物仿真测试环境、半实物仿真测试环境和全数字仿真测试环境。这三种嵌入式软件仿真测试系统都是嵌入式软件研制过程中的重要手段和方法，对于验证嵌入式软件设计方案的正确性、测试或者检验实际嵌入式软件的功能和性能是十分重要的。

全实物、半实物、全数字仿真方法既可指对目标机本身，也可指目标机测试环境。为了建立嵌入式软件的测试环境，全实物、半实物、全数字仿真测试方法可以巧妙地搭配使用，以实现针对不同测试目的的测试。

### 3.4.1　全实物仿真测试环境

全实物仿真测试环境（也称为全物理仿真测试环境或系统联试环境、实装测试环境）是最逼近真实环境的一种测试环境。在该环境下要运行整个嵌入式应用系统（而不仅是软件），包括若干个研制完成的产品和设备模拟器。不同的嵌入式应用系统，全实物仿真测试中介入实物的数量是不一样的，但对软件来说，目标硬件环境、相应外围设备接口、输入的指令、数据等全是真实的。全实物仿真测试环境与真实系统有一致的映射关系，例如：相同的接口，相同的 I/O 传输模式、方式和速率，相同的时序、工作方式和工作状态等，非常适合于对软件外部接口、实时特性进行较真实的检验和测试。

在全实物仿真测试环境下对被测的嵌入式软件进行测试被称为全实物仿真测试。这种测试使被测软件处于完全真实的运行环境中，直接对目标机（包括嵌入式软件）和其外围设备建立真实的连接，形成闭环进行测试。这种测试环境与被测软件的真实使用环境完全相同，能够保证软件运行环境的真实性；另外，全实物仿真测试对用于实时嵌入式应用控制的控制系统有很独特的作用。第一，全实物仿真不必用数学模型来代替控制系统和控制对象的物理运动和相互作用，而是系统实物直接参与对被控制对象的控制，因此可有效发现控制系统设计和某些部件实际模型存在的问题。第二，全实物仿真避免了系统中某些实物部件难于建立精确数学模型的问题。由于这些部件被直接接入回路，因此这些部件对控制系统性能的影响就被直观而有效地反映在仿真试验的结果中。第三，全实物仿真是进行各种外围设备物理运动实验研究的重要方法，能够有效验证控制方案，为各种控制方案的实际应用创造条件。

### 3.4.2 半实物仿真测试环境

半实物仿真测试系统是一种介于全数字和全实物之间的测试系统，并且具备全实物系统测试环境的真实性以及全数字仿真设置的灵活性。在半实物仿真测试系统中，被测软件依然运行在它特定的目标机中，保持了被测软件运行环境的真实性。与目标机连接的其他设备则通过硬件模拟器实现，能够真实地模拟被测软件运行所需的真实外围物理环境，并且能够灵活地设置被测软件的输入、记录被测软件的输出结果。

一些重要的嵌入式软件，如国防系统中的嵌入式软件，大多具有复杂的外围设备、I/O接口，因此必须对被测软件与外围设备接口进行测试；这类嵌入式软件通常有很高的实时性要求，因此测试系统必须和目标机能够进行实时数据交换；同时这类嵌入式软件具有较强的容错、并发特点，因此在测试时必须能够灵活地设置被测软件运行的异常模式，考察被测软件的安全性。这些特点要求测试系统除了具备真实的运行环境、真实的外部接口外，还要有灵活的可控性。

半实物仿真测试环境由于利用仿真模型来模拟被测系统的交联系统，因此被测系统采用真实系统，其运行环境是真实的。仿真测试环境的最大优势在于其良好的通用性和灵活性，因为被测系统的输入可以通过仿真模型来实现，而且测试环境的模型具有可替换性，所以只需要更换仿真模型即可实现对不同被测系统的测试。另外，由于被测软件运行于真实系统之中，它对输入 / 输出的处理完全真实，而通过仿真模型来提供输入也可以保证其实时性。由于半实物仿真测试系统能够较好地满足国防系统中嵌入式软件的测试需求，因此在国防软件测试中得到了广泛应用。

半实物仿真测试环境的示意图如图 3-2 所示，被测软件运行在真实的目标机中，保持了运行环境的真实性；与它连接的其他外围设备则通过仿真来实现，模拟被测软件运行所需的真实输入，记录软件运行的输出结果。硬件主要完成外围设备的接口连接，而测试执行、测试监控、外围设备的数据处理功能都由软件实现。

半实物仿真技术是一种将控制器（实物）与在计算机上实现的控制对象的仿真模型连接在一起进行实验的技术。在这种技术中，控制器的动态特性、静态特性和非线性因素等都能真实地反映出来，因此它是一种更接近实际的仿真实验技术。

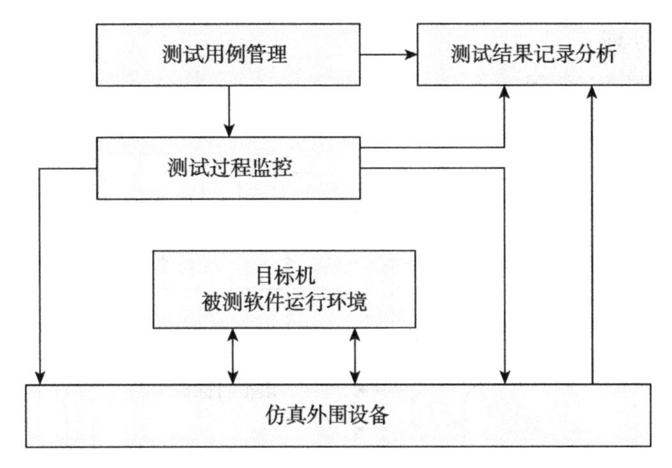


图 3-2 半实物仿真测试环境示意图

基于半实物仿真技术的半实物仿真测试在国内外得到了广泛的认可和应用，其技术发展有如下两种趋势。

1）测试系统采用分布式体系结构：随着被测系统的复杂程度、实时性的增强，为了提高测试系统的可扩展性，国外先进的测试系统均采用分布式可扩展的体系结构。典型系统有美国喷气式推进实验室（JPL）开发的针对空间飞行器仿真测试的分布式集成平台，德国 TechS.A.T 公司针对航天系统开发的平台 ADS3000 以及加拿大 PAL、RT 公司推出的 RT-LAB，它们均采用分布式结构。整个测试系统可以提供良好的可扩展性。

2）测试系统的通用化设计：目前测试系统的应用情况是，大部分嵌入式软件的测试系统都是从头开发，即从底层做起，没有一个很好的通用系统提供支持，这导致系统开发费用高、研制周期长。而且测试系统基本上都是针对某个特定的嵌入式软件被测对象定制的，因此通用性差，资源利用率低，从而造成资源浪费。

### 3.4.3 全数字仿真测试环境

嵌入式软件与支持其运行的硬件之间存在很强的耦合性，而与软件测试环境相比，硬件测试环境不仅灵活性差，而且在故障的产生和过程的记录方面都很困难。全数字仿真技术是综合解决嵌入式软件测试中由嵌入式环境带来的测试难题的一种方案。

全数字仿真旨在搭建一个嵌入式软件运行的全数字环境：目标机完全是全数字仿真的，包括 CPU、内存、寄存器和 I/O；系统外的各种输入信号也是全数字仿真的。

嵌入式软件的全数字仿真就是脱离目标机，用数字模拟硬件或电路的信号结果并交给嵌入式软件计算和处理。

其总体结构如图 3-3 所示。

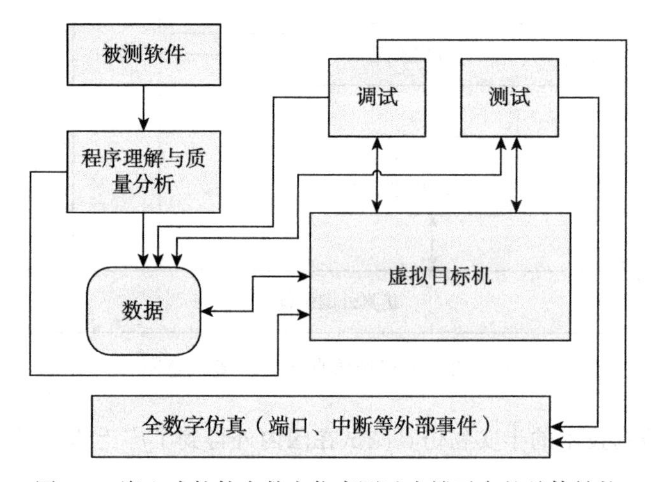


图 3-3　嵌入式软件全数字仿真测试支撑平台的总体结构

全数字仿真测试环境通过虚拟目标机解释和执行嵌入式软件并对外围电路和外部事件进行全数字化仿真。其优点是可以很好地解决前面提到的代码膨胀问题（非侵入式）和硬件环境无法搭建问题。现在，计算机的配置越来越高，性能越来越好，速度越来越快，内存越来越大，运行效率低已不是主要问题。可以针对汇编语言和高级语言提供分析与测试工具；可以为嵌入式系统提供全数字仿真测试环境或测试平台，实现对嵌入式系统进行实时（仿真的实时）的、闭环的、侵入/非侵入（干预/非干预、插桩/不插桩）的单元测试、组件测试、系统测试。在该平台上能够对被测软件进行静态分析、模拟运行、高级调试和综合测试，实现了嵌入式软件外部事件的全数字仿真，嵌入式软件就像在真实的硬件环境中连续不中断地运行。

全数字仿真测试环境为嵌入式软件的测试提供了有效的、统一的协同工作平台。在该平台下能够完成：

1）程序的分析与检查、代码的运行与调试、单元的配置与测试、系统的仿真与测试、中文测试报告的生成；有效地结合了测试与调试的能力；规范了汇编语言的测试流程。

2）程序分析与检查功能：支持代码编程规则检查，并对影响程序结构化的代码进行警告；提供程序控制流图、程序控制流轮廓图、程序调用树、程序被调用树和程序危害性递归等；给出度量程序质量的多种度量元（如 McCabe 的圈复杂度、程序跳转数、程序扇入 / 扇出数、程序注释率、程序调用深度、程序长度、程序体积、程序调用及被调用描述等）。

3）代码运行与调试功能：为汇编用户提供了不需要真实硬件的 CPU 模拟运行环境；在该环境下，解释执行所有的 CPU 指令，模拟所有指令的时序，模拟定时中断等；支持程序的各种提示，包括控制程序运行方式、修改程序运行状态、观察程序运行结果等。

4）单元配置与测试功能：CPU 上下文场景的自编程配置能力解决了对汇编程序进行单元测试的需求；用户可根据单元测试的要求，灵活、方便地对 CPU 上下文场景进行配置，形成执行程序单元的驱动。

5）系统仿真与测试功能：提供了对程序进行功能测试与覆盖测试的手段。其中覆盖测试支持程序的语句、分支和调用覆盖测试，并支持图形化显示。而外部事件的编程仿真方式解决了外部激励、系统闭环运行和功能测试的要求。

6）测试报告：给出被测程序的分析和动态测试的各种结果及结果统计。

7）外部事件仿真技术：用 TCL 高级脚本编程模拟 I/O 与中断事件的产生。

8）被测程序在模拟环境运行过程中，尽管存在大量的 I/O 与中断事件产生的要求，也能够与真实硬件环境一样连续不中断地运行。

9）在设计初期，在真正的硬件制造出来之前，当设计发生变化以及系统需要维护时，全数字仿真平台可提供极大的便利性。

10）端口 I/O 与中断事件产生的自编程模拟功能很好地解决了程序在模拟运行环境下的闭环测试问题，实现了测试过程的自动化。被测程序的测试用例可用 TCL 脚本语言编写和管理。

11）各种测试需求的支持：端口 I/O 与中断事件产生的自编程模拟功能以及 CPU 上下文场景的自编程配置功能提供了“黑盒”测试及单元测试的手段；支持汇编程序检查分析、汇编代码运行调试、“白盒”测试、“黑盒”测试以及单元与集成测试等；支持“灰盒”测试技术的应用。

### 3.4.4　三种仿真测试的优缺点

**1. 全实物仿真测试的优缺点**

全实物仿真测试的优点是软件接口测试和实时性测试比较真实。全实物仿真测试的缺点是可控性最弱，所需经费多。这是因为在全实物仿真测试中，真实的外围设备使得系统的设置缺乏灵活性，测试用例中的许多输入条件无法满足，测试结果的记录比较困难，测试的有效性较差。另外，被测系统的更换导致与它交联的系统也发生变化，需要重新构建测试环境，这样，它的通用性会受到很大限制。最后，全实物仿真测试系统对于异常情况下的安全性测试、故障注入等更是无从谈起。这些不易操作的原因使得全实物仿真测试对嵌入式软件测试的支持有很大的局限性。

**2. 半实物仿真测试的优缺点**

半实物仿真测试中的开环测试的优点是程序在真实的目标机中运行，软件运行的硬件环境是真实的；缺点是通过硬件进行数据注入，不容易考察边界及特定情况，“白盒”测试较困难。

半实物仿真测试中的闭环测试的优点是可以完整地测试软件执行需求功能的过程，同时闭环环境使软件计算结果更真实；缺点是由于仿真运行和目标机上的应用软件计算需要很好地匹配，在环境中难以处理测试工具，在控制运行、收集信息、注入数据等方面受到一定限制，这导致半实物仿真测试的灵活性较差，可控性不强，通用性也受到限制。

总之，无论是开环测试还是闭环测试，它们的真实性都较强，但在可控性上存在一定的问题。

**3. 全数字仿真测试的优缺点**

全数字仿真环境通过 CPU、控制芯片、F0、中断、时钟等模拟器的组合，在宿主机上构造嵌入式软件运行所必需的硬件环境，为嵌入式软件的运行提供一个精确的数字化硬件环境模型，从而摆脱嵌入式软件运行过程中对硬件的依赖。全数字仿真环境应用在软件测试中的最大优点是成本低、开发周期短、有效性高、试验安全可靠、测试可重复。在该环境下可以模拟出嵌入式软件的所有输入 / 输出，因此对测试用例的支持较好；由于软件运行的硬件环境可以全数字仿真，因此不需要对软件代码做任何改动，便可以完成对被测软件的非侵入式测试，可发现硬件测试中不易发现的问题，支持故障注入测试等；也正是由于被测软件的运行环境是全数字仿真的，所以测试环境的透明性好、可控性强，可以为可靠性测试中的小概率、安全关键功能的测试提供有效的支持手段，是一种更加灵活、可控、透明的测试环境。

全数字仿真测试的缺点是：接口、实时性、数据真实性等方面较弱，部分测试（如与硬件时序特性紧密相关的软件特性）无法有效地实施；另外，与硬件测试环境相比，全数字仿真环境下的被测程序的运行速度慢，这是因为仿真运行使用几倍甚至几十倍或上百倍的指令去仿真一条指令的执行，而且执行过程中为满足测试的需要，仿真运行速度是实际运行速度的几百分之一，这是基于全数字仿真技术进行实时嵌入式软件动态测试的最大问题或缺陷。

总之，全数字仿真测试的可控性很强，但它缺乏真实性，很难保证实时性，从而导致全数字仿真测试结果的准确性存在一定问题。而且随着硬件复杂度的提高，建立和维护全数字仿真测试环境的难度越来越大。

## 习题

1. 嵌入式软件测试与普通软件测试之间的相同点有哪些？有这些相同点的基础是什么？
2. 嵌入式软件测试与普通软件测试之间的不同点有哪些？导致不同的因素有哪些？
3. 嵌入式软件测试的基本策略是什么？其决定因素是什么？
4. 嵌入式软件测试方法主要有哪几种？
5. 根据软件开发的阶段划分，嵌入式软件黑盒测试有哪几个基本阶段？各个阶段分别对应的测试环境是什么？
6. 宿主机环境与目标机环境下的测试分别有哪些优缺点？
7. 白盒测试的两种主要技术分别是什么？试分析这两种技术的异同。
8. 嵌入式软件覆盖测试中代码插桩对被测件有哪些影响？
9. 黑盒测试的特点是什么？如何理解嵌入式黑盒测试需要验证“软件失效过程”？
10. 嵌入式软件灰盒测试有几个步骤？这几个步骤分别是什么？
11. 尝试概述嵌入式软件的不同测试环境并对比它们的优缺点。

第 4 章
Chapter 4

# 嵌入式软件测试设计方法

在第 3 章中，我们根据嵌入式软件开发与运行环境的特点，将嵌入式测试的策略与方法分为交叉测试、白盒测试、黑盒测试与灰盒测试。这种划分方法关注采用什么样的测试方法，以及达到什么样的测试效果。例如，白盒测试关注如何提高一段代码的质量，以及如何证明对这段代码的测试是充分的。这时测试人员通常在设计单元级输入的有效 / 无效等价类与边界的同时，还需采用各种逻辑覆盖测试以提高测试对代码的覆盖率；黑盒测试关注如何验证嵌入式软硬件是否能完成需求中规定的功能，这时测试人员通常采用因果图与决策表来对需求中的功能进行梳理，并生成测试用例。如果测试用例过多，还可以采用组合测试方法，在不明显降低测试覆盖率的同时大幅减少测试用例；如果测试的输入 / 输出关系不易梳理，输出的正确性不易判定，测试人员通常采用蜕变技术设计测试用例。无论采用哪种测试策略与方法，最后都需要由测试人员来进行相应测试的设计，这就是本章的重点内容：嵌入式软件测试设计方法。

可以认为测试用例是为某个特定目标而编制的一组输入数据、执行条件和预期结果，用来验证该特定目标是否满足需求。一个好的测试用例能够发现至今没有发现的错误。测试用例的设计就是将测试需求细化的过程，反映了用户的真实需求。

测试用例是测试思维的集中反映。一份好的测试用例对测试执行效果起到至关重要的作用，测试用例在整个测试工作中的地位和作用主要体现在以下几个方面。

1）测试用例是测试执行的实体，是测试方法、测试质量、测试覆盖率的重要依据和表现形式。

2）测试用例是团队内部交流以及交叉测试的依据。

3）在回归测试中，测试用例的存在可以大大降低测试的工作量，从而提高测试的工作效率。

4）测试用例便于测试工作的跟踪管理，包括测试执行的进度跟踪、测试质量的跟踪以及测试人员工作量的跟踪和考核。

5）在测试工作开展前完成测试用例的编写，可以避免测试工作的盲目性。

6）测试用例是说服用户相信产品质量的最佳依据，同时也可以作为项目验收的依据。

为了能够达到测试目的并同时保持效率，测试用例必须是经过设计的，而不应该是随便堆砌出来的。测试用例的设计与初始的软件产品设计一样具有挑战性，但是很多软件工程师只会凭“感觉”来设计测试用例，这种凭“感觉”设计出来的测试用例无法达到测试的目标，也不能保证测试的效率，在完备性上有很大的缺陷。换句话说，就是不能用最少的测试用例、最少的花费来发现最多的软件错误。真正的“设计”一词在测试用例生成中含义丰富：为了满足某一个特定的目标而设计（如功能覆盖、语句覆盖、路径覆盖）；系统化的、有计划的、有记录的设计；使用特定技术与方法的设计。

输入、输出和执行顺序是测试用例设计的根本出发点。

（1）输入

输入通常被认为只是键盘的敲击，即从键盘敲入数据，这只是输入的一种主要方式。测试用例的输入可能有很多来源，如来自数据库输入的数据、来自各种外部设备输入的数据、来自文件输入的数据、来自系统状态的输入等。在嵌入式系统中，典型的输入来自各种键盘、数据处理芯片和传感器等。输入是测试运行的驱动力，测试用例的设计基本上就是在设计输入。

（2）输出

输出通常被认为只是显示器上的输出，但这只是输出的一种主要方式。测试用例的输出可以有很多目的地，如将数据输出到数据寄存器、将数据输出给各种外部设备、将数据输出到文件、将数据输出到系统以影响系统的状态。在嵌入式系统中，典型的输出格式经常只是一个信号、一个比特、接口上的一串二进制码等。输出是测试运行的结果，测试用例设计的目的就是考虑如何实现指定的输出。

将输入/输出放在一起设计，就带来了一个测试判定（Oracles）问题，即在什么样的输入下期待什么样的输出。测试判定被Beizer分为5类。

1）Kiddie Oracles：只是简单地运行被测件并等待输出，如果“看着差不多”，就算对了。这种情况看似荒谬但并不少见，比如我们常用的计算步行里程功能，在没有专业设备辅助的情况下，没人能够知道走过的准确公里数，只能是“看着差不多”。

2）Regression Test Suites：以回归的方式判定测试结果，运行一次并记录输出结果，同样的输入再运行一次并对比两次的输出结果。

3）Validated Data：证实性地判定测试结果，运行系统得到结果后，将结果与一个标准的表格、公式或经验数据进行对比。

4）Purchased Test Suites：使用一套标准的测试用例来对系统进行测试，这套测试用例是业内公认并经过验证的。通常，编译器、Web 浏览器、数据库等系统都使用这种测试判定方法。

5）Existing Program：现有系统对比。运行系统得到结果后，将结果与本系统的另一个版本进行对比。

（3）执行顺序

考虑输入 / 输出后，基本就可以保证测试的完备性，但执行顺序对测试的影响也必须考虑到测试设计中。比如下面的例子：

- 测试用例 1：创建多个用户信息。
- 测试用例 2：对用户信息进行排序。
- 测试用例 3：删除用户信息。

在这个例子中，测试用例的执行有顺序上的依赖性。按照创建 – 排序 – 删除的顺序执行测试显然是最高效的，而且在没有执行创建操作之前，排序与删除操作是不可能进行的。

另一种情况是，虽然测试用例之间没有依赖性，但也要考虑执行顺序。比如下面的例子：

- 测试用例 1：生成国内流行歌手歌曲下载量排行榜。
- 测试用例 2：生成流行歌曲下载量排行榜。
- 测试用例 3：生成全部歌曲下载量排行榜。

在这个例子中，虽然测试用例之间没有执行顺序的依赖性，但显然按照测试用例 1、2、3 的执行顺序是最高效的。如果测试用例 1 不能通过，则测试用例 2、3 也就没有执行的必要了，因为其结果很可能也是错误的。

不管是黑盒测试还是白盒测试，测试用例的设计都是必要的。尤其是在嵌入式系统中，输入与输出经常以不可读的二进制方式展现，或是一个比特，或是一个字节，或是一串字节，这些比特与字节之间存在着各种制约关系。不经过设计的输入对嵌入式系统来说基本是无效的输入，是不可能得出预期结果的，或者是根本不可能有输出结果的。

本章主要介绍在嵌入式系统中常用的几种测试用例设计方法：等价类划分测试、边界值测试、因果图测试、决策表（判定表）测试、逻辑覆盖测试、组合测试与蜕变测试。

## 4.1 等价类划分测试

### 1. 等价类划分的基本概念

等价类划分的基本目标就是在满足某种覆盖率的前提下大量减少测试用例数量，这是一种非常简单且常用的测试方法。几乎所有测试人员都会在自觉或不自觉的情况下使用这种测试方法，或者被强迫使用这种方法。因为不使用等价类划分法，测试工作经常是一个不可能完成的任务。以 Windows 平台上的计算器程序为例，该计算器程序有标准、科学、程序员等多种模式，我们以最简单的标准模式举例，其输入界面如图 4-1 所示。

我们先对这个简单的系统进行粗略的分析，系统中的数字键为 0 ~ 9，共 10 个，算术符号有加、减、乘、除、开方、平方等，共 8 个。我们以最简单的 3 位以内的数（0 ~ 999）的一次运算来计算测试用例数量，如 $a+b$=? 大概有 800 万（1000 × 8 × 1000）种可能，假如一秒执行一个测试用例，则执行完所有测试用例大概要用 93 天。如果计算 10 位以内数的二次运算，如 $a+b+c$= ？，大概有 6.4E+28 种可能，则执行完所有测试用例大概要用不少于 7.4E+23 天，即不少于 2.03E+2 年。所以 100% 完备的测试是不可能完成的任务，在实际测试中没有人会完整地执行完所有可能的测试用例，这时等价类划分就成为最简单也是唯一可行的方法。

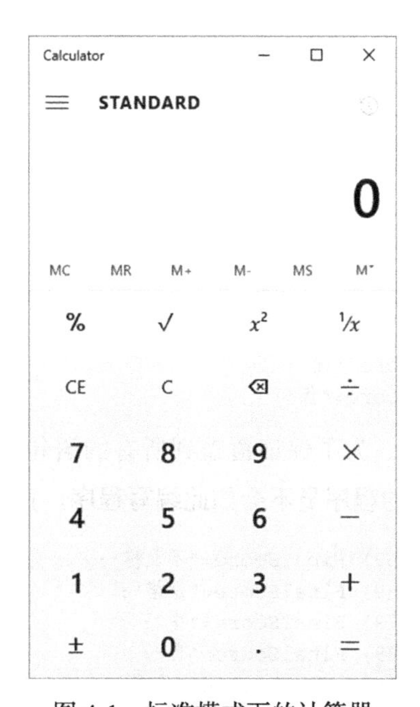


图 4-1　标准模式下的计算器

下面通过一个例子来说明什么是等价类划分、为什么等价类划分是可行的。考虑这样一段程序：根据输入的考试成绩给出学生相应的成绩等级。

- 0 ~ 59：不及格。
- 60 ~ 69：及格。
- 70 ~ 79：中。
- 80 ~ 89：良。

❑ 90 ~ 100：优。

下面对程序的需求进行进一步的分析，分数的取值范围为 0 ~ 100 的整数，则输入有 101 种可能。如果程序是如下编写的：

```
If (score == 0) FinalScore="不及格";
If (score == 1) FinalScore="不及格";
…
If (score == 58) FinalScore="不及格";
If (score == 59) FinalScore="不及格";
If (score == 60) FinalScore="及格";
If (score == 61) FinalScore="及格";
…
If (score == 68) FinalScore="及格";
If (score == 69) FinalScore="及格";
If (score == 70) FinalScore="中";
If (score == 71) FinalScore="中";
…
If (score == 78) FinalScore="中";
If (score == 79) FinalScore="中";
If (score == 80) FinalScore="良";
If (score == 81) FinalScore="良";
…
If (score == 88) FinalScore="良";
If (score == 89) FinalScore="良";
If (score == 90) FinalScore="优";
If (score == 91) FinalScore="优";
…
If (score == 99) FinalScore="优";
If (score == 100) FinalScore="优";
```

此段程序中输入有 101 种，为了保证覆盖到所有的语句，就不得不设计 101 个输入用例。但幸运的是在现实中合格的程序员不会如此编写程序。正常的程序编写如下：

```
If (score>=0  && score<=59) FinalScore="不及格";
If (score>=60 && score<=69) FinalScore="及格";
If (score>=70 && score<=79) FinalScore="中";
If (score>=80 && score<=89) FinalScore="良";
If (score>=90 && score<=100) FinalScore="优秀";
```

此段程序中输入被压缩成 5 个区间，对应 5 行代码，我们只需设计 5 个输入用例即可覆盖全部程序的语句。输入值范围被划分为 0 ~ 59、60 ~ 69、70 ~ 79、80 ~ 89、90 ~ 100 这 5 个区间。在每一个区间内取任何值，程序都执行相应的语句，如输入 1 与 44，程序都执行第一条语句 `If (score>=0 && score<=59) FinalScore="不及格"`。换句话说，在同一区间内取任何值对程序的执行来说是等价的，这就是等价类划分测试方法。也正是由于合格程序员的存在，等价类划分测试方法几乎在绝大部分的程序中都是可行的。在这个例子中，使用等价类划分法把测试用例从 101 个降低到了 5 个，在没有降低

测试的覆盖率的同时极大地提高了效率。

关于等价类划分测试，我们可以得出以下重要的两条定律，在正常的等价类划分方法下：

1）如果一个等价类中的一个用例发现了缺陷，同一等价类中的其他用例都会发现相同的缺陷。

2）如果一个等价类中的一个用例没有发现某一缺陷，同一等价类中的其他用例都不会发现这一缺陷。

这其实是对测试用例等价的最完整的解释，等价的测试用例在做相同的事情。需要注意的是，相同的程序，针对不同的覆盖标准，会得到不同的等价类划分结果。

**2. 等价类划分测试的过程**

等价类划分测试的过程很简单，分为两步：一是合理地划分等价类；二是为每个等价类选取一个输入值来生成测试用例。不同的输入类型需要不同的等价类划分方法。大体来说有 3 种等价类划分过程，而且在划分等价类时要考虑到合法（合理）的输入与不合法（不合理）的输入，不合法的输入通常更容易发现缺陷。

**情况一：**如果输入是连续的值域，那么一个等价类可以划分成一个合法的等价类与两个不合法的等价类。比如中国的地理经度，最东端在黑龙江和乌苏里江的主航道中心线的相交处（135°E 左右），最西端在帕米尔高原附近（73°E 左右）。在东经范围内，其等价类划分如图 4-2 所示。

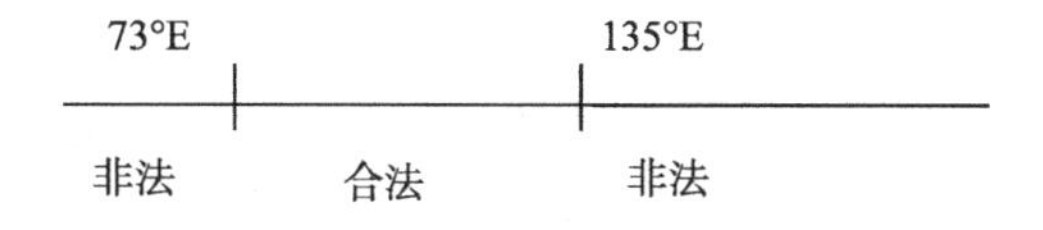


图 4-2　连续值等价类划分

如图 4-2 所示，在东经范围内可以设计一个合法的输入 130° E 以及两个非法的输入 140° E 和 70° E。

**情况二：**输入是不连续的离散值，比如要求输入一个人的工作小时数（整数），如图 4-3 所示。

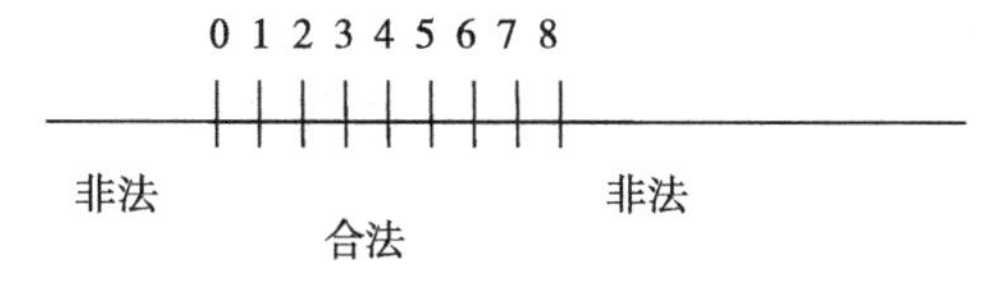


图 4-3　离散值等价类划分

根据国家的法律，合法的取值是 0 ～ 8 之间的任意整数。在划分非法等价类时，我们要选取两个域，一个是小于 0 的域，一个是大于 8 的域，可以取 –2 与 12。

**情况三：** 输入是枚举类型的值，比如某市的税务系统要求，没有收入的人可以免税，人的身份有几种：学生、家庭主妇、教师、军人、工人、商人、公务员。

在这种情况下，学生与家庭主妇都是合法的输入，其余都是非法的输入，如图 4-4 所示。通常在时间与经费有限的情况下，在合法与非法的等价类中先取一个即可，即只需要设计两个测试用例：一个合法的，一个非法的。在条件允许的情况下，可以考虑其他因素以选取更多的值进行测试。

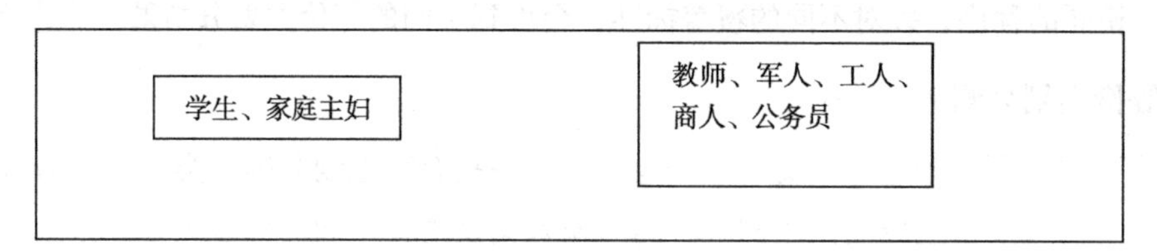


图 4-4　枚举等价类划分

**3. 等价类划分应用举例**

假设我国市场上有一款智能冷冻库，库中有 10 个冷冻柜。在冷冻库的正门处有一个数字传感器，以二进制的方式从左到右依次存储了冷冻库中各个冷冻柜的开启情况、ID 序号、工作状态以及温度显示等信息。根据这些信息，我们可以得出该传感器的二进制字段，如图 4-5 所示。

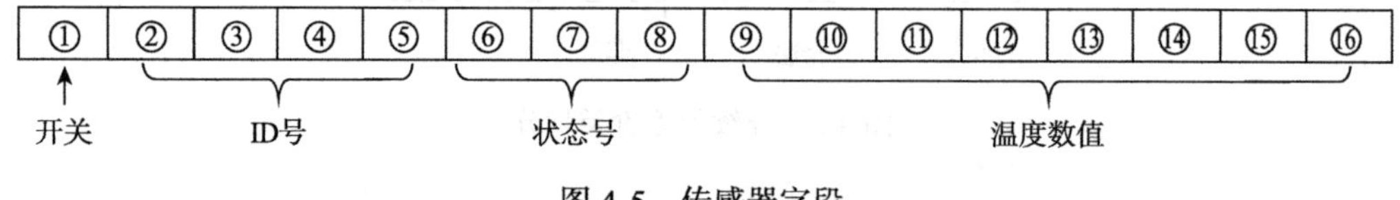


图 4-5　传感器字段

1）①为开关：表示冷冻库制冷功能是否正常开启，0 表示已正常开启，1 表示未正常开启。

2）②～⑤为 ID 号：表示冷冻库中各个冷冻柜的序号，本例中，我们假设该冷冻柜有 10 个，序号为 0000 ～ 1001。

3）⑥～⑧为状态号：表示此冷冻库中某个冷冻柜的工作状态，范围为 000 ～ 100，各个代码表示如下。

- 000：制冷功能正常。
- 001：冷冻库温度过低。

- 010：冷冻库温度过高。
- 011：冷冻库电压过低。
- 100：冷冻库电压过高。

一般情况下，我们设定冷冻库中各冷冻柜的有效温度范围为 –30 ~ 10℃。当某个冷冻柜的实时温度高于 10℃或低于 –30℃时，显示器都将显示其状态以及实时温度的具体数值。同理，我们可以设定冷冻库中各冷冻柜的标准电压是 180V 到 220V，当电压低于 180V 或高于 220V 时，显示器都将其显示出来。

4）⑨ ~ ⑯为温度数值：表示冷冻库中各冷冻柜的实时温度数值。我们假设无论哪个冷冻柜，其温度可以显示的范围，上限为 50℃，下限为 –50℃，即在这个温度范围内，冷冻柜可以正常运转。于是，可以用⑨表示冷冻柜的运转情况，其中 0 表示该冷冻柜正常运转，1 表示该冷冻柜停转。

5）⑩表示某一个冷冻柜中具体温度数值的正负号，我们可以设定 0 表示正号，1 表示负号。

6）⑪ ~ ⑯这 6 位表示具体的温度数据。在特殊情况下，当冷冻柜停转时，不再显示温度，即⑨显示为 1 时，温度数值显示为 0。

为便于理解，我们就此例中的有效温度进行等价类的划分，可以得到如表 4-1 所示的等价类划分表。

**表 4-1　温度与电压**

| 条件 | 有效等价类 | 无效等价类 |
| --- | --- | --- |
| 冷冻柜温度 | 高于 –30℃，同时低于 10℃ | 低于 –30℃ |
| | | 高于 10℃ |
| 冷冻柜电压 | 低于 220V，同时高于 180V | 低于 180V |
| | | 高于 220V |

表 4-1 就是对该冷冻库中各冷冻柜的有效类划分。根据该划分表，我们可以针对冷冻柜温度和冷冻柜电压，设计覆盖上述所有有效等价类的测试用例，如：

- 针对第 8 个冷冻柜，测试用例为：温度 –18℃，电压 188V。
- 该测试用例的预期输出结果为：0011100001010010。

也可以针对冷冻柜温度和冷冻柜电压，分别设计出以下两个无效等价类的测试用例：

1）针对第 2 个冷冻柜，测试用例为：温度 15℃（温度过高），电压 190V，预期输出结果为：0000101000001111。

2）针对第 5 个冷冻柜，测试用例为：温度 –9℃，电压 160V（电压过低），预期输出结果为：0010001101001001。

这就是对一个简单案例的等价类划分，在实际过程中，决定冷冻库制冷功能能否正常工作的参数还有很多，在此不一一赘述。在我们的日常生活中，嵌入式等价类的划分法的案例几乎随处可见，如灯泡亮度监控、空气湿度监控以及水下压强监测等。

**4. 等价类划分总结**

等价类划分是一种最简单、最常用的测试用例设计方法，能够极大地减少测试用例数量并同时保证相同的覆盖能力。等价类划分的可行性就在于开发人员在编写程序时会不自觉地进行开发过程的等价类划分，测试人员等价类划分的工作实际上就是要努力模拟程序开发人员的思维方式。不论在开发过程中还是在测试过程中，一个等价类中的所有数据驱动程序都在干同一件事，同一个等价类中的输入有相同的缺陷发现能力，所以一个等价类中只需选择一个数据进行测试用例设计即可。

## 4.2 边界值测试

**1. 边界值测试的基本概念**

测试人员在使用等价类划分设计测试用例时会带来另外一个好处，那就是输入的不同等价类之间会有一个边界的数据值，利用这些边界的数据值驱动测试就叫作边界值测试。从程序员的角度来讲，如果他们经验不够丰富，则编程时等价类是他们关注的重点，因此在程序设计等价类的划分上出现错误的概率不大，但对这些等价类之间边界的处理会需要更多的经验与更高的水平。所以通常对测试人员来讲，在这些边界值上更容易找到程序的缺陷。边界值测试经常会给测试人员带来丰厚的回报。还考虑 4.1 节用到的例子。

- 0 ~ 59：不及格。
- 60 ~ 69：及格。
- 70 ~ 79：中。
- 80 ~ 89：良。
- 90 ~ 100：优。

相应的程序实现如下（**正确的实现**）：

```
If (score>=0  && score<60) FinalScore="不及格";
If (score>=60 && score<70) FinalScore="及格";
If (score>=70 && score<80) FinalScore="中";
If (score>=80 && score<90) FinalScore="良";
If (score>=90 && score<=100) FinalScore="优秀";
```

这个程序中有几个明显的边界点，即 60、70、80、90，再考虑成绩的有效取值范围，因此 0 与 100 也是两个明显的边界。在处理这些边界时，程序员很可能会犯错。比如下面这段程序（**错误的实现**）：

```
If (score>0  && score<60) FinalScore="不及格";
If (score>60 && score<70) FinalScore="及格";
If (score>70 && score<80) FinalScore="中";
If (score>80 && score<90) FinalScore="良";
If (score>90 && score<100) FinalScore="优秀";
```

更改后的程序与原程序看起来几乎一样，程序书写工整，等价类划分合理，但这段程序在边界上的改动，导致在边界的处理上程序会给出完全不同的结果。而没有经验的程序员通常会在这时犯错误。

如果继续用 4.1 节的等价类划分法设计 5 个测试用例，输入“45”“64”“75”“88”“92”，在运行更改后的程序时不会发现任何缺陷。但如果使用边界值测试方法设计 6 个测试用例，输入“0”“60”“70”“80”“90”“100”，则会发现 6 个程序缺陷，即程序没有任何输出。这就是边界测试的好处。

**2.“上边界”与“下边界”**

在处理相同的边界时，不同的程序员会采用不同的处理方法，比如下面这段更改后的程序（**正确的实现**）：

```
If (score>=0 && score<=59) FinalScore="不及格";
If (score>59 && score<=69) FinalScore="及格";
If (score>69 && score<=79) FinalScore="中";
If (score>79 && score<=89) FinalScore="良";
If (score>89 && score<=100) FinalScore="优秀";
```

在这个程序中，边界由原来的“0”“60”“70”“80”“90”“100”变为“0”“59”“69”“79”“89”“100”，本例中的边界叫作下边界。在此基础之上，如果程序员疏忽，将程序更改为（**错误的实现**）：

```
If (score>=0 && score<59) FinalScore="不及格";
If (score>59 && score<69) FinalScore="及格";
If (score>69 && score<79) FinalScore="中";
If (score>79 && score<89) FinalScore="良";
If (score>89 && score<100) FinalScore="优秀";
```

在这种错误的实现中，输入边界值“0”“60”“70”“80”“90”不会发现任何错误，但如果输入下边界“0”“59”“69”“79”“89”，则会发现程序在下边界有 4 处错误。

所以在边界值测试中，我们不仅要设计边界测试用例，还要设计相应的“上边界”与“下边界”测试用例。需要注意的一点是，“上边界”与“下边界”只适用于离散的输入值域，连续的输入值域采用“上边界”与“下边界”一般不会提高测试用例发现缺陷的能力，读者可以从程序设计人员的角度来理解。

### 3. 边界值测试过程

与等价类划分测试相同，边界值测试的过程也分为两步：第一步是对输入进行等价类的划分；第二步是在等价类之间寻找边界值，包括上边界与下边界，并用这些边界数据驱动测试。大体来说有 3 种边界值测试过程，并且同等价类划分一样，在查找边界的过程中也存在合法与不合法的边界。

**情况一：** 如果输入是连续的值域，那么针对一个等价类可以划分成一个合法的等价类与两个不合法的等价类，可以在这些等价类之间简单地定位边界点。我们还用 4.1 节我国的地理经度的例子。

如图 4-6 所示，在东经范围内可以设计两个边界值测试用例 73° E 与 135° E，这两个边界连接了合法等价类与非法等价类。由于是连续值，因此无须取上边界与下边界。

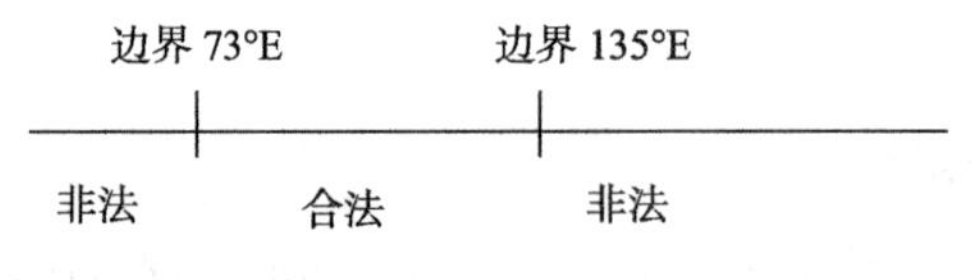


图 4-6 连续值域边界值测试

**情况二：** 输入是不连续的离散值，我们还用 4.1 节要求输入一个人的工作小时数（整数）的例子，其边界如图 4-7 所示。

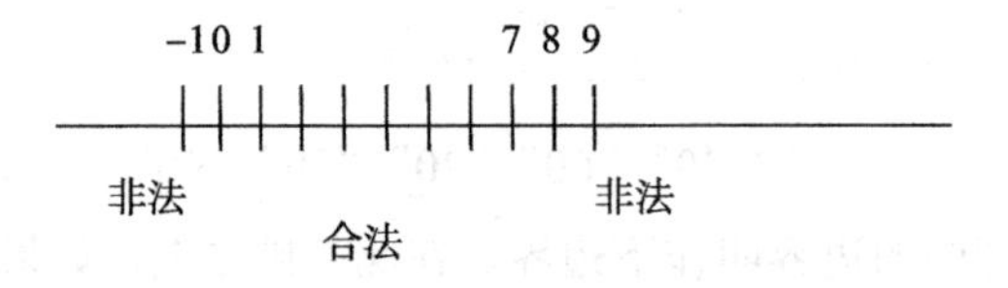


图 4-7 离散值域边界值测试

人一天的合理工作时间是 0 ~ 8 小时，考虑到上边界与下边界，在这个例子中，我们可以设计 6 个边界测试用例，分别是“–1”“0”“1”“7”“8”“9”。

**情况三：** 边界是多维的，如果国家规定每位员工每小时的收入不能少于 20 元人民币，那么员工工作时间与员工收入的二维关系如图 4-8 所示。

在多维的情况下，边界值的测试变得更加复杂，由于国家规定了每位员工每天工作的最大时长与每小时最少工资，边界由点变成了一条直线 $y = 20x$（$0 \leqslant x \leqslant 8$）。但在实际测试中，测试人员取这条直线上所有的点也是没有意义的，多维边界值变成了所有输入在合理边界上的联合作用点，在本例中就是（0，0）、（8，160），考虑到上下边界就要设计（–1，–20）、（0，0）、（1，20）、（7，140）、（8，160）、（9，180）6 个边界测试用例。

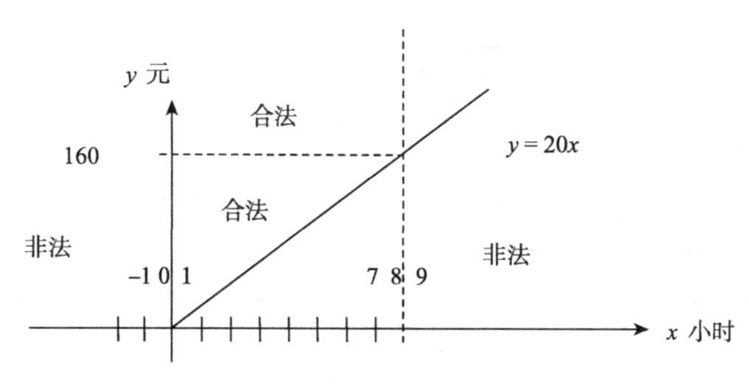


图 4-8　多维离散值域边界值测试

**4. 边界值测试举例**

我们还是以 4.1 节的冷冻库为例，由于输入的数据只能是离散的整数，因此对该冷冻库中各冷冻柜的电压和温度数值进行分析，可以得到这两个参数的边界值，如表 4-2 所示。

表 4-2　电压与温度的边界值

| 条件 | 冷冻柜电压（单位：V） | | | | | | | | | 冷冻柜温度（单位：℃） | | | | | | | | |
|---|---|---|---|---|---|---|---|---|---|---|---|---|---|---|---|---|---|---|
| 边界值 | 180 | | | 220 | | | –50 | | | –30 | | | 10 | | | 50 | | |
| 取值 | 179 | 180 | 181 | 219 | 220 | 221 | –51 | –50 | –49 | –31 | –30 | –29 | 9 | 10 | 11 | 49 | 50 | 51 |

根据边界值分析表的内容，以冷冻库的第 8 号冷冻柜为例，可以设计相关边界测试用例，为方便理解，我们假定电压问题和温度问题不同时出现。当电压不在有效等价类内时，温度设定在有效等价类中的 –18℃；当温度不在有效等价类内时，电压设定在有效等价类中。如以下两张表所示，其中，表 4-3 选取的测试用例针对的是冷冻柜的电压，表 4-4 选取的测试用例针对的是冷冻柜的温度。

表 4-3　测试值与预期结果

| 用例 ID | 测试值 | 预期结果 | 备　注 |
|---|---|---|---|
| VOL-001 | 179 | 0011101101010010 | 电压过低，温度正常 |
| VOL-002 | 180 | 0011100001010010 | 电压正常，温度正常 |
| VOL-003 | 181 | 0011100001010010 | |
| VOL-004 | 219 | 0011100001010010 | |
| VOL-005 | 220 | 0011100001010010 | |
| VOL-006 | 221 | 0011110001010010 | 电压过高，温度正常 |

表 4-4 测试值与预期结果

| 用例 ID | 测试值 | 预期结果 | 备 注 |
| --- | --- | --- | --- |
| TEM-001 | –51 | 0011100110000000 | 温度低于下限，不显示具体温度数值 |
| TEM-002 | –50 | 0011100101110010 | 温度过低，电压正常 |
| TEM-003 | –49 | 0011100101110001 | |
| TEM-004 | –31 | 0011100101011111 | |
| TEM-005 | –30 | 0011100001011110 | 温度正常，电压正常 |
| TEM-006 | –29 | 0011100001011101 | |
| TEM-007 | 9 | 0011100000001001 | |
| TEM-008 | 10 | 0011100000001010 | |
| TEM-009 | 11 | 0011101000001011 | 温度过高，电压正常 |
| TEM-010 | 49 | 0011101000110001 | |
| TEM-011 | 50 | 0011101000110010 | |
| TEM-012 | 51 | 0011101010000000 | 温度高于上限，不显示具体温度数值 |

以上就是以冷冻库为例，对其第 8 号冷冻库的电压和温度的边界值设计了测试用例，可以看出，该用例包含了所有可能的边界值。在实际测试过程中，对边界测试用例的设计一定要考虑周全，要将所有可能的边界都包含在内。

**5. 边界值测试总结**

边界的出现是等价类划分测试带来的最大好处，边界值测试与等价类划分测试一样，都可以在极大减少测试用例个数的同时保证测试的覆盖率。边界值测试比等价类更容易发现缺陷，原因是很多程序员并不善于处理程序输入的边界。程序错误没有出现在等价类区域并不等于错误不会出现在边界处。由于不同程序员书写程序风格的不同，在设计边界测试用例时，要充分考虑上边界与下边界。

## 4.3 因果图测试

**1. 因果图的基本概念**

因果图法也是一种比较常见的黑盒测试方法，适合于描述多种条件组合下进行多个运行的情况。因果图法可以直观地表现输入条件和输出动作之间的因果关系，适合检查程序输入条件的各种组合情况。

因果图法根据输入条件的组合、约束关系和输出条件的因果关系，分析输入条件的各种组合情况，并设计恰当的测试用例。因果图法通常和决策表结合使用，通过描述同时发生的具有相互关系的多个输入之间的映射关系来确定判定条件。

在因果图中通常用 $C_i$ 表示原因，用 $E_i$ 表示结果，各连接点表示状态，可取值“0”或“1”。“0”表示某状态不出现，“1”表示某状态出现。

1）恒等关系。表示原因和结果之间一对一的对应关系。若原因出现，则结果出现；若原因不出现，则结果也不出现，如图 4-9 所示。

2）“非”关系。表示原因和结果之间的一种否定关系。若原因出现，则结果不出现；若原因不出现，则结果出现，如图 4-10 所示。

图 4-9 恒等关系符号图　　图 4-10 “非”关系符号图

3）“或”关系。表示若几个原因中有一个出现，则结果出现；只有当这几个原因都不出现时，结果才不出现，如图 4-11 所示。

4）“与”关系。表示若几个原因都同时出现，结果才出现；若几个原因中有一个不出现，则结果就不出现，如图 4-12 所示。

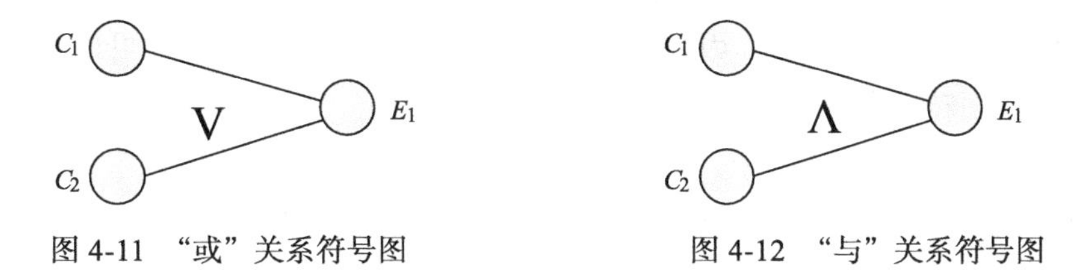


图 4-11 “或”关系符号图　　图 4-12 “与”关系符号图

输入状态还存在某些依赖关系，这种关系称为约束。约束符号如图 4-13 所示。

- E 约束（异）：$a$ 和 $b$ 中最多有一个可能为 1，即 $a$ 和 $b$ 不能同时为 1。
- I 约束（或）：$a$、$b$、$c$ 中至少有一个必须为 1，即 $a$、$b$、$c$ 不能同时为 0。
- O 约束（唯一）：$a$ 和 $b$ 必须有一个且仅有一个为 1。
- R 约束（要求）：$a$ 是 1 时，$b$ 必须是 1，即 $a$ 为 1 时，$b$ 不能为 0。
- M 约束（强制）：若结果 $a$ 为 1，则结果 $b$ 强制为 0。

**2. 因果图测试的过程**

首先由因果图法生成测试用例，基本测试步骤如下：

1）分析软件规格说明描述中，哪些是原因（即输入条件或输入条件的等价类），哪些是结果（即输出条件）。给每个原因和结果赋予一个标识符。

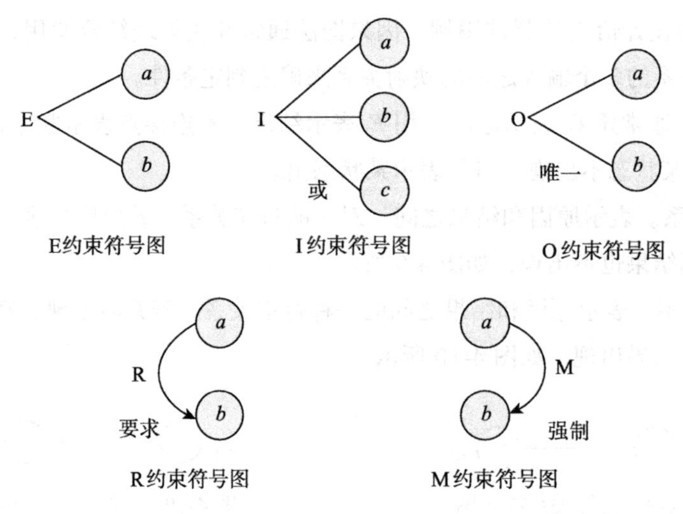


图 4-13　约束符号图

2）分析软件规格说明描述中的语义，找出原因和结果之间、原因与原因之间对应的关系。根据这些关系，画出因果图。

3）由于语法或环境限制，有些原因和原因之间、原因和结果之间的组合情况不可能出现。为表明这些特殊的情况，在因果图上用一些记号表明约束或限制条件。

4）把因果图转换成决策表。因果图必须转化成决策表，从决策表才可以得到相应的测试用例，将因果图转换为决策表的步骤如下：

①选择结果。

②根据因果图查找能够得到这个结果的原因组合，以及不产生这个结果的原因的组合。

③在决策表中为每一个原因组合以及产生这个结果的状态加一列。

④检查决策表条目是否出现冗余，如果是，则删除那些冗余的条目。

⑤把决策表的每一列拿出来作为依据，设计测试用例。

5）将决策表的每一列作为依据，设计测试用例。

因果图有助于用一种系统的方法选择高效的测试用例集，而且它的一个额外优势是可以指出规格说明的不完整和不明确之处。因果图确实能够产生一组有效的测试用例，但通常它不能够生成全部应该被确定的有效测试用例。在条件的数量和依赖关系增加时，因果图和决策表的规模增加得非常快，从而失去可读性，而且将因果图转换为决策表是最有难度的工作，但目前已经有算法和相应的工具可以支持自动完成。另外，在优化决策表时可能会引入错误，比如忽略需要考虑的输入和条件的组合。

**3. 因果图测试举例**

这里依然选用 4.1 节中冷冻库中冷冻柜的案例。为便于理解，我们假设在总电源正常开启的情况下，对 8 号冷冻柜的制冷功能是否正常开启进行考查。操作过程如下。

（1）确定“因”和“果”

原因如下：

- 电压在 180V 至 220V 之间。
- 温度在 –30℃至 10℃之间。
- 电压小于 180V。
- 电压大于 220V。
- 温度低于 –30℃。
- 温度高于 10℃。

结果如下：

- 制冷功能正常。
- 制冷功能故障。

（2）画因果图

画出因果图，并标明约束关系，如图 4-14 所示。

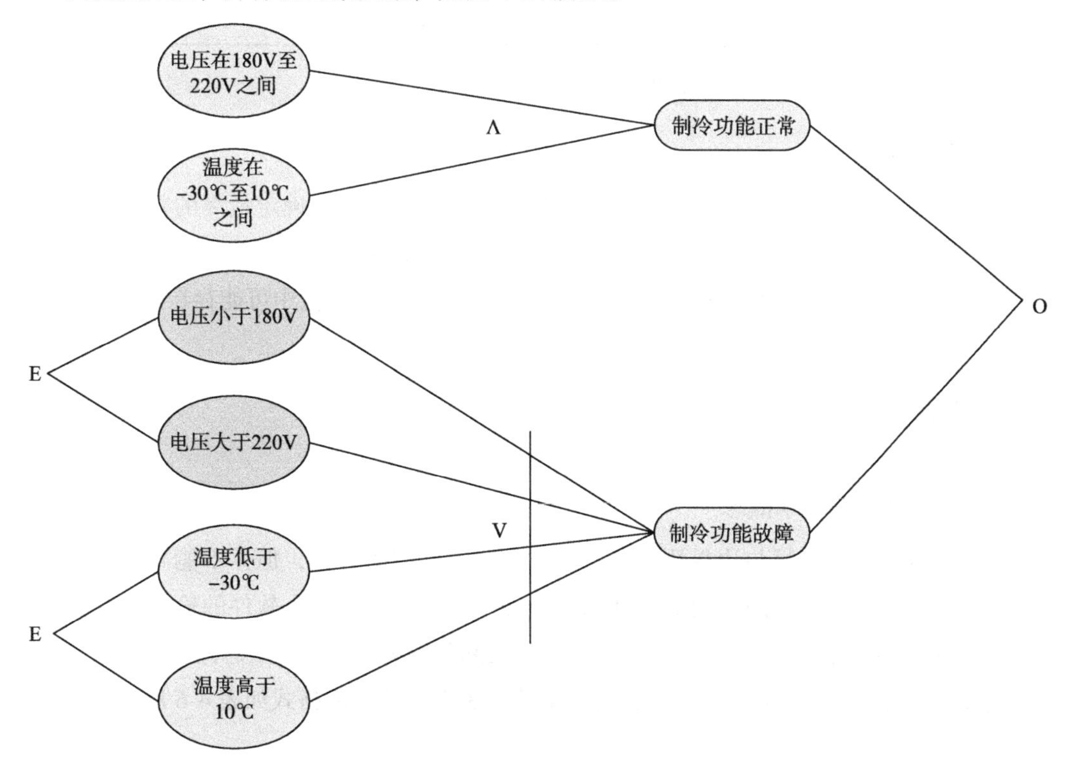


图 4-14　因果图

（3）转换成决策表

根据因果图画出决策表，决策表分为条件和结果两部分，如表 4-5 所示。

表 4-5 测试用例

| 用例 ID | 输入条件 | 测试数据 | | 预期结果 |
|---|---|---|---|---|
| | | 电压 | 温度 | |
| REF-001 | 电压在 180V 至 220V 之间，温度在 –30℃至 10℃之间 | 200V | –20℃ | 制冷功能正常 |
| REF-002 | 电压在 180V 至 220V 之间，温度低于 –30℃ | 200V | –40℃ | 制冷功能故障 |
| REF-003 | 电压在 180V 至 220V 之间，温度高于 10℃ | 200V | 15℃ | 制冷功能故障 |
| REF-004 | 电压低于 180V，温度在 –30℃至 10℃之间 | 160V | –20℃ | 制冷功能故障 |
| REF-005 | 电压高于 220V，温度在 –30℃至 10℃之间 | 250V | –20℃ | 制冷功能故障 |
| REF-006 | 电压低于 180V，温度低于 –30℃ | 160V | –40℃ | 制冷功能故障 |
| REF-007 | 电压低于 180V，温度高于 10℃ | 160V | 15℃ | 制冷功能故障 |
| REF-008 | 电压高于 220V，温度低于 –30℃ | 250V | –40℃ | 制冷功能故障 |
| REF-009 | 电压高于 220V，温度高于 10℃ | 250V | 15℃ | 制冷功能故障 |

根据决策表，再设计下一步的测试用例。

**4. 因果图测试总结**

因果图法通常与决策表结合使用，通过分析各种条件组合来确定最终的判定情况，并生成结果决策表，而决策表清晰地表现了各种输入之间的相互关系。采用因果图法可以帮助我们按照一定的步骤选择一组高效的测试用例，并指出程序规范中可能存在的问题。

## 4.4 决策表测试

**1. 决策表测试的基本概念**

有了等价类划分测试与边界测试，可以减少测试用例的数量，但并不能简化输入与输出之间的关系，不能减少测试用例设计的复杂性。在很多情况下，软件的输出是由多个输入之间复杂的制约关系决定的。这时就需要决策表来帮助测试人员厘清思路。

决策表中记录的重点是输入与输出之间的复杂关系，其通用格式如表 4-6 所示。

表 4-6　决策表的通用格式

| | 规则 1 | 规则 2 | … | 规则 *p* |
|---|---|---|---|---|
| 条件： | | | | |
| 条件 1 | | | | |
| 条件 2 | | | | |
| … | | | | |
| 条件 *m* | | | | |
| 行为： | | | | |
| 行为 1 | | | | |
| 行为 2 | | | | |
| … | | | | |
| 行为 *n* | | | | |

条件 1 到条件 $m$ 是输入数据的取值或取值范围；行为 1 到行为 $n$ 是在特定输入条件的组合下系统采取的行为（有可能是输出）；规则 1 到规则 $p$ 是所有输入条件的一种特定取值组合。

### 2. 决策表测试过程

下面用一个具体的例子来进一步说明决策表：民航飞机的起飞条件是无雨并且无航空管制，根据这句话可以制作决策表，如表 4-7 所示。

表 4-7　民航飞机起飞决策表 1

| | 规则 1 | 规则 2 | 规则 3 | 规则 4 |
|---|---|---|---|---|
| 条件： | | | | |
| 雨 | 是 | 否 | 是 | 否 |
| 航空管制 | 是 | 是 | 否 | 否 |
| 行为： | | | | |
| 起飞 | 否 | 否 | 否 | 是 |

这是一种最简单的决策表，表中只有两个条件，并且条件的取值为“是”或“否”，行为也只有一种，行为的取值为“是”或“否”。根据这张决策表即可进行测试用例的设计。

我们将这个决策表复杂化：民航飞机的起飞条件是无雨并且无航空管制，如果有航空管制并且有雨，则取消航班。根据这句话可以制作决策表，如表 4-8 所示。

表 4-8 民航飞机起飞决策表 2

| | 规则 1 | 规则 2 | 规则 3 | 规则 4 |
|---|---|---|---|---|
| 条件： | | | | |
| 雨 | 是 | 否 | 是 | 否 |
| 航空管制 | 是 | 是 | 否 | 否 |
| 行为： | | | | |
| 起飞 | 否 | 否 | 否 | 是 |
| 取消航班 | 是 | 否 | 否 | 否 |

在这种情况下，决策表的输入并没有复杂化，只是输出比以前复杂。下面继续复杂化该决策表：民航飞机的起飞条件是无雨、无航空管制并且温度要在 –35℃与 +50℃之间，如果任意一个起飞天气条件无法满足，并且有航空管制，则取消航班。根据这句话，我们可以制作决策表，如表 4-9 所示。

表 4-9 民航飞机起飞决策表 3

| | 规则 1 | 规则 2 | 规则 3 | 规则 4 | 规则 5 | 规则 6 | 规则 7 | 规则 8 | 规则 9 | 规则 10 | 规则 11 | 规则 12 |
|---|---|---|---|---|---|---|---|---|---|---|---|---|
| 条件： | | | | | | | | | | | | |
| 雨 | 是 | 否 | 是 | 否 | 是 | 否 | 是 | 否 | 是 | 否 | 是 | 否 |
| 航空管制 | 是 | 是 | 否 | 否 | 是 | 是 | 否 | 否 | 是 | 是 | 否 | 否 |
| 温度 | <–35 | <–35 | <–35 | <–35 | ≥ –35<br>≤ 50 | ≥ –35<br>≤ 50 | ≥ –35<br>≤ 50 | ≥ –35<br>≤ 50 | >50 | >50 | >50 | >50 |
| 行为： | | | | | | | | | | | | |
| 起飞 | 否 | 否 | 否 | 否 | 否 | 否 | 否 | 是 | 否 | 否 | 否 | 否 |
| 取消航班 | 是 | 是 | 否 | 否 | 是 | 否 | 否 | 否 | 是 | 是 | 否 | 否 |

在三个条件的控制下，决策表已经变得有些复杂，随着更多条件的加入，如果没有决策表的支持，开发人员与测试人员很难厘清程序结构。决策表对开发人员与测试人员来说同等重要，根据同一个决策表设计的程序与测试用例显然可以极大地提高工作的效率与准确率。

测试人员可以根据决策表中的每一条规则至少设计一个测试用例，通常在决策表中把“规则”简单地更改成“用例”，就能够生成一个通过等价类划分设计的测试用例集。但测试人员需要注意的是要对每一个条件进行再次分析，为每一个条件即输入设计更合适的数值。把上面的决策表变为测试用例集后如表 4-10 所示。

表 4-10　民航飞机起飞测试用例集 1

| | 用例 1 | 用例 2 | 用例 3 | 用例 4 | 用例 5 | 用例 6 | 用例 7 | 用例 8 | 用例 9 | 用例 10 | 用例 11 | 用例 12 |
|---|---|---|---|---|---|---|---|---|---|---|---|---|
| 条件： | | | | | | | | | | | | |
| 雨 | 是 | 否 | 是 | 否 | 是 | 否 | 是 | 否 | 是 | 否 | 是 | 否 |
| 航空管制 | 是 | 是 | 否 | 否 | 是 | 是 | 否 | 否 | 是 | 是 | 否 | 否 |
| 温度 | –40 | –45 | –50 | –34 | –35 | 36 | 49 | 50 | 51 | 55 | 60 | 65 |
| 行为： | | | | | | | | | | | | |
| 起飞 | 否 | 否 | 否 | 否 | 否 | 否 | 否 | 是 | 否 | 否 | 否 | 否 |
| 取消航班 | 是 | 是 | 否 | 否 | 是 | 否 | 否 | 否 | 是 | 是 | 否 | 否 |

通过对这一测试用例集的进一步分析我们会发现，如果现在只测试飞机是否起飞，只要“航空管制”的输入值为“是”，不论其他天气条件是什么，飞机都无法起飞。这样可以对这一测试用例表进行进一步的简化，在所有“航空管制”为“是”的用例中随机保留一个即可，这样测试用例可以从原来的 12 个进一步化简为 7 个，如表 4-11 所示。

表 4-11　民航飞机起飞测试用例集 2

| | 用例 1 | 用例 2 | 用例 3 | 用例 4 | 用例 5 | 用例 6 | 用例 7 | 用例 8 | 用例 9 | 用例 10 | 用例 11 | 用例 12 |
|---|---|---|---|---|---|---|---|---|---|---|---|---|
| 条件： | | | | | | | | | | | | |
| 雨 | 是 | | 是 | 否 | | | 是 | 否 | | | 是 | 否 |
| 航空管制 | 是 | | 否 | 否 | | | 否 | 否 | | | 否 | 否 |
| 温度 | –40 | | –50 | –34 | | | 49 | 50 | | | 60 | 65 |
| 行为： | | | | | | | | | | | | |
| 起飞 | 否 | | 否 | 否 | | | 否 | 是 | | | 否 | 否 |

如果对表 4-11 再进行深入的分析，读者会发现该表还有简化的空间。但需要注意的一点是，不要对决策表进行过度的简化，因为我们不知道程序员的编程水平与习惯，一个没有经验的程序员很可能会把缺陷都隐藏在这些看似无意义的决策选择中。通常要综合考虑测试的时间与花费来进行适当的决策表简化。

### 3. 决策表测试举例

我们还是以上述冷冻库中的冷冻柜为例。针对该冷冻库中的某个冷冻柜，当电压过高或过低以及温度过高或过低时，系统都会发出警报。另外，我们再假设，当电压和温度同时出现问题，即电压和温度都不在有效等价类中时，将会启动咨询专家的行为。根据分析，决策表如表 4-12 所示。

表 4-12　决策表

| 测试值 | 条件 | | 行为 | |
|---|---|---|---|---|
| | 电压（单位：V） | 温度（单位：℃） | 警报 | 咨询专家 |
| 用例 1 | <180 | <–30 | 是 | 是 |
| 用例 2 | <180 | ≥ –30，≤ 10 | 是 | 否 |
| 用例 3 | <180 | >10 | 是 | 是 |
| 用例 4 | ≥ 180，≤ 220 | <–30 | 是 | 否 |
| 用例 5 | ≥ 180，≤ 220 | ≥ –30，≤ 10 | 否 | 否 |
| 用例 6 | ≥ 180，≤ 220 | >10 | 是 | 否 |
| 用例 7 | >220 | <–30 | 是 | 是 |
| 用例 8 | >220 | ≥ –30，≤ 10 | 是 | 否 |
| 用例 9 | >220 | >10 | 是 | 是 |

如果我们现在不理会系统是否发出警报，而只想考查在什么情况下必须咨询专家，那么通过这张表可以发现只有电压和温度同时不在有效等价类范围内时，才会激发咨询专家这一行为。这样，测试用例可以从原来的 9 个简化为 4 个，如表 4-13 所示。

表 4-13　简化后的决策表

| 测试值 | 条件 | | 行为 | |
|---|---|---|---|---|
| | 电压（单位：V） | 温度（单位：℃） | 警报 | 咨询专家 |
| 用例 1 | <180 | <–30 | 是 | 是 |
| 用例 2 | <180 | >10 | 是 | 是 |
| 用例 3 | >220 | <–30 | 是 | 是 |
| 用例 4 | >220 | >10 | 是 | 是 |

由于本案例比较简单，因此决策表并不复杂，如果决策时需要考查冷冻库 10 个冷冻柜中具体是哪一个冷冻库出现警报或需要咨询专家，那么决策表将会比较复杂。而实际上，对于现实生活中具有多个参数的复杂案例，若想做出精确完整的决策表，都需要设计者进行全面细致的思考。

**4. 决策表测试总结**

决策表既可帮助程序开发人员，也可帮助测试人员，决策表并不会简化开发与测试的过程，但可帮助开发人员与测试人员厘清思路。把决策表中的“规则”改为“用例”，把“条件”当作输入，“行为”当作输出，即得到了一个完整的等价类划分测试用例集。通过决策表得出的测试用例集通常可进行进一步的简化，但简化过程要考虑时间、效率、结果等综合因素，不可过度简化。

## 4.5 逻辑覆盖测试

**1. 逻辑覆盖测试的基本概念**

白盒测试是一种基于执行的测试，关注的是测试用例执行或覆盖程序逻辑 / 源码的程度，有选择地执行程序中最有代表性的通路，可以简化测试的输入空间，而逻辑覆盖则是这一系列测试通路选择方法的总称。从覆盖的详尽程度分析，可以将覆盖标准分为语句覆盖、判定覆盖、条件覆盖、判定 – 条件覆盖、条件组合覆盖、基本路径覆盖，并对每种覆盖标准确定覆盖率评价指标，以衡量这种覆盖方法下的测试是否充分。

**2. 逻辑覆盖测试分类**

（1）语句覆盖

语句覆盖的基本思想是设计足够的测试用例，使得每个可执行语句都至少由一个测试用例执行一次。语句覆盖用于计算和度量在源代码中可执行的语句数，但它仅仅针对程序逻辑中显式存在的语句，对于隐藏的条件是无法测试的，因此语句覆盖也是最弱的逻辑覆盖。

语句覆盖率 = 至少被执行一次的语句数量 / 可执行的语句总数

（2）判定覆盖

判定覆盖法的基本思想是设计一系列测试用例，运行待检测的程序，使得程序中每个判断中取真和取假的分支被至少执行一次。由于一个判断即代表程序的一个分支，因此判定覆盖也被称为分支覆盖。

判定覆盖率 = 至少被执行一次的判定结果的数量 / 判定结果的总数

判定覆盖的优点在于具有比语句覆盖更强的测试能力，同时判定覆盖也具有和语句覆盖一样的简单性，无须细分每个判定就可以得到测试用例。判定覆盖的缺点在于，其大部分的判定语句由多个逻辑条件组合而成，在运行过程中，往往仅能够判断出最终的整个结果，而忽略每个条件的取值情况，在很大程度上会遗漏部分测试路径。因此，判定覆盖仍是较弱的逻辑覆盖。

（3）条件覆盖

条件覆盖的基本思想是设计一系列测试用例，运行待检测的程序，使得程序每个判断中每个条件的可能取值至少被执行一次。

条件覆盖率 = 至少被执行一次的条件结果的数量 / 条件结果的总数

条件覆盖通常比判定覆盖强，因为它使判定表达式中的每个条件都取到了两个不同的结果，而判定覆盖却只关心整个判定表达式的值。但是，也可能有相反的情况：虽然每个条件都取到了两个不同的结果，但判定表达式却始终只取一个值，往往会使测试用例无法覆盖整个程序的全部分支。

（4）判定 – 条件覆盖

既然判定覆盖不一定包含条件覆盖，条件覆盖也不一定包含判定覆盖，自然会提出一种能同时满足这两种覆盖标准的逻辑覆盖，这就是判定 – 条件覆盖。判定 – 条件覆盖实际上是把第（2）和第（3）种覆盖方式结合起来的一种设计方法，本质上是判定和条件覆盖设计方法的交集。其基本思想是设计足够多的测试用例，使得判断条件中所有条件的可能取值至少被执行一次，同时，所有判断的可能结果也至少被执行一次。

判定 – 条件覆盖率 = 条件结果或判定结果至少被执行一次的数量 /
（条件结果的总数 + 判定结果总数）

（5）条件组合覆盖

与条件覆盖的不同之处在于，条件组合覆盖不是简单地要求每个条件都出现“真”与“假”两种判定结果，其基本思想是，设计足够多的测试用例，使得判断中每个条件所有可能的组合都至少出现一次。

条件组合覆盖率 = 至少被执行一次的条件组合数量 / 总的条件组合数

显然，满足“条件组合覆盖”的测试用例是一定满足“判定覆盖”“条件覆盖”和“判定 – 条件覆盖”的。仔细分析后，可能会发现条件组合测试的思路有些冗余和浪费，在测试过程中会出现一些无意义的测试。因此，在原有的条件组合覆盖的基础上，有一种修改的条件 – 判定覆盖（MC/DC），MC/DC 测试覆盖的思路如下：

- 每一个判断的所有可能结果都至少出现一次；
- 每一个判断中所有条件的取值都至少出现一次；
- 每一个进入点与结束点都至少被执行一次；
- 判断中每一个条件都可以独立地影响判断的最终结果。

事实上，条件组合覆盖已属于极强的逻辑覆盖，但尽管如此，该覆盖依然无法覆盖全部的路径，因此其测试也并非足够充分。所以，更充分的测试不仅要求覆盖所有条件和所有判定，而且还要覆盖基本路径。

（6）基本路径覆盖

基本路径覆盖的思想就是在程序控制流图的基础上，通过分析控制结构的环路复杂性，设计足够多的测试用例，执行的路径满足基本路径集合，如果程序中有循环，则要求每个循环被至少执行一次。

其基本步骤如下：

1）设计程序流程图。用程序流程图描述程序控制流，利用顺序、分支、循环等基本图元，来描述任意程序结构。

2）计算程序复杂度。实际上，通过对程序流程图分析得到的独立路径数目就是该程序的复杂度。

3）确定基本路径。通过分析程序流程图的基本路径来导出程序的基本路径集合。

4）准备测试用例。要确保基本路径组中的每一条路径都至少被执行一次。

基本路径覆盖的前提是事先清楚有多少条基本路径，对于比较简单的小程序来说，实现基本路径覆盖是可能的，但是如果程序中出现了多个判断和多个循环，则可能的基本路径数目将会急剧增长，导致实现基本路径覆盖几乎是不可能的。因此，计算程序中的基本路径数即圈复杂度，是进行基本路径覆盖的必要条件。计算公式如下：

$$V(G) = e-n+2$$

其中，$V(G)$ 是区域数，是由边界和节点包围起来的图，计算时应包含其外部区域。$e$ 为边数，$n$ 为节点数。

基本路径覆盖率 = 至少被执行一次的线性无关的路径数 / 基本路径数

其中，线性无关的路径是指将程序转换为程序控制流图后，执行的路径线性无关，在后续的例子中会讲述具体方法。

**3. 逻辑覆盖测试举例**

以如下的 C 语言代码为例，假设需要设计测试用例进行上述几种类型的逻辑覆盖测试，代码如下。

```
1  int foo(int a, int b, int c, int x)
2  {
3      if (a > 1 && b == 0) {
4          b = x + a;
5      }
6      if (c == 2 || x > 1) {
7          x = x + 1;
8      }
9      return x + b;
10 }
```

（1）语句覆盖

要达到 100% 的语句覆盖率非常简单，只需要设计一个测试用例即可使上述代码中的每条语句均被执行，所需要满足的条件是 (a>1 ∧ b=0) ∧ (c=2 ∨ x>1)，测试用例设计如表 4-14 所示。

**表 4-14　语句覆盖测试用例表**

| 测试值 | 数据 | | | |
|---|---|---|---|---|
| | *a* | *b* | *c* | *x* |
| 用例 1 | 2 | 0 | 2 | 0 |

（2）判定覆盖

根据定义，判定覆盖需要使程序中每个判断取真和取假的分支至少要被执行一次，为便于清晰地表示，绘制程序的流程图如图 4-15 所示。

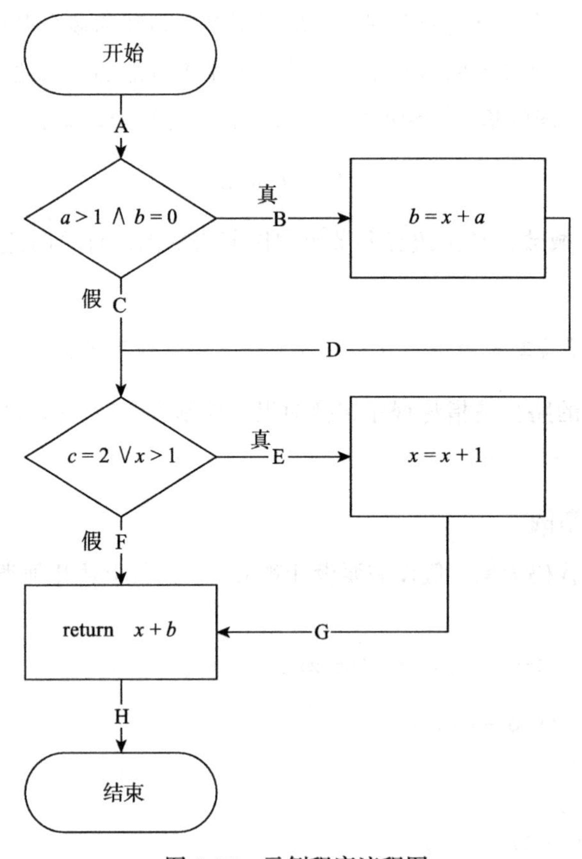


图 4-15　示例程序流程图

根据图 4-15，在源代码的第 3 行和第 6 行均存在分支，而表 4-15 中设计的测试用例只覆盖了 BC 分支中的 B 分支和 EF 分支中的 E 分支，判定覆盖率仅为 2/4=50%，因此，再额外设计一组测试用例覆盖 C 分支和 F 分支，即可满足 100% 的判定覆盖率，故设计测试用例如表 4-15 所示。

表 4-15 判定覆盖测试用例表

| 测试值 | 数据 | | | | 路径 |
|---|---|---|---|---|---|
| | *a* | *b* | *c* | *x* | |
| 用例 1 | 2 | 0 | 2 | 0 | ABDEGH |
| 用例 2 | 0 | 0 | 0 | 0 | ACFH |

（3）条件覆盖

条件覆盖需要使程序每个判断中每个条件的可能取值至少被执行一次，程序中的条件判定语句包括 $a$>1、$b$=0、$c$=2 和 $x$>1，每个条件均可以取真或者取假，总条件结果数为 8，而表 4-15 中设计的测试用例没有覆盖 ¬ ($b$=0) 和 $x$>1 两种情况，条件覆盖率仅为 6/8=75%，根据图 4-15 设计如表 4-16 所示的测试用例即可。

表 4-16 条件覆盖测试用例表

| 测试值 | 数据 | | | | 路径 |
|---|---|---|---|---|---|
| | *a* | *b* | *c* | *x* | |
| 用例 1 | 2 | 0 | 2 | 1 | ABDEGH |
| 用例 2 | 1 | 1 | 1 | 2 | ACEGH |

其中，用例 1 满足 $a$>1、$b$=0、$c$=2 和 ¬ ($x$>1)，用例 2 满足 ¬ ($a$>1)、¬ ($b$=0)、¬ ($c$=2) 和 $x$>1。

（4）判定 – 条件覆盖

判定 – 条件覆盖只需要将判定覆盖和条件覆盖相结合，根据前面的公式，可知示例程序的条件结果的总数为 8，判定结果总数为 4，可计算出表 4-16 中，至少被执行一次的条件结果的总数为 8，但判定结果的总数只为 3，因为没有执行 F 分支，所以表 4-16 的测试用例的判定 – 条件覆盖率为 (8+3)/(8+4) ≈ 91.67%，只需要再添加一条含有 F 边的路径即可满足判定 – 条件覆盖率为 100%，根据图 4-15 设计测试用例如表 4-17 所示。

其中，用例 1 和用例 2 为表 4-16 中的用例 1 和用例 2，用例 3 为表 4-15 中的用例 2。

表 4-17　判定－条件覆盖测试用例表

| 测试值 | 数据 | | | | 路径 |
|---|---|---|---|---|---|
| | *a* | *b* | *c* | *x* | |
| 用例 1 | 2 | 0 | 2 | 1 | ABDEGH |
| 用例 2 | 1 | 1 | 1 | 2 | ACEGH |
| 用例 3 | 0 | 0 | 0 | 0 | ACFH |

（5）条件组合覆盖

条件组合覆盖需要考虑每个条件的所有组合情况，这些组合的总量上限为 $2^n$，其中，*n* 为条件的总数，示例代码的条件数量 *n*=4，因此，在没有冲突的条件前提下，共需要设计 16 组测试用例，表 4-17 的测试用例只覆盖了其中 3 种情况，它的条件组合覆盖率仅为 3/16=18.75%，想要得到 100% 的条件组合覆盖率，可重新设计测试用例如表 4-18 所示。

表 4-18　条件组合覆盖测试用例表

| 测试值 | 条件 | | | | 数据 | | | |
|---|---|---|---|---|---|---|---|---|
| | *a*>1 | *b*=0 | *c*=2 | *x*>1 | *a* | *b* | *c* | *x* |
| 用例 1 | T | T | T | T | 2 | 0 | 2 | 2 |
| 用例 2 | T | T | T | F | 2 | 0 | 2 | 1 |
| 用例 3 | T | T | F | T | 2 | 0 | 1 | 2 |
| 用例 4 | T | T | F | F | 2 | 0 | 1 | 1 |
| 用例 5 | T | F | T | T | 2 | 1 | 2 | 2 |
| 用例 6 | T | F | T | F | 2 | 1 | 2 | 1 |
| 用例 7 | T | F | F | T | 2 | 1 | 1 | 2 |
| 用例 8 | T | F | F | F | 2 | 1 | 1 | 1 |
| 用例 9 | F | T | T | T | 1 | 0 | 2 | 2 |
| 用例 10 | F | T | T | F | 1 | 0 | 2 | 1 |
| 用例 11 | F | T | F | T | 1 | 0 | 1 | 2 |
| 用例 12 | F | T | F | F | 1 | 0 | 1 | 1 |
| 用例 13 | F | F | T | T | 1 | 1 | 2 | 2 |
| 用例 14 | F | F | T | F | 1 | 1 | 2 | 1 |
| 用例 15 | F | F | F | T | 1 | 1 | 1 | 2 |
| 用例 16 | F | F | F | F | 1 | 1 | 1 | 1 |

在实际过程中，不同条件之间很可能会出现矛盾或包含关系，条件的组合数量也会因此而减少，在设计的测试用例时需要根据具体条件进行约简后再使用。

（6）基本路径覆盖

根据基本路径覆盖的测试步骤，绘制示例程序对应的机器码流程图如图 4-16 所示。

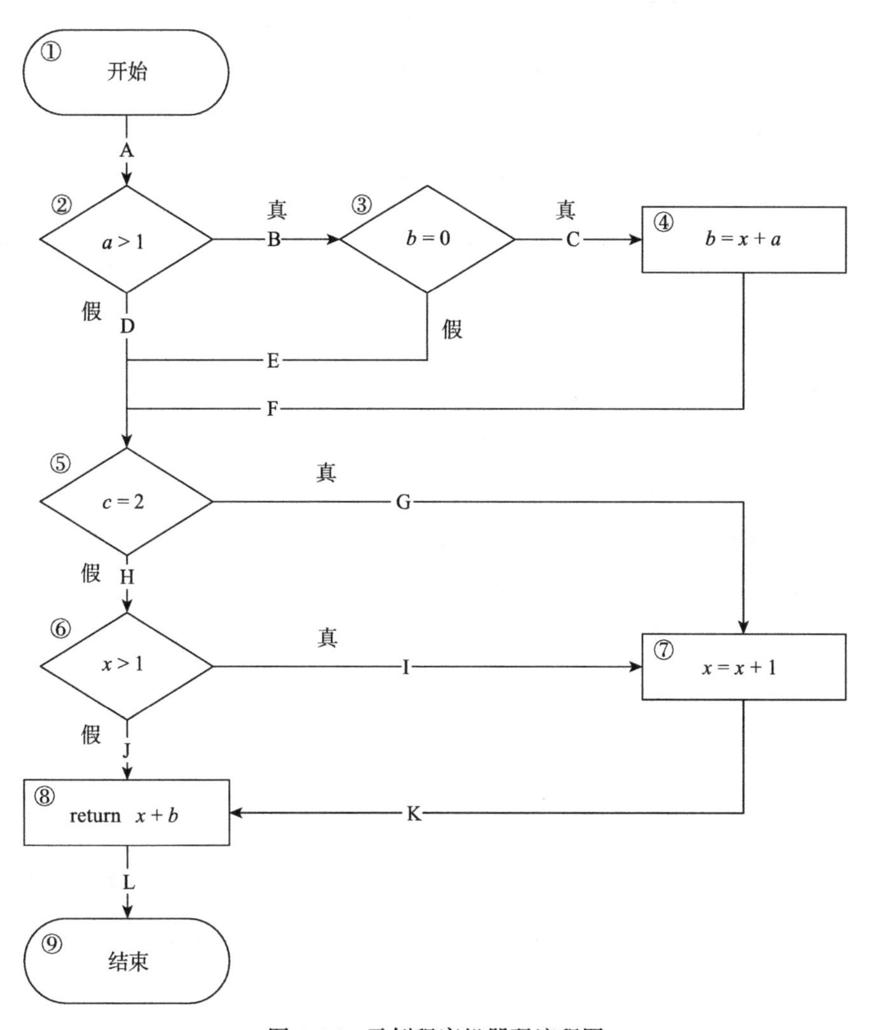


图 4-16　示例程序机器码流程图

由前面的计算公式，可以得出示例程序的圈复杂度 $V(G)=e-n+2=12-9+2=5$，故示例程序可以得出 5 组线性无关的路径，表 4-17 中设计的三组测试用例均线性无关，故其基本路径覆盖率为 3/5=60%，再补充两组线性无关的路径即可满足 100% 的基本路径覆盖率，根据图 4-16 的基本路径设计测试用例如表 4-19 所示。

表 4-19 基本路径覆盖测试用例表

| 测试值 | 遍历的边 | | | | | | | | | | | | 路径 |
|---|---|---|---|---|---|---|---|---|---|---|---|---|---|
| | A | B | C | D | E | F | G | H | I | J | K | L | |
| 用例 1 | 1 | 1 | 1 | 0 | 0 | 1 | 1 | 0 | 0 | 0 | 1 | 1 | ABCFGKL |
| 用例 2 | 1 | 0 | 0 | 1 | 0 | 0 | 0 | 1 | 1 | 0 | 1 | 1 | ADHIKL |
| 用例 3 | 1 | 0 | 0 | 1 | 0 | 0 | 0 | 1 | 0 | 1 | 0 | 1 | ADHJL |
| 用例 4 | 1 | 0 | 0 | 1 | 0 | 0 | 1 | 0 | 0 | 0 | 1 | 1 | ADGKL |
| 用例 5 | 1 | 1 | 0 | 0 | 1 | 0 | 0 | 1 | 0 | 1 | 0 | 1 | ABEHJL |
| 额外用例 1 | 1 | 1 | 0 | 0 | 1 | 0 | 1 | 0 | 0 | 0 | 1 | 1 | ABEGKL |
| 额外用例 2 | 1 | 1 | 1 | 0 | 0 | 1 | 1 | 1 | 1 | 0 | 1 | 1 | ABCFHIKL |

其中，表 4-19 显示了每个路径所遍历的边及其次数，可将其视为一个针对路径的向量空间。其中用例 1 ~ 3 为表 4-17 中的测试用例，用例 4 和用例 5 为新增的与表 4-17 线性无关的测试用例。同时，列举了额外用例 1 和额外用例 2，额外用例 1 可以采用向量加法用例 5+ 用例 4– 用例 3 得到，同理，额外用例 2 可以采用用例 1+ 用例 2– 用例 4 得到，因此，要保证 100% 的基本路径覆盖率，只需要表 4-19 中的用例 1 ~ 5 即可。

基本路径覆盖的前提是知道有多少条基本路径，对于简单程序，通过直接观察就能把握其基本路径的数量，对于复杂的应用程序，就需要按照上述步骤进行设计并实现。

**4. 逻辑覆盖测试总结**

逻辑覆盖是以程序内部的逻辑结构为基础的设计测试用例的技术，属于白盒测试。根据测试的实际需要，一般将逻辑覆盖测试分为语句覆盖、判定覆盖、条件覆盖、判定 – 条件覆盖、条件组合覆盖、基本路径覆盖等。逻辑覆盖考量的往往并不仅限于代码，其应用范围也可以扩展到业务流程图、数据流图等。在实际应用时，逻辑覆盖测试也可以覆盖需求层次的业务逻辑。

## 4.6 组合测试

**1. 组合测试的基本概念**

从本质上来说，组合测试就是将各种输入“组合”起来进行测试，包括硬件的组合、软件的组合、功能的组合以及程序输入的组合等。任何软件的运行都需要硬件的平台和软件的环境作为支撑，因此，任何软件在运行时都会启动很多的功能，产生很多的输入和输出，这些功能和输入与输出就会形成各种组合。组合测试就是测试软件在这些组合情况下是否可以正常运行、是否存在与组合有关的问题。

在实际中，软件系统的某些功能、输入、软硬件配置等各种因素以及这些因素在一定条件下的相互作用，都可能触发软件故障。面对这种情况，我们必须为此单独设计相应的测试用例，对上述各种因素及其相互间的作用进行系统的覆盖性测试。按照传统方法设计的测试用例往往存在两个问题：一是由于影响软件的因素较多，各个因素的排列组合数量庞大，穷尽测试不现实；二是人工设计和选择测试用例的难度较大，容易出错。组合测试正是通过设计一组数量较少的测试用例，直接检测各种影响因素及其组合对软件功能的影响，是已有的黑盒和白盒等各种软件测试技术中不可缺少的重要补充。

**2. 组合测试的基本过程**

设影响待测软件系统（SUT）的参数有 $n$ 个，这些参数可以是 SUT 的输入参数、内部及外部事件等。设 SUT 的每个参数 $c_i$，可在有限离散点集 $T_i$ 中取值，如果该集合中有 $a_i$ 个元素，若假设 $c_i$ 之间相互独立，即各个参数的具体取值不会影响其他参数的取值。假设用 $R$ 表示覆盖需求，表示各个参数之间可能对系统产生影响的相互关系。例如，若 $\{c_1, c_2\} \in R$，则说明 $c_1$、$c_2$ 并不独立，它们之间存在相互作用，即 $c_1$ 与 $c_2$ 之间 $a_1 \times a_2$ 个值的组合可能触发软件故障，那么在测试时就必须要对其进行覆盖。同时可以约定，若 $\{c_1, c_2\} \in R$ 且 $\{c_1, c_2, c_3\} \in R$，那么在 $R$ 中只保留 $\{c_1, c_2, c_3\}$。如果 3 个参数间存在影响系统的相互作用，自然会包含其中某两个参数相互作用影响系统的情况。为了检测 SUT 中各个参数及各个参数之间相互作用可能对系统产生的影响，在设计测试用例时，必须实现对 $R$ 中各个参数的取值组合情况进行充分的覆盖测试。

组合测试的优点是：

1）利用覆盖表作为测试用例集，以最小的代价最大限度地检测软件系统中各种因素间相互作用可能触发的故障。

2）由于各个参数之间并不存在相互作用，因此用覆盖表作为测试用例的组合测试有可能等同于完全测试。

3）组合测试在很多情况下可作为一种基于规格说明的软件测试方法，这是一种容易使用的轻量级方法。

4）可以自动生成覆盖表，组合测试易于自动化。

组合测试的不足之处是：

1）组合测试不是一种完全测试，理论上依然存在很大风险。

2）若待测试软件系统的参数及其取值不够理想，则组合测试发挥的优势有限。

3）若对参数间的相互作用估计不足，则组合测试可能会遗漏测试需求。

4）若没有完整的预期输出，则组合测试效果将难以体现。

**3. 组合测试举例**

下面通过分析一个简化的导航软件的输入 / 输出关系来说明组合测试。

导航软件需要每秒通过 GPS 获得当前纬度、经度，并根据目标地点的经度、纬度、当前前进方向、当前道路信息计算得到当前提示信息。计算方法如下：

1）根据当前经纬度数据和目标经纬度数据进行计算，得到目标方向。

2）根据当前前进方向和目标方向，得到目标方位（①～④），如图 4-17 所示。

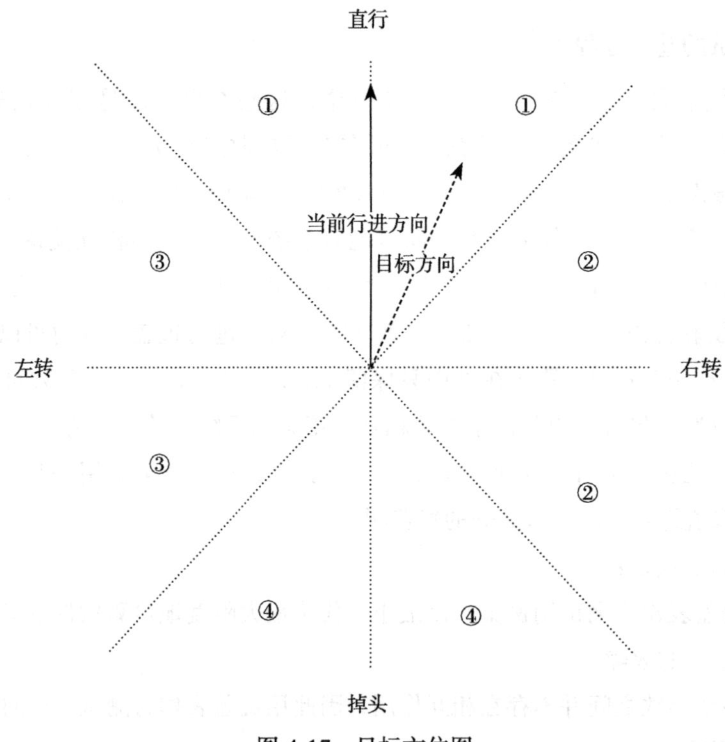


图 4-17　目标方位图

3）根据目标方位和道路情况信息，得到提示信息。提示信息取值为：

- ❑ 1：“直行”。
- ❑ 2：“左转”。
- ❑ 3：“右转”。
- ❑ 4：“掉头”。
- ❑ 5：“报错”。

计算规则为：

- 当目标方位落在位置①时，如果道路可以直行，则提示方向为“直行”，否则提示信息为“报错”；
- 当目标方位落在位置②，且道路可以右转，则提示方向为“右转”，否则提示信息为“报错”；
- 当目标方位落在位置③，且道路可以左转，则提示方向为“左转”，否则提示信息为“报错”；
- 当目标方位落在位置④，且道路可以掉头，则提示方向为“掉头”，否则提示信息为“报错”。

各个输入参数的取值范围如表 4-20 所示。

**表 4-20　参数取值范围**

| 参数 | 取值范围 |
| --- | --- |
| 当前位置经度 $P1$ | –180° ~ 180° |
| 当前位置纬度 $P2$ | –90° ~ 90° |
| 目标位置经度 $D1$ | –180° ~ 180° |
| 目标位置纬度 $D2$ | –90° ~ 90° |
| 当前前进方向 $x$<br>（同正北方向的夹角，顺时针方向为正） | –180° ~ 180° |
| 道路信息<br>（假设道路为单出口道路，即只能向一个方向前进） | 1：可以直行<br>2：可以右转<br>3：可以左转<br>4：可以掉头 |

导航软件首先使用当前位置经纬度 $P1$ 和 $P2$、目标位置经纬度 $D1$ 和 $D2$ 以及当前前进方向 $x$ 这 5 个参数计算获得目标方位 $S$，然后再使用目标方位 $S$ 和道路信息 $R$ 获得输出参数提示信息。

因为 $S$ 是 $P1$、$P2$、$D1$、$D2$、$x$ 的函数，假设有 4 组数据（$P1_1, P2_1, D1_1, D2_1, x_1$）、（$P1_2, P2_2, D1_2, D2_2, x_2$）、（$P1_3, P2_3, D1_3, D2_3, x_3$）、（$P1_4, P2_4, D1_4, D2_4, x_4$），得到的 $S$ 取值分别为 1、2、3、4。

参数取值情况如下：

1）$P1$：$P1_1$、$P1_2$、$P1_3$、$P1_4$。

2）$P2$：$P2_1$、$P2_2$、$P2_3$、$P2_4$。

3）$D1$：$D1_1$、$D1_2$、$D1_3$、$D1_4$。

4）$D2$：$D2_1$、$D2_2$、$D2_3$、$D2_4$。

5）$x$：$x_1$、$x_2$、$x_3$、$x_4$。

6）道路信息：1、2、3、4。

如果使用全组合，则得到测试用例个数为 4×4×4×4×4×4=4096 个。如果换个角度考虑，覆盖输入的全部可能组合工作量过于繁重，可以降低覆盖标准，只考虑任意两个参数取值的组合至少出现一次的两两组合，设计后如表 4-21 所示。

表 4-21 两两组合测试用例

| $P1$ | $P2$ | $D1$ | $D2$ | $x$ | 道路信息 |
|---|---|---|---|---|---|
| 3 | 1 | 2 | 3 | 4 | 1 |
| 2 | 3 | 1 | 1 | 3 | 2 |
| 2 | 4 | 4 | 2 | 2 | 3 |
| 1 | 2 | 3 | 1 | 1 | 4 |
| 4 | 4 | 3 | 4 | 3 | 1 |
| 3 | 1 | 1 | 4 | 2 | 4 |
| 3 | 3 | 3 | 2 | 1 | 3 |
| 4 | 2 | 1 | 3 | 1 | 1 |
| 1 | 2 | 4 | 4 | 4 | 3 |
| 1 | 2 | 2 | 2 | 2 | 1 |
| 1 | 4 | 3 | 3 | 4 | 2 |
| 3 | 2 | 4 | 2 | 3 | 2 |
| 3 | 4 | 2 | 1 | 1 | 4 |
| 4 | 3 | 4 | 1 | 4 | 4 |
| 4 | 1 | 2 | 1 | 2 | 3 |
| 1 | 3 | 2 | 1 | 3 | 1 |
| 2 | 1 | 1 | 2 | 4 | 4 |
| 2 | 1 | 2 | 4 | 1 | 2 |
| 1 | 1 | 1 | 3 | 3 | 3 |
| 2 | 4 | 1 | 3 | 2 | 2 |
| 2 | 3 | 3 | 3 | 2 | 4 |
| 4 | 1 | 3 | 2 | 3 | 4 |
| 4 | 1 | 4 | 4 | 1 | 2 |
| 2 | 2 | 4 | 3 | 1 | 1 |
| 2 | 3 | 3 | 4 | 2 | 4 |

在此设计中可以发现，在整个表中取出任意两列，即任意两个参数的取值组合都满足

这两个参数的全部组合情况（可能有冗余）。这样只需 25 个测试用例即可实现组合阶数为 2（两两组合）的测试设计，目前很多工具都支持自动化的组合测试设计。

## 4.7　蜕变测试

### 1. 蜕变测试的基本概念

在关键软件系统测试过程中，通常会存在预期测试结果难以构造的问题。这种难题称为测试预言（Test Oracle）难题。蜕变测试（Metamorphic Testing）通过构造蜕变关系（Metamorphic Relation）生成附加测试用例（Follow-up Test Cases），实现对原始测试用例（Original Test Cases）测试结果的验证，从而能够为测试预言难题的解决提供一种有效手段。典型的蜕变测试过程如图 4-18 所示。如果原始测试用例和附加测试用例满足蜕变关系，则并不能说明该测试用例测试结果通过。但是，当其不满足蜕变关系时，这两类测试用例一定会失效。

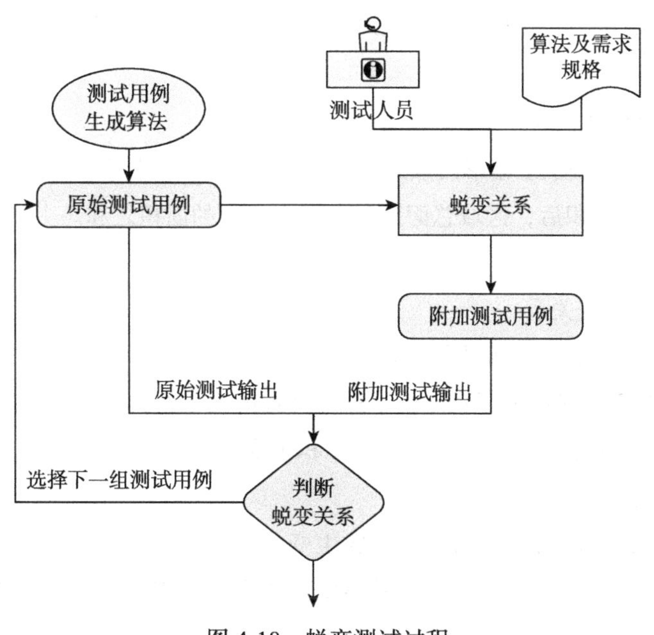


图 4-18　蜕变测试过程

### 2. 蜕变测试实例

（1）实例简介

地表面积是 GIS 系统中经常用到的数据，三维系统表面积与地形表面特征有关，地形表面越复杂，对面积的计算越困难。首先，地形表面是随机起伏的、不规则的，很难用准确的函数来描述地表形态，用传统的数学方法不易得到准确值；其次，由于DEM模型是一种网格模型，在求解指定区域地表面积时，往往要进行大量的插值运算，因此计算量较大，运算复杂，不易控制计算精确度。

目前针对表面积量算提出了许多不同的计算方法。普遍被大家认可的是基于TIN的表面积算法：此方法将每一个格网分割成两个三角形，利用海伦计算公式计算三角形表面积，如图4-19所示。

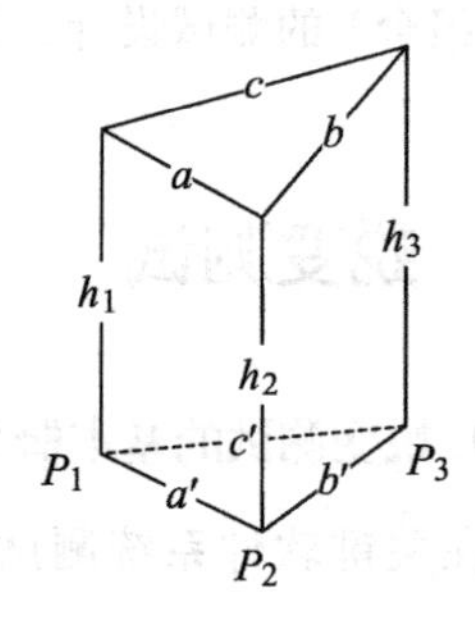


图4-19　基于TIN的表面积算法

$P_1$、$P_2$、$P_3$构成的三角形上的曲面片（平面）面积$S$的计算公式为：

$$S=\sqrt{P(P-a)(P-b)(P-c)} \tag{4-1}$$

式（4-1）中：

- ❑ $h_1$、$h_2$、$h_3$分别表示$P_1$、$P_2$、$P_3$三点对应的高程值。
- ❑ $a$、$b$、$c$分别表示三角形两点之间的空间距离，$a=\sqrt{a'^2+(h_1-h_2)^2}$，$b=\sqrt{b'^2+(h_2-h_3)^2}$，$c=\sqrt{c'^2+(h_1-h_3)^2}$。
- ❑ $P$表示三角形周长的一半，$P=(a+b+c)/2$。
- ❑ $a'$、$b'$、$c'$分别表示三角形两点之间$x$、$y$、$z$方向的坐标差。

求得每一个格网面积后，区域总面积就是各个格网的面积之和。

（2）蜕变关系

1）几何属性的蜕变关系。

①目标区域沿$Z$轴旋转，旋转前后表面积不变。

②目标区域沿$XOY$平面上任意向量平移，平移前后表面积不变。

③目标区域沿$Z$轴上下平移，平移后表面积不变。

2）数学性质的蜕变关系。

①当表示目标区域的格网的输入顺序发生变化时，由于输入的格网未改变，组成的目标区域自然也未变，因此表面积量算结果不变。变序的方式多种多样，考虑衍生用例生成效率问题，采用常见的倒序关系来构造。

②将每一个格网点的高程值、目标区域每个点的$x$坐标和$y$坐标乘以$k$，那么目标区域的表面积变为原来的$k^2$倍。

3）聚焦属性的蜕变关系。

基于TIN的表面积量算以格网作为计算单元，每个格网的表面积为划分的两个三角形表面积之和。如果提高格网精度，如图 4-20 所示，$G_3$ 格网精度是 $G_2$ 的 2 倍，$G_2$ 格网精度是 $G_1$ 的 2 倍。因此，$G_1$ 中的格网单元到了 $G_2$ 中被继续划分为 4 个子格网，4 个子格网表面积一定大于等于 $G_1$ 中格网的面积。因此，得到聚焦属性蜕变关系 MR3。

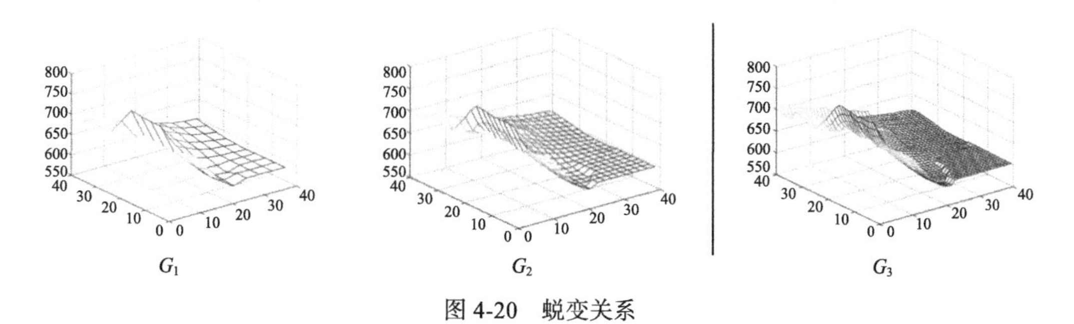


图 4-20　蜕变关系

4）基于算法的蜕变关系。

考虑三角形的面积计算存在以下三个性质：

$$S(\sqrt{2*c^2+2*b^2-a^2},b,c)=S(a,b,c) \tag{4-2}$$

$$S(a,\sqrt{2*c^2+2*a^2-b^2},c)=S(a,b,c) \tag{4-3}$$

$$S(a,b,\sqrt{2*a^2+2*b^2-c^2})=S(a,b,c) \tag{4-4}$$

如果在某个输入域 D 内，无论程序植入任何变异，原始用例和衍生用例的执行结果总是满足蜕变关系，那么输入域 D 称为该蜕变关系的测试盲区。可以发现，式（4-2）的测试盲区为 $a^2 = b^2 + c^2$，因为当 $a^2 = b^2 + c^2$ 时，$\sqrt{2*c^2+2*b^2-a^2} \equiv a$。同理，式（4-3）和式（4-4）的测试盲区分别为 $b^2 = a^2 + c^2$ 和 $c^2 = a^2 + b^2$。

通过几何分析可知，线段 $a$ 和 $b$ 的空间位置关系永远是正交，所以 $c^2 \equiv a^2 + b^2$，即式（4-4）不适用于构造表面积量算蜕变关系。

因此基于算法构造的蜕变关系 MR4 描述如下：基于 TIN 求表面积时，每个格网划分得到的两个空间三角形，每个三角形的边长分别为 $a$、$b$、$c$，将 $a$ 的值改为 $\sqrt{2*c^2+2*b^2-a^2}$，（或将 $b$ 的值改为 $\sqrt{2*c^2+2*a^2-b^2}$）三角形面积不变，因此区域总表面积不变。

5）面积特性蜕变关系。

①计算目标区域表面积，然后将目标区域一分为二，两部分的表面积之和应该等于区域总面积。

②测试用例。原始测试用例通常采用随机测试方法生成。这样可以降低不同测试用例生成方法对蜕变测试结果有效性的影响。

③测试结果。为了便于蜕变测试方法实施，我们设计并实现了地形量算程序蜕变测试工具，并给出了测试用例的执行结果，如图 4-21 所示。

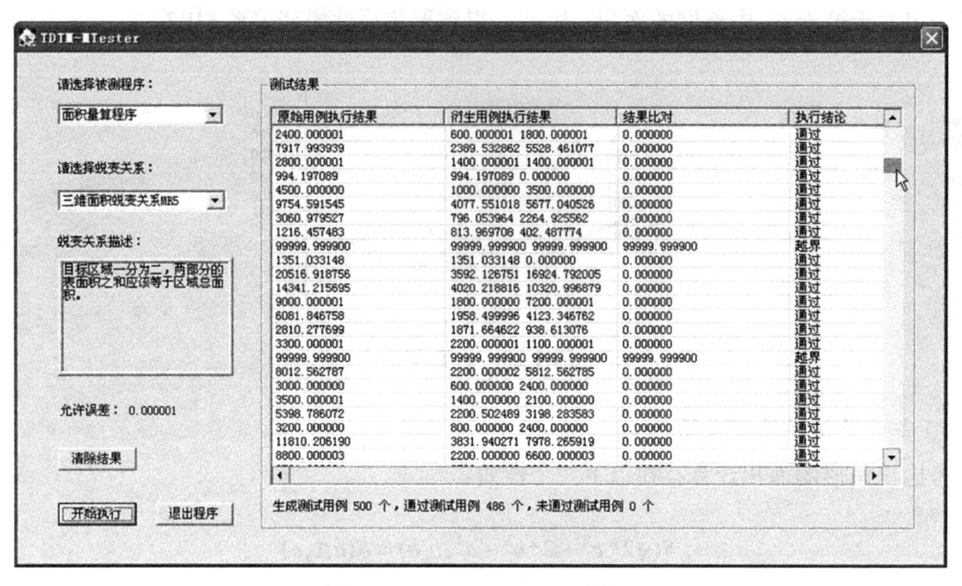


图 4-21　TDTM-MTester 界面

# 习题

1. 共享单车系统由服务器、GPS 模块、锁具控制模块组成，系统的工作原理如图 4-22 所示，锁具控制模块从服务器接收开关锁指令，控制锁具开锁或关锁，并将执行结果反馈给服务器；定时从 GPS 接收单车的位置信息与时间信息，并将位置与时间信息上报给服务器。

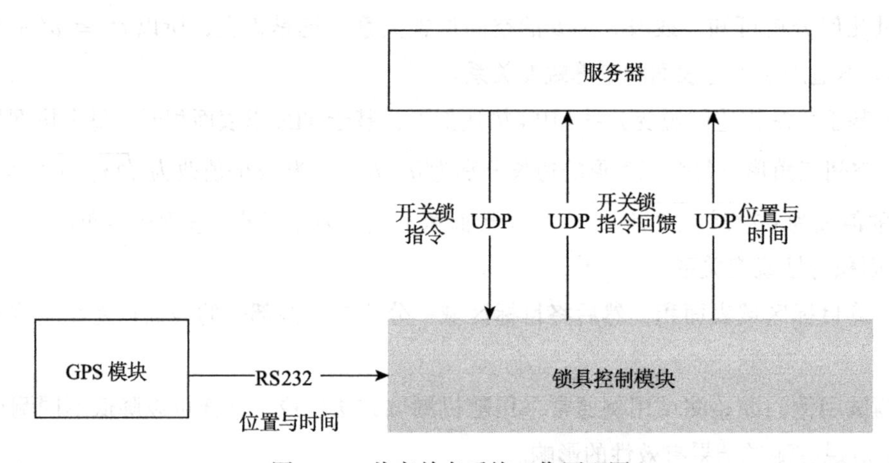


图 4-22　共享单车系统工作原理图

GPS 模块定时（1s）向外发送位置信息，锁具控制模块接收并处理 GPS 发送的位置信息。位置信息的取值范围如表 4-22 所示。

表 4-22　位置信息的取值范围

| 序号 | 数据名称 | 范围 |
|---|---|---|
| 1 | 经度 | 0 ~ 180° |
| 2 | 经度标志位 | 固定值 0X45（E- 东经）或 0X57（W- 西经） |
| 3 | 纬度 | 0 ~ 90° |
| 4 | 纬度标志位 | 固定值 0X4E（N- 北纬）或 0X53（S- 南纬） |

请针对该功能点测试对有效位置进行等价类划分，并画出等价类划分表。

2. 针对上一题共享单车系统的位置获取功能，根据位置信息的取值范围，采用边界值测试法设计 5 组测试用例。

3. 某汽车显示器与显示控制模块使用 CAN 协议接口交互数据，该接口的 16 进制数据帧格式如表 4-23 所示。

表 4-23　CAN 协议汽车显示器接口帧格式

| 信号名称 | 长度 | 范围 | 说明 |
|---|---|---|---|
| ID | 2 字节 | 固定值：1 | 表示该汽车显示器登记序号，默认为 0100 |
| 方向灯 | 2 字节 | 固定值：0000、0100、1000 | 0000：未开启方向灯<br>0100：左转方向灯<br>1000：右转方向灯 |
| 燃油温度 | 2 字节 | 固定值：0000、0100 | 0000：油压正常<br>0100：油压过高 |
| 发动机转速 | 2 字节 | 0 ~ 0xFFFF | 用 0 ~ 32767 代表 0 ~ 5000r/min，即输出值 = 发动机转速 *32767/5000 |
| 车速 | 2 字节 | 0 ~ 0xFFFF | 用 0 ~ 32767 代表 0 ~ 80km/h，即输出值 = 车速 *32767/80 |

结合等价类划分法与边界值分析法，针对该 CAN 接口中的发动机转速与车速字段，来设计充分的测试用例。（提示：假定发动机转速问题和车速问题不同时出现。）

4. 空调系统由室温传感器、工作电机组、空调控制板和遥控器组成。模拟空调系统的工作原理图如图 4-23 所示。空调控制板通过室温传感器采集当前的室温信息，根据遥控器所设定的房间温度向工作电机组发送相应的控制指令。

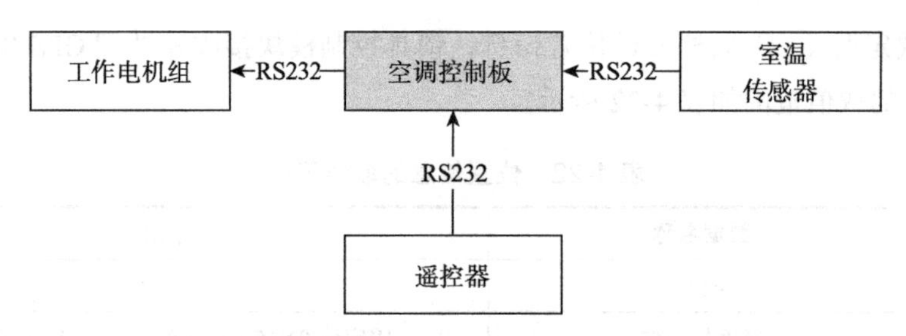


图 4-23　模拟空调系统的工作原理图

设定温度的采集功能描述如下：遥控器发送温度设定指令，温度设置的范围是 16 ~ 30℃。超出范围时，做截断处理，截断为边界值。请根据测试要求对遥控器设定有效温度进行等价类划分，并画出等价类划分表。

5. 针对第 4 题描述的空调系统，空调控制板需要处理室温传感器所发送的温度值：

1）空调控制板取连续 3 次接收到的温度值的平均值作为当前室温值（求得的平均值后进行四舍五入取整运算），将其显示在界面上。

2）对于室温的处理范围是 –10 ~ 40℃。当计算出的当前室温值超出范围时，要做截断处理，截断为边界值。

请采用边界值测试法设计测试用例，测试空调系统的室温处理功能。

6. 针对第 4 题的空调系统，其控温调节功能描述如下：空调控制板根据获得的设定温度值（16 ~ 30℃）和当前室温值（–10 ~ 40℃），判断需要启动或停止空调制冷电机，向工作电机组发送不同的控制指令。具体情况如下：

1）监测到 “当前室温≤（设定温度值 –2）”，向工作电机组发送停止运转指令。

2）监测到 “当前室温 > 设定温度值”，向工作电机组发送启动运转指令。

3）监测到 “（设定温度值 –2）< 当前室温≤设定温度值”，不向工作电机组发送任何指令。

4）若发生室温采集故障报警，不向电机组发送任何控制指令。

根据测试需求请设计该功能点的因果图并画出决策表。

7. 针对上述的空调系统，功能描述如下：空调控制板根据获得的设定温度值（16 ~ 30℃）和当前室温值（–10 ~ 40℃），判断需要向工作电机组发送不同的控制指令。具体情况如下：

1）若监测到 “当前室温 > 设定温度值”，向工作电机组发送指令。

2）若发生室温采集故障报警，不向工作电机组发送任何控制指令。

根据测试需求画出决策表并设计测试用例。

8. 模拟汽车仪表控制设备，测试灯光的控制逻辑，具体测试要求如下：

1）当 IGN 开关打开、防空开关关闭时，制动灯受制动开关控制，防空制动灯为熄灭状态。

2）当 IGN 开关打开、防空开关打开时，防空制动灯受制动开关控制，制动灯为熄灭状态。

3）当 IGN 关闭时，防空开关和制动开关无论打开还是关闭，制动灯和防空制动灯均为熄灭状态。

根据测试需求画出决策表，并给出测试用例。

9. 请回答逻辑覆盖测试是静态测试还是动态测试，并简要说明理由。

10. 为下面的代码段设计语句覆盖、判定覆盖、条件覆盖、判定 – 条件覆盖、条件组合覆盖、基本路径覆盖测试用例。

```
S1:  读取天气数据;
S2:  If((天气 == 非晴天) or (温度 > 30℃)){
S3:     叫出租车;}
S4:  else {
S5:      再次读取天气数据;
S6:      If (温度 < -20℃){
S7:          加衣服;}
S8:        }
S9:  出门;
```

11. 某测试用例输入 5 个参数，其中第一个参数有 5 种可能的取值，其余 4 个参数均有 2 种可能的取值。如果设计覆盖全部参数所有可能组合的测试用例需 $5\times2\times2\times2\times2$ 共 80 个，为减少测试用例，请帮助测试人员设计阶数为 2，即两两组合的测试用例集。

第 5 章
Chapter 5

# 嵌入式软件测试过程

嵌入式软件测试的过程分为若干阶段，每个阶段各有特点，有些阶段虽然不是测试的重点，但却是一个成功的测试不可或缺的重要组成部分。本章将详细介绍测试人员在各个阶段应该做哪些工作，应该注意哪些内容，以及怎样才能做好一次成功的测试。

## 5.1 嵌入式软件测试过程概述

一个嵌入式软件的测试过程应该包含以下几个阶段，如图 5-1 所示。

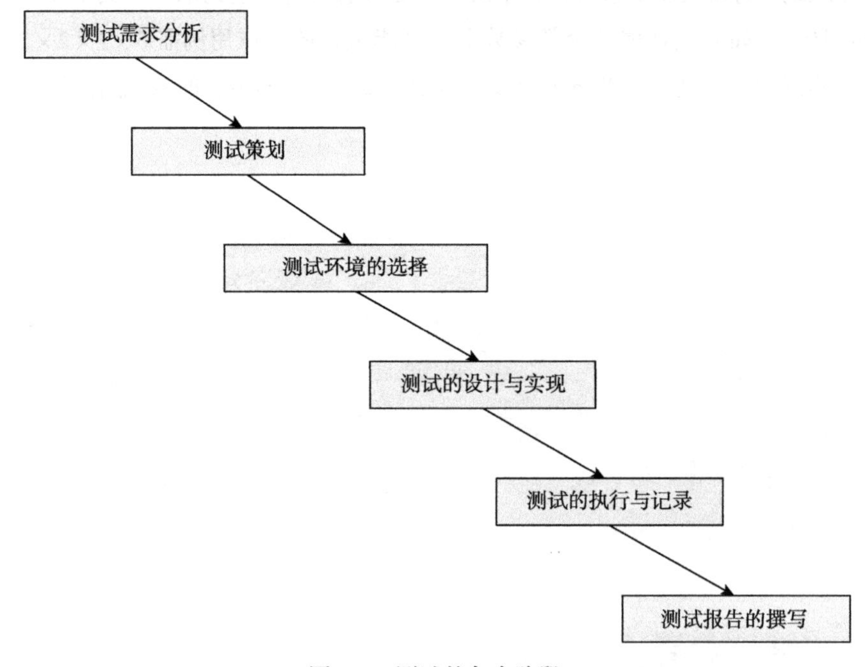


图 5-1 测试的各个阶段

各个阶段的工作产品如图 5-2 所示，其中测试需求分析和测试策划的主要工作产品是测试需求规格说明和测试计划，测试的设计与实现阶段形成测试说明，测试的执行与记录阶段的工作产品是现场测试记录和软件问题报告单，测试报告的撰写阶段的产品是测评报告和内部总结报告。

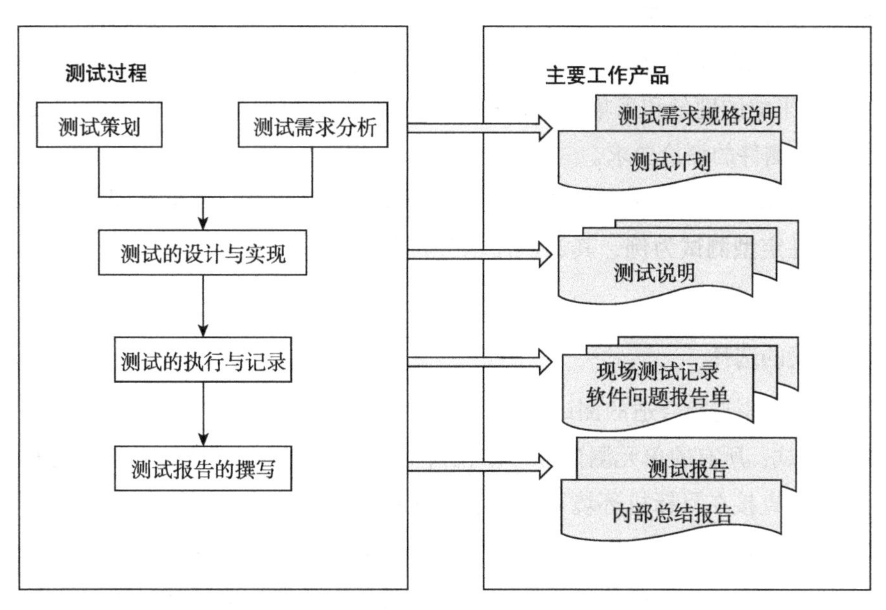


图 5-2　嵌入式测试各个阶段的工作产品

**1. 测试需求分析**

测试需求分析主要识别测试范围，确定测评项目的测试级别、类型及其测试要求，确定测试类型中的测试需求项及其优先级，并建立测试项与被测件的追踪关系，确定每个测试项的测试充分性要求，根据被测软件的重要性、测试目标和约束条件，确定每个测试项应覆盖的范围及范围所要求的覆盖程度。

**2. 测试策划**

测评项目策划的依据包括软件测评任务书、合同或其他等效文件，以及被测件的需求规格说明等。项目负责人组织项目组成员进行测评项目策划。测试策划阶段的主要工作包括：

1）确定测试策略，如技术策略和管理策略等；

2）确定测试需要的技术和方法，如测试数据生成与验证技术、测试数据输入技术、测试结果获取技术等；

3）列出受控的测试工作产品清单；

4）确定用于测试的资源要求，包括软硬件设备、环境条件、人员数量和技能等要求；

5）进行测试风险分析，如技术风险、人员风险、资源风险和进度风险等；

6）确定结束时间；

7）确定被测件的评价准则和方法；

8）应根据测试资源和测试项，确定测试活动进度；

9）确定需采集的度量和采集要求，特别是测试需求度量、用例度量、风险度量、缺陷度量等，确定被测件的评价要求。

由于测试需求分析和测试策划这两项工作开展的时机接近，常常在同一个时间阶段完成。以装备软件定型测试为例，其测试需求分析和测试策划阶段的工作成果为软件定型测评大纲。

**3. 测试环境的选择**

可根据测试级别选择合适的测试环境。

1）单元测试：所有的单元测试都可以在宿主机环境下进行，只有个别情况下才会特别指定单元测试要直接在目标机环境下进行。应该最大化在宿主机环境下进行软件测试的比例，提高单元的有效性和针对性。在宿主机平台上运行测试的速度比在目标机平台上快得多，在宿主机平台上完成测试后可以在目标机环境下重复做一次测试，以保证测试结果在宿主机和目标机上的一致性。如果不一致，则要分析宿主机与目标机的不同之处、不同的原因在哪里、是资源环境的问题还是软件存在缺陷。

2）集成测试：集成测试也可在宿主机环境下完成，可在宿主机平台上模拟目标环境的运行。对于大型的软件开发项目而言，集成测试可以分几个级别。在宿主机平台上完成低级别的软件集成测试有很大优势，级别越高，集成测试越依赖于目标环境。

3）配置项测试与系统测试：可以独立运行的软件一般称为配置项。在嵌入式测试中，配置项是系统的一个组成部分，其表现形式为设备的一个组成部分，或者是系统中的一个设备。其测试环境与系统测试环境的要求相似。嵌入式系统测试的目的是确保目标机软硬件系统能够正确实现研制的需求，确保其使用要求。因此，在系统测试的测试执行中，嵌入式软件必须真实运行在目标机上，才能最终考核系统的运行情况。当然，在具体的实施过程中，可采用在宿主机上开发和执行系统测试，然后移植到目标机环境重复执行的方式。然而对目标机环境的依赖性会妨碍将宿主机上的系统测试移植到目标机环境上；同时，在目标机环境下的测试运行控制不如在宿主机环境下方便自如，难以获取有些程序运行的中间结果。

**4. 测试的设计与实现**

这一阶段，测试人员的主要工作包括：

1）分解测试项，将测试项进行层次化的分解，用图形描述所有的接口和接口关系，明确接口协议的约束；

2）设计测试用例，说明测试用例设计方法的具体应用、测试数据的选择等；设计测试用例以及确定测试用例执行顺序；

3）准备测试数据，准备和验证所有测试用例数据，针对测试输入要求、设计测试用例数据，如数据类型、输入方法等，准备并获取测试资源；

4）建立测试环境，建立和校核测试环境，记录校核结果，说明测试环境的偏差；

5）编写测试说明，确定测试说明与测试需求规格说明的追踪关系，并在测试说明中给出清晰、明确的追踪表。

**5. 测试的执行与记录**

按照测评项目计划及测试说明执行测试，对测试情况进行如实记录，填写原始测试记录，根据每个测试用例的期望测试结果、实际测试结果和评估准则，判定测试用例是否通过，填写软件问题报告单。当测试用例不通过时，根据不同的缺陷类型应采取相应的措施：对软件测试工作中的缺陷，如测试说明的缺陷、测试数据的缺陷、执行测试步骤时的缺陷、测试环境中的缺陷，应对测试说明提出相应的变更申请，审核后实施相应的变更；被测软件的缺陷应记录到软件问题报告中，软件问题报告的格式应规范；当所有的测试用例都执行完毕后，项目组应根据测试的充分性要求和有关原始记录，分析测试工作是否充分，是否需要进行补充测试。当测试过程正常终止时，如果发现测试工作不足或测试未达到预期要求，应进行补充测试；当测试过程异常终止时，应记录导致终止的条件、未完成的测试或未被修正的错误；此外，在执行测试的过程中，根据测试的进展情况及时补充测试用例，并留下用例记录，在执行测试后，变更测试说明。

**6. 测试报告的撰写**

测试执行结束后，项目负责人根据现场测试记录和原始问题报告单，编写测评报告；根据合同书的要求，向委托方提交测评报告以及相关产品。项目负责人根据软件测评任务书、合同、被测件文档、测试需求规格说明、测试计划、测试说明、测试记录、问题及变更等，组织对测试过程、方法、技术的总结，对测试工作和被测件进行分析和评价，查找问题，提出改进建议，整理用例，形成内部总结报告。在完成测评报告与内部总结报告的编写后，应开展测试总结评审。

由于测试需求分析、测试用例设计说明和问题报告是上述 6 个阶段中对用户而言比较重要的产品，因此下面主要对这部分工作中的要点进行介绍。

## 5.2 测试需求分析

测试需求分析用来识别哪些内容需要进行测试。在测试活动中，首先需要明确测试需求，才能够决定如何进行测试。测试需求的内容包括测试的时间周期、测试人员的组织、测试的环境、测试中需要的技能 / 工具 / 相关理论背景知识等。只有分析清楚测试需求，才能为接下来的测试活动打好基础。测试需求从分析需求说明书着手，体现“尽早介入测试”，通过使用需求分析的方法和工具，把用户需求转换成可测试的明确的需求范围，依据需求说明书和行业标准等明确功能需求并挖掘用户的隐性需求，尽早发现隐含的缺陷或不可测试的地方，以便及时修改，避免项目后期返工造成的巨大成本浪费。

测试需求对应的文档是测试需求说明书，测试需求说明书是测试人员开展测试工作的基础，测试活动中需求测试、系统测试和验收测试都是以此为依据来编写文档和开展工作的。测试需求说明书不仅要对产品的功能性需求和非功能性需求进行分析和细化，还要对隐含的需求进行挖掘、明确和分析。此外，测试需求说明书还要对测试环境、测试资源、准入准则和完成标准进行规定说明，具有承接用户需求、指引测试工作的作用。

### 5.2.1 为什么要进行测试需求分析

一个项目测试如何才算是成功的。首先要了解整个项目的测试规模、复杂程度和可能存在的风险，这些都需要通过详细的分析。所谓知己知彼，百战不殆，测试也是一样，测试需求不明确只会造成获取信息的不对等、不正确，无法对整个测试项目有一个清晰全面的认识，并会对项目后期带来不可估量的影响。

测试需求分析的重要性包括：

- 保证测试人员、项目经理、用户的测试目标一致；
- 定义测试对象和测试范围；
- 在有限的时间内做更有效的测试；
- 有效估计项目所需的资源；
- 合理分配资源；
- 避免出现遗漏测试的现象；
- 有效计算测试覆盖率；
- 若发现需求中不符合逻辑、存在疑问、不完善和不足的地方，可提前与用户沟通并确定，节省变更时间和精力；

- 为编写测试计划或测试方案提供依据。

测试需求分析越详细、越精准，说明对项目了解得越深入、越彻底，使所要测试的对象越清晰，就能够更好地把握测试的进度和质量。

### 5.2.2　测试需求分析的内容

测试需求分析的第一步是获取测试对象，然后进行测试需求的分析，一般测试需求分析包含以下四个方面。

1）明确需求的范围：主要是确定需求中包含哪些功能点及其分别实现的功能。为了对需求进行分析，一般采用 UML 的用例视图来描述“用户、需求、系统功能单元”之间的关系，它展示了一个外部用户能够观察到的系统功能模型图，帮助需求分析人员以一种可视化的方式理解系统的功能需求。

2）明确每一个功能的业务处理过程：主要方式为拆点和连线。拆点主要是针对每个功能点，提取其对应的输入、处理和输出，连线是将每个功能所对应的输入、处理和输出转化为业务活动图。在这一拆一连的过程中，就把整个功能的业务处理过程清晰地描述出来了。

3）对不同的功能点做业务的组合：明确业务功能后，测试需求分析比较重要的一点就是确定各功能间的数据交换，根据用户的实际需求划分不同的业务场景，保证每个业务场景都能够符合业务逻辑，全部的业务场景能够覆盖用户的需求。

4）挖掘显式需求背后的隐式需求：用户的需求往往只是说明想要实现的功能，可能并不了解真正的业务逻辑、行业标准、性能指标等，那么就需要根据用户的行业、规范以及实际探索用户的业务和数据量级别来确定用户没有说明或无法说明的需求。

测试需求分析通常由需求说明书的需求分析转换而来，但两者并不等同，测试需求分析是以测试的角度和方法根据需求整理出的一整套测试清单，可作为测试活动的主要工作内容。测试需求分析的主要工作如下：

1）把不直观的需求转化为直观的需求。

2）把不明确的需求转化为明确的需求，明确软件的功能点对应的输入、输出和处理，使输入、输出和处理变得清晰明了，使测试数据和操作可以被度量。

3）挖掘隐性需求，用户需求往往只是说明明确需要的功能，测试需求分析还应该关注用户隐含的需求。这需要测试人员与产品、用户进行沟通，对用户缺失的或表述不清的需求进行确认并将其描述清楚。

为了更好地理解需求，写出合格的测试需求说明书，除了从需求说明书着手之外，我们还应该从以下几个方面搜集测试需求：

1）根据需求说明书，按照业务流或模块化、需求分析矩阵的方式进行逐项分析，并细化到每个小功能点；或者使用基于思维导图的测试分析，从测试目标逐一细化。

2）了解软件系统所处的行业，学习并了解行业中的规范、名词、对应的业务等。从行业标准或规范方面进行分析，所实现的功能必须满足行业的标准。

3）学习同行业现有的软件系统，与市场竞争产品进行对比和分析，明确测试重点，从而细化测试需求。

4）从质量特征要求的角度进行分析，如从功能、性能、稳定性、安全性等各个质量要求出发，进行细化，找出相关的测试需求，增加覆盖率，提高软件质量。

5）从用户角度进行分析，通过对业务流程、数据、操作等的分析，明确要验证的功能、数据、业务场景等内容，分析业务方面的测试需求。

6）从技术角度分析，通过研究系统框架设计、代码实现设计、数据库设计等，分析其技术特点，了解设计和实现要求等方面的内容，分析测试需求。

7）分析功能模块所对应的使用者，同用户交流，向用户提出有疑问的问题，了解用户使用软件的方式。

8）分析由不同用例所组成业务的业务场景。

9）分析明确功能所隐含的需求。

10）对本产品过去版本中的缺陷进行分析，发现缺陷分布，从而找出遗漏的测试需求。

11）聘请行业专家对项目进行指导，获取相关经验。

测试需求的覆盖率通常与需求说明书中的需求建立对应关系，通过上述测试需求分析的方法对需求进行挖掘、分析和整理，软件需求与测试需求存在一对一、一对多的关系，可以说测试需求覆盖了软件需求。

### 5.2.3 测试需求分析实例

下面是一个嵌入式软件测试需求及需求分析结果的实例，该实例来自2018年的全国大学生软件测试大赛，由于篇幅有限，这里只选取了其中的部分需求予以介绍。

**1. 软件需求**

（1）系统概述

本次所测试的待测系统为模拟的水流监控计费器（以下简称为水流监控计费器）。

水流监控计费器主要接收阀门控制器发送的瞬时流量、计费标志、管道压力等信息，实现用水量计费和管道压力的控制。

水流监控计费器在实际使用环境中的连接图如图5-3所示。

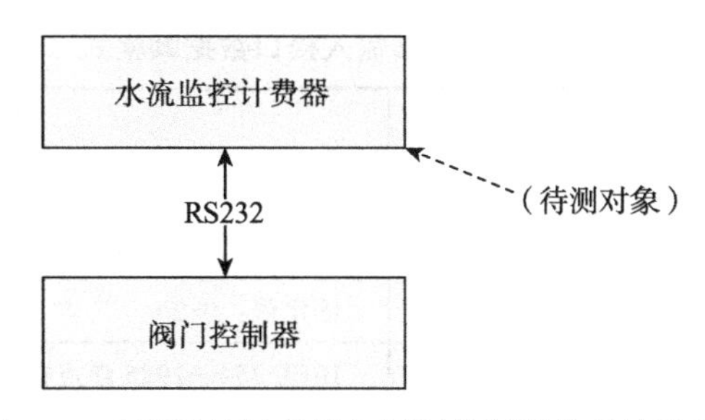


图 5-3　水流监控计费器与阀门控制器的系统连接图

（2）功能需求

1）阀门控制器数据的采集与处理（FMSJCJ_GN）。

软件启动服务后，阀门控制器定时（1s）向待测系统发送瞬时流量、计费标志、管道压力数据，待测系统将收到的数据显示在软件界面中。各个采集数据的范围如表 5-1 所示。

**表 5-1　数据采集的取值范围要求**

| 序号 | 数据名称 | 取值范围 | 单位 |
| --- | --- | --- | --- |
| 1 | 瞬时流量 | 0 ~ 500 | $m^3$（界面显示保留 2 位小数） |
| 2 | 计费标志 | 整型值 | 1：需要计费。其他：不需要计费 |
| 3 | 管道压力 | 0 ~ 10 | MPa（界面显示保留 2 位小数） |

为保证采集数据的容错性，当采集的数据超出范围时，要做截断处理，截断为边界值。

2）管道压力的控制（GDYLKZ_GN）。

根据阀门控制器发送的管道压力进行压力控制，将管道中的水流压力限定在一定的范围内，处理方法如下：

- 当收到的管道压力大于 8MPa 时，向阀门控制器发送“减压”指令字。
- 当收到的管道压力小于 2MPa 时，向阀门控制器发送“增压”指令字。
- 其他情况下，向阀门控制器输出“不做处理”的指令字。

说明　“减压”指令字在接口中用“0”表示，“增压”指令字在接口中用“1”表示，“不做处理”指令在接口中用“2”表示。

（3）接口需求

1）数据采集输入接口（SJCJ_JK）。

阀门控制器向水流监控计费器每 1s 定时发送数据包。数据包的格式如表 5-2 所示。

表 5-2 数据采集输入接口数据帧格式

| 字节号 | 长度 | 字段 | 内容 |
| --- | --- | --- | --- |
| 0 ~ 1 | 2 | 包头 | 0x55 0xAA（同步标志） |
| 2 | 1 | 阀门控制器 ID | 阀门控制器的 ID，代表阀门控制器的身份 |
| 3 | 1 | 水流监控计费器 ID | 固定值：0x20 |
| 4 ~ 7 | 4 | 瞬时流量 | IEEE 754—1985 浮点数（二进制浮点数标准）<br>单位：$m^3$ |
| 8 | 1 | 计费标志 | 1：需要计费。其他值：不需要计费 |
| 9 ~ 12 | 4 | 管道压力 | IEEE 754—1985 浮点数<br>单位：MPa |
| 13 ~ 14 | 2 | 校验和 | xx xx（从第 2 号到 12 号字节按字节进行累加，得到校验码，校验码按小端字节序发送） |
| 15 ~ 16 | 2 | 包尾 | 0x55 0xAA（同步标志） |

处理输入接口时，要考虑数据帧格式的容错处理，容错处理的要求如下：

- 软件应考虑包头和包尾的同步标志作用，从随机干扰数据中正确定位一帧数据开始。如在一帧数据之前加入干扰字节 0x0c，发送“0x0c 0x55 0xAA … 0x55 0xAA”时，软件应能剔除 0x0c，而保留该帧完整的报文。
- 当接收到的水流监控计费器 ID 不等于 0x20 时，应做丢包处理。
- 当接收到的校验和字段发生错误时，应做丢包处理。

说明 0X20 表示 16 进制 20。

2）控制与报警输出接口（KZBJ_JK）。

水流监控计费器收到数据后，需及时（500ms 内）根据采集的数据情况向阀门控制器发送控制与报警输出数据帧，数据帧格式如表 5-3 所示。

表 5-3 控制与报警输出数据帧格式

| 字节号 | 长度 | 字段 | 内容 |
| --- | --- | --- | --- |
| 0 ~ 1 | 2 | 包头 | 固定值：0x55 0xAA |
| 2 | 1 | 水流监控计费器 ID | 固定值：0x20 |
| 3 | 1 | 阀门控制器 ID | 代表阀门控制器的身份 |
| 4 | 1 | 瞬时流量报警标志 | 1：报警。0：无报警 |
| 5 | 1 | 管道压力控制指令 | 0：减压指令。1：增压指令。2：不做处理 |
| 6 | 1 | 校验和 | xx(从第 2 号到 5 号字节按字节进行累加和，得到校验码) |
| 7 ~ 8 | 2 | 包尾 | 固定值：0x55 0xAA |

处理输出接口时，要严格按照数据帧的格式填写，需求如下：

- 表 5-3 中的固定值项必须严格填写；
- 阀门控制器 ID 必须填写数据采集输入接口所接收到的阀门控制器 ID；
- 校验和字段必须填写出正确的校验和；
- 瞬时流量报警标志和管道压力控制指令不能输出规定值外的其他值。

（4）性能需求

响应时间性能需求（XYSJ_XN）：水流监控计费器采集到数据后，必须在 500ms 内实时给出控制与报警输出帧。

**2. 测试需求分析**

针对上述软件需求，提取出如下的测试需求。

（1）功能测试需求

阀门控制器数据采集与处理测试需求如表 5-4 所示。管道压力的控制测试需求如表 5-5 所示。

**表 5-4　阀门控制器数据采集与处理测试需求**

| 测试内容 | 验证软件对阀门控制器数据采集与处理的正确性 |
|---|---|
| 测试项标识 | GN_SJCJ |
| 测试方法 | 使用测试工具模拟阀门控制器，向被测软件发送瞬时流量、计费标志和管道压力数据，观察被测软件是否能采集数据，对采集的数据的处理是否正确 |
| 测试充分性要求 | 1）发送的瞬时流量数据的取值范围覆盖 [0, 500] 范围内的浮点值和边界值以及边界外的值，对于 [0,500] 的值界面显示保留 2 位小数，小于 0 的值截断为 0，大于 500 的值截断为 500<br>2）发送的计费标志数据的取值范围覆盖 1 和非 1 的整数值，对于 1 界面显示为“1- 计费”，对于非 1 值界面显示为“0- 不计费”<br>3）发送的管道压力数据的取值范围覆盖 [0, 10] 范围内的浮点值和边界值以及边界外的值，对于 [0,10] 的值界面显示保留 2 位小数，小于 0 的值截断为 0，大于 10 的值截断为 10 |

**表 5-5　管道压力的控制测试需求**

| 测试内容 | 验证软件对阀门控制器管道压力的控制的正确性 |
|---|---|
| 测试项标识 | GN_YLKZ |
| 测试方法 | 使用测试工具模拟阀门控制器，向被测软件发送瞬时流量、计费标志和管道压力数据，被测软件根据接收到的管道压力数据，向阀门控制器发送管道压力控制指令，测试工具接收该指令，查看该指令是否正确 |
| 测试充分性要求 | 1）发送的管道压力为大于 8MPa 的浮点值，阀门控制器接收到减压指令 0<br>2）发送的管道压力为小于 2MPa 的浮点值，阀门控制器接收到增压指令 1<br>3）发送的管道压力为在 [2, 8] 范围内的浮点值及边界值，阀门控制器接收到不处理指令 2 |

（2）接口测试需求

数据采集输入接口测试需求如表 5-6 所示。控制与报警输出接口测试需求如表 5-7 所示。

表 5-6 数据采集输入接口测试需求

| 测试内容 | 验证软件对数据采集接口信息处理的正确性 |
| --- | --- |
| 测试项标识 | JK_SJCJ |
| 测试方法 | 使用测试工具控制串口，向被测软件发送数据报文，检查被测软件对报文处理的情况 |
| 测试充分性要求 | 1）发送符合要求的数据包，包头、包尾及各个字段均为有效值<br>2）发送水流监控计费器不为 0X20 的数据包，检查被测软件是否做丢包处理<br>3）发送校验和不正确的数据包，检查被测软件是否做丢包处理<br>4）发送包头不正确、其余全部正确的数据包，检查被测软件的处理情况<br>5）发送包尾不正确、其余全部正确的数据包，检查被测软件的处理情况<br>6）分多次发送一个正确的数据包，检查被测软件的处理情况<br>7）在正确的数据包前增加非 0X55 0XAA 的数据，检查被测软件的处理情况<br>8）在正确的数据包后增加非 0X55 0XAA 的数据，检查被测软件的处理情况<br>9）发送具有 0X55 0XAA…0X55 0XAA 格式，但数据包长度小于 17 个字节的数据包，检查被测软件的处理情况<br>10）发送具有 0X55 0XAA…0X55 0XAA 格式，但数据包长度大于 17 个字节的数据包，检查被测软件的处理情况<br>11）发送具有 0X55 0XAA…0X55 0XAA…0X55 0XAA 格式的数据包，前面的 0X55 0XAA…0X55 0XAA 长度不符合报文长度要求，后面的 0X55 0XAA…0X55 0XAA 为正确数据包，检查被测软件的处理情况 |

表 5-7 控制与报警输出接口测试需求

| 测试内容 | 验证软件向外发送的报文格式和内容的正确性 |
| --- | --- |
| 测试项标识 | JK_KZBJ |
| 测试方法 | 使用测试工具控制串口向被测软件发送报文，之后接收被测软件发送的数据报文，检查被测软件发送报文的格式和内容 |
| 测试充分性要求 | 1）发送符合要求的数据包，接收被测软件发出的报文，检查报文格式是否符合表 5-6 的要求，检查报文长度是否为 9 字节、包头是否为固定值、包尾是否为固定值、水流计费器 ID 是否为固定值、阀门控制器 ID 是否一致、校验和是否正确<br>2）发送报文的瞬时流量分别为大于等于 400 的值和小于 400 的值，检查被测软件发送报文的瞬时流量报警标志值<br>3）发送报文的管道压力值分别为 [0,2)、[2,8]、(8,10] 的值，检查被测软件发送报文的管道压力控制指令值<br>4）发送不正确报文，检查被测软件是否有报文发出 |

（3）性能测试需求

性能测试需求如表 5-8 所示。

表 5-8 性能测试需求

| 测试内容 | 验证软件是否符合“水流监控计费器采集到数据后，必须在 500ms 内实时给出控制与报警输出帧”指标要求 |
| --- | --- |

（续）

| 测试项标识 | XN_XYSJ |
| --- | --- |
| 测试方法 | 使用测试工具发送报文，计时为 $t_0$，接收被测软件回复的报文，计时为 $t_1$，计算 $t_1-t_0$，多次测试计算平均值 |
| 测试充分性要求 | 1）发送符合不需要报警、不需要压力控制的报文，测试 3 次<br>2）发送不需要报警，但需要压力控制的报文，测试 3 次<br>3）发送需要报警，不需要压力控制的报文，测试 3 次<br>4）发送既需要报警又需要压力控制的报文，测试 3 次 |

## 5.3　嵌入式软件测试的设计与实现

### 5.3.1　嵌入式软件测试设计过程

嵌入式软件测试设计一般按照如下步骤进行：

1）按需求分解测试项。将需测试的测试项进行层次化的分解并进行标识，若有接口测试，还应有高层次的接口图说明所有的接口和测试的接口；说明最终分解后的每个测试项。

2）说明测试用例设计方法的具体应用、测试数据的选择等。将需测试的软件特性分解，针对分解后的每种情况设计测试用例；确定测试用例的执行顺序。

3）准备和验证所有的测试用数据。针对测试输入要求设计测试用的数据，如数据类型、输入方法等；准备并获取测试资源，如环境所必需的软、硬件资源等，对于支持测试的软件，确定现有工具是否满足需求，确定需要开发的工具；编写测试要用的程序，包括开发测试支持工具、部件测试的驱动模块和桩模块。

4）建立和校核测试环境。记录校核结果，说明测试环境的偏差。

5）项目负责人根据测试设计的工作结果组织测试员编写测试说明，确定测试说明与测试需求规格说明的追踪关系，并在测试说明中给出清晰、明确的追踪表。测试说明应经过评审，并应受到变更控制和版本控制。在完成测试说明评审后，进行测试就绪评审，以确定能否开始执行测试。测试就绪评审和测试说明评审可同时进行。

### 5.3.2　嵌入式软件测试设计要点

常用的测试用例设计方法有等价类划分、边界值、功能图、决策表、逻辑覆盖等方法。在其他章节已经对这些方法进行了比较详细的介绍，这里不再赘述，本节主要介绍在嵌入式软件测试用例设计过程中需要注意的一些问题。

要进行测试设计，第一件事就是要仔细阅读软件的测试需求文档。测试需求文档大多按照固定的格式展开，在阅读需求文档时，应学会抓住重点，首先应对待测系统有一个整体印象，从宏观上理解待测系统要实现的功能，然后重点关注文档中接下来介绍的详细的需求，这里从功能测试、接口测试、性能测试三个方面来讲解。

**1. 功能测试**

功能测试的一般流程是：设计好测试的输入数据和预期输出，将输入数据传入待测件，观察待测件的输出与预期输出是否一致。功能测试中要测试的软件功能大致可以分为三种：

（1）对于输入数据的预处理

这类功能的测试比较简单，在需求中一般都会写明输入数据的取值范围，超过该范围，待测件就会对其进行截断处理。因此在进行测试设计时，一般需要用到边界值原则，重点考查边界值和超过边界值的测试数据，负数和零一般也是重点考查的对象。例如，需求中给出室温采集数据的范围是 –10 ~ 40C°，超出此范围要进行截断处理，因此我们就要设计 –11、–10、–9、0、39、40、41 这样 7 个测试数据，预期输出为 –10、–10、–9、0、39、40、40，测试待测软件是否能正确进行截断处理。

（2）产生实际的嵌入式设备动作

这类功能在接收测试者的输入数据后，会产生实际的嵌入式设备动作。例如，道路收费系统在接收车辆入闸信息之后，会读取车辆的 ETC 信息，并对 ETC 账户余额进行扣费，扣费成功后发送放行指令，开启闸门。在设计这种功能的测试用例时，首先要分析待测软件的业务流程，找到待测软件所有可能的执行状态，同时要注意业务流程中前后的影响。在这个例子中，如果未接收到入闸信息但是读取了 ETC 信息，是不会执行扣费操作的，那么就要设计相应的测试场景，测试当未接收到入闸信息但是读取了 ETC 信息时，待测系统的嵌入式设备动作是否符合预期。关键在于对于待测软件业务流程的分析要具体，确保覆盖每一种可能的情况。

（3）返回经过计算的数据

这类功能实现的是对于数据的计算。在用户输入数据后，会返回一个经过计算的数据。例如，温度控制器会根据当前设定的温度值和采集到的温度，来改变加热棒的电压值。需求文档中往往会给出一个具体的公式来计算这个值。作为测试设计者，需要做的就是设计好输入数据，并根据公式来计算出预期的输出，最后判断待测件的实际输出和预期输出是否一致。特别需要注意的是公式计算中可能涉及的一些特殊情况，例如四舍五入的计算，就需要分别设计“四舍”和“五入”两种情况下的测试数据，来判断四舍五入是否正确。

**2. 接口测试**

接口测试的一般流程是：根据需求设计一帧完整的数据，传入待测件的接口中，判断接口是否会做相应的处理。在进行接口测试的测试用例设计之前，需要仔细阅读需求中和接口相关的描述。需求中一般会给出对接口协议每个字段进行说明的表格，包括每个字段的字节号、长度、含义、取值范围、默认值、字节序等。一般都会要求接口具有以下四种容错能力，这里对每一种情况如何设计数据帧进行讲解。

（1）当数据包的包头、包尾错误时，做丢包处理

首先需要设计一帧完全正确的数据帧，能够被待测软件获取并进行正常的处理，在设计时需要注意校验和的计算和字节序的区别。在该数据帧的基础上，分别设计包头、包尾有错误的数据帧即可。

（2）当校验和错误时，做丢包处理

在正确数据帧的基础上，改变校验和使得校验和错误即可。

（3）当包头包尾有干扰字节时，能够剔除干扰字节

在正确数据帧的包头或者包尾，加上一段干扰字节即可。

（4）某些固定值的字段需要符合需求中规定的固定值

改变这些固定值的字段的值，同时需要重新计算校验和，使校验和正确。

**3. 性能测试**

性能测试的情况比较多变，主要是对于时间性能的测试。在测试的设计上，需要准确把握需要进行性能测试的功能的位置和测试场景，并在需要测试的关键功能前后加入计时器，从而获得待测件执行该功能的时间。主要难点在于对于测试场景的还原，例如温度控制器的温控稳定时间性能需求测试过程中，需要模拟还原恒温箱的温度变化过程，因此需要测试设计者仔细阅读测试需求，理解需求的具体含义。

### 5.3.3　嵌入式软件测试设计实例

下面针对 5.2.3 节给出的实例设计了一组测试用例，由于篇幅有限，这里只在功能、接口、性能三类需求中分别选择一项进行测试用例设计展示。

**1. 管道压力控制功能的测试用例设计**

管道压力控制边界值分析见表 5-9。

表 5-9　管道压力控制边界值分析表

| 输入条件 | 边界值 | 边界内 | 边界外 |
|---|---|---|---|
| 管道压力 | 2 | 2.01 | 1.99 |
| | 8 | 7.99 | 8.01 |

管道压力控制边界值测试用例见表 5-10。

表 5-10 管道压力控制 _01 测试用例

| 测试用例标识 | GN_YLKZ_01 | | |
|---|---|---|---|
| 测试用例描述 | 按照边界值分析方法测试管道压力控制能力 | | |
| 前提条件 | 软件处于“启动服务”状态，测试工具与被测件连接正常 | | |
| 用例序号 | 输入 | 执行步骤 | 预期结果 |
| 001 | 瞬时流量：333<br>计费标志：1<br>管道压力：2<br>其他：默认值 | 1）使用测试工具按照输入数据要求构造数据包，并发送<br>2）在测试工具查看收到的管道压力控制指令是否符合处理原则 | 管道压力控制指令：2（不处理） |
| 002 | 瞬时流量：333<br>计费标志：1<br>管道压力：8<br>其他：默认值 | 1）使用测试工具按照输入数据要求构造数据包，并发送<br>2）在测试工具查看收到的管道压力控制指令是否符合处理原则 | 管道压力控制指令：2（不处理） |
| 003 | 瞬时流量：333<br>计费标志：1<br>管道压力：2.01<br>其他：默认值 | 1）使用测试工具按照输入数据要求构造数据包，并发送<br>2）在测试工具查看收到的管道压力控制指令是否符合处理原则 | 管道压力控制指令：2（不处理） |
| 004 | 瞬时流量：333<br>计费标志：1<br>管道压力：7.99<br>其他：默认值 | 1）使用测试工具按照输入数据要求构造数据包，并发送<br>2）在测试工具查看收到的管道压力控制指令是否符合处理原则 | 管道压力控制指令：2（不处理） |
| 005 | 瞬时流量：333<br>计费标志：1<br>管道压力：1.99<br>其他：默认值 | 1）使用测试工具按照输入数据要求构造数据包，并发送<br>2）在测试工具查看收到的管道压力控制指令是否符合处理原则 | 管道压力控制指令：1（增压） |
| 006 | 瞬时流量：333<br>计费标志：1<br>管道压力：8.01<br>其他：默认值 | 1）使用测试工具按照输入数据要求构造数据包，并发送<br>2）在测试工具查看收到的管道压力控制指令是否符合处理原则 | 管道压力控制指令：0（减压） |

### 2. 数据采集接口的测试用例设计

数据采集接口测试用例见表 5-11。

表 5-11 数据采集接口测试用例

| 测试用例标识 | JK_SJCJ_01 | | |
|---|---|---|---|
| 测试用例描述 | 验证软件对数据采集接口信息处理的正确性 | | |
| 前提条件 | 软件处于“启动服务”状态，测试工具与被测件连接正常 | | |
| 用例序号 | 输入 | 执行步骤 | 预期结果 |
| 001 | 发送符合要求的正常帧（瞬时流量为100，压力为8，计费为1），数据包如下：55,AA,00,20,00,00,C8,42,01,00,00,00,41,6C,01,55,AA | 1）使用测试工具按照输入要求构造数据包，并发送<br>2）查看被测软件处理是否正确 | 瞬时流量：100<br>计费标志：1- 计费<br>管道压力：8 |

（续）

| 用例序号 | 输入 | 执行步骤 | 预期结果 |
| --- | --- | --- | --- |
| 002 | 发送符合要求的正常帧（瞬时流量为 500，压力为 10，计费为 0），数据包如下：55,AA,00,20,00,00,FA,43,00,00,00,20,41,BE,01,55,AA | 1）使用测试工具按照输入要求构造数据包，并发送<br>2）查看被测软件处理是否正确 | 瞬时流量：500<br>计费标志：0- 不计费<br>管道压力：10 |
| 003 | 发送符合要求的正常帧（瞬时流量为 0，压力为 0，计费为 0），数据包如下：55,AA,00,20,00,00,00,00,00,00,00,00,20,00,55,AA | 1）使用测试工具按照输入要求构造数据包，并发送<br>2）查看被测软件处理是否正确 | 瞬时流量：0<br>计费标志：0- 不计费<br>管道压力：0 |
| 004 | 发送不符合要求的帧：水流监控计费器 ID=0X11，不等于 0X20。数据包如下：55,AA,00,11,00,00,00,00,00,00,00,00,00,11,00,55,AA | 1）使用测试工具按照输入要求构造数据包，并发送<br>2）查看被测软件处理是否正确 | 丢弃数据包，提示计费器 ID 不正确 |
| 005 | 发送不符合要求的帧：校验和错误。数据包如下：55,AA,00,20,00,00,48,43,01,00,00,A0,40,23,01,55,AA（错误校验和）55,AA,00,20,00,00,48,43,01,00,00,A0,40,8C,01,55,AA（正确校验和） | 1）使用测试工具按照输入要求构造数据包，并发送<br>2）查看被测软件处理是否正确 | 丢弃数据包，提示校验和不正确 |
| 006 | 发送包头不正确的数据包，数据包如下：33,22,00,20,00,00,C8,42,01,00,00,00,41,6C,01,55,AA | 1）使用测试工具按照输入要求构造数据包，并发送<br>2）查看被测软件处理是否正确 | 不接收该数据包的数据 |
| 007 | 发送包尾不正确的数据包，数据包如下：55,AA,00,20,00,00,C8,42,01,00,00,00,41,6C,01,33,22 | 1）使用测试工具按照输入要求构造数据包，并发送<br>2）查看被测软件处理是否正确 | 不接收该数据包的数据 |
| 008 | 分两次发送一个数据包（300，1，4），数据包 1 为 55,AA,00,20,00,00,96, 43,01,00。数据包 2 为 00,80,40,BA,01,55,AA | 1）使用测试工具按照输入要求构造数据包，并发送<br>2）查看被测软件处理是否正确 | 瞬时流量：300<br>计费标志：1- 计费<br>管道压力：4 |
| 009 | 在正确的数据包前增加非 0X55 0XAA 的数据，数据包如下：33,22,55,AA,00,20,00,00,C8,42,01,00,00,00,41,6C,01,55,AA | 1）使用测试工具按照输入要求构造数据包，并发送<br>2）查看被测软件处理是否正确 | 瞬时流量：100<br>计费标志：1- 计费<br>管道压力：8 |
| 010 | 在正确的数据包后增加非 0X55 0XAA 的数据，数据包如下：55,AA,00,20,00,00,C8,42,01,00,00,00,41,6C,01,55,AA,33,22 | 1）使用测试工具按照输入要求构造数据包，并发送<br>2）查看被测软件处理是否正确 | 瞬时流量：100<br>计费标志：1- 计费<br>管道压力：8 |
| 011 | 发送具有 0X55 0XAA…0X55 0XAA 格式，但数据包长度小于 17 个字节的数据包，数据包如下：55,AA,00,20,00,00,C8,42,01,00,00,00,41,6C,55,AA | 1）使用测试工具按照输入要求构造数据包，并发送<br>2）查看被测软件处理是否正确 | 不接收该数据包的数据 |
| 012 | 发送具有 0X55 0XAA…0X55 0XAA 格式，但数据包长度大于 17 个字节的数据包，数据包如下：55,AA,00,20,00,00,C8,42,01,00,00,00,41,6C,01,33,22,55,AA | 1）使用测试工具按照输入要求构造数据包，并发送<br>2）查看被测软件处理是否正确 | 不接收该数据包的数据 |

（续）

| 用例序号 | 输入 | 执行步骤 | 预期结果 |
|---|---|---|---|
| 013 | 发送具有 0X55 0XAA…0X55 0XAA…0X55 0XAA 格式的数据包，前面的 0X55 0XAA…0X55 0XAA 长度不符合报文长度要求，后面的 0X55 0XAA…0X55 0XAA 为正确数据包，数据包如下：55,AA,00,20,00,55,AA,00,20,00,00,96,43,01,00,00,80,40,BA,01,55,AA | 1）使用测试工具按照输入要求构造数据包，并发送<br>2）查看被测软件处理是否正确 | 瞬时流量：300<br>计费标志：1-计费<br>管道压力：4 |

### 3. 响应时间性能的测试用例设计

响应性能测试用例见表 5-12。

表 5-12 响应时间性能测试用例

| 测试用例标识 | XN_XYSJ_01 | | |
|---|---|---|---|
| 测试用例描述 | 验证软件是否符合“水流监控计费器采集到数据后，必须在 500ms 内实时给出控制与报警输出帧”指标要求 | | |
| 前提条件 | 软件处于“启动服务”状态，测试工具与被测件连接正常 | | |
| 用例序号 | 输入 | 执行步骤 | 预期结果 |
| 001 | 瞬时流量：100<br>计费标志：1<br>管道压力：3<br>其他：默认值 | 使用测试工具编写脚本，发送不需要报警、不需要压力控制的报文，在脚本中记录、计算响应时间，测试 3 次 | 记录 3 次测试的响应时间，小于 500ms |
| 002 | 瞬时流量：100<br>计费标志：1<br>管道压力：1<br>其他：默认值 | 发送不需要报警，但需要压力控制的报文，在脚本中记录、计算响应时间，测试 3 次 | 记录 3 次测试的响应时间，小于 500ms |
| 003 | 瞬时流量：401<br>计费标志：1<br>管道压力：5<br>其他：默认值 | 发送需要报警，不需要压力控制的报文，在脚本中记录、计算响应时间，测试 3 次 | 记录 3 次测试的响应时间，小于 500ms |
| 004 | 瞬时流量：401<br>计费标志：1<br>管道压力：9<br>其他：默认值 | 发送既需要报警又需要压力控制的报文，在脚本中记录、计算响应时间，测试 3 次 | 记录 3 次测试的响应时间，小于 500ms |
| 计算 12 次测试平均响应时间 | | | 小于 500ms |

## 5.4 问题报告的撰写

测试报告中对于开发人员而言最为重要的信息是发现的问题信息，本节主要介绍问题报告撰写过程中需要注意的一些问题。

### 5.4.1 问题报告的内容

在测试过程中发现了缺陷，就应当填写缺陷报告。这里的缺陷报告与我们常说的问题报告（Bug 报告）是同一个概念，在此不加以区分。如何录入一个大家认为好的，尤其是开发人员认为好的 Bug 呢？撰写缺陷报告的一个基本原则是客观地陈述所有相关事实。

一个合格的 Bug 报告应该包括完整的内容，至少包括如图 5-4 所示的 5 个方面。

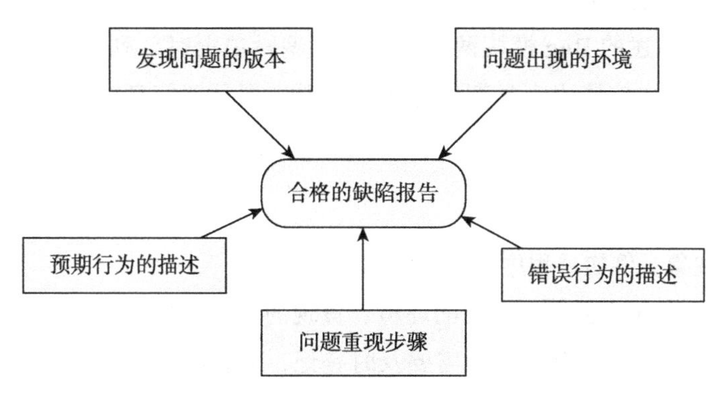


图 5-4 合格的缺陷报告需要包含的 5 个方面

**1. 报告发现问题的版本**

开发人员需要知道问题出现的版本，才能在相同的版本软件中进行问题的重现。版本的标识还有助于分析和总结问题出现的集中程度，例如，如果版本 1.1 出现了大量的 Bug，则需要分析是什么原因导致该版本出现了大量的问题。

**2. 报告问题出现的环境**

问题出现的环境需要包括操作系统环境、软件配置环境，有时候还需要包括系统资源的情况，因为有些错误只有在资源不足时才出现。由于开发环境与测试环境存在差异，因此导致有些问题只有在测试环境下才能出现，例如开发环境中使用的某些第三方组件在测试环境没有注册。这时，测试人员应该把这些差异写清楚，以便开发人员在重现问题和进入调试之前把环境设置好。

**3. 报告问题重现的操作步骤**

应该描述重现问题所必须执行的最少的一组操作步骤。

有些测试人员往往一发现问题就把重现步骤录入，报告 Bug。这些重现步骤可能是非常冗长的一个操作，而实际上可能仅仅是其中一两个关键步骤的组合才会出现这样的错误。

那么开发人员重新执行多余的步骤其实是在浪费他们的宝贵时间，调试的周期会因此加长。

应该尽量地简化问题，例如一个100行的SQL语句执行时出错，可能仅仅是其中的某几行语句有问题导致的，如果能把SQL语句简化到3行而问题依然存在，这样的报告更容易让开发人员接受。

**4. 描述预期的行为**

要让开发人员知道什么才是正确的。尤其是要从用户的角度来描述程序的行为。例如，程序应该自动把文档同步到浏览界面。

一些测试人员描述的Bug模棱两可，例如“编辑单据时，列表中不出现日期信息”。让人不能理解，列表中应该出现日期信息还是不要出现日期信息？尤其对于一些不熟悉需求的开发人员来说，他们不清楚测试人员是要求要这样做，还是指出这样做的错误。

**5. 描述观察到的错误行为**

描述问题的现象，例如“程序抛出异常信息如下……”。

除了上面说的Bug的版本、出现的环境、重现的步骤、预期的行为、错误的行为这些必须录入的缺陷信息外，还有一些是需要及时登记，以备将来统计和报告用的。例如，缺陷的严重程度、出现的功能模块、缺陷的类型、发现的日期等信息。

## 5.4.2 问题报告的撰写要点

Bug报告是测试人员辛勤劳动的结晶，也是测试人员价值的体现。同时也是与开发人员交流的基础，Bug报告是否正确、清晰、完整直接影响开发人员修改Bug的效率和质量。因此，在报告Bug时，需要注意以下几个问题。

（1）不要出现错别字

测试人员经常找出开发人员关于界面上的错别字、用词不当、提示信息不明确等问题。但值得注意的是，测试人员在录入Bug时却同样出现大量错别字，描述不完整、不清晰。因此，测试人员在描述Bug时应尽量注意用语，且录入过程中要集中注意力，确保问题报告准确。

（2）不要把几个Bug录入到同一个问题ID

即使这些Bug的表面现象类似，或者是在同一个区域出现，或者是同一类问题，也应该一个缺陷对应录入一个Bug。因为这样才能清晰地跟踪所有Bug的状态，并且有利于缺陷的统计和质量的衡量。

（3）附加必要的截图和文件

所谓“一图胜千言”，把错误的界面屏幕截取下来，附加到Bug报告中，可以让开发人员清楚地看到 Bug 出现时的情形。最好能在截图中用画笔圈出需要注意的地方。

（4）录入完一个 Bug 后自己读一遍

就像要求程序员在写完代码后要自己编译并做初步的测试一样，测试人员在录入完一个 Bug 后也应当自己先读一遍，看语意是否通顺，表达是否清晰。

### 5.4.3　问题报告撰写实例

针对 5.2.3 节描述的软件测试需求，经过测试需求分析和测试用例设计，按照所设计的测试步骤执行测试后，发现的问题描述如表 5-13 所示。由于该题目来自全国大学生软件测试大赛真题，因此表 5-13 中的字段采用了大赛官方的问题报告格式。

**表 5-13　水流监控计费器测试问题**

| 软件需求 | 测试用例描述 | 输入数据 | 预期输出 | 实际输出 | 问题描述 |
| --- | --- | --- | --- | --- | --- |
| 2.1.3 管道压力的控制 | 模拟阀门控制器向水流监控计费器发送管道压力小于 2MPa 的数据，测试水流监控计费器能否进行正确的管道压力控制 | 管道压力：1.9MPa | UI 界面中显示管道压力的值为：1.9，控制与报警输出接口数据帧中“管道压力控制指令”字段中的内容为 1 | UI 界面中显示管道压力的值为 1.9，控制与报警输出接口数据帧中“管道压力控制指令”字段中的内容为 2 | 当水流监控计费器收到的管道压力小于 2MPa 时，管道压力控制错误，未向阀门控制器发送增压指令 |
| 2.2.1 数据采集输入接口 | 模拟阀门控制器向水流监控计费器发送带有干扰字节的数据帧，测试水流监控计费器能否剔除干扰字节 | 添加干扰字节为“0X55”的数据帧 | 待测件 UI 界面中显示收到回复数据 | 待测件 UI 界面中没有显示收到回复数据 | 当阀门控制器发送的数据包前面有干扰数据 0x55 时，软件不能抛弃 0x55 并取出后面的完整报文 |
| 2.3 响应时间性能需求 | 向水流监控计费器发送数据帧，计算从发出数据到收到反馈信息的时间（测试 10 次后取平均值） | 管道压力：1.9MPa。瞬时流量：500m$^3$ | 从发出数据到接收到反馈之间的平均时间在 500ms 以内 | 平均值：602.6ms<br>最大值：605ms<br>最小值：601ms | 水流监控计费器采集到数据后，在大约 600ms 之后给出控制与报警输出帧，响应时间超过 500ms |

## 5.5　嵌入式软件测试案例

下面是一个嵌入式软件测试案例，该实例来自 2016 与 2017 年全国大学生软件测试大赛，由于篇幅有限，本节只选取了其中的部分模块予以介绍。

## 5.5.1 被测对象概述

**1. 被测对象硬件**

被测对象模拟了一个车辆信号控制器，如图 5-5 所示。车辆信号控制器的主要功能包括采集车辆的变速器油压、燃油液位、变矩器油温，采集车速、发动机转速、行驶距离、燃油消耗，根据灯控开关的组合情况确定灯光的开启和关闭情况。被测对象的硬件分为两部分：待测板和显示屏。

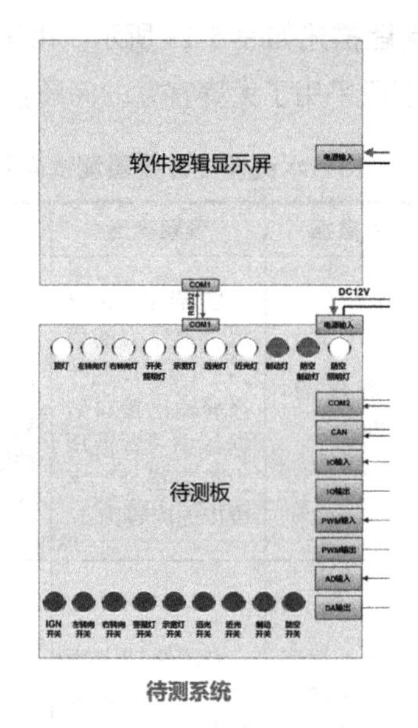


图 5-5　被测对象硬件组成

（1）待测板

待测板为嵌入式硬件，可以运行预先设计好的嵌入式软件。其外观如图 5-6 所示。

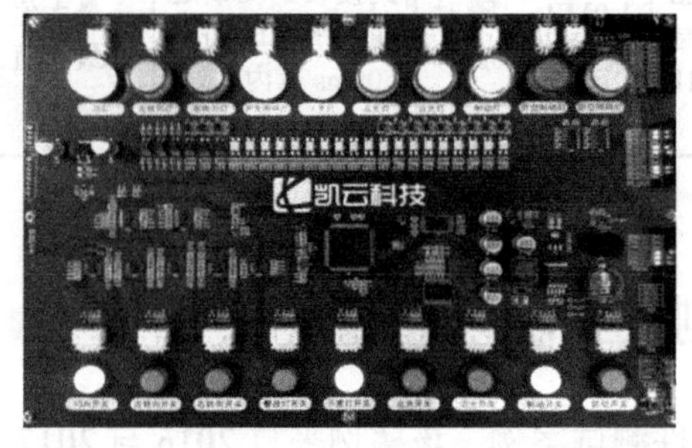


图 5-6　待测板

待测板上方有一排灯光输出，从左至右分别为顶灯、左转向灯、右转向灯、开关照明灯、示宽灯、远光灯、近光灯、制动灯、防空制动灯、防空照明灯。

下方有一排控制按钮，可以作为开关量输入，从左至右分别为 IGN 开关、左转向开关、右转向开关、警报灯开关、示宽灯开关、远光开关、近光开关、制动开关、防空开关。

右方有一排接线端子，从上至下分别为数字量输入端子、数字量输出端子、频率输入和输出端子、模拟量输入端子、模拟量输出端子、CAN 总线端子。

右上方有一个 RS232 串口接线端子，同串口通信板相连。

底部有一个隐藏的 RS232 串口接线端子，同 Android 显示屏相连。

待测板选用 NXP 的 LPC1778FBD144 芯片实现。其主要硬件组成如下：

- 采用 ARM Cortex-M3 NXP LPC1778 处理器，主频为 120MHz；
- 具有工业 2.0 CAN 总线接口，支持 125Kbit/s、250Kbit/s、500Kbit/s、1Mbit/s 等波特率；
- 具有标准 232 串行总线通信接口，最高通信速率达 1Mbit/s；
- 具有 9 路光耦隔离型 I/O 输入端口，9 路工业带灯按键；
- 具有 10 路光耦隔离型 I/O 输出端口，10 路工业防爆信号指示灯；
- 具有 3 路光耦隔离型高速 PWM 输出、输入端口；
- 具有 3 路高精度 12 位轨到轨 DA 输出，转换速率为 230Kbit/s；
- 具有 3 路高精度 12 位逐次 A/D，转换速率为 230Kbit/s。

待测板的外围接口描述如图 5-7 所示。

- 待测板通过 AD、DA、DI、DO、PWM、RS232、CAN 接口同外部设备相连，进行输入输出控制；
- 待测板通过一路 RS232 串口同显示屏通信，显示屏显示内部信息值。

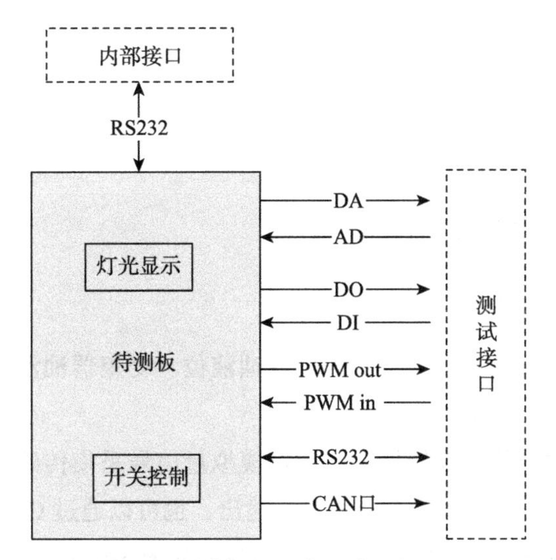


图 5-7 待测板的外围接口描述

（2）软件逻辑显示屏

软件逻辑显示屏又称为Android显示屏，主要用于同待测板相连，显示待测板内部的输出信号。其外观如图5-8所示。

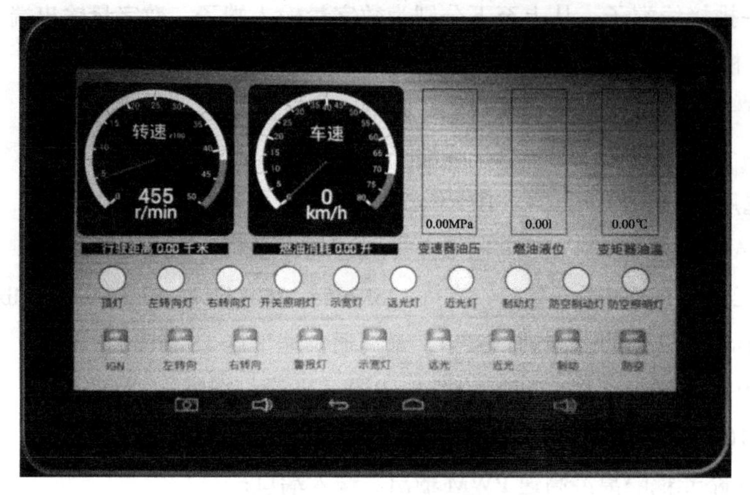


图5-8 Android显示屏

Android显示屏采用一块触摸平板，运行应用程序。屏幕下方有软键盘，可以进入应用，也可以退出应用。

显示屏底部通过RS232串口同待测板相连。

**2. 被测对象软件**

待测板默认搭载的软件为某车辆控制软件。该软件的主要功能为：

- 变速器油压、燃油液位、变矩器油温等信号的采集处理；
- 进行行驶里程、燃油消耗的计算；
- 开关采集和灯光显示的控制。

## 5.5.2 油压功能模块测试

**1. 油压功能模块的需求**

油压功能模块主要包括对变速器油压、燃油液位、变矩器油温信号的采集、处理和输出。三路信号的处理方式一致。

变速器油压、燃油液位、变矩器油温通过模拟量信号采集传感器进行输入，显示在显示屏上；可以由RS232串口通过数据查询进行输出；也可以通过CAN总线进行输出。

变速器油压、燃油液位、变矩器油温的数据流图如图5-9所示。

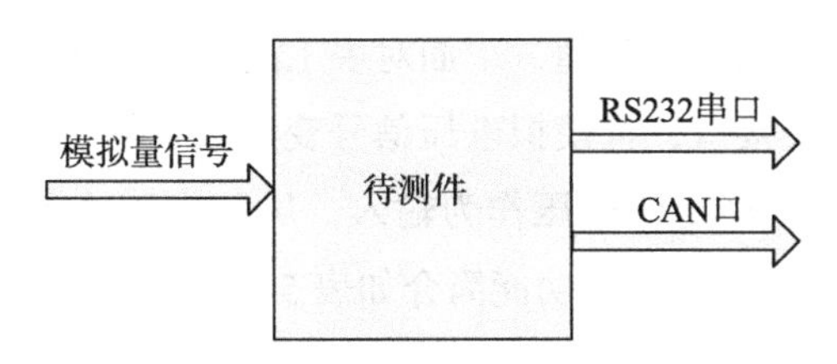


图 5-9　变速器油压、燃油液位、变矩器油温的数据流图

三路信号采用 3 路传感器进行输入。传感器类型为电压型传感器，电压范围为 0 ~ 5V。

被测件通过 AD 电路采集电压信号，并将其转换成物理量，获得三路信号。电压到物理量的计算公式如表 5-14 所示。其中 $V_c$ 为该路信号输入的电压值。

表 5-14　变速器油压、燃油液位、变矩器油温的计算公式

| 序号 | 信号名称 | 检测范围 | 公式 | 允许误差 |
|---|---|---|---|---|
| 1 | 变速器油压 | 0 ~ 4.0MPa | $1.25V_c - 0.75$ | ± 0.1MPa |
| 2 | 燃油液位 | 0% ~ 100% | $V_c*3/100 - 5$ | ± 1% |
| 3 | 变矩器油温 | 0 ~ 150℃ | $V_c*500/3 - 25$ | ± 1.5℃ |

**2. 油压功能模块 AD 接口输入测试用例设计**

以变速器油压为例，根据需求中给出的变速器油压的取值范围为 0 ~ 4.0MPa，计算公式为 $1.25V_c - 0.75$（其中 $V_c$ 为要输入的电压值），反推出 $V_c$ 的取值范围为 0.6 ~ 3.8V。

选取 5 个点进行测试，分别是小于最小值、等于最小值、介于最小值和最大值之间、等于最大值、大于最大值，如表 5-15 所示。

表 5-15　变速器油压测试用例点

| 输入电压 | 预期变速器油压 |
|---|---|
| 0.2V | 0.00MPa |
| 0.60V | 0.00MPa |
| 2.70V | 2.625MPa |
| 3.80V | 4.00MPa |
| 4.00V | 4.00MPa |

这 5 个点为需要测试的测试用例点。

燃油液位、变矩器油温的测试用例设计与此同理。

**3. 油压功能模块 AD 接口手工测试方法**

油压功能模块的测试可采用手工测试的方法，需要使用稳压电源建立电压信号，形成

输入数据，从显示屏观察三路数据的值，下面对手工测试方法进行详细描述。

AD 接口，即模数转换接口，将模拟电压信号变成数字信号，以便数字设备进行处理。使用直流稳压电源可以产生稳定的电压作为输入，从而达到对 AD 进行测试的目的。稳压电源如图 5-10 所示。直流稳压电源的功能简介如表 5-16 所示。

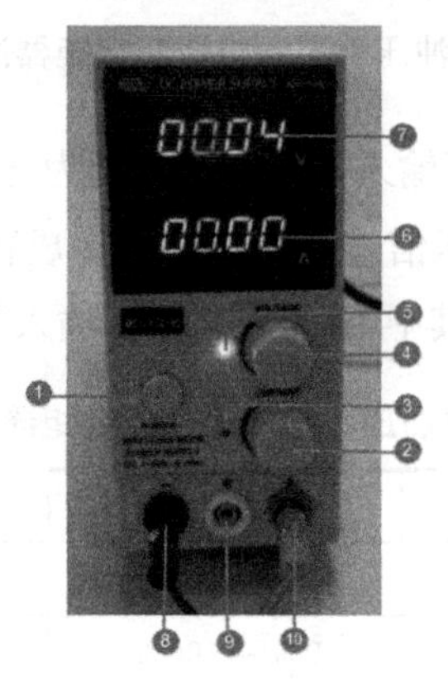


图 5-10　直流稳压电源

**表 5-16　直流稳压电源功能简介**

| 序号 | 功能介绍 | 序号 | 功能简介 |
|---|---|---|---|
| 1 | 电源开关 | 6 | 电流指示 |
| 2 | 恒流调节 | 7 | 电压指示 |
| 3 | 恒流指示 | 8 | 输出负极 |
| 4 | 恒压调节 | 9 | 输出外壳 |
| 5 | 恒压指示 | 10 | 输出正极 |

恒压状态的参数如表 5-17 所示。

**表 5-17　直流稳压电源恒压状态的参数**

| 序号 | 功能模块 | 产品参数 |
|---|---|---|
| 1 | 型号 | K3010D |
| 2 | 输出电压 | 1 ~ 30V |
| 3 | 输出电流 | 0 ~ 10A |
| 4 | 输入电压 | 220V AC 60Hz/50Hz |
| 5 | 电压显示精度 | ± 0.5% |
| 6 | 电流显示精度 | ± 0.5% |
| 7 | 效率 | >85% |

直流稳压电源的使用说明如下。

（1）注意事项

1）交流输入：交流输入应为 220V ± 10%50Hz（如果是 110V ± 10%60Hz，则在机箱后面会标明）。

2）散热：散热扇位于仪器的后面，应该留有足够的空间，以利于散热。

（2）操作方法

1）接上电源（VC220V ± 10V）。

2）将电源开关置于打开状态，指示灯亮。

3）调节 VOLTAGE 旋钮至所需的输出电压。

4）连接外部负载到“+”“–”输出端子。

5）当用在纹波系数要求较高的地方时，输出端“+”或“–”接线柱必须有一个要与 GND 可靠连接，这样可减少输出的纹波电压。

对实验箱 AD 输入进行手工测试，需要将稳压电源的输出与待测板模拟量输入引脚连接，需要使用连接线，如图 5-11 所示。

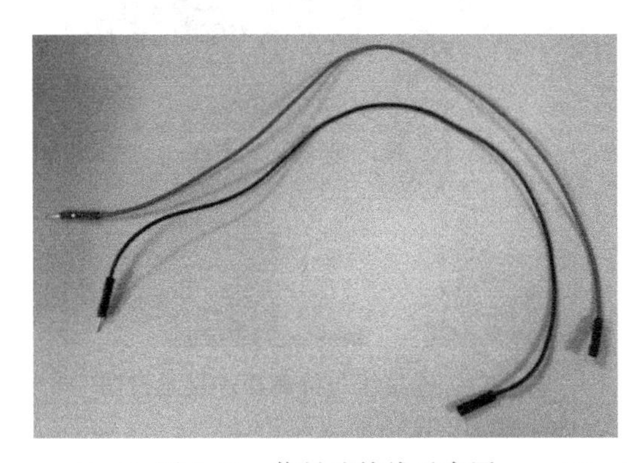

图 5-11　信号连接线示意图

将稳压电源的接线笔正极与红色信号连接线的公头连接，稳压电源的连接笔负极与黑色信号连接线的公头连接，如图 5-12 所示。

将红色连接线母头与待测板的 AD 端口进行连接，如图 5-13 所示。三个端子 AD_IN1、AD_IN2 和 AD_IN3 分别对应三个模拟量（变速器油压、燃油液位和变矩器油温）的采集。

将黑色连接线母头与待测板的 GND 端连接。到这里，我们就完成了待测板与稳压电源的连接。

根据测试用例设计选取的电压值，调整稳压电源的输入值为选取的电压值。观察显示屏上的“变速器油压”，获得实际值，如图 5-14 所示。

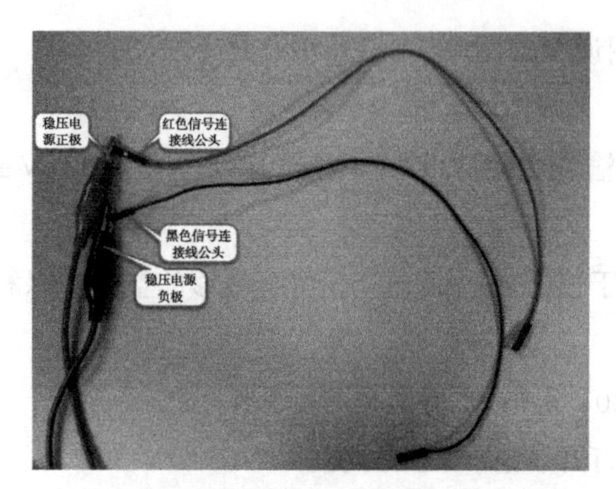


图 5-12　稳压电源与信号连接线连接示意图

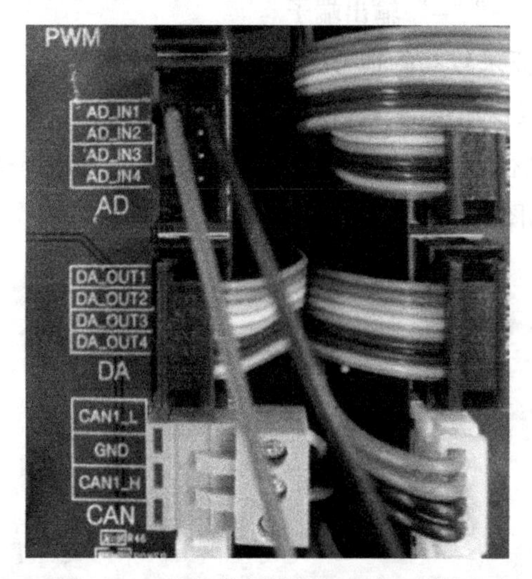


图 5-13　连接线与待测板连接示意图

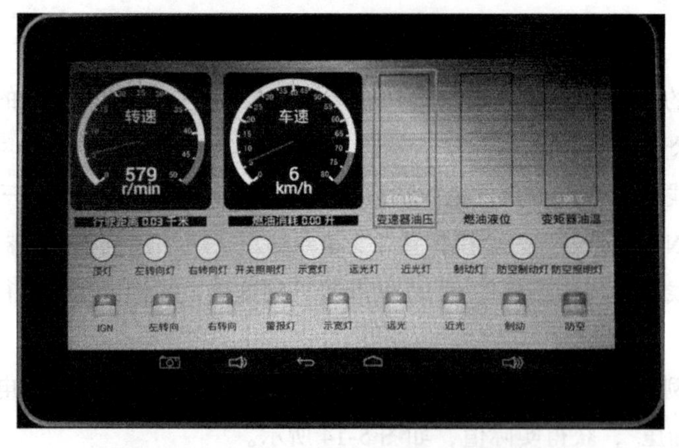


图 5-14　显示屏上显示变速器油压的实际值

将实际值填入表 5-18 中。

表 5-18　直流稳压电源恒压状态的参数

| 输入电压 | 预期变速器油压 | 实际变速器油压 | 是否通过 |
|---|---|---|---|
| 0.2V | 0.00MPa | | |
| 0.60V | 0.00MPa | | |
| 2.70V | 2.625MPa | | |
| 3.80V | 4.00MPa | | |
| 4.00V | 4.00MPa | | |

预期值和实际值的差在误差范围内，认为测试通过，否则认为测试不通过。误差范围为 ± 0.1MPa。

## 5.5.3　车速功能模块测试

**1. 车速功能模块需求**

被测件由频率信号输入接口输入车速和发动机转速，经过计算后获得里程和燃油消耗值，然后通过模拟量输出接口输出车速和发动机转速，通过脉冲记数输出接口输出里程和燃油消耗值，通过串口查询指令输出车速、发动机转速、行驶里程、燃油消耗，通过 CAN 口输出车速、发动机转速、行驶里程、燃油消耗。

车速、发动机转速、行驶里程、燃油消耗的数据流图如图 5-15 所示。

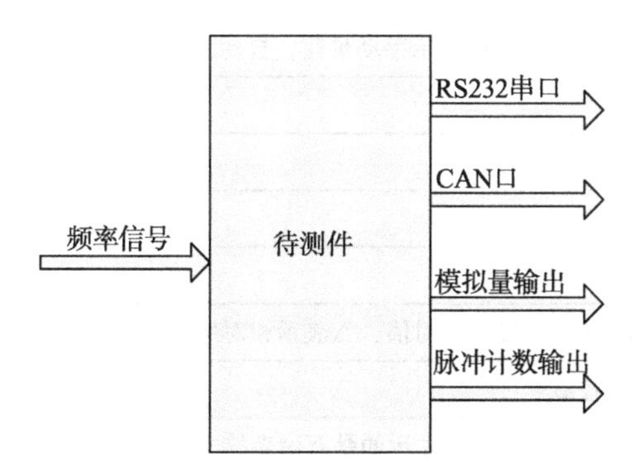


图 5-15　车速、发动机转速、行驶里程、燃油消耗的数据流图

车速和发动机转速利用模拟量输出，输出 0 ~ 5V 的电压信号以驱动仪表的显示。其计算公式如表 5-19 所示。

表 5-19 发动机转速和车速电压输出的计算公式

| 序号 | 信号名称 | 计算公式 | 参数含义 | 允许误差 |
|---|---|---|---|---|
| 1 | 车速表显示 | $A=V/40$ | $A$ 表示 DA 输出的电压值，$V$ 表示车速（km/ 小时） | ± 0.1V |
| 2 | 发动机转速表显示 | 当 $n \leqslant 1000$ 时，$A = n/1000$。当 $n>1000$ 时，$A=n/1050-1/21$ | $A$ 表示 DA 输出的电压值，$n$ 为发动机转速（转 / 分） | ± 0.1V |

## 2. 车速功能模块模拟量输出信号的手工测试方法

教学实验箱的发动机转速和车速可以通过模拟量输出通道转换成电压信号，因此可以使用万用表测量待测板的 DA_OUT 端口，展开 DA 输出通道的实验。其中发动机转速和车速分别对应待测板的 DA_OUT1、DA_OUT2 端口。

本实验中使用示波器自带的万用表功能测量待测件模拟量输出的电压信号。其界面如图 5-16 所示。

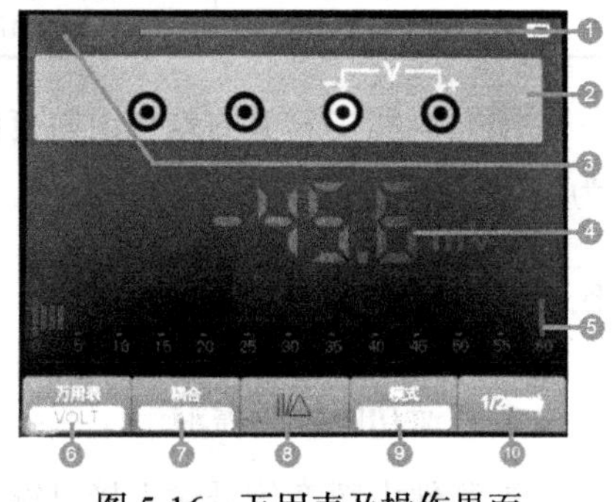

图 5-16 万用表及操作界面

图 5-16 中各个标号的功能解释如表 5-20 所示。

表 5-20 万用表操作界面说明

| 序号 | 功能简介 |
|---|---|
| 1 | 测量种类指示：直流电压 / 电流测量、交流电压 / 电流测量、二极管测量、通断测量、电容测量 |
| 2 | 万用表当前测量模式指示 |
| 3 | 手动量程 / 自动量程指示：手动表示手动量程，自动表示自动量程 |
| 4 | 测量值读数 |
| 5 | 条图指示 |
| 6 | 显示测量种类 |
| 7 | 直流或交流测量模式控制 |
| 8 | 绝对值相对值测量控制：‖ 表示绝对值，△表示相对值 |
| 9 | 自动量程 / 手动量程控制 |
| 10 | 按 F5 键进入下一页显示，下一页显示的是万用表的电压 / 电流的趋势图，主要是记录一段时间内的电压 / 电流的趋势图，并可以使用 U 盘存储数据，再按 F5 返回上一页显示 |

（1）测试连接

要完成待测板 AD 输入的手工测试，需要将万用表的表笔与待测板 DA 输出连接引脚（DA_OUT1、DA_OUT2、DA_OUT3、DA_OUT4）连接，如图 5-17 所示。

图 5-17　连接线与待测板连接示意图

将待测板红色信号端连接线的公头与万用表的黑色测量笔连接，将待测板黑色 GND 端连接线的公头与万用表的红色测量笔连接。

到这里，我们完成了待测板与万用表的连接。

（2）进行测试

以发动机转速的测试为例。根据测试用例设计，测试不同的发动机转速下的电压输出情况，如表 5-21 所示。

为了获得不同的发动机转速，需要使用频率输入信号给到实验箱。可以观察显示屏上显示的发动机转速值是否达到要求。

在给定的发动机转速下，使用万用表测量输出的电压值，此值为实际的输出电压。

观察实际输出电压和预期输出电压的差是否在误差范围内。如果是，则对应的测试通过。

**表 5-21　模拟量输出信号的手工测试**

| 发动机转速（r/min） | 预期输出电压值（V） | 实际输出电压值（V） | 是否通过 |
| --- | --- | --- | --- |
| 0 | 0 | | |
| 500 | 0.5 | | |
| 1000 | 1 | | |
| 3000 | 2.810 | | |
| 5000 | 4.714 | | |

## 5.5.4　灯光控制功能模块测试

灯光控制模块包括 9 路输入开关量信号，以及 10 路输出开关量信号。输入信号分别为：IGN 开关、左转向开关、右转向开关、警报灯开关、示宽灯开关、远光开关、近光开关、制动开关、防空开关。输出信号分别为：顶灯、左转向灯、右转向灯、开关照明灯、示宽灯、远光灯、近光灯、制动灯、防空制动灯、防空照明灯。

9路输入信号由待测板上的DI输入端口输入的信号进行控制。10路输出开关信号由待测板上的DO端口进行输出。

为了便于操作，实验箱待测板上还安装了9个按键开关和10个指示灯。9个按键开关和DI输入端口的输入信号进行“或”操作后，同时控制10路输出端口的状态。控制结果同时在指示灯和DO端口体现出来。

**1. 灯光控制模块需求**

灯光控制的逻辑为：

1）IGN开关为总开关，当IGN开关关闭时，除警报灯开关外，其余灯光控制开关均无效；

2）IGN开关打开后，如果防空开关打开，则顶灯必须熄灭，远光灯、近光灯、左转向灯、右转向灯、示宽灯、制动灯不再受各自开关控制，并且要处于熄灭状态，警报灯开关不再有效；

3）IGN开关打开后，如果防空开关打开，防空制动灯受制动开关控制，并且制动灯应为熄灭状态；

4）如果防空开关关闭，当警报灯开关打开时，左右转向灯同时闪烁；

5）IGN开关打开后，如果防空开关关闭，只有当近光开关打开时，远光开关才能控制远光灯的打开与关闭（即当近光开关关闭时，远光开关无论打开与否，远光灯都不会点亮）；

6）IGN开关打开后，如果防空开关关闭，顶灯点亮，左转向灯、右转向灯、示宽灯、近光灯受各自开关控制；

7）IGN开关打开后，如果防空灯开关关闭，开关照明灯受示宽灯开关控制。

上述所有7条灯光控制逻辑需要同时满足。

**2. 灯光控制模块测试用例设计**

灯光控制模块具有9路开关量信号，并且9路输入信号相互独立。为了完成测试逻辑，需要将9路信号进行组合。

每路信号都具有“开”和“关”两种状态。9路信号进行组合后共有$2^9$=512种状态。

可将512种状态做成一张表格。按照控制逻辑，将每种状态的预期输出信号也写在表格中。这张表格就形成了灯光控制的测试用例。

**3. 灯光控制模块手工测试方法**

对灯光控制模块进行手工测试，需要在 DI 输入端口连接电压信号。DI 采用 TTL 电平。标准 TTL 输入高电平最小为 2V，输出高电平最小为 2.4V，典型值为 3.4V，输入低电平最大为 0.8V，输出低电平最大为 0.4V，典型值为 0.2V。因此需要使用稳压电源提供电压信号作为输入。9 路 DI 信号需要 9 路稳压电源。

对于 DO 信号，可以使用万用表测量它的输出电压，来确定输出状态是 1 还是 0（可以手工操作待测板上的开关，观察灯光的变化，来进行测试。这种方式不属于通用操作，不推荐）。

（1）手工测试 DI 信号

教学实验箱的开关量输入 DI 信号采用 TTL 电平，电压范围是 0~5V，高电平表示打开，低电平表示关闭。

因此可以用稳压电源模拟高、低压电平输出信号接入待测板的 IO_INT 端口，以开展 DI 输入通道的测试。

我们设定 DI 输入的高电平为 4.8V，低电平为 0.2V，并用稳压电源实现我们所需要的电压。

打开稳压电源开关，将红色表笔和黑色表笔分别插入输出相对应的端子上，手动旋转电压旋转按钮，将电压调至 4.80V。

拔掉待测件 IO_INT 的接线排组，用稳压电源直接连接待测件的端口 IO_IN1 至 IO_IN9，观察显示屏上开关按钮的变化。

以 IO_INT1 为例，将稳压电源的电压调至 4.8V。将稳压电源的正负极分别接在待测件件 IO_IN 端口的 IO_IN1 和 GND，如图 5-18 所示。

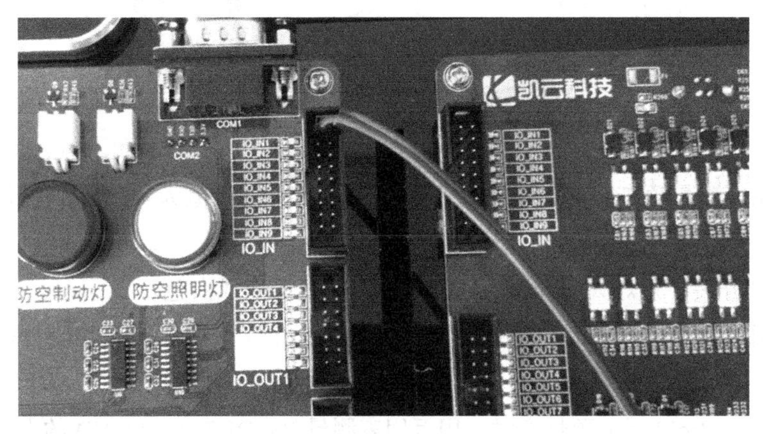


图 5-18　稳压电源与待测件的连线

观察 Android 板上 IGN 开关的变化。IGN 开关由 OFF 变为 ON。

将稳压电源电压由 4.8V 调至 0.20V，观察 Android 板上 IGN 开关的变化。IGN 开关由 ON 变成 OFF。

（2）手工测试 DO 信号

教学实验箱的开关量输出共 10 路，包括顶灯、左转向灯、右转向灯、示宽灯、照明灯、远光灯、近光灯、制动灯、防空制动灯和防空照明灯，DO 输出电路采用 TTL 电路，电压范围是 0~5V，高电平表示灯亮，低电平表示灯灭。待测件上的 IO_OUT10 至 IO_OUT1 端口与指示灯顶灯、左转向灯、右转向灯、示宽灯、照明灯、远光灯、近光灯、制动灯、防空制动灯和防空照明灯存在一一对应的关系，当指示灯亮时，IO_OUT 端口输出一个高电平；当指示灯灭时，IO_OUT 端口输出一个低电平。

因此可以用万用表功能测量 IO_OUT 端口的高、低压电平信号，以开展 DO 输出通道的测试。

以顶灯为例，按下 IGN 开关，顶灯变亮的同时 Android 板上的顶灯变成红色。

拔出待测件 DO 端口的排线，将万用表的正负表笔分别与待测板 DO 端口的 IO_OUT10 和 GND 相连接，如图 5-19 所示。

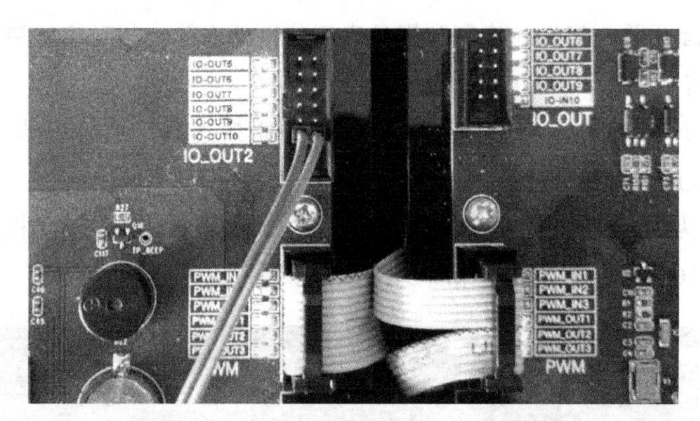


图 5-19　待测件 DO 端口与万用表的连接

使用万用表测量顶灯亮时的输出电压值，实际测量电压值为 4.952V，满足待测件输出的高电压 3.5 ~ 5V 的要求，输出信号为 1。

关闭 IGN 开关，顶灯灭的同时 Android 板上的顶灯变成白色。

使用万用表测量顶灯灭时的电压输出值，结果为 142.3mV，满足待测件输出的低电压 0 ~ 1.5V 的要求。输出信号为 0。

结论：当 Android 板上顶灯亮时，用万用表测量 IO_OUT10 和 GND 的电压是 4.952V；当 Android 板上顶灯灭时，用万用表测量 IO_OUT10 和 GND 的电压是 142.3mV，待测件

IO_OUT1 端口的开关量输出通道可以正常工作。

## 习题

1. 嵌入式软件测试分为哪些阶段？

2. 对于系统级测试，应选择什么样的测试环境？为什么？

3. 测试需求分析的目的和内容是什么？

4. 测试需求分析过程中有哪些困难？相应的解决方法是什么？

5. 嵌入式软件测试设计一般包括哪些步骤？

6. 一个“好”的测试问题报告中应该具备哪些要素？

7. 对于 BUG 的描述中应该避免出现哪些问题？描述一个自己曾经遇到过的 BUG。

8. 某温度控制器根据温度传感器采集到的当前温度，向散热风扇发送不同的控制指令，具体方式如下：

1）当连续检测到 3 次当前温度大于设定温度时，散热风扇开始转动；

2）当连续检测到 3 次当前温度小于等于设定温度时，散热风扇停止转动；

3）以上两个条件都不满足时，散热风扇的状态保持不变。

请根据上述需求设计一组功能测试用例。

第 6 章
Chapter 6

# 软件测试自动化概述

测试自动化是软件测试领域不可避免的发展阶段，随着软件规模的不断扩大、业务逻辑的不断复杂以及从业者协作关系的日益重要，在软件的开发周期里引入自动化测试是非常必要的。总的来说，测试自动化的目标是通过较少的开销获得尽可能彻底的测试，并提高测试的质量，自动化测试是当今软件测试的发展趋势。

最常见的自动化测试定义如下："自动化测试是把以人为驱动的测试行为转化为机器执行的一种过程。"从定义中可以看出并不是使用了工具就是自动化测试，软件自动化测试的核心是取消测试的人力驱动。

## 6.1 为什么要实现软件测试自动化

### 6.1.1 因为人会犯错

是人就会犯错，这是永远不变的真理。软件测试是一种典型的受多因素制约和影响的系统化工作，人在这一系统工作中有诸多的犯错机会：由于人不严格按照流程办事，在测试环境中导致被测版本的混乱，最终整场测试变得毫无意义；由于人在设计过程中没有实现较高的覆盖率测试设计，导致大量的缺陷被带入发布后的产品；由于不同人对同一事物的理解不同，导致在测试结果判读过程中发现不了已经出现的软件失效。人总会犯错，因此任何一个因素的失控都会导致软件测试这一复杂系统的失败。

为了减少人在测试过程中犯错的机会，或者为了能更有效地发现人在测试中犯过的错误，科研人员引入了测试过程管理的概念，即使用大量的标准化、形式化的规程、说明、文档来规范化地指导与记录测试人员的行为，力争做到测试人员的所有行为都是有依据的，并且都是有记录可查的。为做到这一点，测试人员甚至会在最后的测试报告中加入一张巨大的表，在这个表中记录软件研制的总要求、软件功能与性能指标、软件的开发需求、软件的测试需求、软件的测试用例、软件的测试执行记录、软件的问题报告、软件问题修改反馈、软件遗留问题等，这个表还要描述它们之间的关联，同时要考虑回归测试与被测软件多个版本等因素。

但从另外一个角度考虑，测试过程管理的加入使测试过程更加复杂，难于控制，进一步增加了人在其中犯错的机会。用一个可能出错的测试过程管理去制约测试过程中可能出的错，显然通常情况下不会得到完美的结果。

所以软件测试管理的自动化实现，尽量减少测试受人的因素影响是解决这个问题的最终方案，也是科研人员为提高测试质量而努力的方向之一。

### 6.1.2　因为测试中有大量重复性的非“智力”操作

在软件测试中，测试人员为了实现较高的测试覆盖程度，针对同一个构件、同一个功能点、同一个函数都会设计几十个甚至上百个测试用例，这些测试用例的执行，实际上是重复度极高的简单体力劳动。

为了保证测试的质量，测试人员在测试过程中需要撰写大量的相关文档，如测试需求、测试计划、测试设计、测试过程、问题报告、测评报告等。大量文档的撰写也是测试人员重体力劳动内容之一。

在实际的测试项目中几乎不存在只有一轮的测试过程，即所有软件在交付用户前都会在测试中发现缺陷，而且对这些缺陷的修改也会引入新的缺陷，这就导致多轮的回归测试变得不可避免。回归测试进一步加重了非“智力”测试行为所占的比例。

实现软件测试的自动化，由机器来完成这些高重复性的体力劳动，可以将测试工程师从乏味的重复性操作中解放出来，从而有更多的时间与精力进行创造性的工作。

### 6.1.3　因为手工测试效率低

“手工测试效率低”这句话可以从手工测试管理、手工测试设计、手工测试执行、手工测试评价四个方面理解。

1）手工测试管理：测试管理工作包括的内容很多，有过程管理、质量管理、产品管理等。这些管理最终都体现在各种文档记录的撰写上。例如，通过工作日志进行过程管理，通过测试需求追踪文档进行质量管理，通过配置文档进行产品管理。这些文档与记录之间有关联性很强的逻辑制约关系，由人工来进行全部文档与记录的撰写并且在多文档中体现这些逻辑制约关系显然是非常低效的。

2）手工测试设计：测试设计是测试人员智力活动的最直接体现，智力因素在测试设计中将直接影响测试设计的好坏，进而直接影响测试的最终效果。但即使在这一环节，自动化测试的应用也会极大地提高人脑的效率：如在白盒的覆盖率测试中，由人来完成上万行代码的打桩工作，由人来进行测试覆盖率的统计与计算将非常低效且易出错；如在采用组合测试技术的黑盒测试用例设计中，当理清输入参数与这些参数之间的制约关系后，测试用例的组合设计就变成了一个纯数学问题，可以由程序轻易地完成；如在测试需求的整理过程中，测试人员需在被测件的开发需求文档与被测件的真实实现两者之间进行人工对比，来确定软件开发需求功能点之间的关系，最终确定测试需求，并书写测试用例详细步骤。这一工作通常是由测试人员对照开发文档逐个点击被测件上所有菜单与按钮来完成的，还需要将这一过程转换成文字，这是一个漫长而痛苦的过程。

3）手工测试执行：同一组参数，不同的参数取值组合，会引发软件不同的输出。为了得到这些不同的输出，相同的操作有可能会重复成千上万次，并要记录每一次的不同结果。假设这些操作由人来完成需要3天，但由自动化的测试工具完成只需要一小时甚至更少的时间。无论是白盒测试还是黑盒测试，无论是单元测试还是集成测试，无论是功能测试还是性能测试，自动化测试执行工具的引入都将极大地提高测试效率。

4）手工测试评价：海量的测试用例与执行将产生海量的测试输出，测试人员需对这些海量的测试输出进行判读，对比实际输出与预期输出来判断测试是否通过。但这一工作经常只是一些简单的数字、文字或软件输出状态的比较，完全可以由代码来自动完成，可提高效率，而且不会出错。

### 6.1.4　某些测试只能由测试工具完成

在软件开发文档中，我们经常会碰到以下需求："支持同时在线操作人数不少于2000""报文处理能力不少于10 000条/秒""时间精确度不低于$10^{-3}$秒"。为了测试这种被测件的功能点与性能点，测试"支持同时在线人数不少于2000"时需要2000个测试人员同时在线操作；测试"报文处理能力不少于10 000条/秒"时需要10 000个测试人员在一秒内同时发送报文；测试"时间精确度不低于$10^{-3}$秒"时需要测度人员从眼到手的反应时间不多于$10^{-3}$秒，这些显然都是不现实的。这时如果没有自动化测试工具的帮助，测试将变成不可能完成的任务。

## 6.2　软件自动化测试技术分类

本节从测试的阶段、级别、技术等多个角度对现有的软件自动化测试方法进行多个维度的分类。

### 6.2.1 依据测试级别划分

现阶段，自动测试工具在测试的每个阶段都得到了广泛的应用，测试人员在测试设计、测试执行、测试度量、测试管理等各个工作阶段都可得到各种测试工具的支持。我们可以根据测试阶段将自动化测试工具划分为以下几种。

**1. 单元测试的自动化**

这类工具主要实现白盒的自动化测试，如使用打桩技术实现覆盖率的自动化测试工具，使用各种度量技术、静态分析技术的自动化测试工具，使用自动化测试框架技术的测试用例自动生成工具等。

单元测试工具一般针对程序代码进行测试，这决定了其测试工具与其特定的编程语言密切相关，所以单元测试工具基本是针对不同编程语言的。为了方便地进行自动化，几乎所有的主流语言都有其对应的自动化测试工具或框架，比如 Java 的 JUnit 和 TestNG、Python 的 Unittest、C++ 的 Cppunite 等单元测试工具。这些工具直接访问被测试的应用程序的代码，对其中的类和函数进行调用，输入各种测试数据，检查函数的返回值，通过比较返回值与期待的值是否一致来判断测试是否通过。

单元测试属于白盒测试的范畴。白盒测试工具通过检查被测试软件的代码、程序结构、对象属性等，发现其中的缺陷。根据工作原理不同，白盒测试工具可分为静态测试工具和动态测试工具。

静态测试工具无须运行目标软件即可工作，它主要是根据事先定好的规范，包括语法、代码规范、评价质量模型等，对代码进行全盘扫描，找出不符合规范的地方，输出对代码质量的评价结果，并生成系统间调用层级关系图等。静态测试工具主要有 CodeReview、Klocwork、DeepSource 等。而动态测试工具则是往目标程序中插入自己的监测代码，并在程序运行期间收集所需的统计数据，并在程序运行结束后根据收集数据生成测试结果报告。主要的动态测试工具有 Rational Purify 系列、Testbed 等。

**2. 集成测试的自动化**

集成测试自动化工具主要实现黑盒的自动化测试，如使用 API 调用技术的接口测试用例自动生成与执行工具等。集成测试是在单元测试的基础上，在将所有的软件单元按照概要设计规格说明的要求组装成模块、子系统或系统的过程中检查各部分工作是否达到或实现相应技术指标及要求的活动。单元测试与集成测试紧密相关，目前业界都提倡持续集成，软件开发中各个模块不是同时完成的，根据进度将完成的模块尽可能早地集成，有助于尽快发现缺陷，避免大量缺陷集中涌现。在执行集成测试自动化时，由应用程序 UI 驱动的

API级测试需要有消除不必要的编码负担的组件，这样能让与被测应用程序的交互变得更容易。因而，测试人员就不会受到连接应用程序、发送请求、接收结果响应等编码工作的困扰。集成测试是一种白盒测试与黑盒测试交叉使用的方法。目前，比较常见的持续集成的自动化工具有 Jenkins、TeamCity、Bamboo 等。

**3. 系统测试的自动化**

系统测试是将通过集成测试的软件部署到某种较为复杂的计算机用户环境进行测试，将软件作为计算机系统的一个元素，与计算机硬件、外设、某些支持软件、数据和人员等其他系统元素及环境结合在一起测试。系统测试阶段一般采用黑盒测试方法，主要考查被测软件的功能与性能表现。关注测试过程、测试质量、测试产品与文档的管理，协助测试人员在减轻工作量的同时提高测试工作的科学性与规范性的测试管理工具也是系统级测试自动化工具。

## 6.2.2 依据测试技术划分

**1. 基于硬件方式的录制与回放自动化测试技术**

最初的软件自动化测试技术出现在20世纪90年代初期，主要采用硬件方式来录制键盘输入和操作过程，然后通过播放实现重复的测试过程，在一定程度上提高了测试的效率，但是不能实现目前流行的各种自动化检查功能，即不能针对某个功能点进行功能和属性的检查。在这种模式下，记录操作过程的脚本和所操作的数据是混在一起的，因此维护的成本很高。而且，一旦界面发生了简单的变化，从前的脚本就完全无法使用，必须重新录制，这种方式不但使被录制操作的使用率降低，而且也降低了整个测试工作的效率。

**2. 基于脚本的自动化测试技术**

代码化测试脚本的产生很好地解决了硬件方式录制与回放测试自动化技术中的缺陷，其允许测试人员通过操作录制、人工编写、数据驱动等多种方式半自动化地产生测试脚本，并且支持测试脚本的自动化编辑、自动化检查点设置、自动测试结果判别等高级功能。这种多源方式生成的测试脚本，其维护更加方便，在回放的过程中也更加灵活，很好地解决了不同被测件版本与回归测试中测试脚本的通用性问题。

自动化测试脚本是这种自动化测试的基础。现今有五种不同类型的脚本技术，每种技术都有各自的优缺点，而这些技术并不是互相排斥的。事实上，所有测试脚本技术都是相辅相成的，在一个自动化测试项目中，一般都会应用多种测试脚本技术。每种技术在实现测试目的的成本和可复用性上各不相同，要根据不同的测试目的进行选择。常见的自动化测试脚本有：线性脚本、结构化脚本、共享脚本、数据驱动脚本、关键字驱动脚本。

（1）线性脚本

线性脚本是录制手工执行测试用例所得到的脚本。这种脚本包含所有的击键、鼠标的移动以及任何用户界面上的操作。如果只使用线性脚本技术，即录制每个测试用例的全部执行内容，则被录制的这些测试用例可以被完全重复地回放。然而实际情况往往是，测试环境的稍许改变甚至仅仅是程序界面的小小变动，都会使整段测试脚本完全不能运行。

线性脚本具有的某些优点可能对一部分任务是合适的，例如：

- 不需要进行深入的计划，仅仅需要录制手工任务。
- 需要立即开始自动化。
- 需要跟踪实际操作。
- 测试人员没有任何编程经验。
- 仅仅提供工具的演示。

线性脚本具有很多缺点，特别是当建立长期使用的自动化回归测试集时缺点更为突出：

- 过程烦琐。
- 一切都依赖于每次捕获的内容。
- 测试输入和比较都捆绑在脚本中。
- 无法重用脚本。
- 脚本的可靠性不高。
- 线性脚本维护费用高昂。

由于线性脚本的这些缺点，因此对于长期和大量测试，只使用线性脚本测试技术显然是不可行的。

（2）结构化脚本

结构化脚本类似于结构化程序设计，结构化脚本内含有控制脚本执行的指令，例如一些条件逻辑语句或者调用语句。结构化脚本中一般有 3 种基本控制结构：

1）循环控制结构。根据需要重复一个或多个指令序列，即平常称为“循环”的结构，在这种结构中指令序列被重复执行指令的次数。

2）选择控制结构。通过一些逻辑判断语句来判断某些条件的真伪，从而使脚本执行特定的操作。循环结构也是选择控制结构的一种。

3）调用结构。脚本之间的调用，一个脚本将控制点转到另一个子脚本的开始处，当这个子脚本执行完毕后再将控制点返回到第一个脚本开始调用的位置。

结构化脚本的主要优点是其健壮性比较好。由于引入了一些条件判断语句，可以很容易地在脚本内加入一些错误处理功能，降低了脚本对被测系统的依赖性。同时，由于加入了循环结构，可以使脚本重复执行一些操作，因此使下一步的数据驱动脚本技术变得可能。结构化脚本的调用技术，使脚本可以成为一个模块被其他脚本调用。但结构化脚本使整个脚本变得复杂，开发和维护脚本的工程师需要有一定的编程技术和技巧。同时，在结构化脚本中，测试操作和测试数据仍然捆绑在一起。

（3）共享脚本

顾名思义，共享脚本指的是一段已编写完成的可以被多个测试用例使用的脚本。这在结构化脚本调用结构的基础上又进步了一些。共享脚本技术出现的出发点是，当某个功能被测试脚本实现以后，其他的测试用例需要反复地调用这个功能，例如一个系统的登录功能。而共享脚本技术就是指当其他的脚本需要实现某一功能时，通过调用这个已实现好的脚本来达到实现该功能的目的。这样做的好处主要有：节省脚本开发成本、提高脚本的可读性、大大降低脚本的维护费用，而且当需要改变某些重复任务时，仅仅需要改变一处。共享脚本基本满足建立一个可用的自动化测试集的要求，例如：以较小的开销实现某些类似的测试、其维护开销大大低于线性脚本的维护开销、没有明显重复的脚本、可以在脚本内加入一些智能操作（如错误处理）。然而，共享脚本依然存在自身的缺陷，特别是当用其建立一个复杂系统的自动化测试集时缺点更为突出：需要跟踪和管理更多的脚本、文档、变量，对于一个测试还需要一个特定的测试脚本，维护费用仍然比较高，测试输入和测试数据依然是捆绑在一起的。如果想从共享脚本中获得更多的收益，测试脚本开发人员必须经过一定的训练。要确保所有的测试在适当的时候都使用了共享脚本，这需要一个良好的测试架构设计，否则当脚本开发工程师需要某个功能时，他不清楚是否有相应的脚本可调用，可能会自行编写，而负责维护的人员却不知道还有一个自行编写的模块。在较大规模的自动化测试集中经常会遇到这样的问题。

（4）数据驱动脚本

数据驱动脚本技术将测试数据存放在独立的数据文件中，而不是与测试操作捆绑在一起放在测试脚本中。测试脚本中仅包含一些与软件界面交互的操作信息。这就完成了测试数据和测试操作的分离。执行测试时，测试脚本从外部的数据文件而不是直接从脚本中获取测试数据。这样做的好处是，可以用同一个测试脚本运行许多不同的测试。

从数据驱动技术开始，数据层和驱动脚本层被分离，使测试工程师开始从测试自动化中获益。使用这种技术，可以以较小的开销实现较多的测试用例。因为需要做的所有工作只是为每个增加的测试用例指定一个新的测试数据输入集合和期望结果，而不是重新编写全新的测试脚本。

数据驱动技术的主要优点是数据文件的格式对于测试者而言更直观、更易于处理。数据往往以电子表格的形式存放（有的测试工具也支持 CSV 文件和 XML 文件），这样做的好处是可以在数据文件中加上一些注释，使整个数据文件变得更易于理解和维护。因而，测试工程师可以将更多的精力放在自动化测试执行和自动化测试集的维护上。总而言之，数据格式越简单，就越不容易出错，整个自动化测试集的维护也就越方便，这是值得测试人员奋斗的方向。需要指出的是，使用数据驱动技术，仅仅需要添加一些测试数据输入和期望结果，就很容易实现多个附加测试用例。如果没有数据驱动技术，实现这些附加测试用例会比较困难，因为实现和运行这些测试用例的成本太高。

除了测试输入数据以外，期望结果也从测试脚本中独立出来而被单独存放在数据文件中。每个期望结果直接与测试输入相关联。因此，如果测试输入数据在单独的数据文件中，将其比较的结果存放在相同或者相关联的数据文件中是一个很好的解决方案。

数据驱动脚本技术的优点可以总结如下：

1）可以以很低的成本迅速增加类似的测试；

2）测试输入数据、验证数据和预期的测试结果与脚本分开，存放在另外的数据文件中，以便于测试人员修改和维护；

3）测试者增加新的测试不需要掌握脚本语言或者编程知识；

4）对于附加测试无须额外的脚本开发和维护开销。

自动化数据驱动脚本集的初始建立需要花费一定的成本和时间，但当有数百个测试而不是几十个测试被建立和执行以后，从自动化测试中所获的收益将远远超过所花费的开销。在实现一个自动化系统测试集以后，测试人员可以通过这个测试集来完成和运行许多测试。在实际中，采用这种方法的组织用自动化的方法所完成的测试比手工运行的测试要多得多。在一个软件版本发布周期内，还可以通过回归测试的方法多次运行这些测试。

但是，如果测试数量不多，使用数据驱动脚本技术的开销可能会比较大。因此对于小系统来说，数据驱动脚本技术并不一定特别适合。对于比较大而复杂的软件系统，由于其生命周期比较长而且改动相对比较频繁，使用数据驱动脚本技术可以获得更多的收益。

数据驱动脚本技术的不足可以总结如下：建立初始测试集的成本比较大，需要专业编程知识的支持，需要额外的测试数据的管理成本和维护成本。

**3. 基于度量的自动化测试技术**

软件测试中可度量的内容有很多，主要包括测试覆盖率度量、质量度量等。测试覆盖是对测试完全程度的度量，它是由测试需求和测试用例的覆盖或已执行代码的覆盖表示的。质量度量是对测试对象（系统或测试的应用程序）的可靠性、稳定性以及性能的度量，它建立在对测试结果的评估和对测试过程中确定的变更请求（缺陷）分析的基础上。

（1）覆盖率度量

覆盖指标提供了“测试的完全程度如何？”这一问题的答案。最常用的覆盖度量是基于需求的测试覆盖和基于代码的测试覆盖。简而言之，测试覆盖是就需求（基于需求的）或代码的设计 / 实施标准（基于代码的）而言的完全程度的任意度量，如用例的核实（基于需求的）或所有代码行的执行（基于代码的）。

1）基于需求的测试覆盖。基于需求的测试覆盖在测试生命周期中要度量多次，并在测试生命周期的里程碑处提供测试覆盖的标识（如已计划的、已实施的、已执行的和成功的测试覆盖）。可通过以下公式计算测试覆盖：

$$\text{测试覆盖} = T^{(p,i,x,s)} / \mathrm{RfT}$$

其中 $T$ 是用测试过程或测试用例表示的测试（Test）数（已计划的、已实施的或成功的），$p$、$i$、$x$、$s$ 分别对应已计划的、已实施的、已执行的和成功的测试覆盖这四个标识，RfT 是测试需求（Requirement for Test）的总数。

2）基于代码的测试覆盖。基于代码的测试覆盖度量测试过程中已经执行的代码的多少，与之相对的是要执行的剩余代码的多少。代码覆盖可以建立在控制流（语句、分支或路径）或数据流的基础上。基于代码的测试覆盖通过以下公式计算：

$$\text{测试覆盖} = I^{e} / \mathrm{TIic}$$

其中 $I^{e}$ 是用代码语句、代码分支、代码路径、数据状态判定点或数据元素名表示的已执行项目数，TIic（Total number of Items in the code）是代码中的项目总数。

（2）质量度量

质量是软件与需求相符程度的指标，缺陷数量、代码质量、性能符合度等都是常用的质量度量指标。

1）缺陷数量度量。一般可以将缺陷计数作为时间的函数来报告，即创建缺陷趋势图或报告；也可以将缺陷计数作为一个或多个缺陷参数的函数来报告，如作为缺陷密度报告中采用的严重性或状态参数的函数。这些分析类型分别为揭示软件可靠性的缺陷趋势或缺陷分布提供了判断依据。

2）代码质量度量。通过描述被测件代码收集与代码相关的静态数据，如代码复杂度、代码书写风格、代码调用关系与层次、代码注释量、数据流 / 控制流等。通过这些静态数据使用专用算法计算得出各种关于代码质量的度量结果，用于帮助开发人员对代码结构进行升级、重组，提高代码质量。

3）性能符合度度量。评估测试对象的性能行为时，可以使用多种度量，这些度量侧重于获取与行为相关的数据，如响应时间、计时配置文件、执行流、操作可靠性和限制。这些度量主要在“评估测试”活动中进行评估，但是也可以在“执行测试”活动中使用性能度量评估测试进度和状态。

主要的性能度量包括：

- 动态监测：在测试执行过程中，实时获取并显示正在执行的各个测试脚本的状态。
- 响应时间 / 吞吐量：测试对象针对特定主角和 / 或用例的响应时间或吞吐量的度量。
- 百分位报告：数据已收集值的百分位度量 / 计算。
- 比较报告：代表不同测试执行情况的两个（或多个）数据集之间的差异或趋势。

**4. 基于框架的自动化测试技术**

在企业产品线日益膨胀的情况下，采用标准化架构开发通用测试平台是行之有效的方法，能够提高产品从研发到生产测试的测试硬件和软件组件的复用性。在一个标准化的“核心标准测试系统”的前提下，针对不同型号产品和不同地区工厂 / 研发中心的实际测试系统都基于该“核心标准测试系统”来实现。一方面，该标准系统可以通过软件编程自定义其实际功能；另一方面，标准系统还需具有针对具体应用进行扩展的能力。此外，标准系统还应提供一个通用的软件架构，可以快速构建测试序列、实现报表生成、数据库连接等功能，而测试工程师只需集中精力去维护或开发具体的测试步骤即可。

通过构建这样的“标准系统”，企业可以最大限度地实现测试设备与代码的重用，降低测试系统的开发风险，缩短开发时间，并降低成本；同时采用足够开放的软硬件架构也不会因选择“标准化”而丧失灵活性。

框架（Framework）通常指应用于软件开发的一种基础架构，它包括一些可供开发人员使用的公共组件，并提供平台级的公共服务。它同时定义各组件之间的通信方式以及对外服务的接口。框架类似于基础设施，其所提供的功能与具体的业务逻辑无直接关系，但却是为了满足业务需求而实现的最重要的、最基础的软件架构和体系。软件开发者可以通过使用特定的软件框架快速构建具体的商业应用，因此他们只需关注如何去实现复杂的商业应用和业务逻辑，而不必花太多时间在基础服务的实现上。

框架是工具类或者开发类库的扩展，它提供基础的开发服务并定义基于它的编码方法及开发方式。从框架的定义可以了解，框架可以是被重用的基础平台；框架也可以是组织架构类的东西。自动化测试框架首先是应用于自动化测试的管理框架，包括测试对象的识别、基本界面元素对象的封装、测试环境的初始化及清理、错误捕获及处理恢复、测试脚本及测试任务的组织和管理等；同时，它还是整个自动化团队建设和工作的基础，包括自动化测试流程、开发规范等。

综上所述，我们将自动化测试框架定义为：由一个或多个自动化测试基础模块、自动化测试管理模块、自动化测试统计模块等组成的工具集合。

为什么要使用测试框架？原因很简单，首先是对复用的考虑。复用有两层含义：①通过将被测应用的基本界面元素以及公用服务封装在框架中，在开发不同的自动化测试脚本时可以通过简单调用或继承的方式实现高效率的脚本开发，并保证脚本的一致性，这是同一个项目内的复用；②针对某些软件应用开发的自动化测试框架，往往可以直接或经过一定修改后被其他类型的自动化测试项目使用，因为对于同类型的软件应用而言，其界面元素、程序展现模式是基本相同或类似的，通过对已有框架的扩展或修改，可以很快将其应用到另一个测试项目中，这是项目间的复用。

其次是代码结构清晰，易于维护。框架不仅是简单的类库和工具包，还通过必要的设计模式来实现一种开发架构。这种架构往往是结构清晰且松耦合的，各层次间的依赖关系较小，从而使通过其开发出来的脚本更加易于维护。

最后是易于扩展。软件总是在不停地发展，不断地升级，以增加更多的功能。相应地，自动化测试的脚本也需要不断地增加。一个好的框架，通过良好的设计仅通过少量的修改便能支持一些新的被测对象和新的测试方法，可扩展性意味着脚本开发效率的提高和对现有自动化测试投资的保护。

自动化测试框架按不同的测试类型，可以分为功能自动化测试框架、性能自动化测试框架；按测试阶段，可以分为单元自动化测试框架、接口自动化测试框架、系统自动化测试框架；按组成结构，可以分为单一自动化测试框架、综合自动化测试框架；按不同的编码语言，可以分为 Java 自动化测试框架、.Net 自动化测试框架以及 VB 自动化测试框架等。

比如，Microsoft 公司的 Visual Studio 系列产品下的 C#.NET 语言加入了丰富的标准化测试接口，在 VS 平台上支持被测件内部结构信息的自动化提取，如通过其标准化测试接口可自动提取函数的名称、函数输入参数列表、函数输出数据格式、函数之间的关系等，并同时支持测试数据的自动生成，目前在测试界有大量关于 C#.NET 自动化测试用例生成与执行的研究。

自动化测试框架的发展和程序设计思想的发展过程是密不可分的，因为框架开发本身就是一种编程设计，只是服务的对象不同。测试框架的发展经历了从面向过程到面向对象的转变，并且为了更好地解决大数据量测试覆盖以及增强测试脚本的可维护性、可重用性，还引入了代码与数据的分离、测试逻辑与具体实现的分离等思想，最终形成了目前自动化测试的两大阵营：数据驱动和关键字驱动（或表驱动）。

（1）数据驱动（Data Driven）测试框架

数据驱动即从数据文件读取输入、输出数据，通过变量的参数化，将测试数据加载到测试脚本。将数据驱动技术应用到自动化测试框架中就形成了数据驱动测试框架。这种框架的设计意图是用较少的脚本来产生大量的测试用例。测试数据与测试逻辑分离，当测试数据发生改变时，不会影响测试逻辑。同一个测试逻辑可以针对不同数据来进行测试，提高了测试逻辑的使用效率和可维护性。

数据驱动测试框架有如下优点：

- 测试数据与脚本分离，单独存放，有利于测试数据和测试脚本的修改和维护；
- 同一脚本可通过加载不同测试数据实现不同的测试覆盖（如边界值、特殊字符组合、输入有效性验证等），大大提高了脚本的利用率和可维护性；
- 创建脚本和准备数据可分开进行。测试开发人员编写测试脚本，测试执行人员创建测试数据。

数据驱动测试框架有如下缺点：

- 测试范围的扩大会导致测试数据的数量和类别的增多，维护这些数据的成本会增加；
- 维护数据文件时需要格外注意数据的格式，否则容易在脚本处理中产生各种各样的问题；
- 测试人员要具备编程的功底，要熟悉自动化工具所要求的脚本语言。

（2）关键字驱动（Keyword Driven）测试框架

关键字驱动也被称为表驱动，它建立在数据驱动的基础上，是一种提高自动化测试的灵活性和扩展性的框架解决方案。关键字驱动测试将测试逻辑按照关键字进行分解，封装在数据文件中，关键字对应封装的业务逻辑。测试工具只要能够解释这些关键字即可对其应用自动化。主要的关键字包括被操作对象（Item）、操作（Operation）和值（Value），用面向对象的形式表示为 Item.Operation(Value)。

关键字驱动的主要思想是：脚本和数据分离，界面元素与测试内部对象名分离，测试描述和具体实现细节分离。

在关键字驱动框架中，每一个测试用例就是一张测试关键字驱动表。在这张表中，包含测试的输入数据和测试步骤的关键字描述。框架最为核心的部分是关键字解释器，以及对关键字的定义和分类。关键字的定义必须能涵盖各种测试用例的需求，考虑到各种不同控件的不同操作，关键字解释器必须能对这些不同的关键字做出正确的解释，从而驱动相应的控件做出正确的操作。

关键字驱动测试框架具有如下明显优势：

- 测试脚本基本等同于手工测试过程的描述，简单明了，易读易懂；
- 脚本一次开发，多次适用。更换测试工具时只需要用新工具实现关键字解释器即可；

- 测试脚本的建立和维护不需要任何编程知识和技巧，完全可以由非程序员来完成；
- 框架的实现和脚本的编写可以同步进行。脚本的编写不依赖于任何框架的实现，只需了解关键字的定义即可。

关键字驱动虽然强大且优势明显，但这种框架的开发却相当困难。与数据驱动框架相比，它需要消耗更多的开发时间，投入更多的人力和成本。另一方面，从程序设计的角度来讲，要实现一个好的关键字解释器，不像编写一个数据文件读入处理的程序那么简单，需要更高的编程技巧。此外，使用关键字描述脚本还有以下缺点：

- 无法表示复杂的测试逻辑，只适合顺序的操作流，灵活性不高；
- 由于过于依赖框架，因此提高了框架的复杂度。在框架中，不仅要正确解释各种不同操作对象的不同关键字，而且需要考虑那些在其他框架中可以在脚本中实现的错误处理和恢复。

（3）混合驱动测试框架

目前比较成熟的测试工具多使用混合驱动框架，它融合了关键字驱动技术和数据驱动技术，以数据驱动的脚本作为输入，通过关键字驱动框架的处理得到测试结果，完成自动化测试的过程。它既拥有测试逻辑与测试数据相互分离的优点，又集成了关键字驱动的先进架构。这一架构会使数据驱动脚本更加简洁，并可减少运行时意外失败的可能性。另一方面，该架构可以实现一些纯粹的“关键字驱动测试”难以实现的自动化测试任务。该架构由核心数据驱动引擎、功能函数组件以及支持库构成，在实际应用中，可以有效提高测试效率，缩短测试周期，节约项目成本。

**5. 基于各种管理的自动化测试技术**

通常，软件测试管理自动化工具会提供一套完整的支持测试流程管理、测试质量管理、测试需求分析、测试用例设计、测试执行记录、测试问题处理、测试总结等测试全过程综合管理解决方案，软件测试团队可以以它为基础，根据业务发展的实际要求，定制符合团队使用的软件测试流程。

在测试管理软件的帮助下，测试人员可以将大部分精力放在测试的设计与策划上，自动化测试管理软件只需要测试人员填入必要的测试过程信息，即可实现测试全生命周期过程管理、质量管理、测试文档自动化生成、被测件与文档版本管理等多种功能。测试管理软件是测试项目实现科学化、正规化、工程化管理的必要技术手段。

除了测试全生命周期形式的测试管理软件之外，各种轻量级的只专注于测试某一方面或阶段的测试管理软件也很常见，如只专注于缺陷的测试缺陷管理软件、只专注于文档版本的文档配置管理软件、只专注于需求跟踪的测试需求跟踪与管理软件。

### 6.2.3　依据测试阶段划分

**1. 测试需求分析阶段**

这一阶段主要是阅读待测软件的相关文档（如需求文档、设计文档以及使用说明等）并参加需求评审以实现明确的测试范围，得出测试需求点以及确定相关测试任务。目前，这一阶段的自动化任务主要是实现基于文档的需求生成，如利用自然语言处理技术将测试人员从繁重的文档分析工作中解放出来。除此之外，目前还有基于文档生成的自动化系统模型生成，测试人员可以直接分析系统模型以完成对测试需求的分析，但目前测试需求分析阶段的自动化程度并不高，主要原因在于待测软件的相关文档大多是使用自然语言编写的，对于自然语言表达的意图难以直接通过工具转为需求等，系统模型的生成同样面临着将自然语言转化为模型描述的挑战。

**2. 测试设计阶段**

这一阶段的主要任务是测试用例的编写，同时包含对测试数据的自动化。这一阶段的自动化测试程度较高，测试用例的自动生成方法主要有以下三种。

（1）随机测试

随机测试主要是通过在变量的有效域范围内随机生成测试数据，用于生成测试用例，此方法的优点是自动化程度高、产生的测试用例最多、可避免主观因素。此方法的缺点是代码覆盖率低，产生过多无用的非法测试用例。

（2）系统化测试

系统化测试是严格的软件一致性测试方法，主要在较细维度上深度分析待测软件，比如使用等价类划分、边界值分析、基本路径分析等技术，典型的系统测试的测试用例生成技术主要有基于符号执行、基于搜索和基于模型检查的测试用例生成方法等。系统化测试的优势是能够生成高覆盖率的测试用例，测试效率高，通常可发现更多的缺陷，测试过程有迹可循，测试质量有保证。缺点是基于符号执行的方法难以解决路径爆炸、约束求解困难的问题，基于搜索的方法难以解决搜索空间大、搜索效率低的问题，基于模型检查的方法面临状态爆炸问题。

（3）基于模型的测试

基于模型的测试是指依据形式化的规约或模型规定的预期行为检测测试结果的正确性。在基于模型的测试中，有限状态机（FSM）模型是应用在基于模型测试中的主要模型，通过搜索遍历 FSM 的相关路径产生对应的测试用例。基于模型的测试用例生成技术的优点是测试人员只需要关注和抽象被测对象，基于模型的测试方法完成测试用例的设计，在回归测试中可以显著提高测试效率，但其缺点是模型的复杂程度依赖于待测软件的复杂程度，难以完成复杂系统的测试任务。

**3. 测试执行阶段**

在这个阶段主要是测试用例的执行，这通常是指在测试用例的设计过程中生成的可执行程序或者脚本的执行，并且监控测试执行过程。这一阶段的自动化测试主要体现在对测试过程的记录上，而这通常被测试用例设计过程中产生的脚本所影响。目前自动记录的形式主要是测试过程截图以及测试日志输出。然而，测试执行阶段的自动化难以达到手工测试的记录效果。

**4. 测试评估阶段**

这一阶段是对整个测试过程和版本质量的评估，以确认产品是否符合进入市场的条件。现有工具能够实现测试报告的自动生成，但由于无法确定软件质量评估准则，需要专家介入且相关评估准则易受专家主观因素的影响，因此测试评估阶段的自动化程度较低。

## 6.3 嵌入式软件自动化测试技术

本章前面所介绍的覆盖率分析、静态分析、代码审查等自动化测试技术也适用于嵌入式软件测试，本节重点讨论专用的嵌入式软件自动化测试技术。

嵌入式软件测试工具与非嵌入式软件测试工具相比，一般具有以下几个特点：与特定硬件、软件的相关性高，工具的兼容性低；专业性强，专用嵌入式软件测试工具在使用前需要较长时间的专业培训；测试工具需要的运行环境搭建困难，经常需要多种数据、环境模拟测试工具配合工作。

所以专用嵌入式软件测试技术主要体现在以下三个层次上。

1）基于全软件的仿真环境测试，在这种方式下被测的软 / 硬件、测试运行环境、测试输入数据生成、测试输出的收集与分析全部采用软件模拟仿真的方式搭建，整个测试在软件环境中自动运行。这种测试技术成本相对较低，应用范围较广，但测试的成功与否极大程度地依赖于测试工具和测试环境搭建的仿真程度以及模拟输入数据的仿真程度，并不能完全替代真正的硬件实装测试环节。

2）采用宿主机 / 目标机方式的软硬对接测试技术，在这种方式下被测嵌入式软件被灌注在实际的硬件中，但测试环境以及测试数据的生成与采集等工作还采用宿主机的模拟软件来完成。这种测试技术相对于全软件或全硬件测试技术灵活性高，允许测试人员把有限的测试成本与精力用于被测件主要需求点的验证上。

3）基于全硬件环境的侵入式测试技术，在这种方式下被测嵌入式软件被灌注在实际的硬件中，并且运行于真正的硬件环境下。但为了实现测试的自动化，测试人员需要对被测的软/硬件进行“侵入”式的改造，如在软件中插入桩代码，在硬件中加入各种传感器、数据输出接口等。通过这些侵入式的改造，实现测试的自动化运行、输出状态与数据的自动化收集，从而实现测试结果的自动化判定与测试功能/性能点的自动化度量。

嵌入式软件的自动化测试工具相对来说成本较高、应用范围较窄、技术难度较高，需要更专业的相关知识，因此测试人员入门门槛较高，再加上嵌入式新技术更新频繁、硬件换代快等特点，导致专用嵌入式软件的自动化测试工具的发展明显慢于非嵌入式软件测试工具。

## 6.4 应用自动化测试的原则

由于自动化测试由计算机来完成，因此它具有执行速度快、效率高等明显特点。归纳起来，自动化测试具有以下几个方面的优点。

（1）执行速度快，执行效率高

手工测试是一个重复性的劳动过程，容易出错。引入自动化测试能够用更有效、可重复的自动化测试代替烦琐的手工测试活动，而且能在更短的时间内完成更多的测试工作，从而提高了测试工程师的工作效率。

（2）降低对软件新版本进行回归测试的开销，提高测试覆盖率

在迭代式开发模型中，每一个新版本的大部分功能和界面都和上一个版本相似或完全相同，此时要对新版本进行回归测试，那么这部分工作大多为重复性工作，特别适合使用自动化测试来完成，从而减小回归测试的开销，有效提高测试覆盖率。

（3）完成手工测试不能完成或难以完成的测试

对于一些非功能性方面的测试，例如压力测试、并发测试、大数据量测试、崩溃性测试等，用手工实现这些测试是很困难的，甚至是不可能完成的，但自动化测试能方便地执行这些测试。

（4）使测试具有一致性和可重复性

由于每次自动化测试运行的脚本是相同的，因此可进行重复的测试，使每次执行的测试具有一致性，而手工测试很难做到这一点。

（5）更好地利用资源

将烦琐的测试任务自动化，可以使测试人员将更多的精力投入到测试用例的设计和必

要的手工测试当中去。

（6）降低风险，增加软件信任度

自动化测试能通过较少的开销获得更彻底的测试效果，从而更好地提高软件产品的质量。

（7）优秀人员的集中

能够得到一个专家团队，并将相关知识传播给其他的项目。

当然自动化测试也有其局限性，内容如下。

（1）自动化系统测试不能完全取代手工测试

在某些场合，使用手工测试比自动化系统测试效率更加高，例如只运行一次的测试、对软件界面很不稳定的产品进行的测试、测试结果很难用自动化方法验证的测试、嵌入式系统测试涉及物理交互的测试等。

下面列举嵌入式软件测试不适合做自动化测试的几个场景：

1）因为环境的限制无法输入和监控输出，输入口与输出口都被占了。比如按键已安装在某个端口上，无法把按键拆除下来改为信号注入的输入方式；嵌入式系统中的一个操作开关已经在设备上，无法通过自动操作的方式打开该开关，只能人工打开该开关；输出的是一个灯光控制信号，而灯焊接在板子上了，只能人工观察。

2）信号太复杂，很难通过软件模拟。比如激光测距机的回波信号，要完全模拟合成出这个回波信号，还不如根据需求直接手工测距来得方便。

3）自动化测试按照需求编写测试脚本，但无法预料被测件异常后的输出，只能进行手工的探索。

4）带有输出界面的，界面只能由人来观察。很多嵌入式软件的界面都是用屏幕绘制的方式来实现的，不是测试工具可以识别的标准控件元素。

（2）手工测试更容易发现缺陷

测试的目的是发现软件中存在的缺陷。如果某个测试用例被自动化，其目的就是可重复执行。一般情况下，这些测试以前都运行过，因此软件在接下来的自动化运行中暴露缺陷的可能性较小。James Bach 总结得出，自动化系统测试只能发现 15% 的缺陷，而手工测试可以发现 85% 的缺陷。

（3）对被测系统的依赖性较大

自动化测试比手动测试更加脆弱。被测系统的一些微小改变都可能使整个自动化系统测试集崩溃。可以用一些自动化系统测试技术来建立更加健壮的自动化系统测试，但比起手工测试，自动化系统测试更依赖于软件系统。

（4）测试自动化不能提高有效性

自动化系统测试本身并不会比手工测试更有效。自动化系统测试可能节省测试运行的成本和时间，但也可能对测试本身起到反作用。

（5）测试自动化会制约软件开发

应用软件的变化对自动化测试的影响比对手工测试的影响更大，软件的部分改变有可能导致自动化测试崩溃。而设计和实施自动化测试要比手工测试开销大，并需要维护，所以，对自动化测试影响较大的软件修改可能受到限制。

实施自动化测试之前，需要对软件开发过程进行分析，以确定其是否适合使用自动化测试。使用自动化测试的软件开发过程通常需要同时满足以下条件。

（1）需求变动不频繁

测试脚本的稳定性决定了自动化测试的维护成本。如果软件需求变动过于频繁，测试人员需要根据变动的需求来更新测试用例以及相关的测试脚本，而脚本的维护本身就是一个代码开发过程，需要修改、调试，必要的时候还要修改自动化测试的框架。如果所花费的成本不低于利用其节省的测试成本，那么自动化测试便是失败的。如果项目中的某些模块相对稳定，而某些模块需求变动性很大。我们便可对相对稳定的模块进行自动化测试，而变动较大的模块仍采用手工测试。

（2）项目迭代次数较多

自动化测试需求的确定、自动化测试框架的设计、测试脚本的编写与调试均需要相当长的时间来完成，这样的过程本身就是一个测试软件的开发过程，需要较长的时间来完成。如果项目的周期比较短，则没有足够的时间去支持这样一个过程。

（3）领域相对固定的项目

如果费尽心思开发了一套近乎完美的自动化测试脚本，但是脚本的重复使用率很低，致使其间所耗费的成本大于所创造的经济价值，自动化测试便成为测试人员的练手之作，而并非真正产生效益的测试手段。另外，在手工测试需要投入大量时间与人力时，也要考虑引入自动化测试，比如性能测试、配置测试、大数据量输入测试等。

同时用户进行软件测试自动化方案选型时应该注意以下六个方面的问题：

1）选择尽可能少的自动化产品覆盖尽可能多的平台，以降低产品投资和团队的学习成本；

2）测试流程管理自动化通常应该优先考虑，以满足为企业测试团队提供流程管理支持的需求；

3）在投资有限的情况下，性能测试自动化将优先于功能测试自动化被考虑；

4）在考虑产品性价比的同时，应充分关注产品的支持服务和售后服务的完善性；

5）尽量选择趋于主流的产品，以便通过行业间交流甚至网络等方式获得更为广泛的经验和支持；

6）应对测试自动化方案的可扩展性提出要求，以满足企业不断发展的技术和业务需求。

## 习题

1. 什么是自动化测试？自动化测试的目的是什么？
2. 自动化测试有哪些优点？
3. 有哪些适合于软件测试自动化的场合？
4. 简要归纳自动化测试的发展方向。
5. 测试框架有哪些分类？
6. 数据驱动测试框架有哪些优点？
7. 有哪几类常见的自动化测试脚本？
8. 线性脚本的优势是什么？
9. 结构化脚本一般有哪几种控制结构？
10. 软件自动化测试工具主要有哪些度量方法？
11. 自动化质量度量中的性能度量主要包含哪些内容？

第7章
Chapter 7

# 常用测试工具

要实现测试的自动化，测试工具的选择很重要，没有任何单一的测试工具能够完成所有的测试要求。测试工具的种类繁多，功能和性能各不相同，如何选择合适的测试工具使我们的工作事半功倍是测试人员经常遇到的难题。选择测试工具的首要条件是根据项目自身的情况，结合测试工具的能力与特点，做到最适用、最实用、最省钱。掌握常用测试工具的功能与特点，学会在测试项目中使用合适的测试工具，对测试人员来说极其重要。

目前，因为大部分测试工具的功能复杂完备，一个工具通常可以提供一整套测试解决方案，所以无法对这些工具进行严格的种类划分。本章只对一些能够用于嵌入式测试的典型工具进行简要介绍。

## 7.1 测试工具概述

测试工具是测试自动化的基础。对于嵌入式测试来说，通用测试类型可以复用一般软件测试工具，特殊的测试类型则需要特有的测试工具来支撑。本章将分别从单元测试工具、集成化的嵌入式测试工具和测试过程管理工具三个部分进行介绍。

在实际测试过程中，这些工具的功能可能并不局限于本章给出的所属测试类型。例如 Testbed，除了可以进行静态分析外，还支持 C 程序的单元测试以及测试覆盖率分析。表 7-1 给出了本章介绍的常用测试工具能够开展的测试类型的功能追踪表。本章只针对每种测试工具具有的特长功能进行介绍，而不会对每一种工具的所有功能进行赘述。有关各个工具的具体使用方式和其他功能，读者可以参考工具的使用手册。

**表 7-1　常用测试工具的功能追踪表**

| 编号 | 工具名称 | 静态分析 | 单元测试 | 测试覆盖率分析 | 嵌入式仿真测试 | 测试过程管理 |
|---|---|---|---|---|---|---|
| 1 | JUnit | | √ | √ | | |
| 2 | NUnit | | √ | √ | | |

（续）

| 编号 | 工具名称 | 静态分析 | 单元测试 | 测试覆盖率分析 | 嵌入式仿真测试 | 测试过程管理 |
| --- | --- | --- | --- | --- | --- | --- |
| 3 | Cantata | | √ | | | |
| 4 | Visual Unit 4 | | √ | | | |
| 5 | CodeSonar | √ | √ | | | |
| 6 | Pinpoint | | √ | | | |
| 7 | TBrun | | √ | √ | | |
| 8 | PureCoverage | | | √ | | |
| 9 | CodeTEST | | √ | √ | | |
| 10 | BullseysCoverage | | | √ | | |
| 11 | RTT-MBT | | | √ | | |
| 12 | Testbed | √ | √ | √ | | |
| 13 | McCabe IQ | | | √ | | |
| 14 | Klocwork | √ | | | | |
| 15 | VectorCAST/RSP | | | | √ | |
| 16 | ETest | | | | √ | |
| 17 | QC | | | | | √ |
| 18 | STM | | | | | √ |
| 19 | TPM | | | | | √ |

## 7.2 单元测试工具

单元测试（Unit Testing）是对软件中最小的代码模块（单元）进行测试，可能是一个类的测试、一个函数的测试、一个菜单的测试、一个窗口的测试等，要视具体的情况而定。单元测试的重点是将单元独立出来，单独通过输入与输出考察单元代码的实现。单元测试可以是静态的（代码走查、静态分析等），也可以是动态的，通过观察单元代码运行时的动作，提供代码的跟踪、覆盖、时间空间分析等信息。本节主要介绍动态的单元测试工具，代码审查、静态分析等工具将在后面单独介绍。

### 7.2.1 JUnit

JUnit是由Kent Beck和Erich Gamma建立的专门针对Java语言的单元测试工具，目前绝大部分的Java开发环境都将JUnit作为标准的支持工具。JUnit有两种安装与工作模式：针对无IDE环境的开发工具，将JUnit包加入环境变量中；针对有IDE开发环境的开发工具，可以将 JUnit 的扩展项增加到 lib 库中。JUnit 的使用过程主要分为以下几步。

1）在被测项目中引入 JUnit 单元测试包：在该项目上点击右键，在弹出的属性窗口中，首先在左边选择 Java Build Path，然后在右上方选择 Libraries 标签，之后在最右边点击 Add Library…按钮，如图 7-1 所示，然后在新弹出的对话框中选择 JUnit 并点击“确定”按钮，JUnit 软件包就被包含进这个项目了。

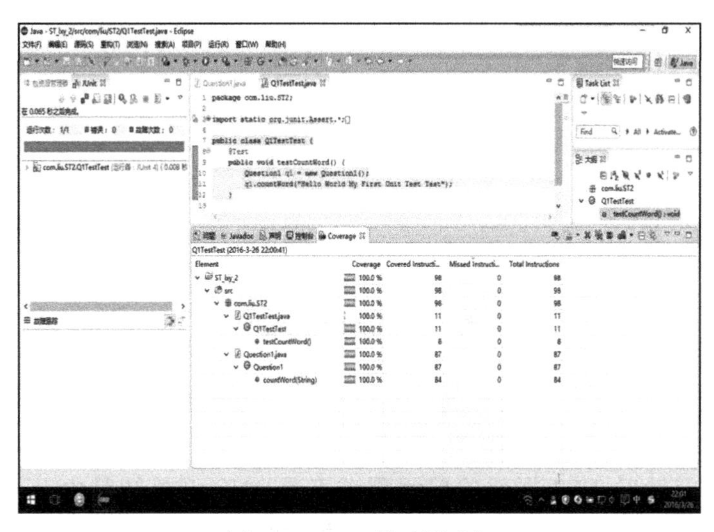

图 7-1　JUnit 单元测试包

2）生成 JUnit 测试框架：在 Eclipse 的 Package Explorer 中用右键点击该类弹出菜单，选择 New a JUnit Test Case。在弹出的对话框中进行相应的选择，点击“下一步”按钮后，系统会自动列出这个类中包含的方法，选择你要进行测试的方法。之后系统会自动生成一个新的单元测试类，里面包含一些空的测试用例。只需要对这些测试用例稍做修改即可使用，如图 7-2 所示。

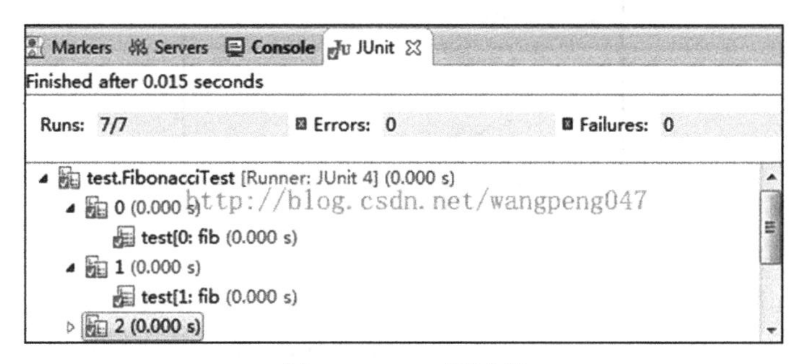


图 7-2　JUnit 测试类

3）运行测试代码：代码修改完毕后，我们在测试用例类上点击右键，选择 Run As a

JUnit Test 来运行我们的测试，测试结果如图 7-3 所示。JUnit 会明确显示通过的测试用例、失败的测试用例、跳过的测试用例等信息。

```
├─ JUnit Vintage
│  └─ example.JUnit4Tests
│     └─ standardJUnit4Test ✔
└─ JUnit Jupiter
   ├─ StandardTests
   │  ├─ succeedingTest() ✔
   │  └─ skippedTest() ↷ for demonstration purposes
   └─ A special test case
      ├─ Custom test name containing spaces ✔
      ├─ ╯°□°）╯ ✔
      └─ 😱 ✔

Test run finished after 64 ms
[         5 containers found      ]
[         0 containers skipped    ]
[         5 containers started    ]
[         0 containers aborted    ]
[         5 containers successful ]
[         0 containers failed     ]
[         6 tests found           ]
[         1 tests skipped         ]
[         5 tests started         ]
[         0 tests aborted         ]
[         5 tests successful      ]
```

图 7-3　JUnit 测试结果

## 7.2.2　NUnit

NUnit 是专门针对 .NET 框架的单元测试工具，NUnit 最初是由 James W. Newkirk、Alexei A. Vorontsov 和 Philip A. Craig 开发团队构建的。它完全用 C# 语言编写，充分利用了许多 .NET 的特性，比如反射、客户属性等，适用于所有的 .NET 语言。其最新版本可以从 nunit.org 下载。NUnit 的使用过程主要分为以下几步。

1）新建一个 NUnit 项目，在项目中加入 NUnit.Framework 和 NUnitTest 两个命名空间，如图 7-4 所示。

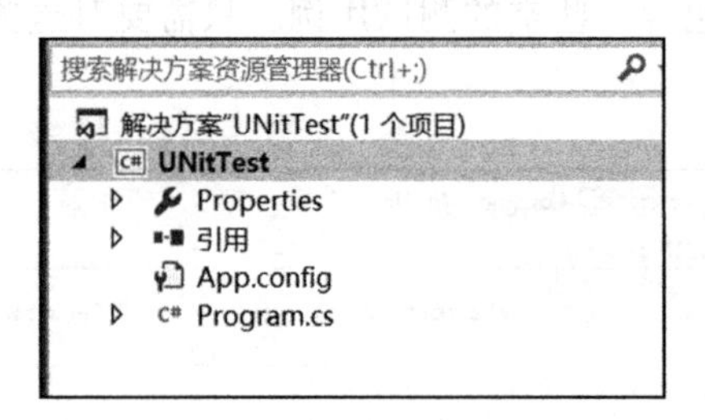


图 7-4　新建一个 NUnit 项目

2）在 NUnit 测试用的类前面加上 [TestFixture]，表示这是 NUnit 测试类。启动 VS.NET 的测试资源管理器。这里的 TestFixture 和 Test 都是 NUnit 的属性，NUnit 常用的属性有 TestFixTure、Test、TestFixtureSetup、ExptedException 等完成新建操作后，加载单元测试项目 NUnitTestTest 生成的 NUnitTestTest.dll，如图 7-5 所示。

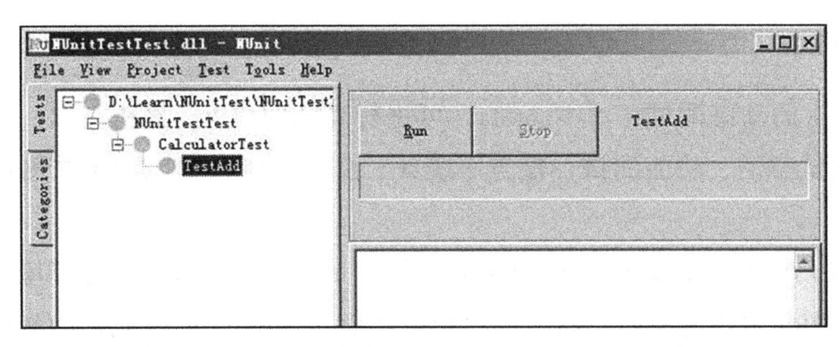


图 7-5　NUnit 生成的 NUnitTestTest.dll 可执行程序

3）运行测试项目，NUnit 以绿色表示测试用例通过，红色表示测试用例失败，黄色表示测试用例被忽略，如图 7-6 和图 7-7 所示。

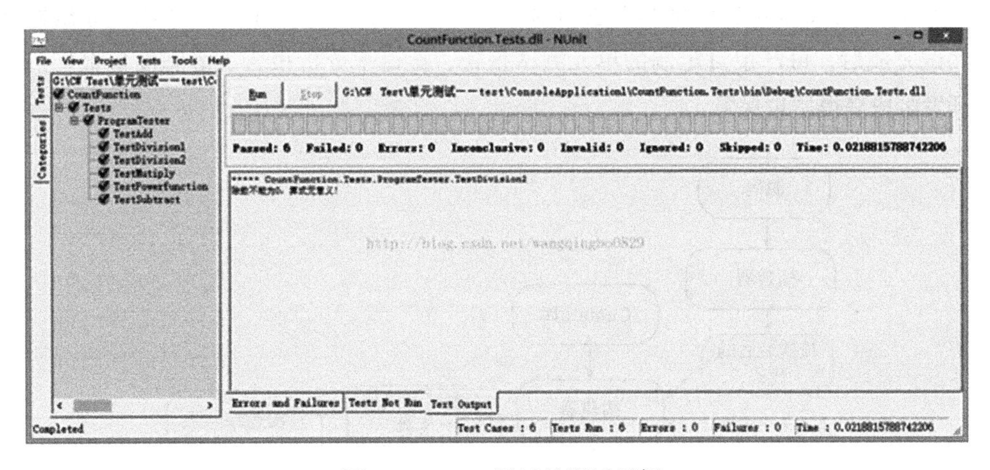


图 7-6　NUnit 通过的测试用例

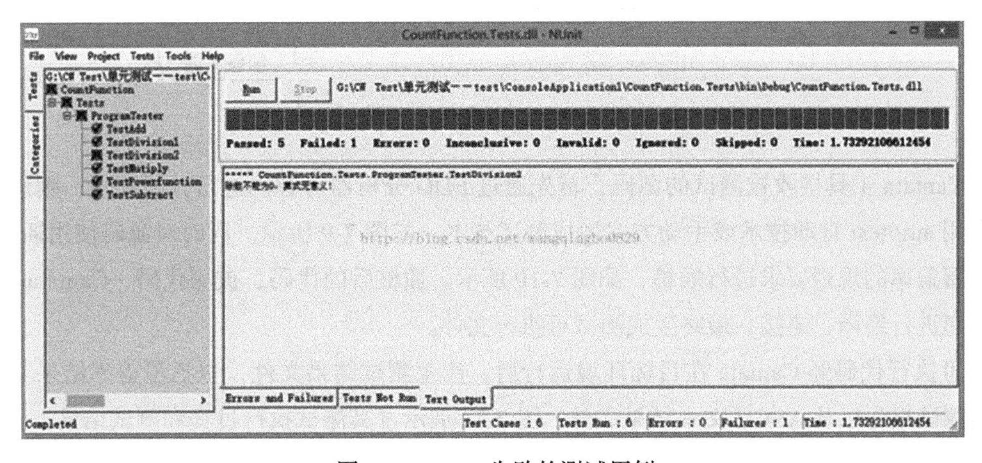


图 7-7　NUnit 失败的测试用例

### 7.2.3 Cantata

C/C++ 语言的动态测试工具 Cantata，可进行高效的单元 / 集成测试，提供自动生成测试用例和测试驱动、功能测试、覆盖率统计、静态分析以及生成中文测试结果报告等功能。

Cantata 支持主机和目标机平台的交叉执行，支持多种嵌入式目标环境的选择，能够方便、快捷地和开发环境集成，迅速创建测试环境。Cantata 提供完善的测试驱动生成向导，并且内置覆盖率插桩，只需简单选择覆盖率要求即可自动生成满足覆盖的测试脚本。测试结果与代码自动集成，可直观显示已覆盖和未覆盖的代码行，其工作流程如图 7-8 所示。

Cantata 支持黑盒功能测试和白盒覆盖率测试，支持语句、判定、MC/DC 等覆盖率标准。测试完成后，可产生自定制的单元测试报告、覆盖率分析报告、静态度量报告，使软件在开发阶段获得质量保障。

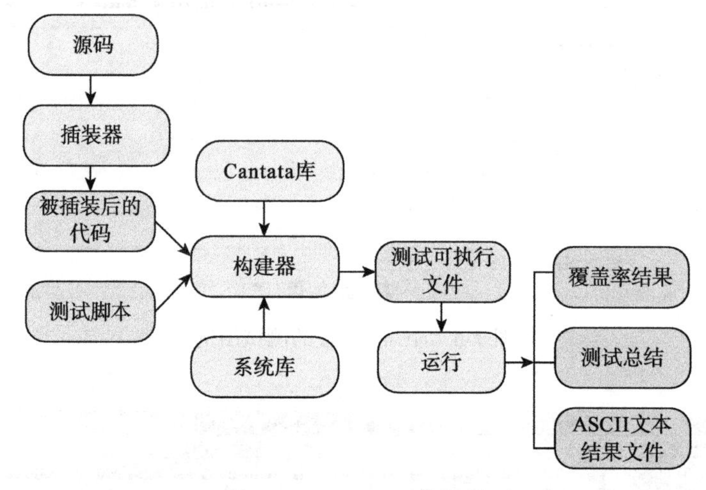


图 7-8　Cantata 工作流程

Cantata 工具接收被测试的源码，首先通过 EDG 分析器对源码进行分析编译。编译后，可利用 autotest 自动技术或手动方式生成测试脚本，如图 7-9 所示。同时对源码使用插桩器按照覆盖率的规则要求进行插桩，如图 7-10 所示。插桩后的代码、被测代码、Cantata 目标库一起进行编译、链接，最终生成测试可执行文件。

可执行代码经 Cantata 在目标环境运行后，产生测试结果文件，包括覆盖率结果文件、功能测试报告以及 ASCII 文本结果文件。图 7-11 展示了其测试执行过程和测试结果。

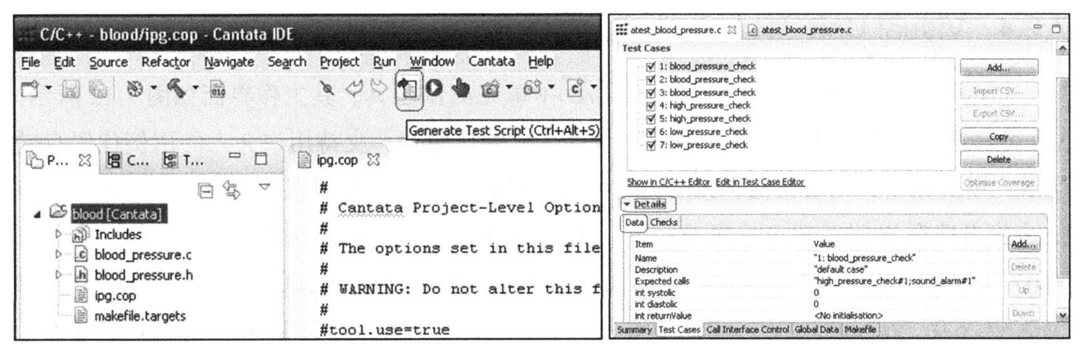


图 7-9　使用 Cantata 生成测试脚本

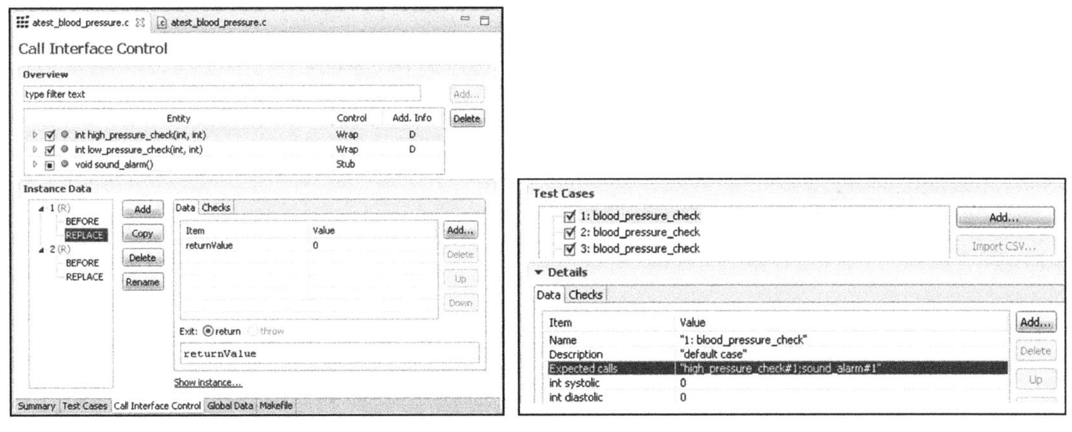


图 7-10　使用 Cantata 给脚本插桩

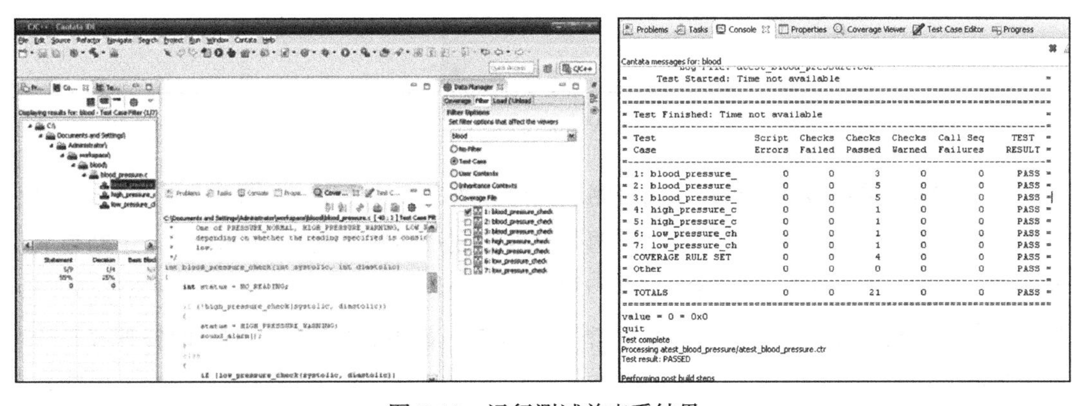


图 7-11　运行测试并查看结果

### 7.2.4　Visual Unit

Visual Unit 简称 VU，是可视化的 C/C++ 单元测试工具，其工作界面如图 7-12 所示。VU 可自动隔离测试任务、自动插桩、自动生成测试驱动；支持用户介入的用例代码自动生成；用例数据自动表格化；无须编码的底层模拟与局部数据模拟；支持六种覆盖，支持快速找出遗漏用例实现完整覆盖；自动生成 HTML 格式的测试报告；支持 ETDD（Easy TDD，易行版 TDD）。VU 采用用户提供的编译环境来编译编辑测试代码，支持的测试 IDE 包括 VC 6.0、VC 2003、VC 2005、VC 2008、VC 2010、Code::Blocks（使用 GCC 编译器）。

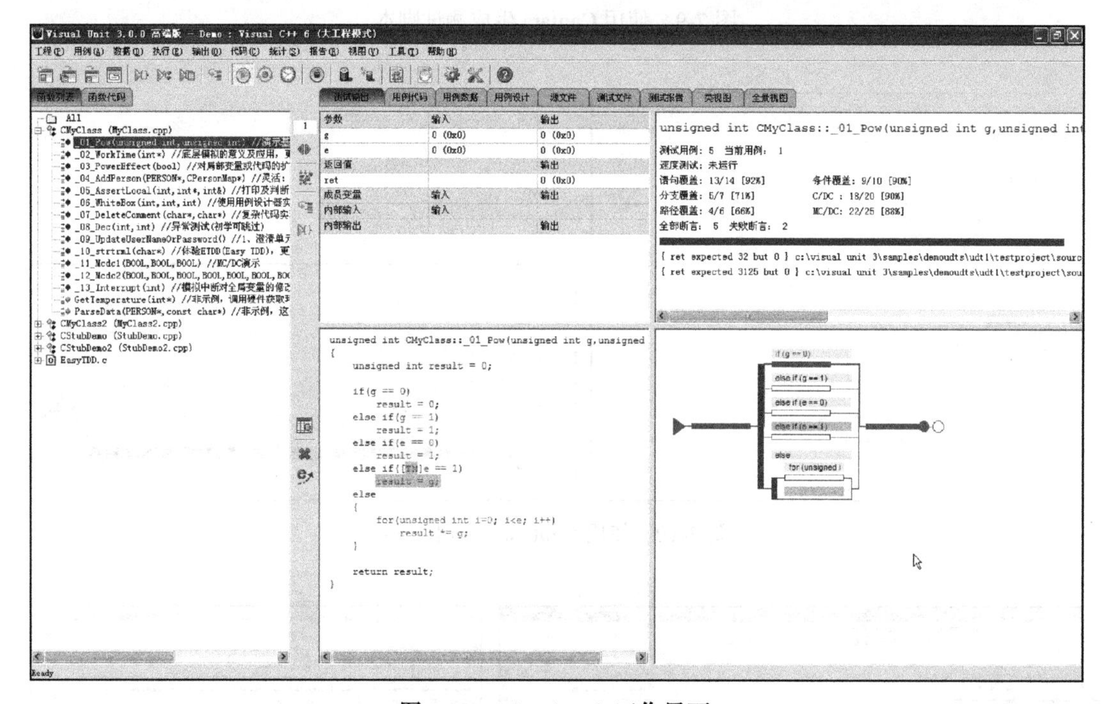


图 7-12　Visual Unit 工作界面

Visual Unit 采用表格驱动，不用写测试代码。数据表格适用于各种场景：参数、返回值、全局变量、成员变量、底层输入（调用底层函数产生的数据）、局部输入（中断输入、界面输入、静态输入等）、局部输出（执行过程中的判断变量）等。数据表格可以适应各种数据：类或结构对象、指针（包括多级指针）、数组、链表、映射表、STL 的各种容器等。对于自定义的复杂数据（例如通过读取文件并解析形成的数据），可以编写自定义的接口，同样实现表格驱动。

Visual Unit 支持欧美航空标准 MC/DC 覆盖，Visual Unit 能够针对未覆盖的逻辑单位自动计算出近似用例及修改提示，根据提示修改近似用例，就可以找出隐藏很深的用例，实现更高的测试覆盖率，其覆盖率显示情况如图 7-13 所示。Visual Unit 支持无桩工作方式，只需要双击函数名，就可以将底层输入加入表格，并像设置参数一样对它进行设置。与插桩相比，底层输入优势明显：不用写代码；与其他数据放在一起，便于对比和管理；可以多次调用一个函数，每次产生不同值；可以让底层函数跳过；可以判断调用次数。

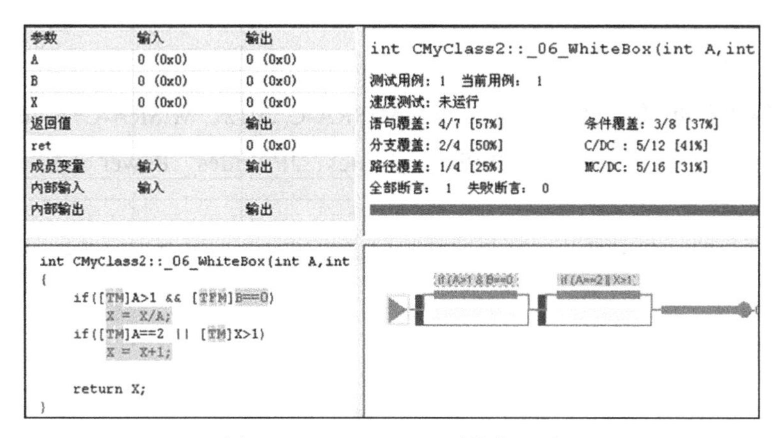


图 7-13　Visual Unit 覆盖率显示

## 7.2.5　CodeSonar

软件缺陷检测工具 CodeSonar 可分析 C/C++、Java、C# 代码，自动识别程序中潜在的错误。该软件执行统一的数据流和符号化分析，检查整个程序的运算，通过更为深入的分析方法，识别导致系统故障、可靠性差、系统漏洞或不安全条件的严重漏洞或错误。CodeSonar 以完全自动化的方式对代码进行逐行检查，并指出代码行发生错误的根源，从而提高软件的总体质量，加速和推进代码开发进程。

其主要功能特性如下。

（1）检查静态缺陷种类

可检查的静态缺陷种类有：缓冲区溢出、未初始化变量、资源泄漏、零除、危险函数转换、格式化字符串漏洞、返回局部变量指针、释放非堆变量、释放后再使用等。

（2）检查并发性错误

检查的并发性错误有：数据竞争、死锁、双重加锁 / 解锁、并发锁次序、嵌套互锁、缺少锁获取 / 释放、未知锁、临界区域阻塞、任务延时函数等。

（3）分析数百万行代码

CodeSonar 可以执行数百万行代码的全程序分析。一旦完成了最初的基线分析，CodeSonar 的增量分析就能快速分析代码库的每日变化。

（4）软件架构的可视化

可视化架构很容易揭示和理解代码之间的关系，包括函数之间的调用关系，调用图中的函数模块可以用颜色深浅显示错误消息的数量。

显示缺陷发生的路径，作为程序可视化图形的叠加。浏览调用图可确定缺陷来源和缺陷数据的传播。

（5）支持编程标准

支持的编程标准有：MISRA-C 2004、MISRA-C 2012、MISRA-C++ 2008、CERT C/C++ 语言安全编码标准、MITRE's CWE、BSI rules、JPL rules、Power of 10 等标准。

（6）自定义检查

提供 C /C++、Python 等 API 接口，易于创建新的检查。很多内置的检查也可以根据本地需求进行配置。

CodeSonar 的工作原理如图 7-14 所示。

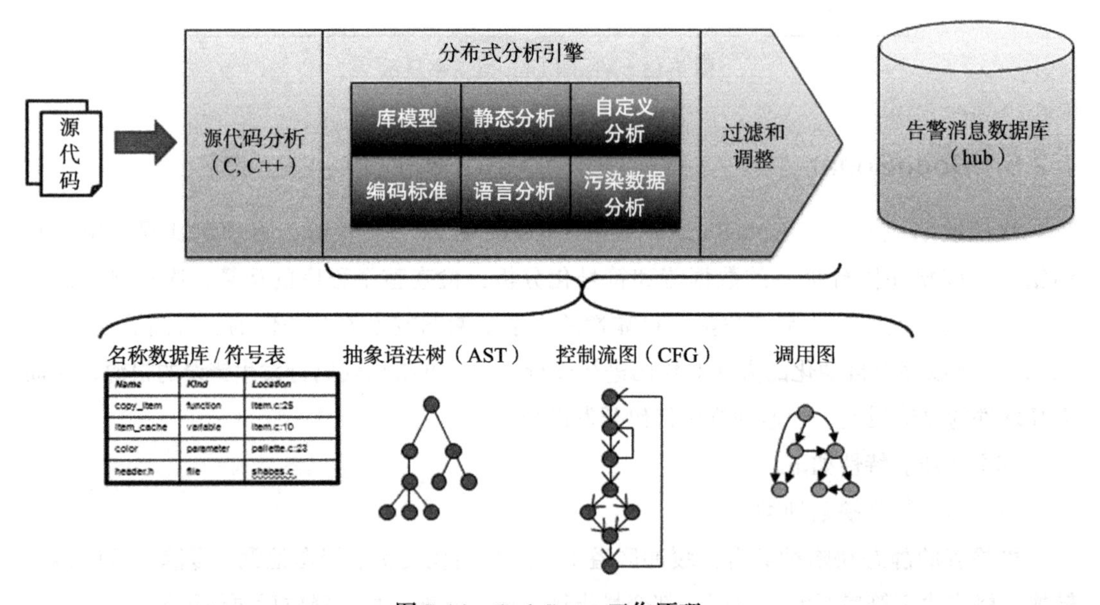


图 7-14　CodeSonar 工作原理

被测 C/C++ 源代码添加到代码缺陷与漏洞分析软件中，会经过库模型、静态分析、自定义分析、编码标准、语言分析、污染数据分析等分布式分析引擎，对数据进行过滤和调整，将分析结果上传到告警消息的数据库（即 hub）服务器上，之后客户端可以以 Web 方式访问 hub 服务器，直观地查看缺陷的分析结果。在此过程中，该软件应用了名称数据库 / 符号表、抽象语法树、控制流图、调用图等分析技术，查找软件的缺陷漏洞。

基本的操作步骤如下。

（1）启动 hub

启动 CodeSonar Configuration Tool（配置工具），如图 7-15 所示，输入 4，启动 hub。

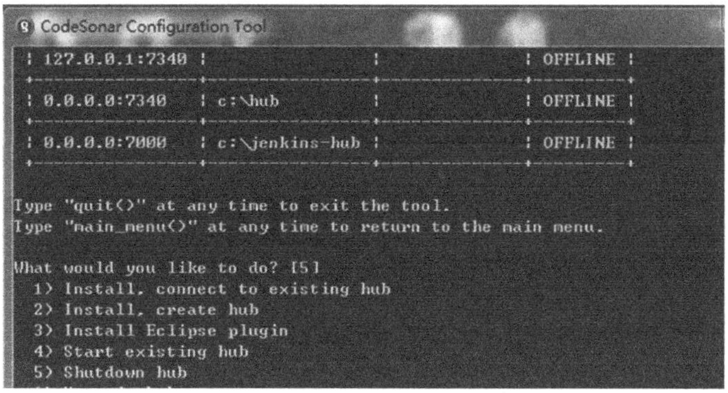

```
CodeSonar Configuration Tool
| 127.0.0.1:7340 |                |          | OFFLINE |
+----------------+----------------+----------+---------+
| 0.0.0.0:7340   | c:\hub         |          | OFFLINE |
+----------------+----------------+----------+---------+
| 0.0.0.0:7000   | c:\jenkins-hub |          | OFFLINE |
+----------------+----------------+----------+---------+

Type "quit()" at any time to exit the tool.
Type "main_menu()" at any time to return to the main menu.

What would you like to do? [5]
  1) Install, connect to existing hub
  2) Install, create hub
  3) Install Eclipse plugin
  4) Start existing hub
  5) Shutdown hub
```

图 7-15　启动 CodeSonar 配置工具

输入 1，选择本地创建的 hub。

输入 y，如图 7-16 所示，表明 hub 启动完成后，可以打开 Web 浏览器。

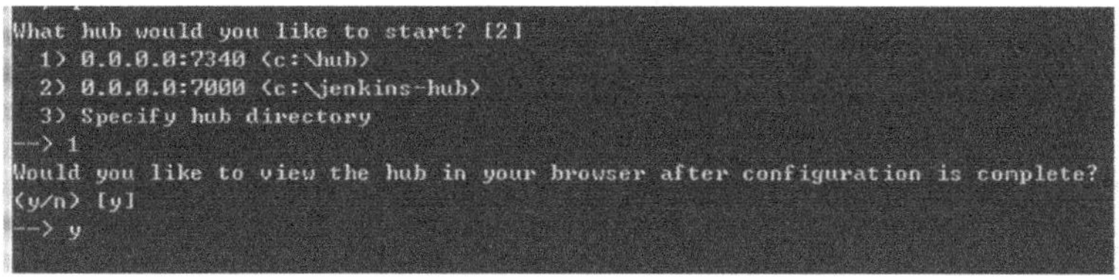

```
What hub would you like to start? [2]
  1) 0.0.0.0:7340 (c:\hub)
  2) 0.0.0.0:7000 (c:\jenkins-hub)
  3) Specify hub directory
--> 1
Would you like to view the hub in your browser after configuration is complete?
(y/n) [y]
--> y
```

图 7-16　启动 hub

图 7-17 所示为启动 hub 成功的提示信息。

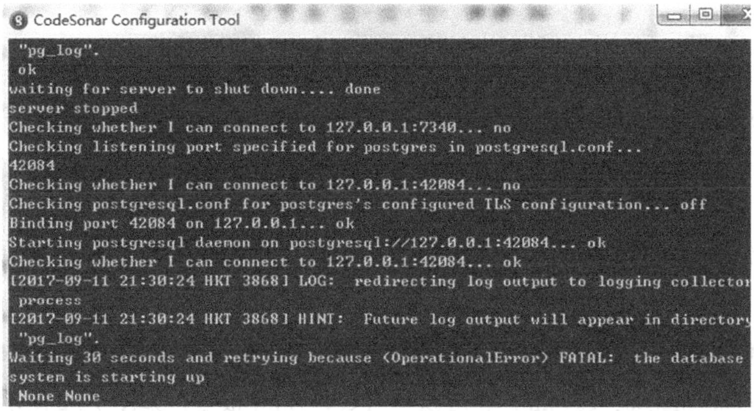

```
CodeSonar Configuration Tool
 "pg_log".
 ok
waiting for server to shut down.... done
server stopped
Checking whether I can connect to 127.0.0.1:7340... no
Checking listening port specified for postgres in postgresql.conf...
42084
Checking whether I can connect to 127.0.0.1:42084... no
Checking postgresql.conf for postgres's configured TLS configuration... off
Binding port 42084 on 127.0.0.1... ok
Starting postgresql daemon on postgresql://127.0.0.1:42084... ok
Checking whether I can connect to 127.0.0.1:42084... ok
[2017-09-11 21:30:24 HKT 3868] LOG:  redirecting log output to logging collector
 process
[2017-09-11 21:30:24 HKT 3868] HINT:  Future log output will appear in directory
 "pg_log".
Waiting 30 seconds and retrying because (OperationalError) FATAL:  the database
system is starting up
 None None
```

图 7-17　hub 启动成功

（2）分析步骤

使用 Windows Build Wizard 方式。

首先点击“开始”→“所有程序”→CodeSonar，打开 CodeSonar 的 Build Wizard 界面，如图 7-18 所示。

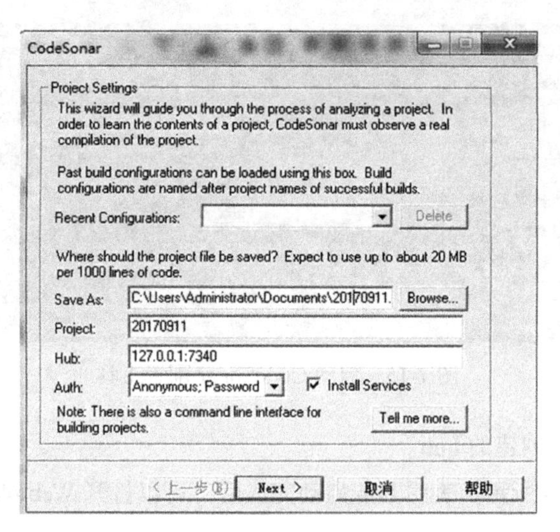


图 7-18　主界面

使用 Windows Build Wizard 方式中的“Configuration File”选项可保持默认。该配置文件中指定了很多参数，包括编译器集成、分析、速度、内存消耗等。可以点击 change 对该文件进行修改，但仅作用于该工程；这个配置文件实际上引用了 CodeSonar 的安装目录 \GrammaTech\CodeSonar\codesonar 下的 template.conf 文件，对该文件的修改具有永久性。

然后点击 Record。此时，开始对“被测工程”进行编译，CodeSonar 需要对其编译过程进行监控。

本例中，以分析 CCS 项目为例。打开 CCS3.3 的工程，构建（build）工程，CodeSonar 监控窗口会显示构建的分析过程，如图 7-19 所示。

点击某一工程，可显示检查出的问题列表，如图 7-20 所示。在问题列表页的右上角，点击 CSV 或 XML 可以导出 csv、xml 文件。

在问题列表中点击选定的问题将显示对应源码、问题描述。点击 Event 标号，可对问题进行追溯，如图 7-21 所示。

在问题列表页面，点击 Metrics，选择基于文件或者过程的图表或报告，可查看质量度量。点击“export metric：csv|xml”，可以导出 csv、xml 报告，如图 7-22 所示。

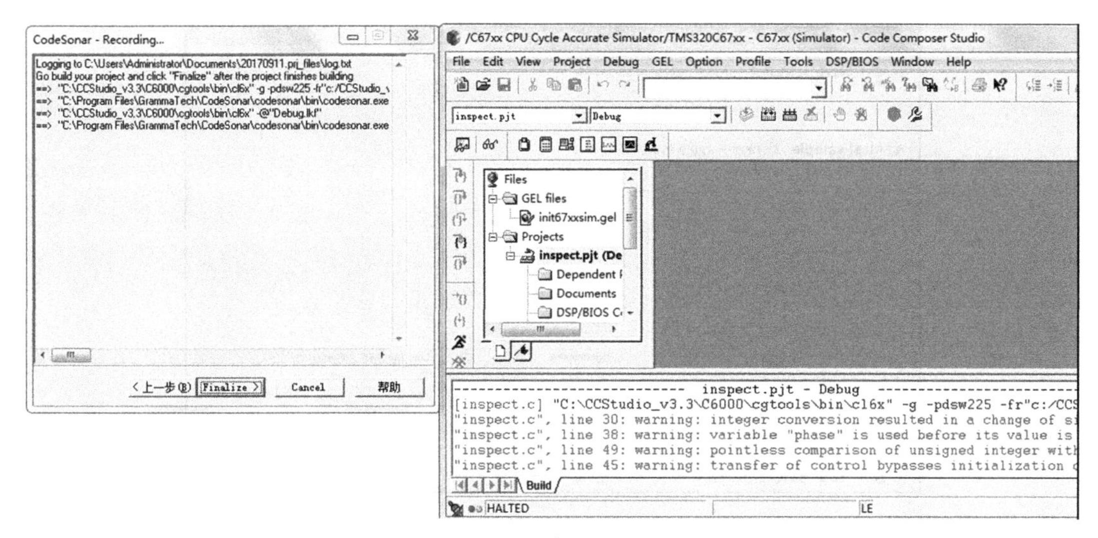


图 7-19　构建的分析过程

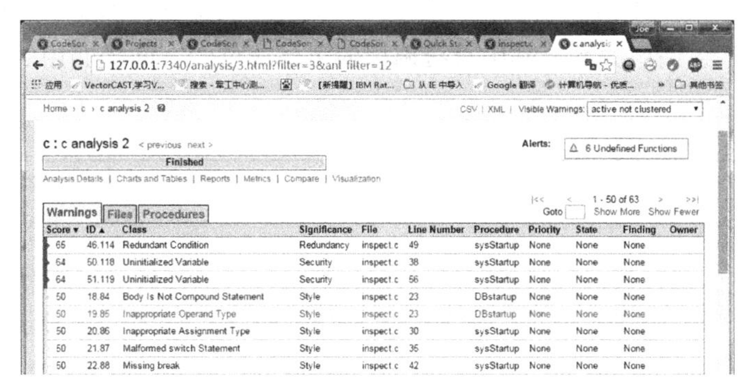


图 7-20　问题列表

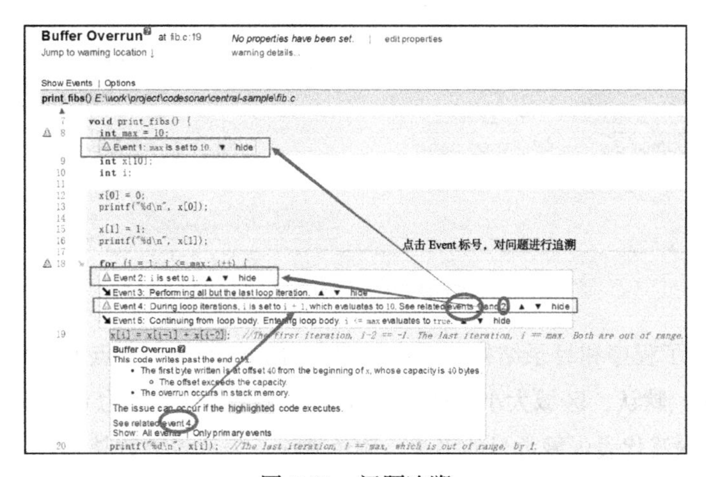


图 7-21　问题追溯

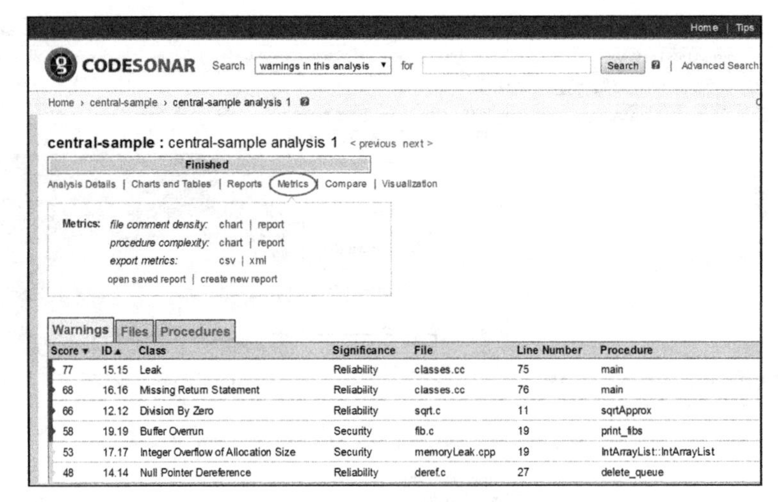


图 7-22 报告

下面是可视化的调用树和调用图。选中某一函数，可改变 Views（视图）为 Tree，从而显示该函数的下级调用关系。其中直接调用的边是灰色的，间接调用的边是蓝色的，如图 7-23 所示。

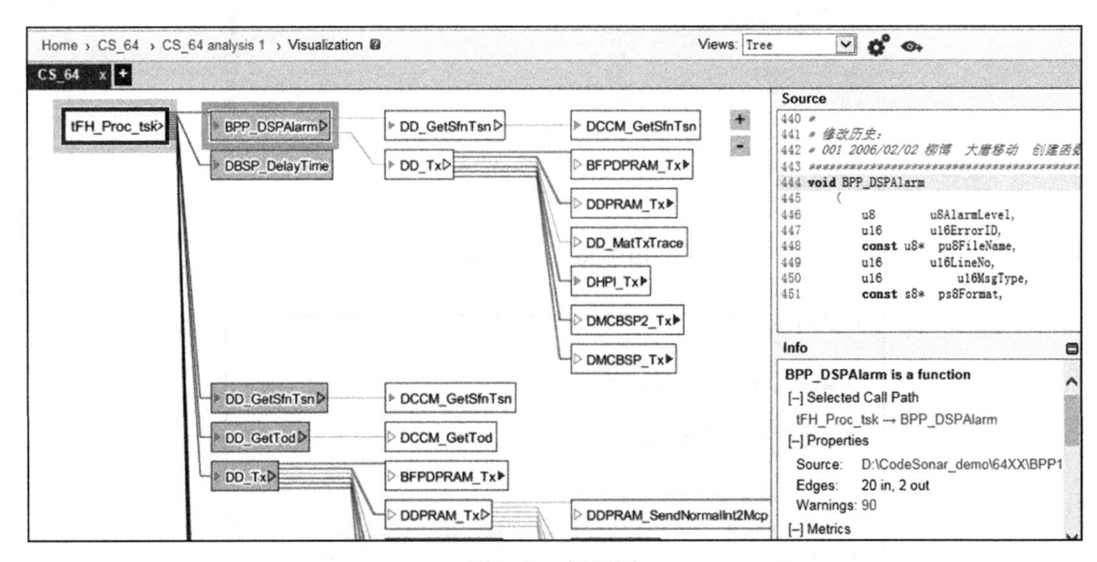


图 7-23 调用图

图 7-24 描述了程序和目录结构，与调用图中的信息类似。节点的大小（面积）反映了用户选择的度量：默认，区域大小与代码行成正比。代码行大小为 0 的节点将不显示。每个区域块颜色的深浅代表告警数目的多少。颜色越深，表示告警数越多。

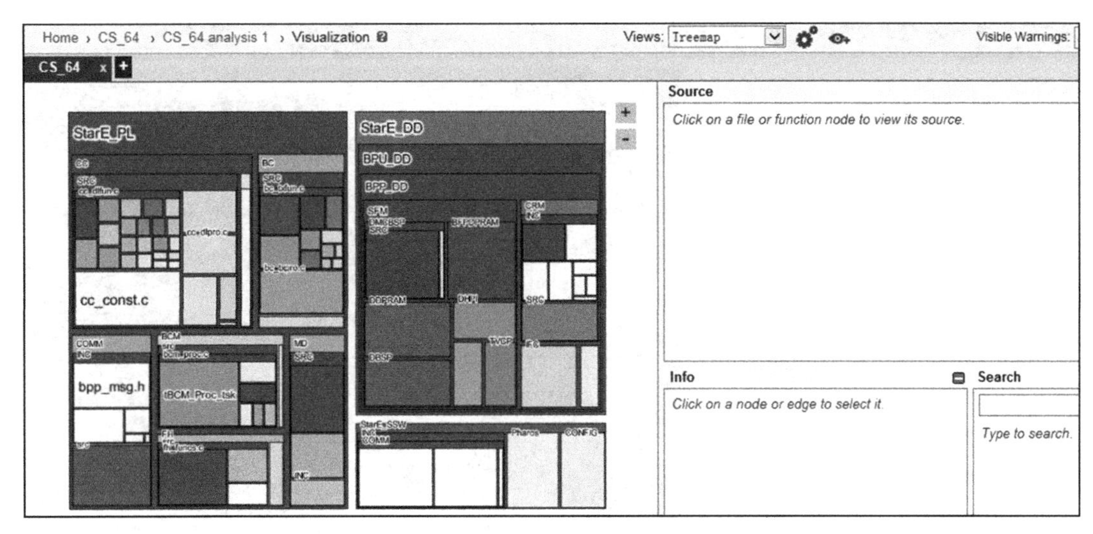


图 7-24　树视图

## 7.2.6　Pinpoint

Pinpoint 是源伞科技公司开发的运行于 Linux 平台下的软件缺陷检查工具，可以无缝接入软件开发人员和测试人员的现有工作流程中，全面自动分析和管理程序源代码中数百种常见的程序缺陷，并展示缺陷触发的原因。由于 Pinpoint 具备人工智能逻辑推理能力，Pinpoint 的检测准确度和缺陷发现能力均居于世界领先水平，目前已应用于百度、华为、TCL 等大型互联网企业、电子消费制造商、智能制造业和权威软件测试机构。

Pinpoint 运行于 GNU Linux 平台，并支持 C、C++、Java 等多种编程语言，且支持 Javac、Clang、GCC、G++、Oracle JVM、OpenJDK 等多种编译器，支持如 CMake、SCons、Bazel、Maven、Ant 等多种主流构建系统，覆盖常见的 OWASP、CWE/SANS 缺陷标准，并可提供中国电子行业标准 SJ/T 11682—2017、国家源代码漏洞测试标准 GB/T 34943—2017、GB/T 34944—2017 等合规检测，其运行界面如图 7-25 所示。

Pinpoint 由以下工具套件构成。

1）pp-capture 工具。pp-capture 为集成工具系统，其运行过程主要包括 Capture 和 Build 两个独立的阶段。Capture 阶段是指原有构建命令在其运行环境下的执行过程，pp-capture 工具会在该过程中以后台方式截获当前的编译、链接等命令。Build 阶段主要指 BitCode 文件的生成过程（重放原始的编译构建流程），还包括文件索引信息、统计信息生成、简单的静态代码分析等过程。

2）pp-check 工具。pp-check 工具为 Pinpoint 静态分析工具，可执行代码漏洞检查和本地运行分析中间码文件，并且生成 JSON 格式的报告，图 7-26 展示了 Pinpoint 的配置界面。

图 7-25　pinpoint-webUI 运行界面

图 7-26　Pinpoint 代码分析工具的配置设置

3）pp-report 工具，可提供本地缺陷报告展示服务。

4）pp-online 工具，可提供远程访问的缺陷报告服务。

5）pinpoint-webUI 工具。pinpoint-webUI 工具为 Pinpoint 系列工具的可视化版本，图 7-27 展示了 Pinpoint 缺陷分析结果及缺陷产生的原因分析。

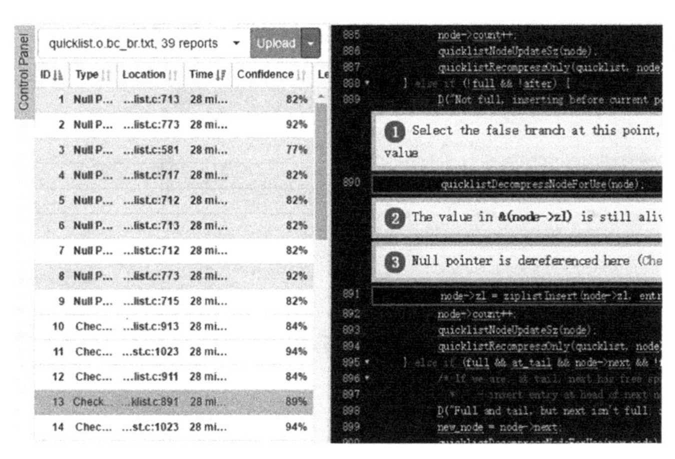


图 7-27　缺陷分析结果及原因分析

## 7.2.7　TBrun

TBrun 提供多种代码覆盖率度量指标：语句覆盖率、调用覆盖率、分支 / 判定覆盖率、MC/DC 覆盖率、LCSAJ 路径覆盖率、动态数据流覆盖率、目标码覆盖率。图 7-28 展示了 TBrun 的主界面。

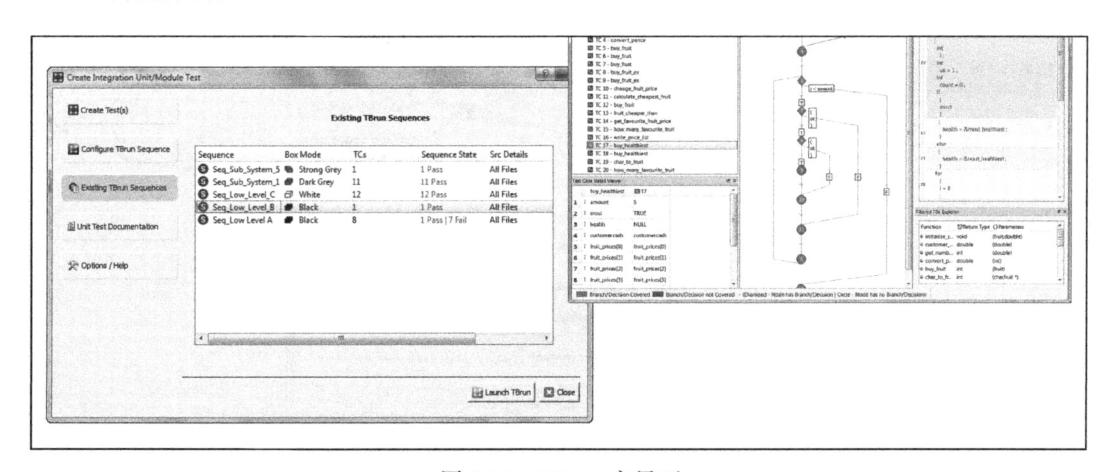


图 7-28　TBrun 主界面

TBrun 使用控制流与分析流技术可以全自动地生成测试驱动器，测试驱动器支持 C/C++、Ada 83/95、Java 等多种语言，可以在宿主机、目标机、模拟环境中执行。图 7-29 展示了其测试驱动生成界面示意图。

TBrun 可手工或自动生成桩程序，图 7-30 展示了其自动插桩功能界面，桩程序的目标可以是一个函数、过程、构造器、系统调用、程序包等。桩程序可以通过人机界面的方式进行参数与返回值的调整控制，可有效降低测试人员的工作强度。

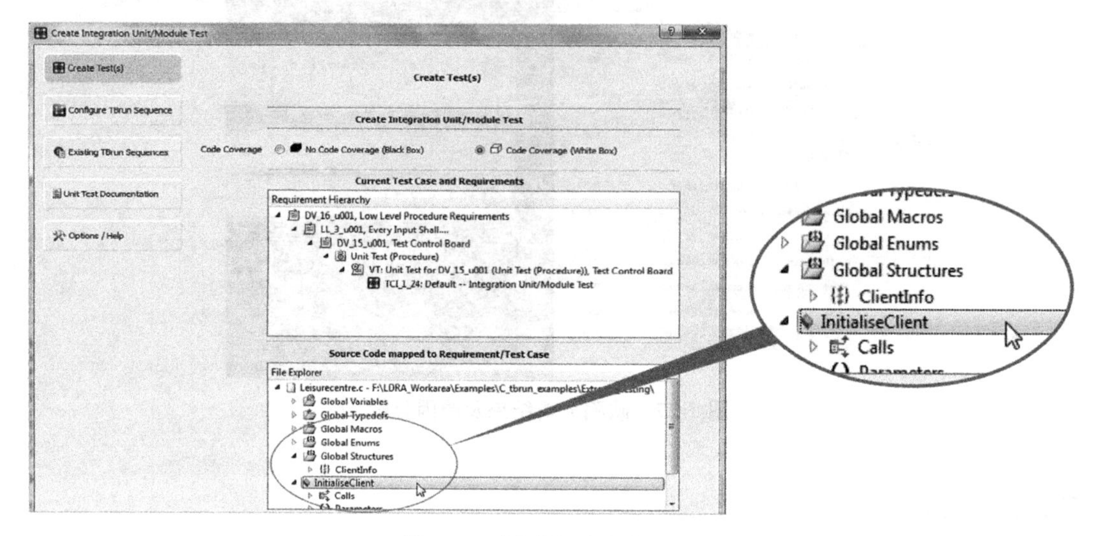


图 7-29　测试驱动生成界面

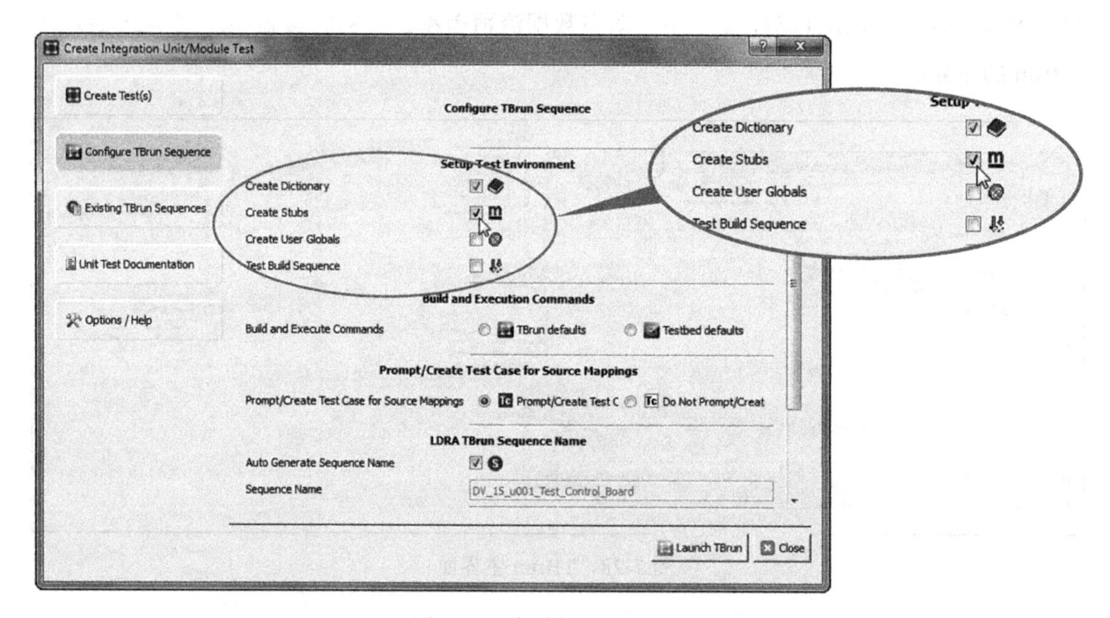


图 7-30　自动插桩功能界面

TBrun 支持多种 LDRA 支持的覆盖率分析，如过程覆盖、语句覆盖、分支覆盖、MC/DC 覆盖、LCSAJ 覆盖等，如图 7-31 所示。用户可以根据需求自主选择覆盖分析功能。

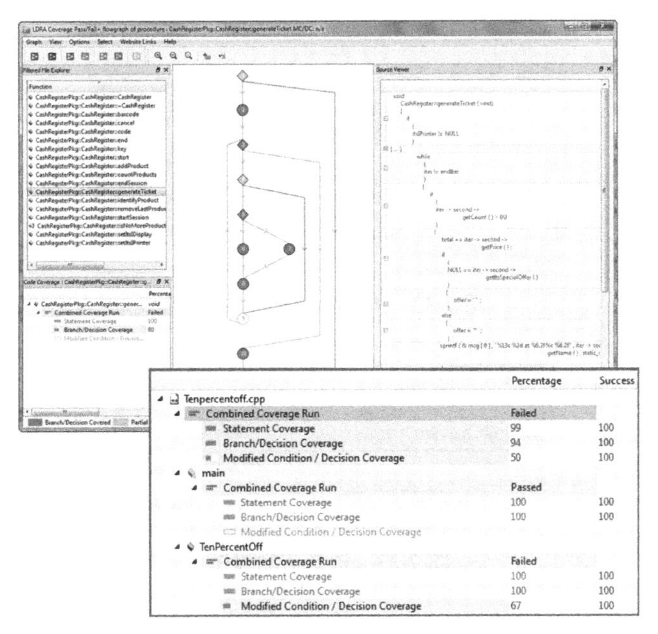


图 7-31　支持基于多种覆盖率的分析能力

## 7.2.8　PureCoverage

IBM Rational PureCoverage 是 Rational PurifyPlus 工具中的一种，Rational PurifyPlus 包括三种独立的工具：代码覆盖度测试工具 Rational PureCoverage、内存和资源检查工具 Rational Purify、性能瓶颈检查工具 Rational Quantify。

PureCoverage 是一个面向 VC、VB 或者 Java 开发的测试覆盖程度检测工具，可以收集所有应用程序构件的代码覆盖数据，以自动检测测试完整性和那些无法达到的部分。它支持 UNIX 平台的 C/C++ 和 Java，以及 Windows 平台上的 VC/C++、C#、VB.NET、VB，支持累积方式的代码覆盖数据收集。对于多个软件程序可能用到相同的共享代码库的情况，Rational PureCoverage 可以把多个软件程序的代码覆盖数据合并，从而得到共享代码库的覆盖率情况、丰富的代码覆盖信息报告。从代码文件、函数到代码行，Rational PureCoverage 可以生成多层次的、内容丰富的报告。报告包含的数据可定制，比如用户可以过滤掉系统调用的代码覆盖信息。它支持命令行方式运行，便于代码覆盖分析过程的全自动化。

PureCoverage 的主界面如图 7-32 所示。

在对话框 Run Program 中（如图 7-33 所示）选择被测程序，同时可以设置被测程序的命令行参数与工作环境。

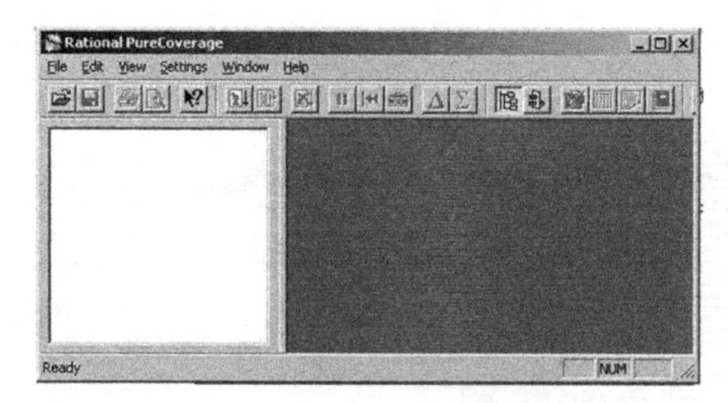


图 7-32　PureCoverage 主界面

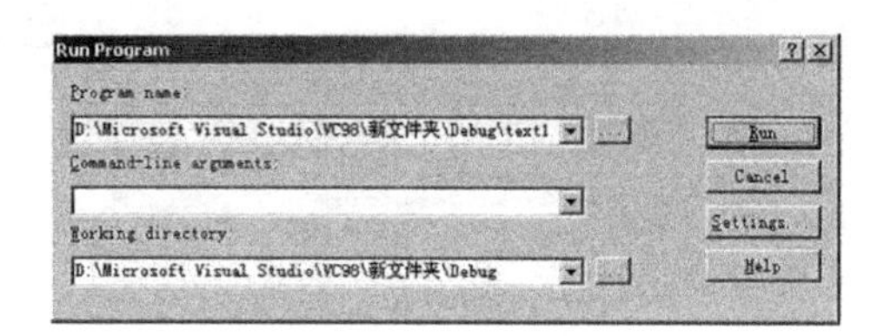


图 7-33　选择被测程序

被测程序运行完后，PureCoverage 中会出现运行后的结果数据，如图 7-34 所示。通过此窗口可以看到在运行一个测试用例时该被测程序的函数覆盖和代码覆盖情况。

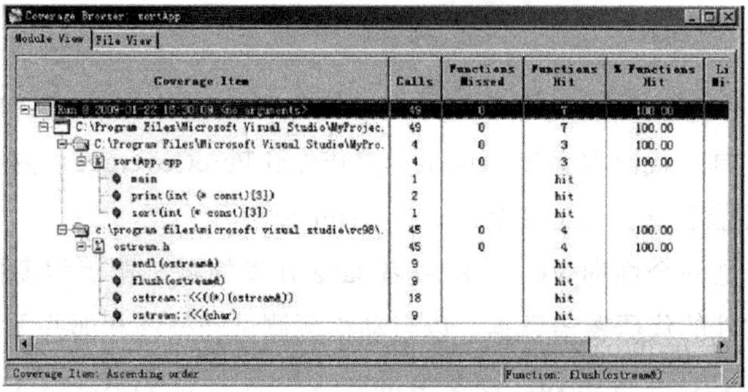

Coverage Browser: sortApp

Module View | File View

| Coverage Item | Calls | Functions Missed | Functions Hit | % Functions Hit |
|---|---|---|---|---|
| Run @ 2009-01-22 16:30:09 <no arguments> | 49 | 0 | 7 | 100.00 |
| C:\Program Files\Microsoft Visual Studio\MyProjec. | 49 | 0 | 7 | 100.00 |
| C:\Program Files\Microsoft Visual Studio\MyPro. | 4 | 0 | 3 | 100.00 |
| sortApp.cpp | 4 | 0 | 3 | 100.00 |
| main | 1 | | hit | |
| print(int (* const)[3]) | 2 | | hit | |
| sort(int (* const)[3]) | 1 | | hit | |
| c:\program files\microsoft visual studio\vc98\. | 45 | 0 | 4 | 100.00 |
| ostream.h | 45 | 0 | 4 | 100.00 |
| endl(ostream&) | 9 | | hit | |
| flush(ostream&) | 9 | | hit | |
| ostream::<<((*)(ostream&)) | 18 | | hit | |
| ostream::<<(char) | 9 | | hit | |

Coverage Item: Ascending order　　Function: flush(ostream&)

图 7-34　覆盖率数据

还可以通过 Run Summary 运行统计窗口获取程序覆盖率统计等关键信息，如图 7-35 所示。

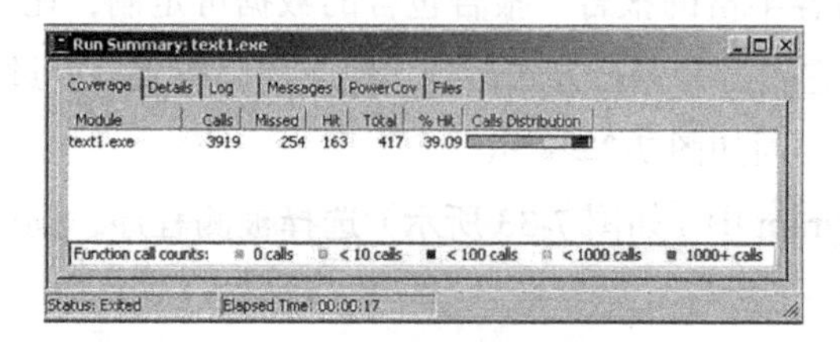


图 7-35　覆盖率统计信息

针对 Coverage Browser 窗口中的任何一个文件或函数，选择 view 的 Function List，即可看到相应的程序代码覆盖结果。其中灰色为未覆盖代码，如图 7-36 所示。

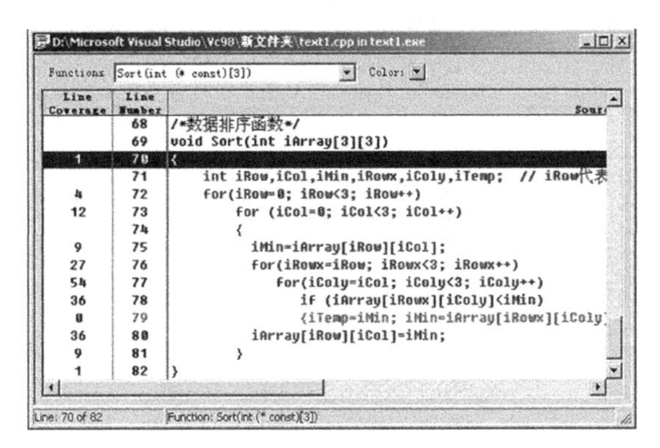


图 7-36　针对代码的覆盖信息

## 7.2.9　CodeTEST

CodeTEST 是 Applied Microsystems 公司针对嵌入式系统专门开发的测试工具，它可以实现与被测系统的硬件连接，通过硬件连接来实现内存分析（存储器分配分析能够监控存储器在实际运行中的状态）、性能分析（可同时监控 32 000 个函数与 1000 个任务）、覆盖率分析（动态覆盖率分析）与代码跟踪（工具设有 40 万人跟踪缓冲空间，可跟踪 150 万行代码）。CodeTEST 以宿主机连接被测硬件的方式工作，通过数据采集单元直接从硬件中采集内存与 CPU 等被测资源使用信息，通过数据处理单元处理采集数据，并将数据返回到主机，在宿主机内进行分析，得出结果。CodeTEST 还可以通过网络远程检测被测系统的运行状态，可以满足不同类型的测试环境。

需要说明的是，CodeTEST 不仅能够满足覆盖率分析，其针对嵌入式软件系统开发的不同阶段的测试开发了一个产品系列：CodeTEST Native（TM），在主机上完成软件开发后的测试；CodeTEST Software-In-Circuit（TM），将软件植入目标系统，通过以太网连接进行软件测试；CodeTEST Hardware-In-Circuit（TM），系统测试，如系统性能、产品质量等，需要软硬件配合测试。

CodeTEST 的主要功能如下。

1）性能分析：CodeTEST 能同时对 128 000 个函数和 1000 个任务进行性能分析，可以精确得出每个函数或任务执行的最大时间、最小时间和平均时间，精确度可达 50ns；能够精确地显示各个函数或任务之间的调用情况，帮助你发现系统瓶颈、优化系统和提升系统性能。图 7-37 展示了 CodeTEST 的性能分析界面。

Performance Data [0] - (HWIC [nath1])

File View Help

| Function Name | # of Calls | Minimum(us) | Maximum(us) | Average(us) | Cumulative(... | % Total Time |
|---|---|---|---|---|---|---|
| addReq | 36,636 | 28.4 | 376.1 | 73.7 | 2,700,659.4 | 45.03% |
| socketSelect | 44 | 518.8 | 97,830.8 | 42,318.7 | 1,862,024.3 | 31.05% |
| socketPtr | 2,401 | 239.3 | 435.1 | 253.1 | 607,734.5 | 10.13% |
| randMsg | 36,627 | 4.0 | 208.6 | 5.5 | 200,972.8 | 3.35% |
| iround | 36,636 | 2.4 | 164.3 | 2.7 | 100,626.0 | 1.68% |
| socketRead | 1,935 | 32.8 | 135.4 | 38.0 | 73,557.5 | 1.23% |
| bubble_sort | 54 | 1.8 | 2,445.5 | 801.8 | 43,295.1 | 0.72% |
| socketGets | 52 | 38.5 | 2,971.0 | 792.7 | 41,221.1 | 0.69% |
| websSetVar | 127 | 245.7 | 500.6 | 295.7 | 37,549.9 | 0.63% |
| queueCount | 36,631 | 0.9 | 45.4 | 0.9 | 34,631.8 | 0.58% |
| position | 78 | 261.7 | 492.1 | 311.6 | 24,306.6 | 0.41% |
| shell_sort | 54 | 1.9 | 1,020.1 | 417.9 | 22,563.9 | 0.38% |
| socketDoOutput | 48 | 245.4 | 1,323.1 | 412.5 | 19,798.1 | 0.33% |
| Rquick | 1,294 | 1.7 | 18.2 | 14.7 | 19,028.3 | 0.32% |
| websWriteBlock | 33 | 470.0 | 654.5 | 509.4 | 16,809.8 | 0.28% |
| position_flush | 46 | 263.0 | 358.4 | 289.1 | 13,300.1 | 0.22% |
| websParseRequest | 6 | 1,921.2 | 2,272.8 | 2,074.2 | 12,445.2 | 0.21% |

155 of 155 rows | Hide Unknown Function | Exclusive (Time Measurement)

图 7-37 CodeTEST 性能分析界面

2）测试覆盖率分析：CodeTEST 提供程序总体概况、函数级代码以及源级覆盖趋势等多种模式来观测软件的覆盖情况。由于 CodeTEST 是一种完全的交互式工具，因此测试者可以在对系统进行操作的同时追踪覆盖情况，并可以在实时系统环境下进行 SC、DC 和 MC/DC 级别的代码覆盖率测试，帮助测试工程师掌握当前的代码测试覆盖情况，指导测试用例的编写，并加速测试进程和产品风险评估过程。图 7-38 展示了 CodeTEST 的测试覆盖率分析界面。

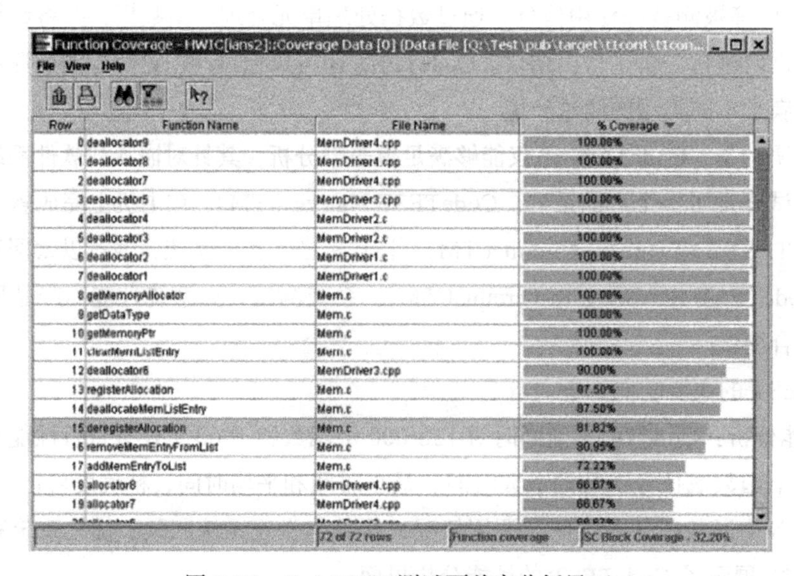

Function Coverage - HWIC[lans2]::Coverage Data [0] (Data File [Q:\Test\pub\target\t1cont\t1con...

File View Help

| Row | Function Name | File Name | % Coverage |
|---|---|---|---|
| 0 | deallocator9 | MemDriver4.cpp | 100.00% |
| 1 | deallocator8 | MemDriver4.cpp | 100.00% |
| 2 | deallocator7 | MemDriver4.cpp | 100.00% |
| 3 | deallocator5 | MemDriver3.cpp | 100.00% |
| 4 | deallocator4 | MemDriver2.c | 100.00% |
| 5 | deallocator3 | MemDriver2.c | 100.00% |
| 6 | deallocator2 | MemDriver1.c | 100.00% |
| 7 | deallocator1 | MemDriver1.c | 100.00% |
| 8 | getMemoryAllocator | Mem.c | 100.00% |
| 9 | getDataType | Mem.c | 100.00% |
| 10 | getMemoryPtr | Mem.c | 100.00% |
| 11 | clearMemListEntry | Mem.c | 100.00% |
| 12 | deallocator6 | MemDriver3.cpp | 90.00% |
| 13 | registerAllocation | Mem.c | 87.50% |
| 14 | deallocateMemListEntry | Mem.c | 87.50% |
| 15 | deregisterAllocation | Mem.c | 81.82% |
| 16 | removeMemEntryFromList | Mem.c | 80.95% |
| 17 | addMemEntryToList | Mem.c | 72.22% |
| 18 | allocator8 | MemDriver4.cpp | 66.67% |
| 19 | allocator7 | MemDriver4.cpp | 66.67% |

72 of 72 rows | Function coverage | SC Block Coverage - 32.20%

图 7-38 CodeTEST 测试覆盖率分析界面

3）动态内存分配分析：在 CodeTEST 诞生之前，动态的存储器分配情况是难以追踪和观测的。CodeTEST 的分析能够显示有多少字节的存储器被分配给了程序中的哪一个函数。这样就不难发现哪些函数占用了较多的存储空间，哪些函数没有释放相应的存储空间。测试者甚至还可以观察到存储器的分配会随着程序运行动态地增加和减少，即 CodeTEST 可以统计出所有的内存分配情况。随着程序的运行，CodeTEST 能够指出 20 多种内存分配的错误。例如，CodeTEST 可以捕捉“释放空指针”（freeing a null pointer）等常见的程序错误，报告发生错误的函数和代码行帮助你尽早发现动态内存泄漏，而无须等到系统崩溃。图 7-39 展示了 CodeTEST 的动态内存分析界面。

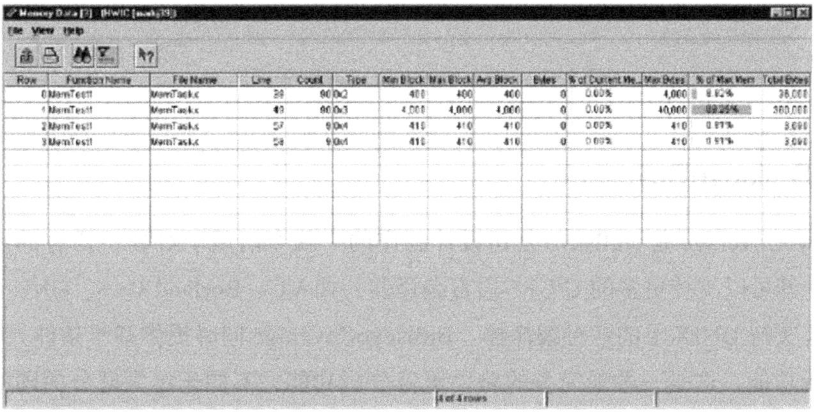

图 7-39 CodeTEST 动态内存分析界面

4）执行追踪分析（TRACE）：CodeTEST 可以按源程序、控制流以及高级模式来追踪嵌入式软件。CodeTEST 提供 400K 的追踪缓冲空间，最大追踪深度可达 150 万条源级程序，其中高级追踪模式显示的是 RTOS 的事件和函数的进入 / 退出，给测试者一个程序流程的大框图；控制流追踪增加了可执行函数中每一条分支语句的显示；源级追踪则又增加了对被执行的全部语句的显示。在以上三种模式下均会显示详细的内存分配情况，包括在哪个代码文件的哪一行，哪一个函数调用了内存的分配或释放了内存、被分配的内存的大小和指针、被释放的内存的指针、出现的内存错误。图 7-40 展示了 CodeTEST 的执行追踪分析界面。

我们可以设置软硬件触发器来追踪自己感兴趣的事件，可以显示程序运行的实际情况，帮助你查找程序中 bug 的位置。

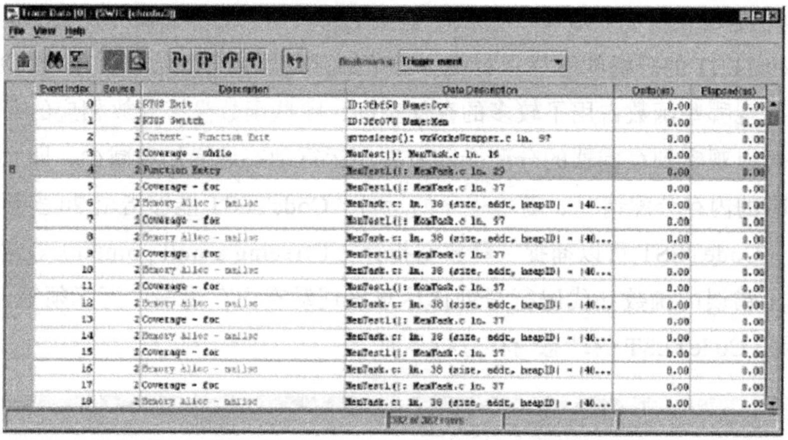

图 7-40　CodeTEST 执行追踪分析界面

## 7.2.10　BullseyeCoverage

BullseyeCoverage 是 Bullseye 公司设计制作的一款专门用于 C/C++ 语言的代码覆盖率测试工具，其可以支持更多的 C/C++ 语言编译器，如 VC、Borland C++、GNU C++、Intel C++ 等，还支持 UNIX 下的各种编译器。BullseyeCoverage 同时提供基于条件 / 判断的分支覆盖率分析功能，这是一种最完备的路径覆盖分析功能，不同于绝大部分的同类工具只能提供代码覆盖分析。图 7-41 展示了 BullseyeCoverage 的分析结果示例。

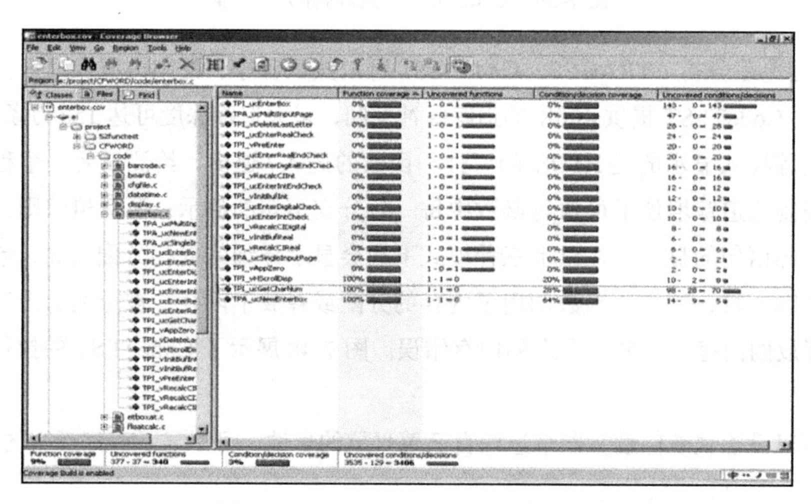

图 7-41　BullseyeCoverage 分析结果

BullseyeCoverage 能够在自己的核心目录下存放针对不同编译器设计的多个拦截器，在目标编译器工作时，拦截器会中途干预编译过程。对用户来说，这个过程是透明的，最后生成的代码已经由 BullseyeCoverage 完成打桩工作。BullseyeCoverage 同时提供一个开关，用户可以根据需求选择是否进行打桩操作。BullseyeCoverage 的另一个特点是其对工作方式进行了优化，可以实现直接通过内存读取或物理通道读取，优化了文件读写过程，进一步降低对系统资源的需求，这个功能在分析大量复杂代码造成系统资源占用巨大时尤其重要。

### 7.2.11　RTT-MBT

RTT-MBT 是基于模型测试的工具，在 UML/SysML 模型上自动生成测试用例、测试数据和测试过程，而且产生一个有关需求、测试用例、测试过程以及测试结果的数据追踪的矩阵。SysML 是一种系统建模语言，为链接需求到行为和结构模型元素提供（图形和文本）语法。测试用例可以通过评估模型元素和需求之间的联系确定。由模型表示的行为可以通过逻辑公式内部编码，测试用例内部由一个逻辑式表示。通过识别需求（或相关的测试用例的子集）产生测试过程。通过识别所涵盖的模型部分产生测试步骤。

RTT-MBT 的主要功能性能如下。

- 自动化：直接从测试模型自动生成测试数据。
- 功能强大：测试用例依据大量的覆盖准则，如分支或 MC/DC 覆盖、基本控制状态成对覆盖、等价类测试策略而自动生成，无须人工干预。
- 集成性：RTT-MBT 可以从 Enterprise Architect、SCADE 和 PTC Integrity Modeler 导入测试模型。
- 追踪性：RTT-MBT 从测试模型到生成的测试用例自动跟踪需求。
- 协作性：与测试管理系统（TMS）集成，RTT-MBT 适合单用户项目及分布式测试团队。
- 易操作：RTT-MBT 与 RT-Tester 测试系统的图形用户界面无缝集成，可用于 Windows 和 Linux 系统。

RTT-MBT 的工作流程如图 7-42 所示。

**1. 定义测试模型**

从描述被测系统行为的 UML/SysML 模型开始，RTT-MBT 推导系统的期望行为以及系统对测试输入的响应。这些测试模型能在各种 UML/SysML 工具中指定，以 XMI 格式导出到 RTT-MBT 中。图 7-43 展示了一个已经定义好的模型示例。

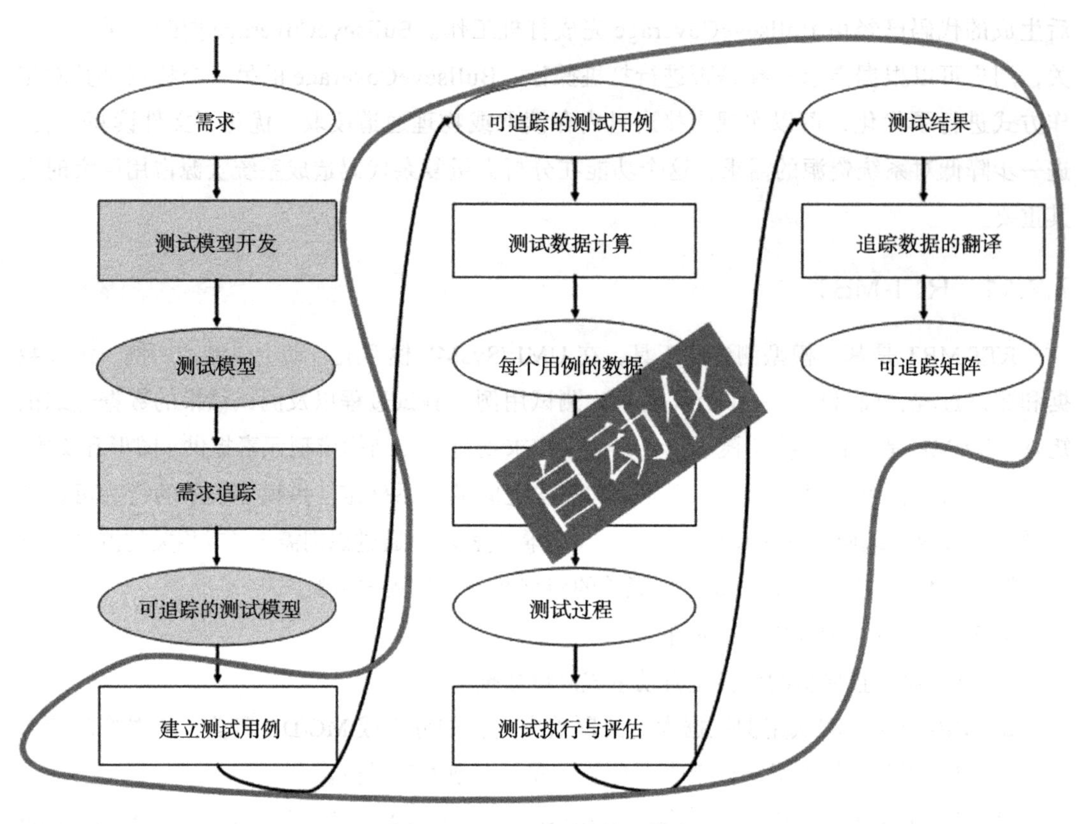


图 7-42　RTT-MBT 的工作流

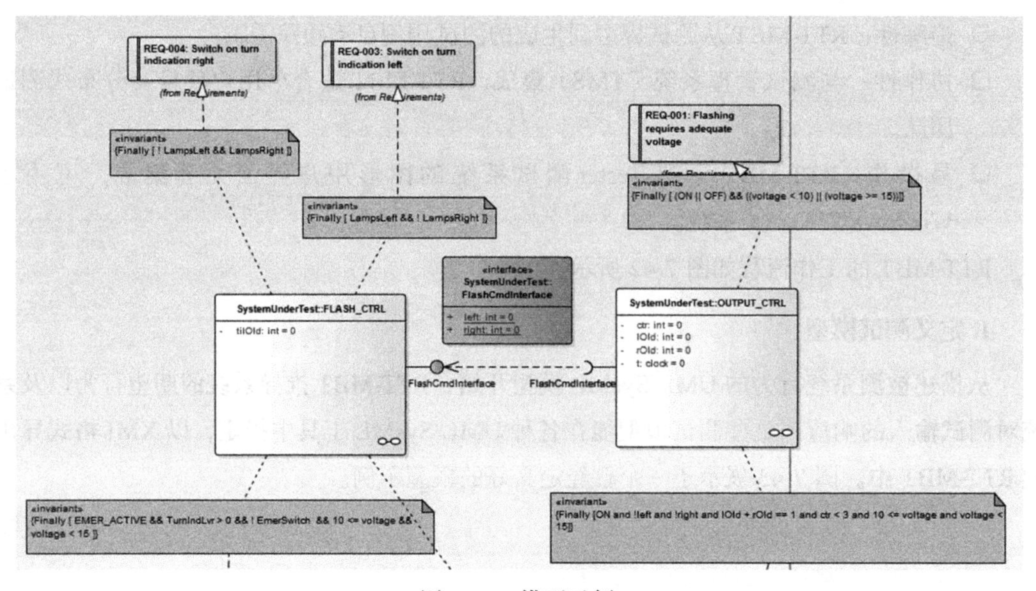


图 7-43　模型示例

### 2. 测试用例和测试数据自动生成

根据被测系统的安全关键级别，RTT-MBT 提供多种测试用例策略，自动生成测试用例，并且测试数据也是自动生成的。测试数据包含输入和相关的时间信息，发送给被测系统，把被测系统驱动到这个测试用例能被检查的状态。检查的动作也是由自动产生的测试预言完成的，测试预言验证被观测系统的行为与预期行为是否一致，预期行为是从最初的测试模型推导出来的。RTT-MBT 支持如下的测试用例生成策略。

- 基本控制状态覆盖：访问每一个状态机的每一个状态。
- 转变覆盖：执行每一个状态机的每一个转变。
- 高级转变覆盖：类似于转变覆盖，但是高级别的转变从每个可能的低级别状态下执行。
- MC/ DC 覆盖：类的每个测试用例都有一个目标来涵盖从简单或复合状态发出的一个转换。
- 基本控制状态组合覆盖：每一个可能的状态组合，测试成对交互状态机。
- 等价类测试策略：大数据类型的输入被自动分割成等价类。
- 测试过程自动生成。

个体的测试用例生成后，需要用它们实现测试目标。RTT-MBT 自动产生测试过程，把多个用例合并到一个过程中。测试工程师选择使用哪些测试用例，以此主导测试过程的生成，RTT-MBT 负责跟踪必须被激励和观测的输入和输出，覆盖选定的测试用例。

RTT-MBT 自动产生的测试过程能够立即运行在被测系统上。在测试执行期间，被测系统的输入得到激励，驱动内部状态以满足测试用例的先决条件（pre-condition）。自动验证被测系统的输出是否和测试模型产生的期望行为一致。

系统自带的回放功能采用 RT-Tester 测试过程自动生成的测试日志，运行测试环境提供的输入和被测系统相对于测试模型的输出。它标识出一个给定的测试追踪所覆盖和测试的所有用例，验证测试过程的结果，保证 RT-Tester 自动生成的测试过程真正地匹配了被测系统建模的行为。图 7-44、图 7-45 展示了测试用例生成和测试执行的界面。

### 3. 集成的需求追踪

测试模型不仅要指定期望的系统行为，而且要说明系统需求如何被模型的特定部分所满足。RTT-MBT 支持在测试模型的状态和转换上直接添加需求说明，如图 7-46 所示。如果特定的状态或转换不能直接表述需求，RTT-MBT 也允许使用状态、转换或内部状态变量的更加复杂的表达式。

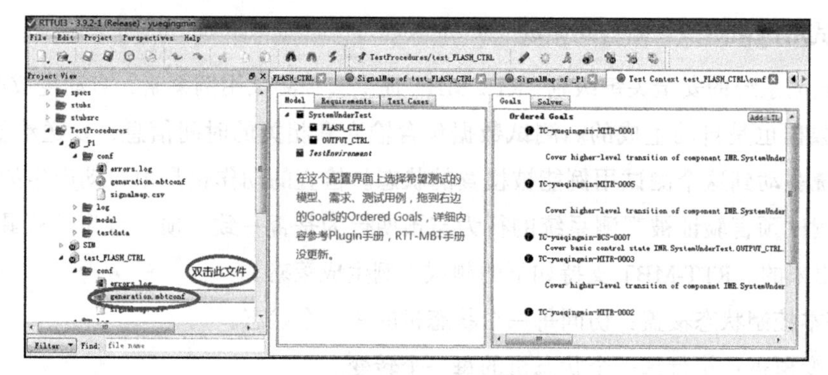


图 7-44　测试用例生成

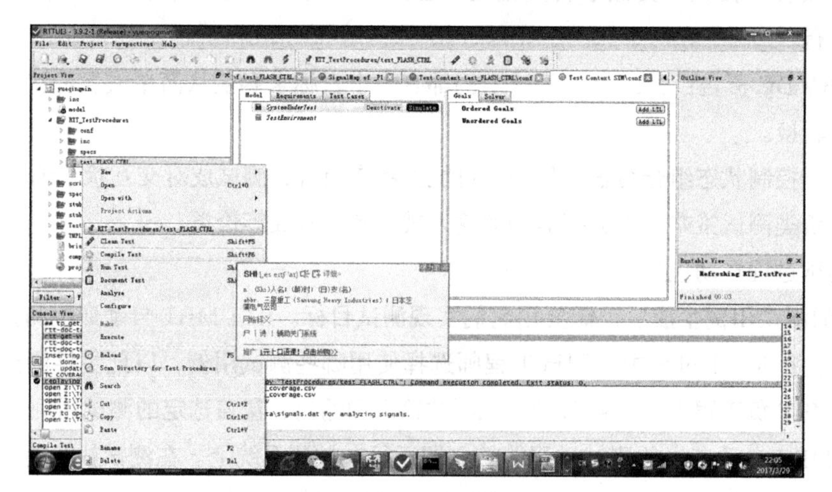

图 7-45　测试执行

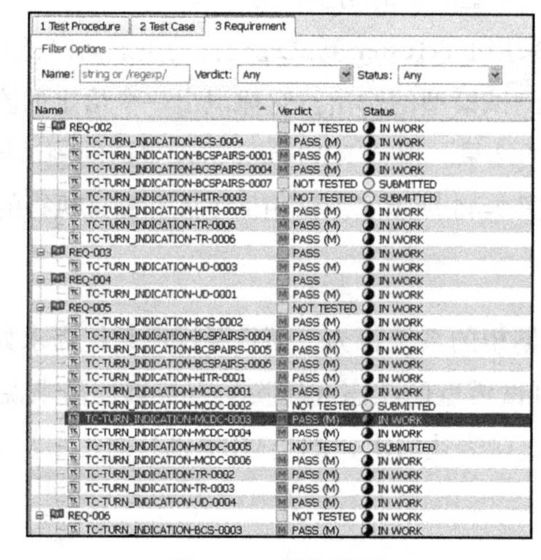

1 Test Procedure　2 Test Case　3 Requirement

Filter Options

Name: string or /regexp/　Verdict: Any　Status: Any

| Name | Verdict | Status |
| --- | --- | --- |
| REQ-002 | NOT TESTED | IN WORK |
| TC-TURN_INDICATION-BCS-0004 | PASS (M) | IN WORK |
| TC-TURN_INDICATION-BCSPAIRS-0001 | PASS (M) | IN WORK |
| TC-TURN_INDICATION-BCSPAIRS-0004 | PASS (M) | IN WORK |
| TC-TURN_INDICATION-BCSPAIRS-0007 | NOT TESTED | SUBMITTED |
| TC-TURN_INDICATION-HITR-0003 | NOT TESTED | SUBMITTED |
| TC-TURN_INDICATION-HITR-0005 | PASS (M) | IN WORK |
| TC-TURN_INDICATION-TR-0006 | PASS (M) | IN WORK |
| TC-TURN_INDICATION-TR-0006 | PASS (M) | IN WORK |
| REQ-003 | PASS | IN WORK |
| TC-TURN_INDICATION-UD-0003 | PASS (M) | IN WORK |
| REQ-004 | PASS | IN WORK |
| TC-TURN_INDICATION-UD-0001 | PASS (M) | IN WORK |
| REQ-005 | NOT TESTED | IN WORK |
| TC-TURN_INDICATION-BCS-0002 | PASS (M) | IN WORK |
| TC-TURN_INDICATION-BCSPAIRS-0004 | PASS (M) | IN WORK |
| TC-TURN_INDICATION-BCSPAIRS-0005 | PASS (M) | IN WORK |
| TC-TURN_INDICATION-BCSPAIRS-0006 | PASS (M) | IN WORK |
| TC-TURN_INDICATION-HITR-0001 | PASS (M) | IN WORK |
| TC-TURN_INDICATION-MCDC-0001 | PASS (M) | IN WORK |
| TC-TURN_INDICATION-MCDC-0002 | NOT TESTED | SUBMITTED |
| TC-TURN_INDICATION-MCDC-0003 | PASS (M) | IN WORK |
| TC-TURN_INDICATION-MCDC-0004 | PASS (M) | IN WORK |
| TC-TURN_INDICATION-MCDC-0005 | NOT TESTED | SUBMITTED |
| TC-TURN_INDICATION-MCDC-0006 | PASS (M) | IN WORK |
| TC-TURN_INDICATION-TR-0002 | PASS (M) | IN WORK |
| TC-TURN_INDICATION-TR-0003 | PASS (M) | IN WORK |
| TC-TURN_INDICATION-UD-0004 | PASS (M) | IN WORK |
| REQ-006 | NOT TESTED | IN WORK |
| TC-TURN_INDICATION-BCS-0003 | PASS (M) | IN WORK |

图 7-46　添加需求

这样的信息一旦内嵌到测试模型，RTT-MBT 就能利用它产生专门用于覆盖需求而设计的测试用例。RT-Tester 中集成的需求追踪功能用于详细地追踪哪个需求在哪个测试过程得到测试，以及需求的整体测试水平如何。每个需求可以分解为多个测试用例，如果所有用例都已成功测试，那么可以认为需求也得到了成功的测试。图 7-47 展示了软件的需求覆盖结果界面。

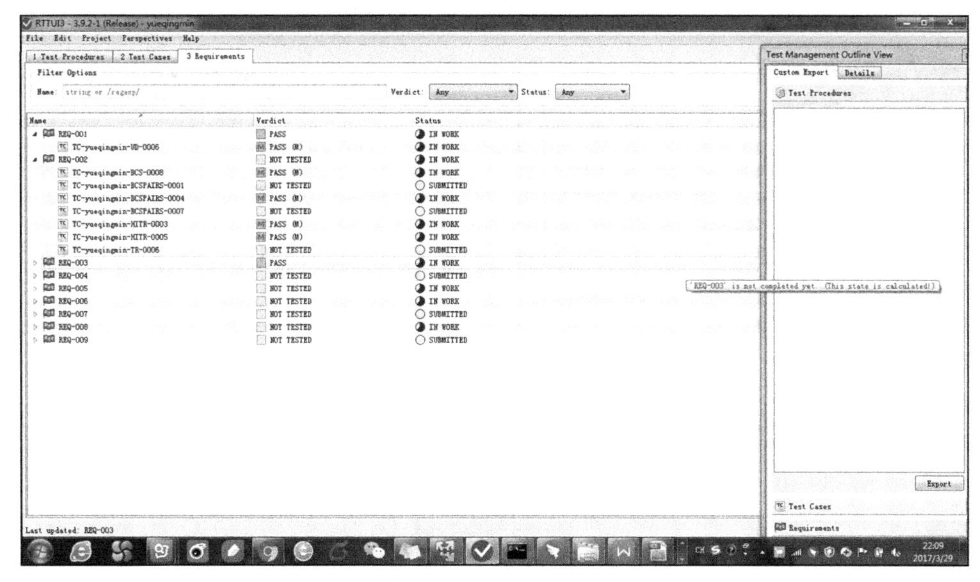

图 7-47 需求覆盖结果

## 7.2.12 Testbed

LDRA 公司的 Testbed 具有强大的代码审查与静态分析功能，支持 Ada C、C++、Cobal、Coral 66、Fortran、Pascal 等多种编程语言，可以进行编程标准检查、软件度量分析、质量标准验证、静态数据流分析与信息流分析。

Testbed 在代码审查方面支持多种审查标准，包括 MISRA-C:1998、MISRA-C:2004、MISRA-C:2012、MISRA-C++:2008、HIS（Herstellerinitiative Software）、GJB-5369、CERT C 保密性编程标准、JSF++ AV C++ 等（如图 7-48、图 7-49 所示）。

在静态分析方面提供对软件质量的度量，可以快速以可视化的方式了解系统的复杂性。该特征是衡量软件的清晰性、可维护性和可测试性的元素；提供详细的着色函数调用关系图和程序控制流程图；自动生成报告，提供软件质量文档；LDRA 软件测试套件的质量评审能够实现代码的全面可视化（如图 7-50 所示）、系统级的质量度量以及代码的结构化化简，帮助用户提高整个代码的质量。

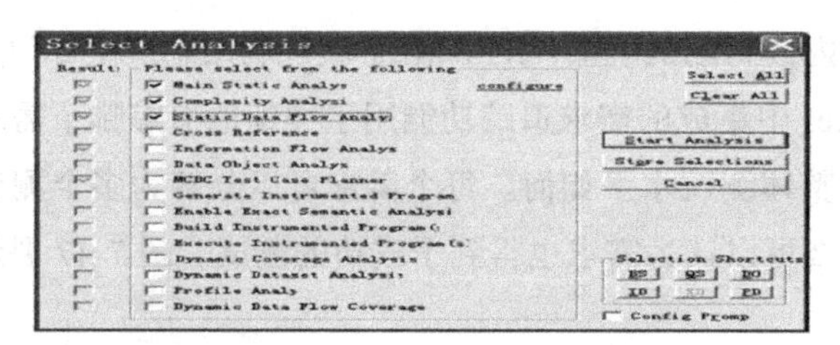


图 7-48　静态分析范围的选择

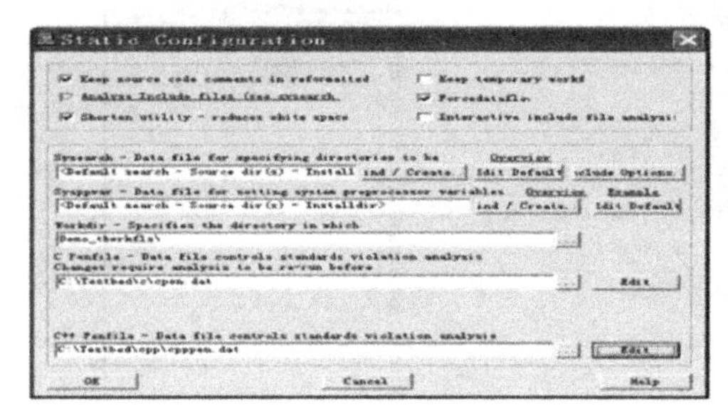


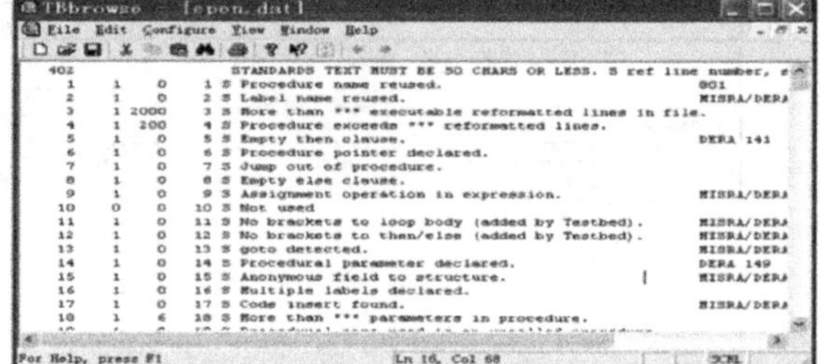


图 7-49　静态分析规则的制定

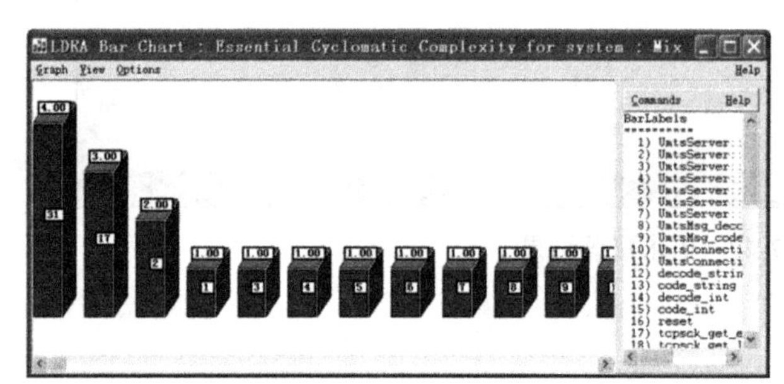


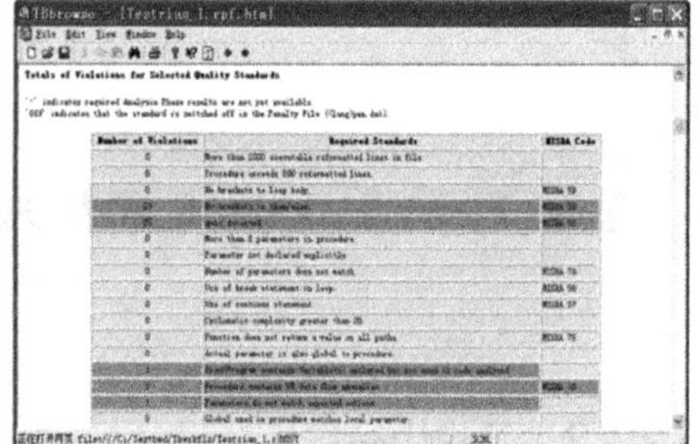

图 7-50　可视化的分析结果显示

## 7.2.13　McCabe IQ

McCabe IQ 是 McCabe & Associates 公司提供的软件质量管理解决方案，为用户提供软件质量度量、软件结构分析、动态结构化测试的全面支持，McCabe IQ 的框架基于底层优秀的 EDG 源代码分析器，提供准确的软件复杂度和软件结构分析，基于工业标准或者自定义标准衡量软件的质量。McCabe 支持的语言包括 Ada、ASM86、C、C#、C++、COBOL、FORTRAN、Java、JSP、Perl、PL1、VB、VB.NET 等。

McCabe 工具套件主要包括如下内容。

1）McCabe EQ 为软件系统计算 McCabe 复杂度，并为它们提供一个易理解的可视化环境，这样可以评估整个软件的质量，了解需要改进质量的区域。图形化的显示使 EQ 人员和软件开发人员有了交流的基础，图 7-51 展示了该软件的图形化界面。

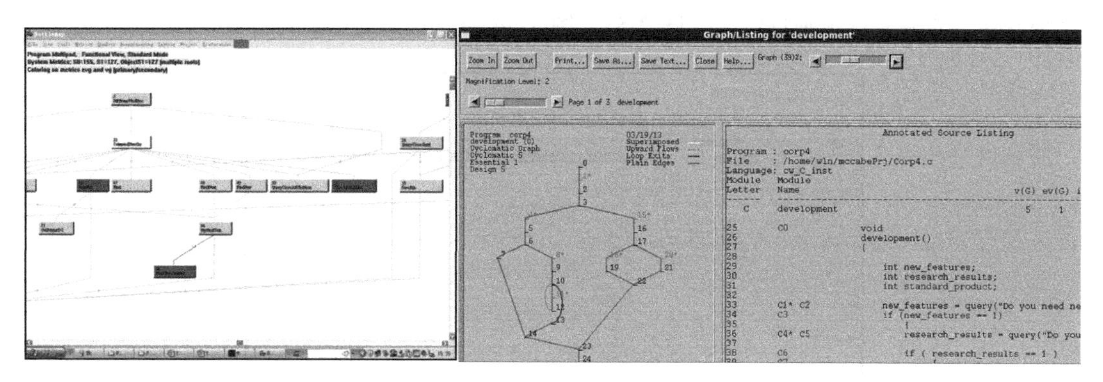

图 7-51　McCabe EQ

2）McCabe TEST 主要进行软件动态测试的覆盖率分析，基于图形化界面可以迅速展示软件的模块结构图，以及基本的度量（圈复杂度），并且提示用户进行测试的代码执行路径。通过插装代码的方式，执行代码得到测试的覆盖率结果，如图 7-52 所示。

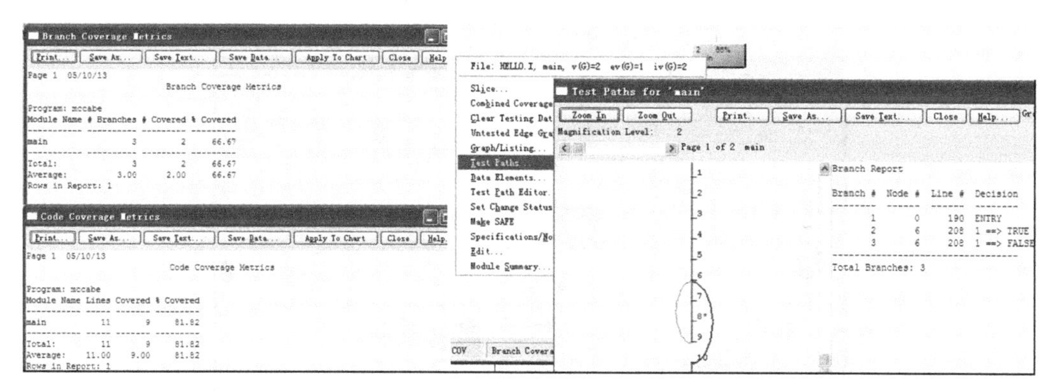

图 7-52　McCabe TEST

3）McCabe Reengineer 主要帮助工程师对早期软件进行再工程，包括软件变更分析、相似性分析、数据流分析和运行结果切片分析等。McCabe Reengineer 由以下插件组成：McCabe Data、McCabe Slice、McCabe Change、McCabe Compare。

## 7.2.14　Klocwork

Klocwork 软件是 Klocwork 公司基于专利技术分析引擎开发的，综合应用了近年来最先进的静态分析技术。与其他同类产品相比，Klocwork 产品具有很多突出的特征。Klocwork 支持的语言种类多，能够分析 C、C++ 和 Java 代码，能够发现的软件缺陷种类全面，既包括软件质量缺陷，又包括安全漏洞方面的缺陷，还可以分析对软件架构、编程规则的违反情况，能够分析软件的各种度量，支持 SVN、Git 等代码管理工具，能够分析各种大型软件，支持检查规则自定义。图 7-53、图 7-54 为该软件的图形化界面。

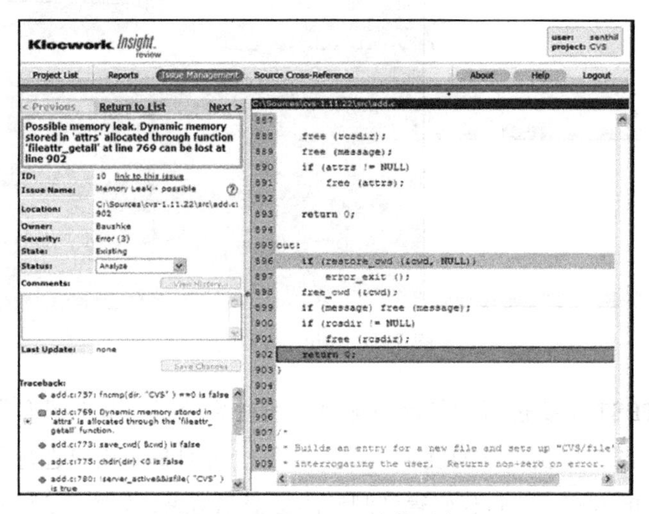


图 7-53　Klocwork 的代码审查

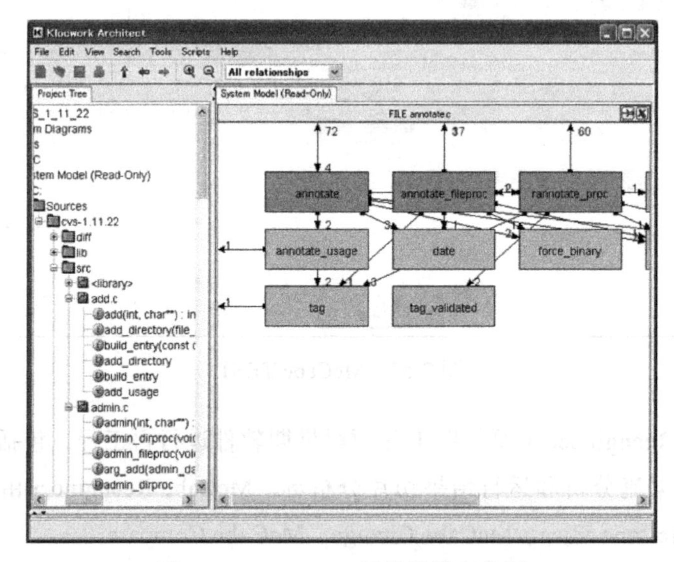


图 7-54　Klocwork 的代码静态分析

Klocwork 特别针对 C/C++ 语言提供了非法指针检测、内存泄漏检测、数组越界检测与缓冲区溢出检测等功能，能够与多种主流的嵌入开发环境集成。其工作方式采用服务器 / 客户端的形式，有利于大型项目的展开和多个项目的同时管理。图 7-55 展示了该软件的图形化分析报告结果。

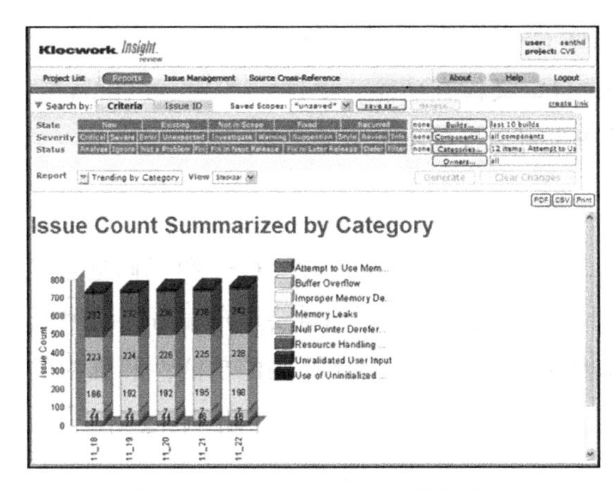


图 7-55　Klocwork 的分析报告

## 7.2.15　其他常用代码审查与静态分析工具

**1. Logiscope**

Logiscope 是法国 Telelogic 公司推出的专用于软件质量保证和软件测试的产品。其主要功能是对软件做质量分析和测试以保证软件的质量。与很多工具一样，Logiscope 可以对代码分别进行静态度量、编程风格检测和测试覆盖率分析。在代码审查方面，Logiscope 预定义了数十条编程风格检测规则，包括结构化编程规则、面向对象编程规则、命名规则、控制流规则等。这些规则可以根据实际需要进行选择，也可以按照自己的实际需求更改和添加规则。在静态分析方面，Logiscope 以 ISO9126 为评介基础，支持 Halstead、McCabe 等度量方法，能够以图形方式显示静态分析结果，能够显示部件之间的关系、具体部件的逻辑结构并生成质量评价图表。

**2. CodeSonar**

CodeSonar 软件缺陷检测工具可分析 C/C++、Java、C# 代码，自动识别程序中潜在的错误。该软件执行统一的数据流和符号化分析，检查整个程序的运算，通过更为深入的分析方法，识别导致系统故障、可靠性差、系统漏洞或不安全条件的严重漏洞或错误。CodeSonar 以完全自动化的方式对代码进行逐行检查，并指出代码行错误发生的根源，从而提高软件的总体质量，加速和推进代码开发进程。其主要功能包括：可检查缓冲区溢出、未初始化变量、资源泄漏、零除、危险函数转换等静态缺陷；可检查数据竞争、死锁、双重加锁 / 解锁、并发锁次序、嵌套互锁、缺少锁获取 / 释放等并发性错误；分析数百万行代码；可视化的软件架构；支持多种编程标准，包括 MISRA-C 2004、MISRA-C 2012、

MISRA-C++ 2008、CERT C/ C++语言安全编码标准、MITRE's CWE、BSI Rules、JPL Rules、Power of 10等；自定义检查功能，提供C /C++、Python等API接口，易于创建新的检查，很多内置的检查也可以根据本地需求进行配置。

**3. C++ Test**

C++ Test是Parasoft公司出品的一款针对C/C++源代码进行自动化单元测试的工具。它能自动测试C/C++类、函数或部件，而不需要用户编写测试用例、测试驱动程序或桩调用。C++ Test能够自动测试代码构造、测试代码的功能性和维护代码的完整性。C++ Test是一款易于使用的产品，能够适应任何开发生命周期。通过将C++ Test集成到开发过程中，用户能够有效地防止软件错误，提高代码的稳定性，并可进行自动化单元测试。

**4. Jtest**

Jtest是Parasoft公司推出的一款针对Java语言的自动化代码优化和测试工具，它通过自动化实现对Java应用程序的单元测试和编码规范校验，从而提高代码的可靠性以及Java软件开发团队的开发效率。Jtest的静态代码分析功能能够按照其内置的超过800条的Java编码规范自动检查并纠正这些隐蔽且难以修复的编码错误。同时，它还支持用户自定义编码规则，帮助用户预防一些特殊用法的错误。Jtest能自动建立测试环境，自动生成测试用例以及测试驱动程序和桩函数，自动执行白盒、黑盒和回归测试。Jtest能够自动建立测试驱动程序和桩函数，当被测方法需要调用还不存在或无法访问的函数时，Jtest则调用桩函数并返回桩函数提供的值。这种方式保证了Jtest能够运行任何代码分支，从而使单元测试能够在一个不依赖被测单元外部因素的基础上完全自动化地进行。Jtest能够根据代码中定义的方法入口参数，自动生成大量黑盒测试用例，可在极大程度上节约黑盒测试成本。Jtest在首次测试一个或一组类时自动保存所有的测试输入和设置，当需要执行回归测试时，只需选择测试项目即可重复执行原有的白盒测试和黑盒测试。

## 7.2.16 其他常用覆盖率分析工具

**1. EMMA**

EMMA是一个免费且开源的Java代码覆盖率测试工具，100%纯Java编写，不依赖于任何第三方库。和其他代码覆盖率测试工具不同，EMMA支持大型项目的团队开发。EMMA通过对Class文件进行增强以测试覆盖率，它提供了Offline和Fly两种模式，在Fly模式下，EMMA不改动编译后的Class文件，仅仅在Class文件被ClassLoader装载时才进行增强。EMMA支持对类、方法、代码行和基本的分支语句的覆盖率测试，并提供了多种格式的报告，包括纯文本、HTML 和 XML，所有的报告都可进行详细设置以获得定制报告。

**2. Coverage**

Coverage 是一种用于统计 Python 代码覆盖率的工具，我们可以通过它检测测试代码的有效性，即测试用例对被测代码的覆盖率如何。Coverage 支持分支覆盖率统计，可以生成 HTML/XML 报告，其中 XML 报告可以集成到 Jenkins 和 Sonar。Coverage 支持 2 种运行方式，一种是命令行方式，另一种是在代码中调用 Coverage 的 API，可以灵活地控制哪些代码需要测试。

**3. JSCoverage**

JSCoverage 是一个用于度量 Javascript 程序的代码覆盖率的工具，能显示哪些行被执行过，哪些行尚未执行，这些信息对于测试覆盖率的分析和测试质量的衡量都很有用。JSCoverage 通过度量 Web 页面使用的 JavaScript 代码，收集被 Web 浏览器执行的 JavaScript 代码信息来实现测试覆盖率统计的功能。JSCoverage 支持 IE6、IE7、Firefox2、Firefox3、Opera、Safari 等浏览器，支持 Windows 平台和 Linux 平台。JSCoverage 是开源软件。

**4. Rcov**

Rcov 是一个用于诊断 Ruby 代码覆盖率的工具，它最主要用于确定单元测试是否覆盖到所有代码。Rcov 使用一个经过优化的 C 运行时，性能相当惊人，它还提供多种格式的输出。

还有很多测试工具，如 Testbed、KlocWork、C++Test 等也可以应用于嵌入式测试，这里不再赘述。

## 7.3　集成化的嵌入式软件测试工具

### 7.3.1　VectorCAST/RSP

VectorCAST/RSP 是由多套嵌入式自动化工具组成、能够将单元结合后进行集成测试的动态测试方案，用于验证安全关键嵌入式系统必要的模块。图 7-56 为该软件的主要界面。其提供完整的单元测试和集成测试使用的测试套件构建，能够自动构建桩函数及驱动代码，支持图形界面或脚本方式运行测试，提供针对嵌入式系统的优化代码覆盖率分析，可整合

The MathWorks、Simulink 等其他工具，支持目标环境和模拟器环境的测试执行，提供代码复杂度分析，高亮显示高风险的代码，可依照代码中的判断路径来自动生成测试用例，提供测试执行回放功能，以便于调试。VectorCAST/RSP 支持 C、C++、Ada 83、Ada 95、Ada 2005、Ada 2012 等多种嵌入式语言。

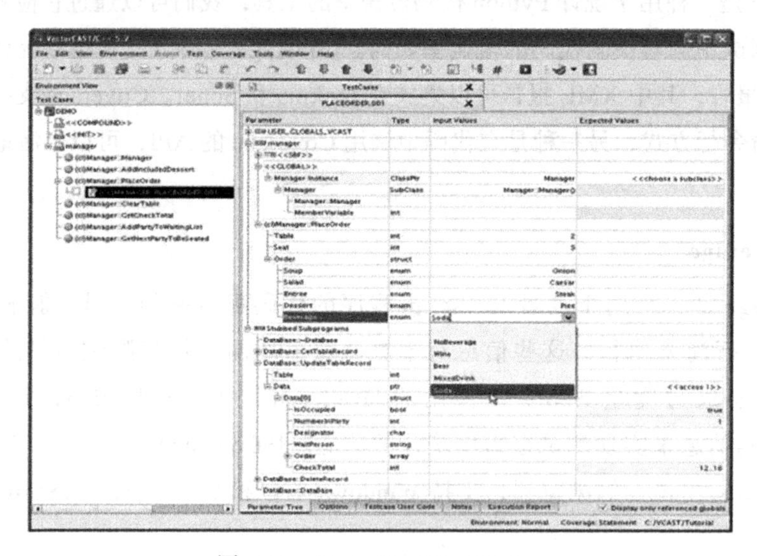

图 7-56 VectorCAST/RSP/C++

VectorCAST/RSP/Manage 提供以仪表板方式显示原先建立好的 VectorCAST/RSP/C++、VectorCAST/RSP/Ada 单元测试和集成测试环境进行回归测试的结果，并且显示和 VectorCAST/RSP/Cover 环境累加的代码覆盖率，如图 7-57 所示。这有助于企业做到有效的持续集成。

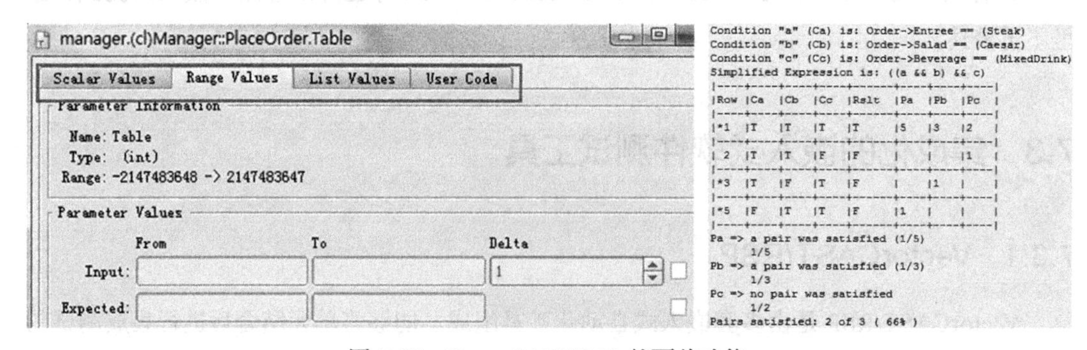


图 7-57 VectorCAST/RSP 的覆盖功能

VectorCAST/RSP/Lint 模块（如图 7-58 所示）与 VectorCAST/RSP 的嵌入式软件动态测试模块完美结合，首先，VectorCAST/RSP/Lint 模块会帮助你在早期发现整个 C 或 C++ 程序的 BUG、矛盾以及冗余；其次，单元测试、集成测试、系统测试和回归测试等通过测试用例来进行动态测试，更关注代码在实际的嵌入式平台上功能的正确性。

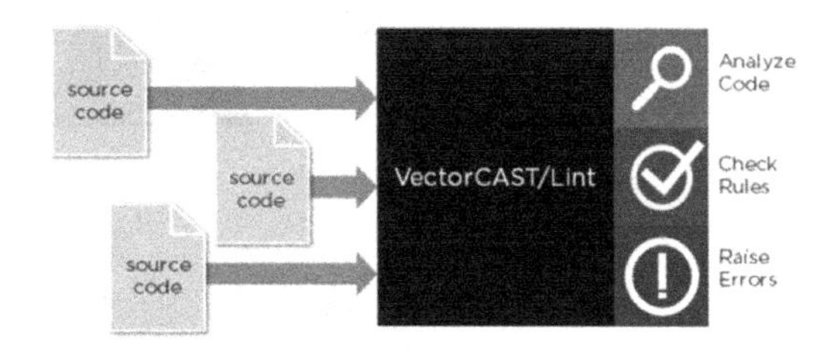


图 7-58　VectorCAST/RSP/Lint 的输入 / 输出

VectorCAST/RSP/QA 为嵌入式开发质量管理工具，通过软件开发及测试团队可以执行一致的、可重复的过程来管理测试活动并报告主要的质量度量指标，支持协同测试、并行测试、代码变量影响分析、质量趋势分析等功能。

VectorCAST/RSP/Analytics 能提供用户自定义的数据连接器，可从 VectorCAST/RSP 或第三方工具中获取重要的度量指标，如静态分析错误、代码复杂度、代码覆盖率、测试完整性等。VectorCAST/RSP/Analytics 可以将这些基本的度量指标与测算指标结合起来，以确定代码中的热点。

## 7.3.2　嵌入式系统测试平台 ETest

嵌入式系统测试平台 ETest 是由凯云联创（北京）科技有限公司自主开发的一款自动化测试平台工具软件，主要用于支持嵌入式环境外围测试环境的搭建，实现黑盒动态测试。

ETest 能够通过简单的配置搭建起各种嵌入式系统运行的外围环境，通过各种外围接口，对嵌入式系统进行数据信号的输入激励，从而驱动嵌入式系统的运行；并且从接口接收嵌入式系统的反馈信号，对反馈信号进行记录和判断，从而达到黑盒动态测试的目的。

ETest 可以实现自动化测试，用编写测试脚本的方式完成整个测试过程；测试执行完毕后，自动记录所有的测试数据；并且自动判读测试结果数据，形成测试报告。

ETest 可以将测试人员从繁重的简单重复的劳动中解放出来。测试脚本可以重复执行，并且可以精确完成回归测试。可以实时监视 / 控制待测系统多个外围接口，实现多接口间的时序 / 逻辑控制，验证待测系统的功能 / 性能等指标。ETest 可以降低嵌入式系统软件测试的难度，提高软件测试的完备性和自动化程度，提高嵌入式系统装备软件的研发与生产质量。

ETest 的硬件组成包含三种架构：USB、PCI 和 PXI 架构。下面分别对它们进行介绍。

### 1. ETest_USB

ETest_USB 采用商用便携计算机作为测试主机，采用 USB 接口总线板卡作为测试接口扩展设备，可简单地使用 USB 接口设备使便携计算机与待测系统相连（如图 7-59 所示），也可用多台便携计算机通过网络组成分布式测试环境（如图 7-60 所示）。

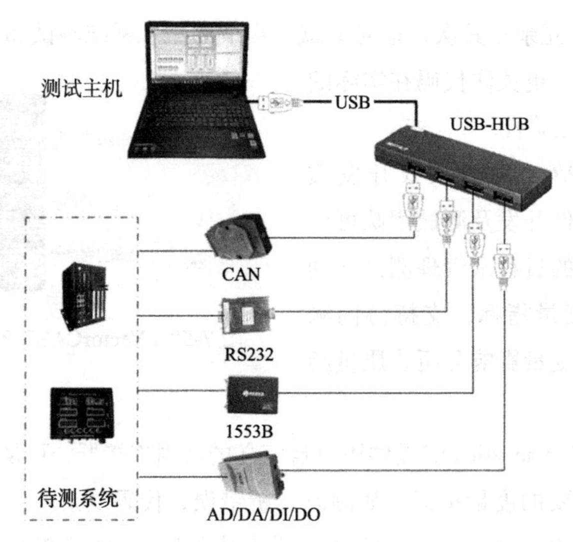


图 7-59 ETest_USB 便携式架构

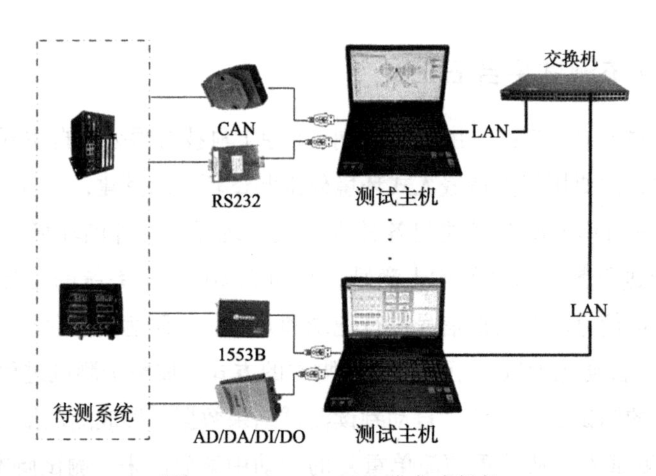


图 7-60 ETest_USB 分布式架构

**2. ETest_CPS**

ETest_CPS 由软件（ETest）和硬件两部分组成（如图 7-61 所示），其中硬件包括机柜、稳压电源、测试主机、显示器等。测试主机采用 PCI 架构的工业控制计算机，包括工控机箱、主控制器板、PCI 接口扩展底盘、PCI-CAN 总线板、PCI-RS232/422/485 接口板卡、PCI-1553B 总线板卡、PCI-ARINC429 总线板卡、AD/DA、DI/DO、继电器板卡等。

**3. ETest_RT**

ETest_RT 包括测试软件和硬件两部分。测试软件选用 ETest，包含实时内核模块和实时动作脚本；硬件由上位机和实时下位机组成，上位机采用商用便携计算机，下位机采用 PXI

测控计算机。上位机安装 Windows 操作系统，运行设备资源管理、测试设计、测试调度、运行服务器、数据中心、运行客户端、实时动作下载调试器；下位机安装实时操作系统，运行装载器模块、实时进程模块、上传器模块，其通过各类 PXI 接口板卡与被测系统相连。

ETest_RT 硬件架构如图 7-62 所示。

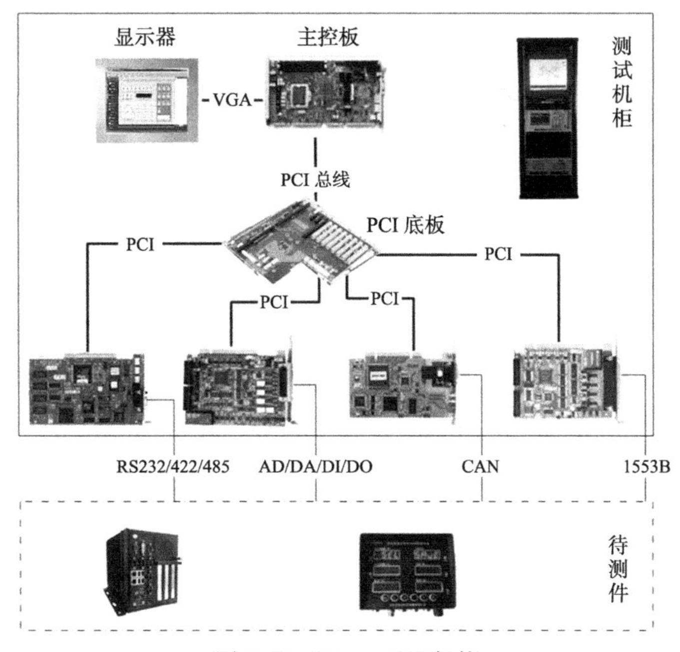


图 7-61　ETest_CPS 架构

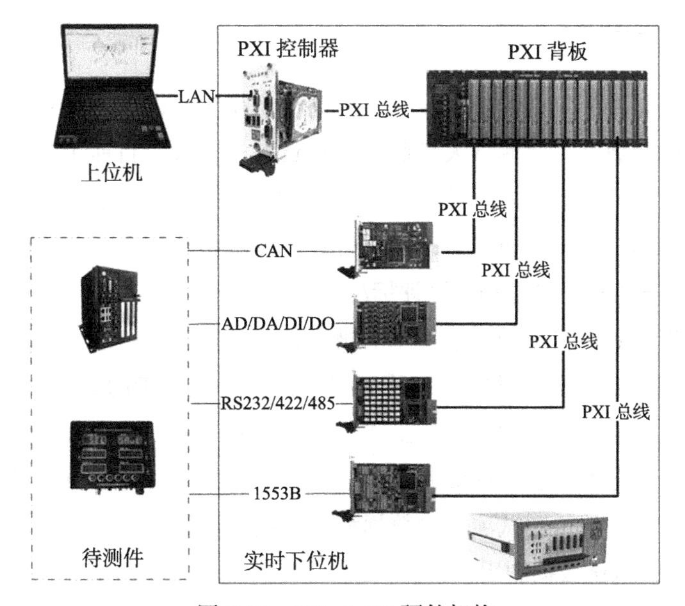


图 7-62　ETest_RT 硬件架构

ETest_RT 软件架构如图 7-63 所示。

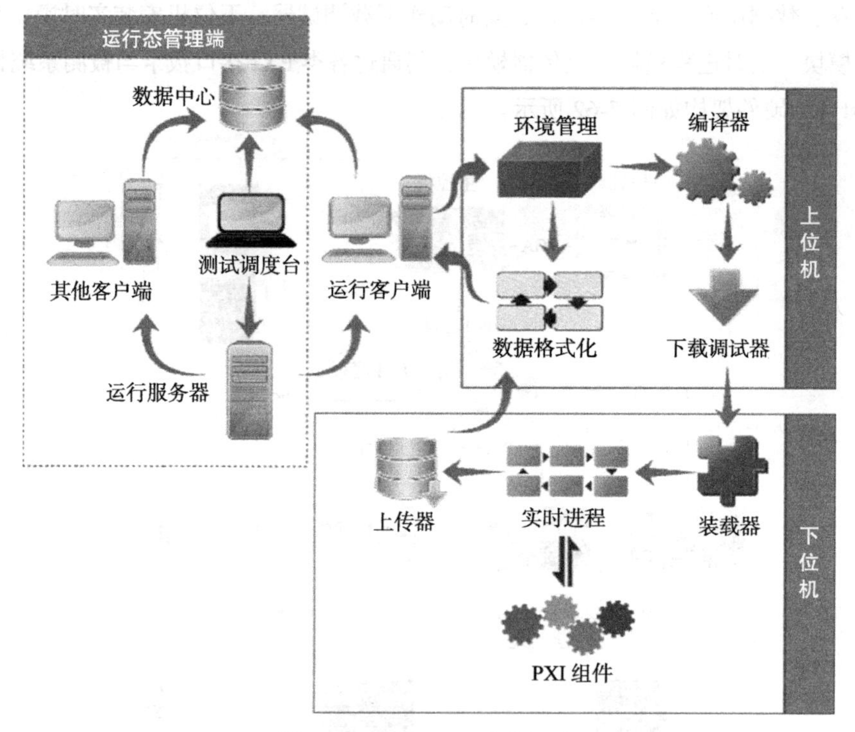


图 7-63 ETest_RT 软件架构

## 7.4 测试过程管理工具

软件测试过程是一个复杂的业务流程，其间会产生大量的文档记录。如果全过程中全部采用人工手段记录数据，对测试人员而言工作量过于庞大。目前工业界往往采用某种软件测试项目管理工具对整个测试过程进行管理。一般而言，该工具应提供规范的测试流程，支持被测件接收、测试需求分析、测试用例设计、测试执行记录、测试问题处理、测试总结等测试全过程综合管理，符合相应测评标准的要求。

测试过程管理工具可自动识别系统中的被测件文档、自动管理测试追踪关系链、自动化批量执行测试用例并生成测试文档，从而将测试人员从大量的重复性劳动中解放出来，大幅提高软件测试项目组开展软件测试工作的效率。对于部门与机构而言，系统中的基础信息定制、人员角色分配、软硬件资源管理、项目数据的统计与分析，可以使管理层随时了解组织级信息，促进软件测试项目的数据积累，提升测试部门与专业软件测评机构的信息化管理水平与软件测试数据利用水平。

测试过程管理工具最大限度地实现了测试管理的自动化，测试过程管理工具的功能一般包括：项目基础信息的维护、技术过程的自动化支持、测试管理的自动化支持。其自动化体现在以下几个方面：

- 支持被测件资源的自动接收与识别，简化测试项目的被测件接收过程。
- 支持引用文档的导入操作，可自动按照覆盖导入或追加导入的形式导入文档内容。
- 自动进行需求分析，利用引用的软件需求自动生成测试项，并进行需求追踪关联。
- 测试用例的参数实例化，可自动生成一组测试实例。
- 特有的测试用例复制 / 粘贴功能，可以迅速、便捷地实现测试用例设计。
- 测试执行时，根据执行结论自动生成问题，并在问题描述中给出步骤信息，方便在其上进行更改。
- 回归测试时，自动分析与继承上一轮的测试需求、测试项、测试用例，甚至测试任务。
- 测试大纲、测试设计说明、测试记录、测试原始问题记录、软件问题报告、测试报告等文档的自动生成。
- 测试计划各阶段进度检查，到期和超时自动提醒。根据进度，系统会自动设置项目的当前状态。
- 质量保证管理贯穿整个测试过程，按照用户定制自动生成各类质量管理文档。
- 自动化的配置管理，自动捕获和更新配置项的所有信息，生成变更历史。
- 支持多个测试项目的查询、统计与趋势分析功能。

### 7.4.1　测试过程自动化管理工具 QC

应用程序的测试是一个复杂的过程，管理测试过程的方方面面很浪费时间，而且难度很大。通过使用测试管理工具，可以系统地控制整个测试过程，以简化和组织测试管理。测试人员或开发人员通过工具可以更方便地记录和监控每个测试活动、阶段的结果，找出软件的缺陷和错误，记录在测试活动中发现的缺陷和改进建议。并且测试用例可以被多个测试活动或阶段复用，还可以自动生成测试分析报告和统计报表。

QC（Quality Center）是 HP 公司的测试管理工具，是将测试管理与功能测试活动集成到一起并实现自动化的工具。它提供了可自定义的测试工作流程、缺陷管理流程和强大的测试分析支持，而且能够和配置管理工具连接。QC 是基于 J2EE（Java 2 Enterprise Edition）技术的企业级应用程序。QC 可以支持多种操作系统，Web 服务器可以是 IIS 和 Apache，应用服务器可以是 Weblogic、Websphere 和开源的 Jboss，数据库支持 Oracle 和 SQL Server。只需在服务器端安装软件，所有的客户端即可通过浏览器来访问，如图 7-64 所示。

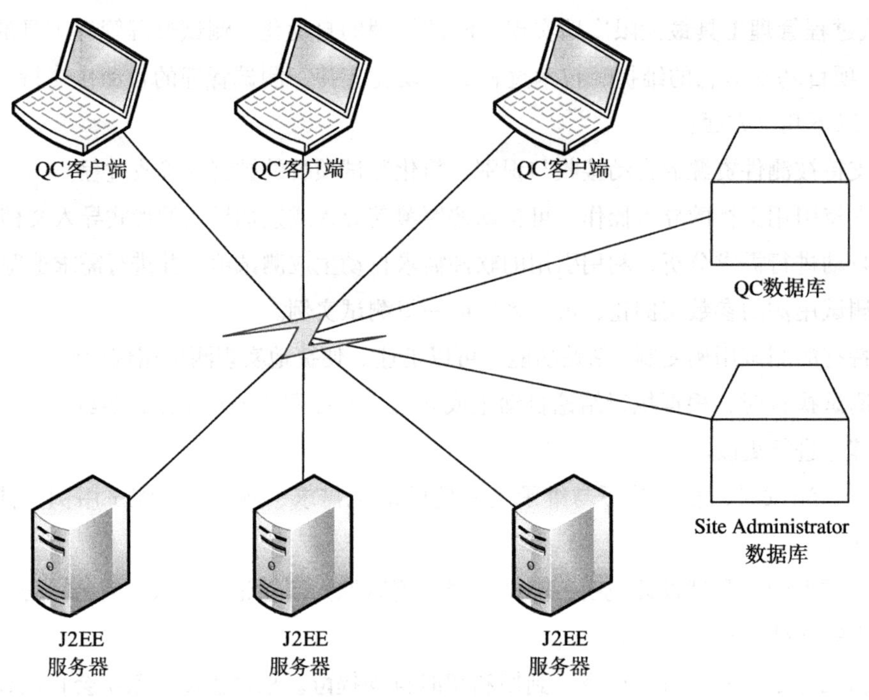


图 7-64　QC 部署架构图

QC 的主要功能模块包括 Releases、BPT Requirement、TestPlan、Test Lab、Defects。

1）Release：进行测试计划的进度安排，可以在此模块中跟踪和管理测试过程，查看进度执行情况和缺陷情况，如图 7-65 所示。

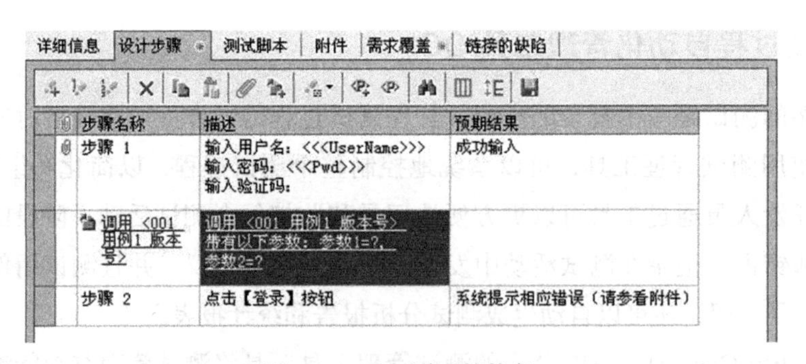


图 7-65　QC 测试的执行

2）BPT Requirement：建立测试范围——测试目标和策略，并在测试范围的基础上进一步分析，得到详细的测试需求子项，如图 7-66 所示。

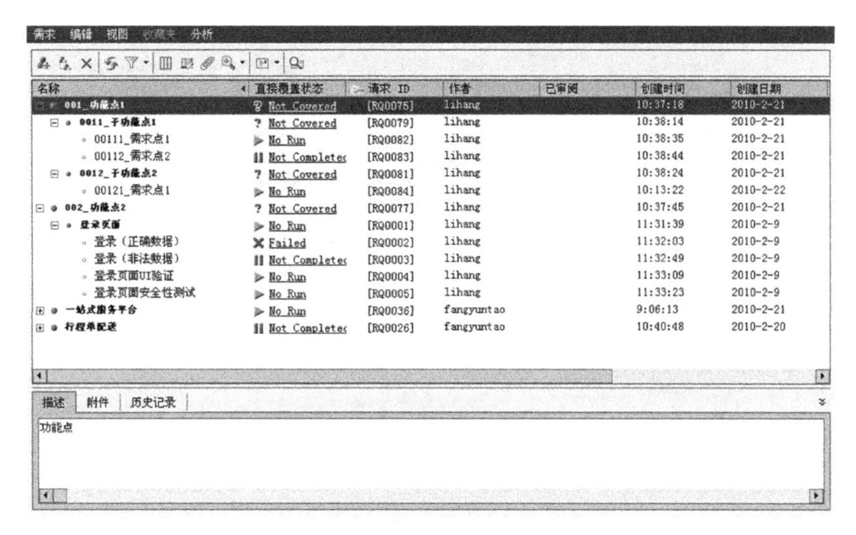


图 7-66　QC 测试需求管理

3）TestPlan：建立测试计划，根据测试需求设计测试用例，包括测试描述、方法、步骤以及优先级，将需求与测试计划进行关联和分析，如图 7-67 所示。

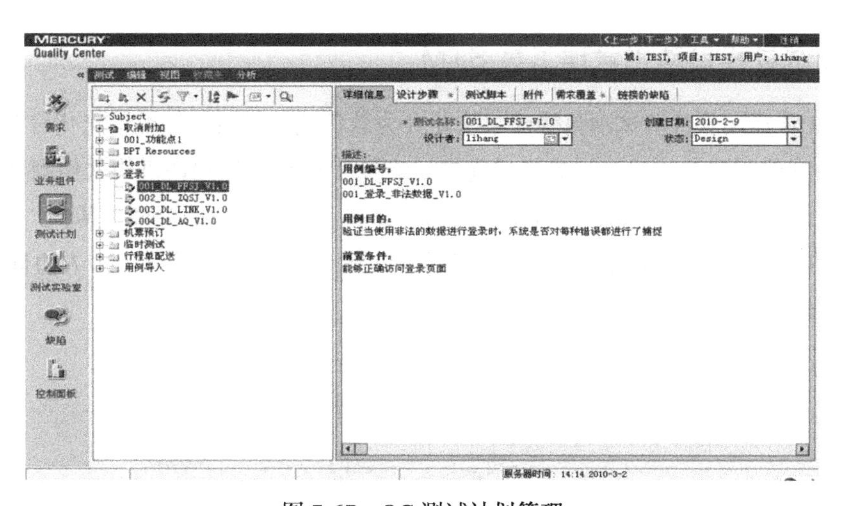


图 7-67　QC 测试计划管理

4）Test Lab：测试实验室，运行测试用例并分析结果。根据测试执行的需要定义测试集，以组织测试执行的顺序，可以直接提交缺陷。而且自动化测试用例集还能自动执行。

5）Defects：直接在 QC 的项目中添加缺陷，然后跟踪管理，直到开发人员和测试人员确认缺陷已解决，并且分析缺陷数据，如图 7-68 所示。

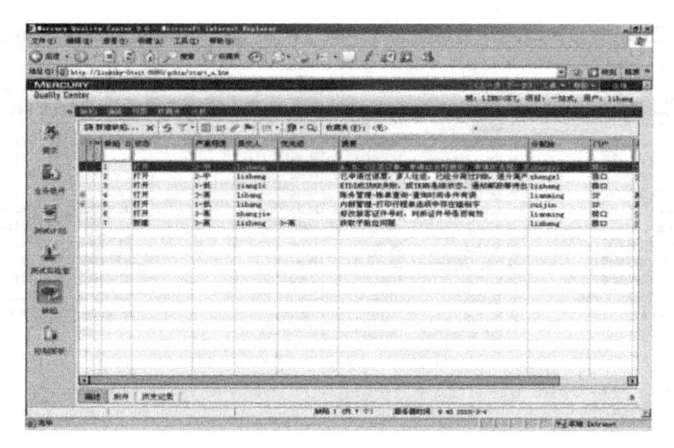

图 7-68　QC 缺陷跟踪

除上述五大模块之外，QC 还可以创建报告和图来监控测试流程，还可以集成 Mercury 测试工具以及第三方和自定义测试工具、需求和配置管理工具。QC 可以无缝地与你选择的测试工具通信，提供一种完整的解决方案，使应用程序测试完全自动化。合理使用 QC 可以提高测试的工作效率、节省时间，起到事半功倍的效果。

## 7.4.2　测试过程自动化管理工具 STM

凯云 STM 通用软件测试项目管理系统是专为软件测试项目打造的信息化管理平台，该系统把软件测试所涉及的主要任务集成起来，有助于提高软件测评机构软件测试项目的信息化与数字化管理能力，是软件测评机构质量管理体系良好运行的关键工具。

凯云 STM 通用软件测试项目管理系统采用 C/S 软件架构，是一个多人协同工作的环境。其系统部署如图 7-69 所示。

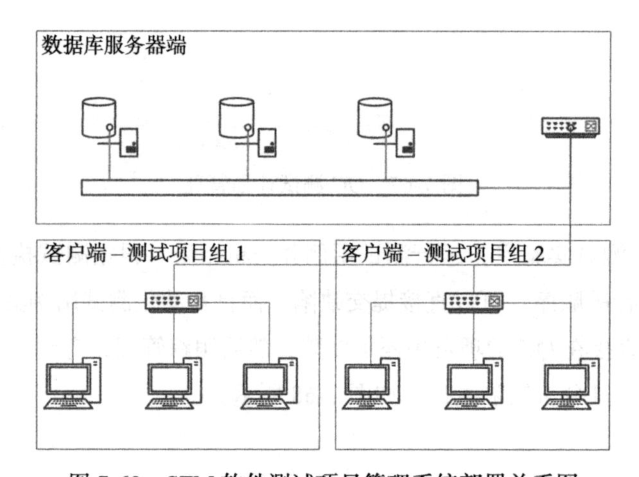


图 7-69　STM 软件测试项目管理系统部署关系图

数据库采用 SQL Server 数据库，部署在数据库服务器端。数据库包括人力资源数据库、设备资源数据库、项目管理数据库、测试项目数据库、历史归档数据库五个子库。

客户端部署通用软件测试项目管理系统运行程序，客户端登录数据库服务器端，每个测试项目组都有自己独立操作的测试项目数据库，可以协同操作。

凯云 STM 软件测试项目管理系统的软件模块组成如图 7-70 所示。

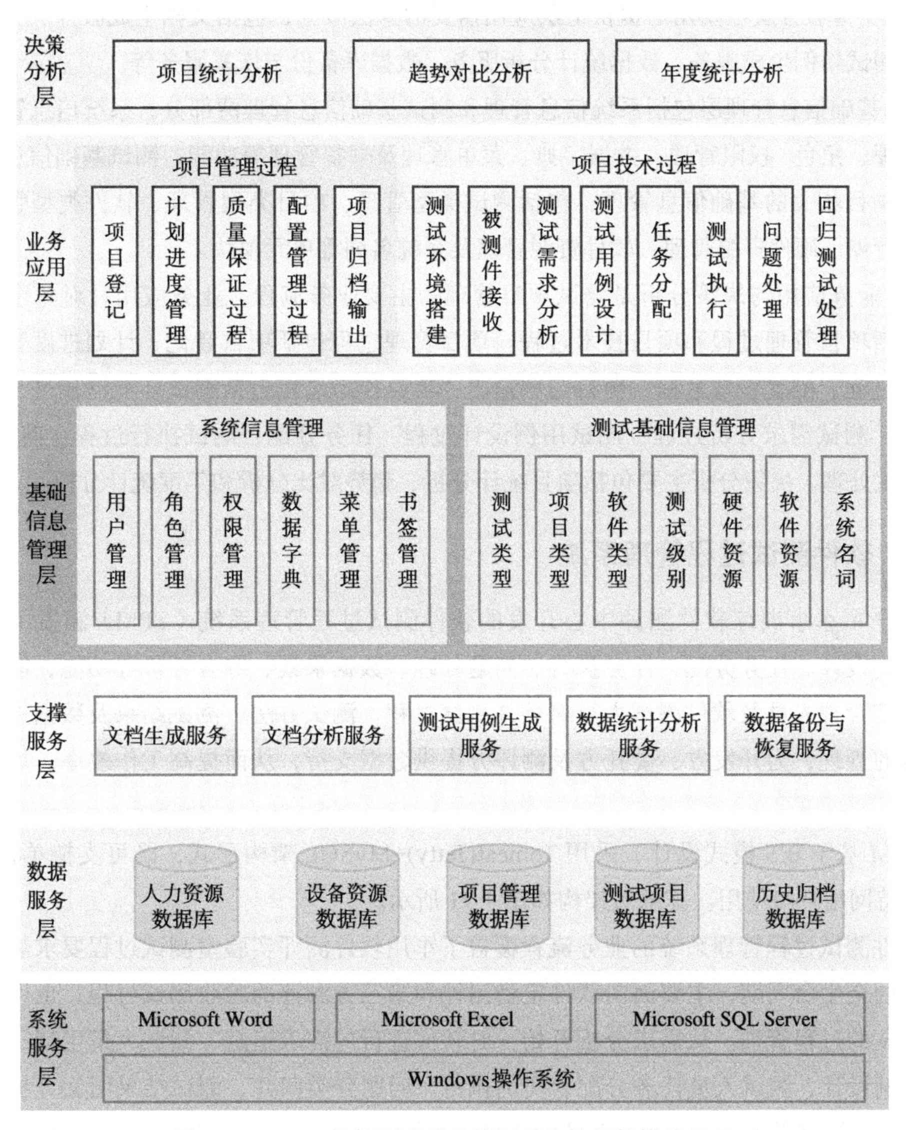


图 7-70　STM 软件测试项目管理系统的软件模块组成

软件自下而上共分为六层，分别为系统服务层、数据服务层、支撑服务层、基础信息管理层、业务应用层和决策分析层。

1）系统服务层提供操作系统、文字处理环境和数据库引擎服务。

2）数据服务层提供数据库结构表，包括人力资源数据库、设备资源数据库、项目管理数据库、测试项目数据库、历史归档数据库。

3）支撑服务层主要用于提供上层应用需要的算法服务，包括文档生成服务、文档分析服务、测试用例生成服务、数据统计分析服务、数据库备份与恢复服务等。

4）基础信息管理层包括系统信息管理和测试基础信息管理两部分，系统信息管理提供用户管理、角色 / 权限管理、数据字典、菜单管理及书签管理等功能；测试基础信息管理是与测试项目相关的基础信息管理，包括测试类型管理、项目类型管理、软件类型管理、测试级别管理、硬件资源管理、软件资源管理及系统名词等单元模块。

5）业务应用与决策分析是测试项目管理的主要业务流程，业务应用针对单个项目进行，包括项目管理过程和项目技术过程。项目管理过程包括项目登记、计划进度管理、质量保证过程、配置管理过程、项目归档输出；项目技术过程包括测试环境搭建过程、被测件接收、测试需求分析过程、测试用例设计过程、任务分配、测试执行过程、问题处理、回归测试处理。决策分析主要包括项目统计分析、趋势对比分析和年度统计分析。

### 7.4.3 软件测试过程管理系统

由全军军事训练软件测评中心开发的软件测试过程管理系统（TPM）涵盖了需求分析、用例设计、任务分配、任务执行、问题处理、数据采集、综合评价等功能，能够辅助软件测试管理人员及软件测试人员对软件测试过程、测试方法、测试结果及数据进行客观和高效的管理，为开发方、委托方及测评方提供数据支持，从而提高工作效率，规范工作流程。

TPM 基于 B/S 模式设计，采用 Tomcat(Jetty)+MySQL 架构形式，既可支持单机使用，也可支持网络环境使用。其部署架构如图 7-71 所示。

软件测试过程管理系统的业务流程覆盖了军用软件测评实验室测试过程要求规定的测试过程的全生命周期，主要面向软件定型测评和第三方测评的验收测试过程，也可以用于内部测试的过程管理。从需求分析开始，对软件进行的需求追踪、测试大纲生成、用例设计、实例设计、测试人员任务分配、实例执行、问题分类归并、测试结果图文分析、查询统计、生成测试报告等一系列业务流程均可在系统上实现。其主界面如图 7-72 所示。

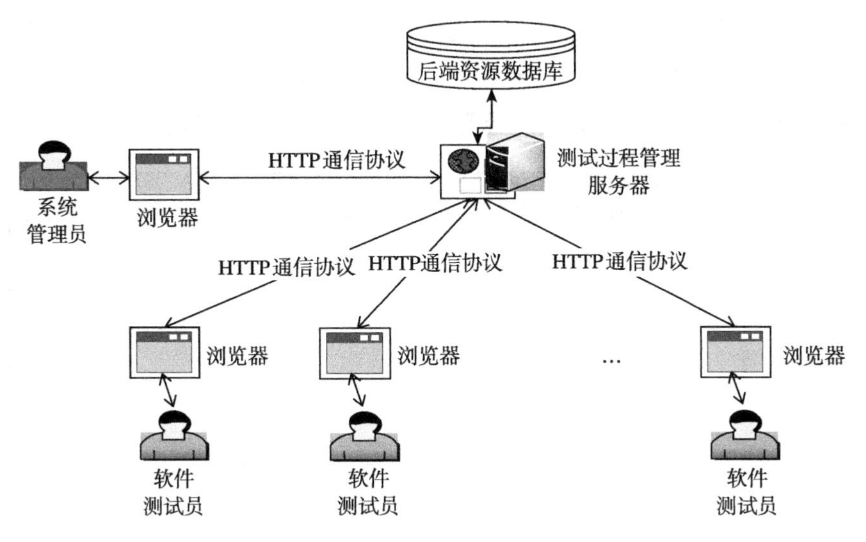


图 7-71　软件测试过程管理系统的工作原理

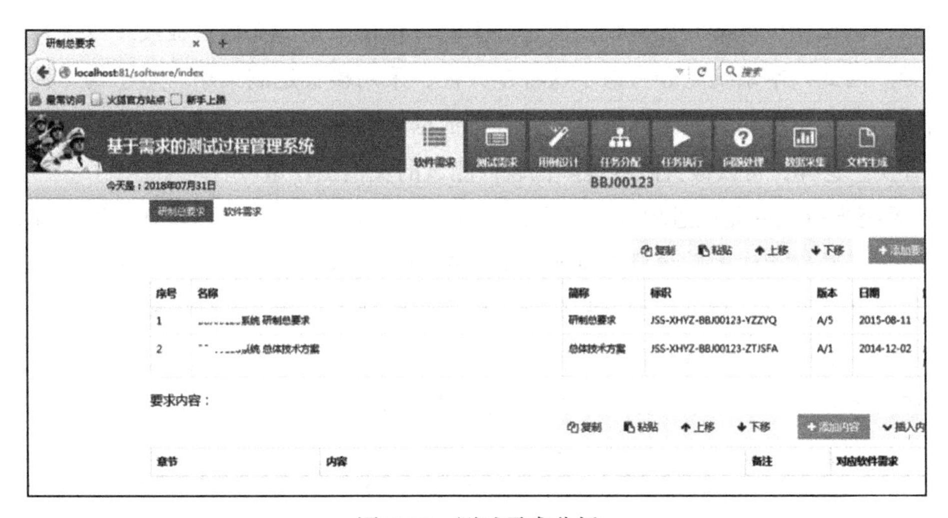


图 7-72　测试需求分析

软件测试过程管理系统具有以下优点。

1）系统最大的优势在于对于关键软件测试过程的全面支持，可以全面满足关键软件测试过程中每一个阶段性产品的设计管理、文档自动生成等。

在需求分析阶段可以支持研制总要求和软件需求的追踪关系分析，可以帮助测试人员进行软件需求一致性文档审查。对于每一项需求，可以设计相应的测试项（即测试需求分析）进行测试覆盖。对于每一个测试项，可以设计对应的测试用例进行验证。针对每一个测试用例，设计测试脚本或者测试实例，并执行测试实例，记录测试结果（如图 7-73 所示）。

在完成测试执行后，可以生成测试报告所需的统计信息和附录表单。每个阶段可以自动生成测试过程文档，包括软件测试需求规格说明文档、软件测试说明文档、现场测试记录文档以及软件测评报告文档。同时，逐层进行测试追踪，从而确保测试的充分覆盖。

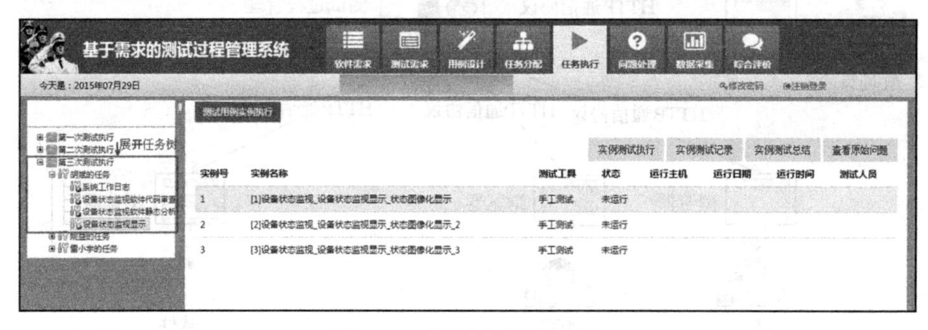


图 7-73　测试实例的执行

2）系统支持文档模板的定制。虽然当前各家承担关键领域软件第三方测试的单位都基于军用软件测试相关标准开展测试，但是各家测评机构采用的文档模板或多或少均存在一定的差异。因此，本系统充分考虑了这种差异性，采用模板定制策略。对于每一种测试文档所需的要素，系统尽可能全部采集，并进行数据库存储。对于不同的文档模板，可以进行动态替换。这样，可以最大限度地降低软件测试的文档工作量。

3）系统支持软件测试过程数据的采集和分析（如图 7-74 所示）。软件测试过程数据对于改进和提升软件测试的质量具有重要意义。在缺少测试过程管理系统的条件下，只能基于自然语言文档开展自然语言理解和分析。该系统实现了对测试文档的模型化描述，支持后续可能的数据分析，可以对其承担的所有项目测试数据进行统计分析，确定测试过程的瓶颈所在及典型测试用例的失效，为测试大数据分析奠定了基础。

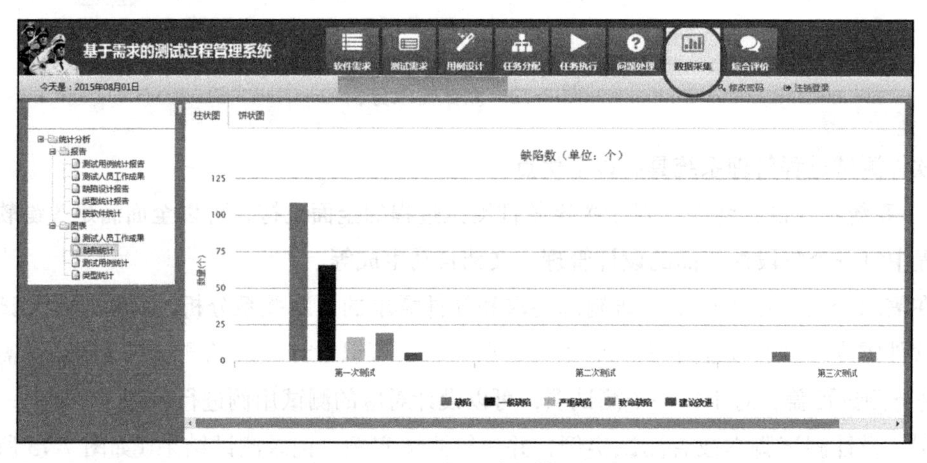


图 7-74　可视化的分析结果显示

### 7.4.4　其他测试过程管理工具

IBM Rational TestManager 是一个协作中心，用于对业务驱动型软件和系统进行质量管理，几乎可用于任何平台和测试类型。该软件可以帮助团队无缝共享信息，通过自动化功能加快项目进度，并报告各种指标，帮助有关人员做出明智的产品发布决策。

Micro Focus SilkCentral 是一个由 Borland 公司生产的测试管理产品。它覆盖所有特性，包括跟踪、报告测试的创建、运行。它集成了许多源代码控制和问题跟踪系统，有额外的插件以扩展其功能，自动化测试使用 QTP、WinRunner 等。它还带有一个视频捕捉功能，支持 SAP 测试。

JIRA 是澳大利亚 Atlassian 公司出品的项目与事务跟踪工具，被广泛应用于缺陷跟踪、客户服务、需求收集、流程审批、任务跟踪、项目跟踪和敏捷管理等工作。

TestLink 是为数不多的在市场上使用的开源测试管理工具。它是一款基于 Web 的工具，能够创建、管理和维护测试用例，实现测试运行、缺陷跟踪、测试报告生成等功能。

QMetry 是一个集成的测试管理工具，可以在多种平台实现测试用例和缺陷管理。在大多数情况下，它能与许多主流的缺陷跟踪系统无缝集成，适合在自动化环境下使用。

QAComplete 是最强大的测试管理工具之一，适合敏捷 / 传统、手动 / 自动化项目。可以用它集成 QTP TestComplete。

TestCenter 是上海泽众软件自主研发的一款测试管理工具，它可以帮助你实现测试用例的过程管理，对测试需求过程、测试用例设计过程、业务组件设计实现过程等整个测试过程进行管理。

青鸟软件配置管理系统 JBCM 是北京大学软件工程国家工程研究中心、北京北大青鸟软件工程有限公司开发的一套通过执行版本控制等规则，来保证软件开发中配置项的完整性和可追溯性的三库分离型配置管理工具。

TestPlatform 测试平台是上海博为峰自主研发的一款涵盖测试计划管理、项目管理、需求管理、测试需求分析、测试用例设计、缺陷跟踪管理、度量统计、缺陷分析等软件质量保证的软件测试平台。

禅道由青岛易软天创网络科技有限公司开发，是国产开源项目管理软件。它集产品管理、项目管理、质量管理、文档管理、组织管理和事务管理于一体，是一款专业的研发项目管理软件，完整覆盖了研发项目管理的核心流程。

以上只是列举了极少部分的测试管理工具，这些工具各自的侧重点不尽相同，具体使用哪一种工具，要根据项目的实际情况去分析，找到最适合自己的工具。

# 习题

1. 代码审查和静态分析有什么区别?

2. 代码覆盖率工具的工作方式是怎样的?

3. 针对本章介绍的几种单元测试工具画一个表格，介绍各个单元测试工具对应的编程语言、主要功能等，并讨论各个工具的优缺点；选择其中一种测试工具进行一次单元测试。

4. 针对本章介绍的几种代码覆盖率分析工具画一个表格，介绍各个单元测试工具对应的编程语言、主要功能等，并讨论各个工具的优缺点；选择其中一种测试工具进行一次代码覆盖率分析。

5. 针对本章介绍的几种嵌入式测试工具画一个表格，介绍各个嵌入式测试工具对应的编程语言、主要功能等，并讨论各个工具的优缺点；选择其中一种测试工具进行一次嵌入式测试。

6. 讨论测试过程管理工具的作用是什么、为什么需要测试过程管理工具，并掌握本章介绍的测试过程管理工具中的一种。

7. 讨论自动化测试工具目前存在的局限与发展方向。

第 8 章
Chapter 8

# 嵌入式软件测试实践

本章将结合实际的嵌入式测试案例，介绍嵌入式软件测试常用的方法，并重点介绍如何使用凯云嵌入式软件测试工具 ETest Studio 来进行自动化测试。本章中的三个例子，即汽车仪表显控设备、空调控制板和温度控制器，分别对应于凯云嵌入式教学实验箱中的实际嵌入式设备和全国大学生测试大赛的两道实际赛题。赛题通过对实际的嵌入式软件的模拟，仿真出了软件的运行环境及被测件本身。如果部分老师授课时不具备使用嵌入式教学实验箱的硬件条件，届时可采用测试大赛的实际赛题作为授课内容。本书的配套光盘中有应用案例使用的待测对象、测试工具和测试脚本，方便读者练习使用。本章首先对如何使用 ETest Studio 进行嵌入式自动化测试进行详细介绍。

## 8.1 使用 ETest Studio 进行嵌入式自动化测试

ETest Studio 是凯云开发的一款通用嵌入式系统测试平台，它支持从测试设计到测试执行整个流程的测试过程，能够帮助测试者进行自动化测试。如图 8-1 所示，本课程使用的 ETest 测试工具属于 ETest_USB 版本，它部署在测试者的个人便携式计算机上，计算机通过 USB 接口与待测设备相连。在执行测试时，ETest 便能操控计算机通过 USB 接口向待测设备发出信号，从而完成自动化测试。

ETest 的主要功能模块包括测试设计模块、测试执行服务模块、测试执行客户端模块、设备资源管理模块以及测试辅助工具包等。其主要功能有：

- 提供涵盖测试资源管理、测试环境描述、接口协议定义、测试用例设计、测试执行监控、测试任务管理等功能为一体的测试软件集成开发环境。
- 提供各类控制总线和仪器接口 API，可由开发人员集成各类通用接口板卡和用户自定义的接口板卡。支持的 I/O 类型包括 RS232/422/485、1553B、CAN、TCP、UDP、AD、DA、DI、DO、ARINC429 等，并可灵活扩展。

- ❑ 支持对待测系统及其外围环境、接口情况等进行可视化仿真建模设计。
- ❑ 提供接口协议描述语言（DPD 语言）及其编辑编译环境。
- ❑ 可视化监控界面设计及实时数据监控，提供丰富的测试监控仪表和灵活绑定协议字段。
- ❑ 可通过表格、仪表、枚举、曲线图、状态灯等虚拟仪表实时监测接口数据。
- ❑ 可按二进制、十进制、十六进制监测输入与输出的原始报文并查询过滤。
- ❑ 提供测试用例脚本编辑与开发环境，通过简单的通道与协议字段赋值，便可完成测试数据的收发与测试逻辑的判断。
- ❑ 测试脚本支持时序测试和多任务实时测试。
- ❑ 具有可自动生成满足不同组合覆盖要求测试数据的功能。
- ❑ 可实时记录测试数据并加时间戳自动保存，支持测试数据的管理与统计分析，可按不同模板要求自动生成测试报告。
- ❑ 提供 MATLAB/Simulink 集成接口，可实现现有仿真模型的开发和利用，支持仿真模型实时代码的生成和运行。
- ❑ 具有实时内核模块，可实现高可靠性强实时测试，响应时间小于等于 1ms，同步传送和抖动时间小于 10μs。支持上位机和下位机分别采用 Windows 和实时操作系统。

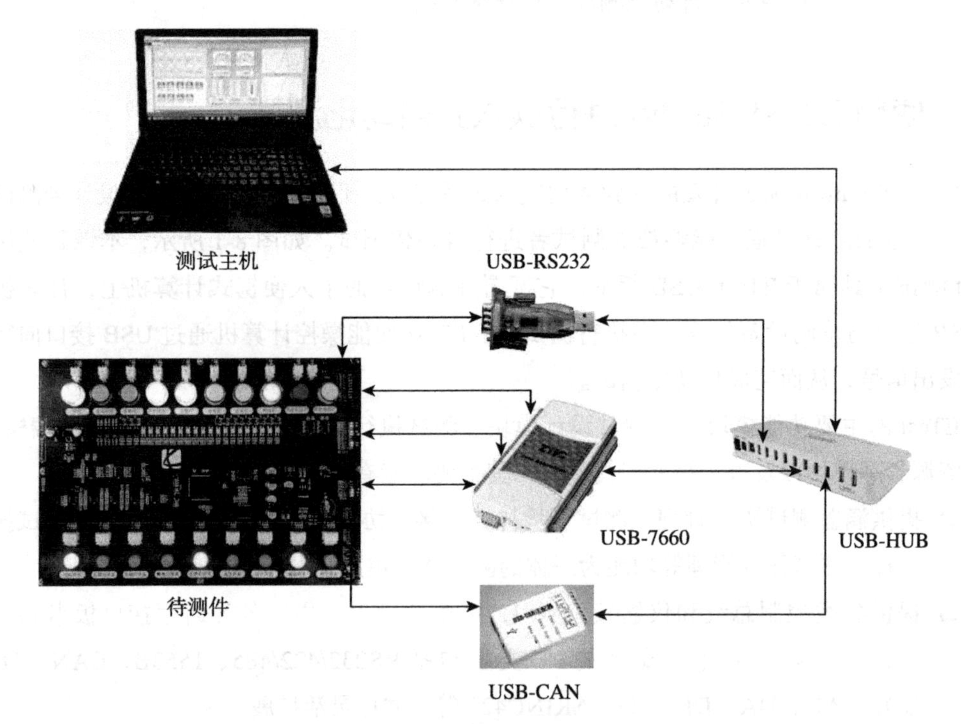


图 8-1　ETest 的部署方式

接下来将结合嵌入式设备空调控制板的测试过程，介绍如何使用 ETest 进行自动化测试。

### 8.1.1　空调控制板需求介绍

**1. 系统概述**

空调系统由室温传感器、工作电机组、空调控制板和遥控器组成。空调系统的工作原理图如图 8-2 所示。空调控制板从室温传感器采集当前的室温信息，根据遥控器所设定的房间温度，向工作电机组发送相应的控制指令。

注意　此空调系统只有“制冷”功能。空调控制板模拟程序启动后，默认设置的温度为 25℃。

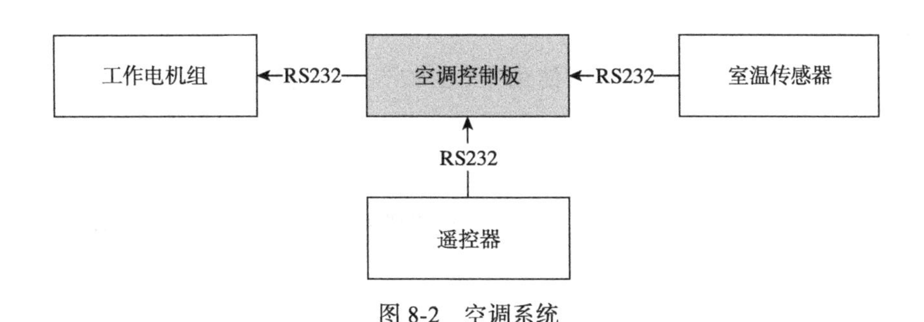


图 8-2　空调系统

**2. 功能需求**

（1）温度设置（WDSZ_GN）

空调控制板接收到遥控器的温度调节指令后，界面显示遥控器设置的温度。

温度设置的范围是 16 ～ 30℃。超出范围时，要做截断处理，截断为边界值。

（2）室温的采集处理（SWCJ_GN）

空调控制板需要处理室温传感器所发送的温度值：

1）空调控制板取连续 3 次接收到的温度值的平均值作为当前室温值（求得的平均值四舍五入后做取整运算），并将其显示在界面上。

2）对于室温的处理，范围是 –10 ～ 40℃。当计算出的当前室温值超出范围时，要做截断处理，截断为边界值。

（3）室温采集故障告警（SWCJGZ_GN）

室温传感器会按照 500ms 的周期定时向空调控制板发送当前室温值，空调控制板需要根据是否在一定时间内接收到传感器数据，判断传感器是否发生故障：

1）如果空调控制板6s以上收不到传感器所发送的温度数据，会认为传感器发生故障，在界面中给出故障告警提示。

2）空调控制板收到传感器所发送的温度数据后，要停止显示故障告警。

（4）控温自动调节（KWTJ_GN）

空调控制板根据遥控器的设置温度和采集到的当前室温，向工作电机组发送不同的控制指令，具体情况如下：

1）监测到"当前室温≤（设置温度–2）"，向工作电机组发送停止运转指令。

2）监测到"当前室温 > 设置温度"，向工作电机组发送运转指令。

3）监测到"（设置温度–2）< 当前室温≤设置温度"，不向工作电机组发送任何指令。

4）若室温采集发生故障报警，不得向电机组发送任何控制指令。

**3. 接口需求**

空调控制板与温度传感器之间使用"COM7"进行通信，与工作电机组之间使用"COM9"进行通信，与遥控器之间使用"COM5"进行通信，它们都是RS232单向串口通信。

所有串口都采用相同的通信参数：波特率为9600；不发生奇偶校验；数据位长为8位；1位停止位。

（1）遥控器输入接口（YKQSR_JK）

遥控器向空调发送指令数据包，其格式如表8-1所示。

**表8-1　遥控器输入接口**

| 字节号 | 长度 | 字段 | 内容 |
|---|---|---|---|
| 0 ~ 1 | 2 | 包头 | 固定值：0x55 0xAA |
| 2 | 1 | 标识位 | 固定值：0x00 |
| 3 ~ 4 | 2 | 命令标识 | 无符号整型，小端字节序<br>调温：0x20 |
| 5 ~ 6 | 2 | 温度 | 无符号整型，小端字节序 |
| 7 ~ 8 | 2 | 校验和 | （从第2号到第6号字节按字节进行累加和，得到校验码） |
| 9 ~ 10 | 2 | 包尾 | 固定值：0x55 0xAA |

输入接口处理时，要考虑数据帧格式的容错处理，容错处理的要求如下：

① 当接收到的校验和字段发生错误时，应做丢包处理。

② 标识位和命令标识在定义范围外时，应做丢包处理。

③ 对于一帧完整的报文，软件应具备错误剔除的功能，如“0x55 0xAA … 0x55 0xAA”之前加入干扰字节“0x0c 0x55 0xAA … 0x55 0xAA”时，软件应能剔除掉 0x0c，而保留并取出该帧完整的报文。

（2）温度传感器输入接口（CGQSR_JK）

空调控制板采集温度传感器的当前室温，其数据格式如表 8-2 所示。

**表 8-2　温度传感器输入接口**

| 字节号 | 长度 | 字段 | 内容 |
| --- | --- | --- | --- |
| 0 ~ 1 | 2 | 包头 | 固定值：0x55 0xAA |
| 2 | 1 | 标识位 | 固定值：0x10 |
| 3 ~ 4 | 2 | 当前室温 | 有符号整型，补码小端字节序 |
| 5 ~ 6 | 2 | 校验和 | （从第 2 号到第 4 号字节按字节进行累加和，得到校验码） |
| 7 ~ 8 | 2 | 包尾 | 固定值：0x55 0xAA |

输入接口处理时，要考虑数据帧格式的容错处理，容错处理的要求如下：

① 当接收到的校验和字段发生错误时，应做丢包处理。

② 标识位不在定义范围内时，应做丢包处理。

③ 对于一帧完整的报文，软件应具备错误剔除的功能，如“0x55 0xAA … 0x55 0xAA”之前加入干扰字节“0x0c、0x55 0xAA … 0x55 0xAA”时，软件应能剔除掉 0x0c，而保留并取出该帧完整的报文。

（3）控制工作电机组输出接口（KZSC_JK）

空调控制板依据功能需求向工作电机组发送数据，数据帧格式如表 8-3 所示。

**表 8-3　工作电机组输出接口**

| 字节号 | 长度 | 字段 | 内容 |
| --- | --- | --- | --- |
| 0 ~ 1 | 2 | 包头 | 固定值：0x55 0xAA |
| 2 | 1 | 标识位 | 固定值：0x30 |
| 3 | 1 | 运转状态 | 无符号整数。停止：0x00<br>运转：0x01 |
| 4 ~ 5 | 2 | 校验和 | （从第 2 号到第 3 号字节按字节进行累加和，得到校验码） |
| 6 ~ 7 | 2 | 包尾 | 固定值：0x55 0xAA |

输出接口处理时，要严格按照数据帧的格式填写，需求如下：

① 必须严格填写表中的固定值项；

② 校验和字段必须填写正确。

## 8.1.2　测试环境的构建

### 1. 交联环境介绍

嵌入式测试和实际的嵌入式设备是分不开的，在进行测试之前，必须对待测设备与外部组件之间的连接关系有清楚的了解，ETest 的交联环境就是起到了这样的作用。

如图 8-3 所示，交联环境描述了待测设备和外部组件之间的连接关系，包括外部组件和待测设备之间的通道类型、通信协议等。待测设备是通过固定型号的通道与外部组件相连的，每个通道上都有规定数据传输方式的协议，一个通道上可能有多个协议。

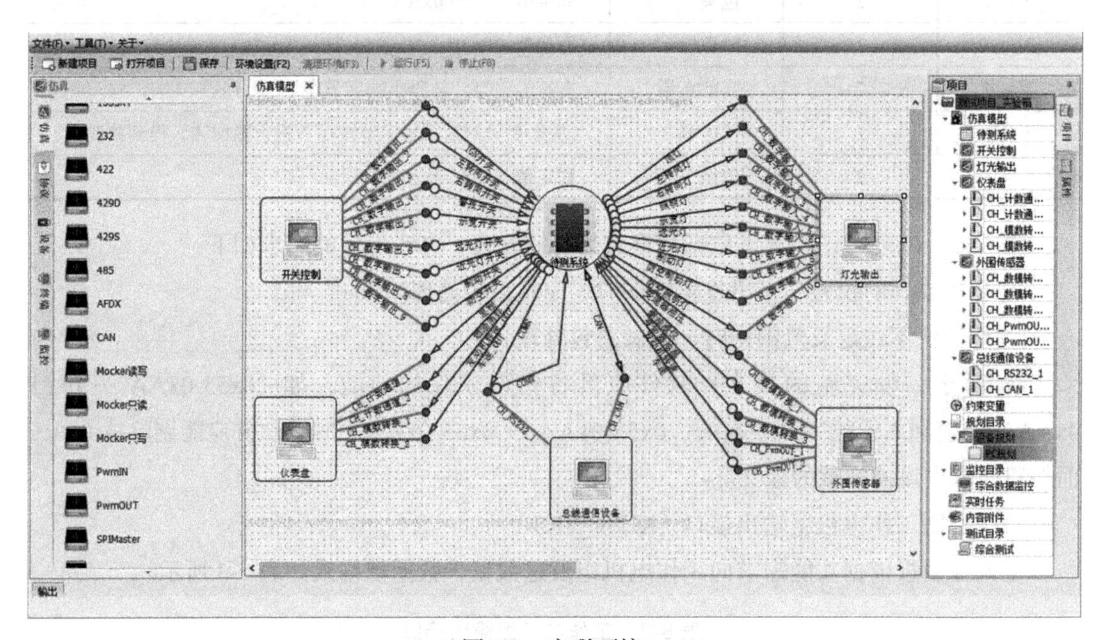

图 8-3　交联环境

交联环境使用图形化的方式进行描述。中间的节点代表待测系统，外围的节点代表与待测系统交联的其他系统。中间的小线段代表接口，线段上注明了接口类型，接口上的连线代表接口通信的数据格式。

ETest 软件可以实现待测系统外围环境的仿真和管理，可以实现多接口数据的统一控制，可以实现接口间数据逻辑 / 时序关系的测试。测试的第一步就是在仿真模型中添加每一个接口。不同的接口类型将使用不同的硬件通信设备进行硬件支持，连接到待测系统不同的接口上。

在接口图标上可以添加连线，此连线代表协议。协议描述了接口数据通信的格式，如包头、包尾、校验和等。ETest 软件可以将数据自动解包 / 打包，将原始的二进制数据转化为应用层数据，方便测试人员查看和使用。

协议的描述有两种方式，一种是使用图形化表格进行直观的描述，另一种是使用协议描述（Data Protocol Description，DPD）语言来描述。DPD 语言是一种编译型语言。编译的结果是带有强命名的协议数据，测试者可以使用 DPD 语言来定义待通信设备的通信数据格式。

协议语言的例子如图 8-4 所示。

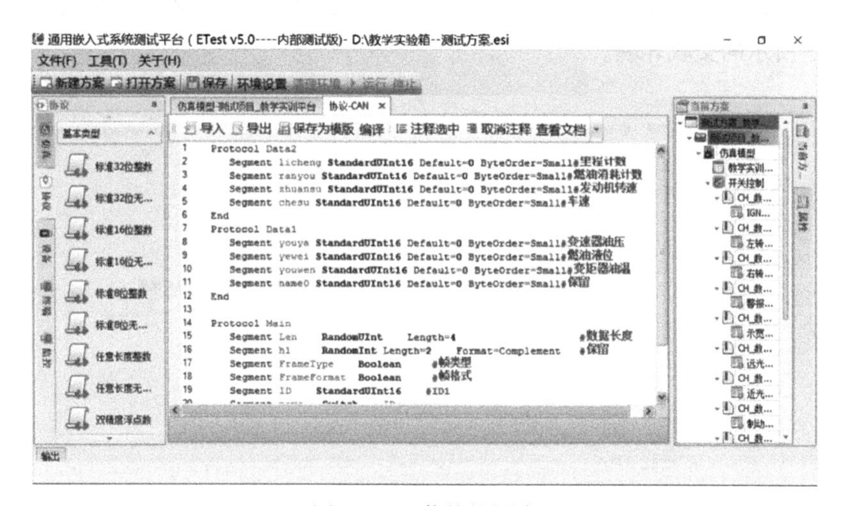

图 8-4　通信协议语言

通信协议由主协议和若干个子协议组成。每个协议定义单元中，定义的最后一个协议是主协议，其余为附属协议。协议数据的编码 / 解码是从主协议开始的。

每个协议的定义以 Protocol 关键字开始，以 End 关键字结束，中间包含若干个协议段。每个协议段以 Segment 关键字开始，后面跟着协议段名和类型。整个协议构成了一个数据包结构的描述。

协议字段的类型包含 32 字节、16 字节、8 字节的整型等，还包括浮点型、布尔型等，可以描述各种数据类型。

协议可以定义分支语句和条件语句。条件语句表示一个协议段的内容按照之前的某个协议段的值的不同，取不同的协议。分支语句和条件语句的功能类似，但是可以具有多个分支。协议还可以定义校验字段。在发送校验字段的时候，可以按照指定的校验算法，生成校验数据所形成的字段；在接收校验字段的时候，可以自动按照指定算法对数据的校验码进行检查。数组字段可以定义某种循环结构，重复某个固定格式若干次。次数可以是固定值，也可以由某个协议段的值决定。

使用协议字段的描述方式，可以将应用层数据通信格式描述清楚，在通信时，实现自动打包 / 解包，大大减少测试人员的编程工作量。DPD 语言还支持按位操作，能够对非整字节的数据进行操作，可避免测试人员进行“左移”“右移”操作，降低出错概率，提高生产效率。

**2. 空调交联环境构建**

接下来对空调系统进行交联环境的构建。从前面的需求可以得知，空调系统由室温传感器、工作电机组、空调控制板和遥控器组成，它们之间通过232通道相连，因此可以构建出如图8-5所示的交联环境。

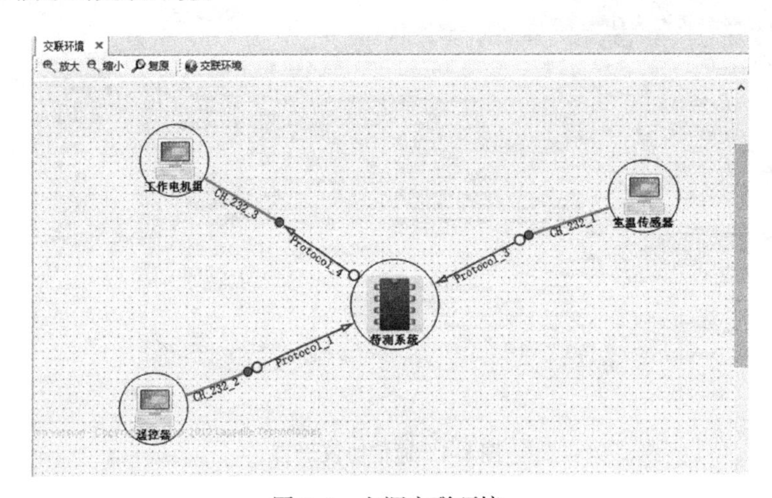


图8-5 空调交联环境

下一步对各个通道上的协议进行编写。以遥控器的协议为例，根据需求中对遥控器接口的描述，编写如下DPD代码：

```
Protocol Main #
    Segment Head StandardUInt16 ByteOrder=Big Default=21930 #包头
    Segment Flag StandardUInt8 #标志位
    Segment Cmd StandardUInt16 Default=32 #命令标识
    Segment Tmp StandardUInt16 #温度
    Segment Check Checking Algorithm=常用校验_1 BitCount=16 Range=[Flag,Tmp] #校验和
    Segment Tail StandardUInt16 ByteOrder=Big Default=21930
End
```

代码中每一个字段的后面标识了该字段的属性，包括数据类型、字节序、默认值等。在该协议中Check表示的是校验和，因此其属性和其他字段不一样，Checking Algorithm表示校验和的算法，BitCount表示校验和的长度，Range表示校验和计算的范围，本例中校验和的范围是Flag字段到Tmp字段。

在配置完所有的协议之后，需要对待测件进行规划，从而告诉计算机如何与待测件进行连接。规划分为设备规划和PC规划两个部分。在设备规划中，测试者需要分别规划物理

设备和物理通道。在空调控制板的测试过程中，物理设备就是空调控制板，物理通道就是交联环境中建立的 CH_232_1 到 CH_232_3。按照需求文档分别设置好通道和设备的属性，就完成了对设备的规划。接下来是 PC 规划，PC 规划主要用于进行多人协同测试，在 PC 规划中，测试者需要规划好是哪台计算机在连接待测设备进行测试，本书的例子中不涉及多人测试的情况，因此只需对将要测试的计算机进行规划即可。

在完成交联环境的构建和规划之后，ETest 就能够自动进行环境设置，连接待测软件和测试进程调度服务，在该过程完成之后，就可以进行自动化测试的设计和执行了。

## 8.1.3　测试脚本的编写

ETest 可以使用测试脚本语言来描述测试序列，通过执行测试脚本进行数据收 / 发，从而完成自动化测试。ETest 软件使用的测试脚本语言是在 Python 语言基础上实现的实时脚本语言。除编程语言常见的功能外，该语言还扩展了和测试相关的功能，如数据的收 / 发、时间线控制、多线程、定时执行等。

Python 语言本身是一种强大的脚本语言，包含字符串操作、元组、列表等功能，还可以通过扩展外部库提供丰富的功能。Python 语言和其他语言有很明显的不同，它使用缩进来表示程序结构。这种方式强迫用户在编写程序时保持良好的书写风格。程序书写结构比较清晰明了。

**1. 测试脚本编辑界面**

ETest 提供的编辑器界面如图 8-6 所示。

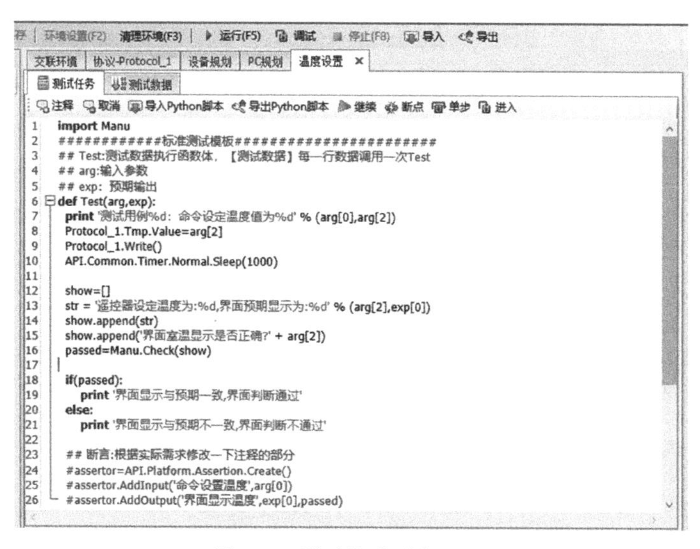


图 8-6　测试脚本编辑界面

测试脚本编辑界面提供了语法高亮提示功能，能够使用不同的颜色标识不同的编程元素，使程序看上去更加清晰，避免出错。在进行了环境设置的前提下，编写好的测试脚本可以一键执行，执行的结果会展示在 ETest 的 I/O 中心的用例服务端窗口中。

**2. Python 语言基础**

（1）数据类型

Python 语言中有 4 种基本数据类型，包括整型（长整型 long 和短整型 int）、浮点型（float）、布尔型（bool）和字符串（string），字符串也可以用双引号定义。在 Python 中可以将基本数据直接赋值给变量，而不需要定义变量类型。

```
a=10           # int 整数
a=1.3          # float 浮点数
a=True         # 真值 (True/False)
a='Hello!'     # 字符串
```

列表（List）是嵌入式自动化测试过程中经常用到的数据类型，列表和 C 语言中的数组非常类似，不同的是，同一个列表内可以包括多种不同类型的数据，甚至可以包括列表本身。列表的读取方式也更为灵活，既可以使用类似 C 语言下标的方式读取列表中的元素，也可以采用 [n-1:m] 的方式来截取列表中的第 $n$ 个到第 $m$ 个元素。

列表的用法如下：

```
>>> list = [1,'ETest',2.23,70]
>>> list
[1, 'ETest', 2.23, 70]
>>> list[0]
1
>>> list[-1]
70
>>> list[1:3]
['ETest', 2.23]
>>> list[2:]
[2.23, 70]
>>> list[:2]
[1, 'ETest']
```

除此之外，字符串的一些用法也和列表类似：

```
>>> say="hello"
>>> name=" tom"
>>> result_str=say+name
>>> result_str
'hello tom'
>>> result_str[0]
'h'
>>> result_str[-1]
```

```
'm'
>>> result_str[2:5]
'llo'
>>> result_str[2:]
'llo tom'
```

（2）数字和表达式

Python 语言支持常用的加减乘除算法。常整数相加可以直接赋值，例如：

```
>>> 53461+145689
199150
```

整数相除的结果为整数部分，例如：

```
>>> 1 / 2
0
```

浮点数相除的结果亦为浮点数，例如：

```
>>> 1.0 / 2.0
0.5
```

取余的结果为相除后的余数部分，例如：

```
>>> 10 % 3
1
```

乘方，例如：

```
>>> 2**3
8
>>> -3**2
-9
>>> (-3)**2
9
```

（3）脚本语句

本部分介绍 Python 语言中经常用到的语句：赋值语句、输入 / 输出语句、判断语句、循环语句。语句与表达式的区别在于：表达式是描述某件事，而语句是描述执行某件事。

1）输出语句。在 Python 中使用 print 语句进行输出：

```
>>> print (2*2)
4
>>> print ("通用嵌入式系统测试平台")
```

2）输入语句。使用 raw_input 语句从控制台输入。raw_input 语句用于显示一段字符串，并等待输入，主要用于测试进行中参数的动态输入。

```
>>> raw_input("Enter a number: ")
Enter a number: 3
```

```
'3'
```

3）条件判断语句。if语句用来判断某些条件或变量是否为真，如果为真则执行if下的语句块。else语句要与if语句结合使用，如果条件为假则进入else语句块。elif语句用来检查多个条件，也就是具有条件的else语句。

```
name = raw_input('What is your name?')
if name.endswith('Gumby'):
    print 'Hello, Mr.Gumby'
else:
    print 'Hello, stranger'
```

判断语句中如果包含多种条件，可以用if…elif的写法，也可以用表达式的写法：

```
num = input('Enter a number')
if num>0:
    print 'The number is positive'
elif num<0:
    print 'The number is negative'
else:
    print 'The number is zero'
```

复杂一点的例子如下：

```
def add(a,b):
    return a+b
def multi(a,b):
    return a*b
def sub(a,b):
    return a-b
def div(a,b):
    return a/b
def calc(type,x,y):
    calculation = {'+': lambda:add(x,y),
          '*': lambda:multi(x,y),
          '-': lambda:sub(x,y),
          '/': lambda:div(x,y)}
    return calculation[type]()
result1 = calc('+',3,6)
result2 = calc('-',3,6)
print result1,result2
```

说明 上例中首先定义了“加、减、乘、除”的方法，然后在calc方法中根据参数type的值判断calculation所使用的方法是add、multi、sub还是div，并返回calculation的计算值，最后使用print输出计算结果。

4）循环语句。while语句用作循环控制，当条件符合时，while用于重复执行多次，直到条件不满足时才停止循环。

```
x = 1
while x<=100:
    print x
    x += 1
```

while true：判断条件（变量）是否为真，下例中当不输入参数时结束当前循环。

```
word = 'dummy'
while word:
    word = raw_input('Please enter a word: ')
    print 'The word was '+word
```

for 语句也用于循环，当要为一个集合中的每个元素都执行一个语句块时，for 语句在执行前就确定了循环的次数。

```
words = ['this','is','an','ex','parrot']
for word in words:
    print word
```

循环数字，从数字 1 输出到 100：

```
for number in range(1,101):
    print number
```

同时迭代 2 个序列：

```
names = ['anne', 'beth', 'george', 'damon']
ages = [12, 45, 32, 88]
for i in range(len(names)):
    print names[i], 'is', ages[i], 'years old'
```

利用 zip 将 2 个序列压缩在一起：

```
names = ['anne', 'beth', 'george', 'damon']
ages = [12, 45, 32, 88]
person = zip(names, ages)
for name,age in person:
    print name, 'is', age, 'years old'
```

当循环中某些特定条件已经满足时可以跳出循环。break 语句用于跳出循环：

```
word = ['this', 'ist', 'ex']
words = ['this', 'ist', 'ex']
for word in words:
    if word=='ist':
        break
    else:
        print word
```

continue 语句用于跳出当前循环：

```
word = ['this', 'ist', 'ex']
```

```
words = ['this', 'ist', 'ex']
for word in words:
    if word=='ist':
        continue
    else:
        print word
```

5）空语句。带有 pass 的语句块表示什么都不用做，在脚本中当作占位符使用，例如，当某些条件满足时，暂时不做具体动作。

```
name = raw_input('What is your name?')
if name == 'Melish':
    print 'Welcome'
elif name == 'Enid':
    pass
elif name == 'Bill':
    print 'Access Denied'
```

（4）定义方法

在 Python 测试脚本中也允许测试人员自己定义方法，用于实现某些特定的功能，通常使用 def 语句，自定义方法包括方法名和方法体，方法体是方法每次被调用时执行的代码，可以由一个语句或多个语句组成，方法体一定要注意缩进。其语法形式如下：

```
def 方法名（参数列表）:
    方法体
```

下面通过一些例子进一步地了解自定义方法的用法。

定义一个加法方法：

```
>>> def add(a, b):
    return a+b
>>> result = add(1, 2)
>>> result
    3
```

定义一个方法，对序列赋值：

```
>>> def init(data):
    data['first'] = 1
    data['middle'] = 2
    data['last'] = 3
>>> storage={}
>>> init(storage)
>>> storage
    {'middle': 2, 'last': 3, 'first': 1}
```

默认情况下，方法中的参数是有顺序的，也可以创建无参数顺序的方法：

```
>>> def hello_1(greeting, name):
```

```
    print '%s, %s!'%(greeting, name)
>>> hello_1(greeting='Hello', name='world')
    Hello, world!
```

也可以对自定义方法提供任意数量的参数：

```
>>> def print_params(*params):
    print params
>>> print_params('Testing')
    ('Testing',)
>>> print_params(1, 2, 3)
    (1, 2, 3)
```

（5）导入外部模块

测试脚本中为调用某些特定的方法或命令，必须导入相应的模块，导入后按照“模块.方法”的格式使用。

```
>>> import math
>>> math.floor(32.9)
    32
```

确定自己不会导入多个同名方法的情况下，可以用另外一种形式：

```
>>> from math import sqrt
>>> sqrt(9)
    3.0
```

（6）注释和异常

“#”用于注释，“#”右边的内容不会被执行，用于描述一些变量、方法的功能及用法。同样，“#”右边的语句会被忽略而不会被编译器编译。

```
#打印圆的周长：
Print 2*pi*radius
```

测试脚本主要用于定义服务器端测试案例运行时的测试逻辑，但脚本本身也是由人来编写的，不可避免地会出现异常。如果异常发生时并未被捕获和处理就会导致测试用例终止执行，达不到预期的测试目的。例如：

```
x=input('Enter the first number: ')
y=input('Enter the second number: ')
print x/y
```

如果测试时第二个参数不输入0，则上面的脚本没有问题，当第二个参数输入0时就会报错，从而导致脚本终止运行：

```
Enter the first number: 10
Enter the second number: 0
Traceback (most recent call last):
```

```
    File "exceptions.py", line3, in ?
        print x/y
ZeroDivisionError:integer division or modulo by zero
```

为了捕获抛出的异常，可以在有可能出现错误的地方加上 try…except。except 后面描述的是异常的类型：

```
try:
    x=input('Enter the first number: ')
    y=input('Enter the second number: ')
    print x/y
except ZeroDivisionError:
    print "The second number can't be zero!"
```

当第二个参数输入 0 时，脚本会捕获到抛出的异常并打印：

```
The second number can't be zero!
```

测试脚本中包含的异常类型如表 8-4 所示。

表 8-4 异常类型

| 异常类型名称 | 异常类型描述 |
|---|---|
| Exception | 所有异常的基类 |
| AttributeError | 特性引用或赋值失败时引发的异常 |
| IOError | 试图打开不存在的文件（包括其他情况）时引发的异常 |
| IndexError | 在使用序列中不存在的索引时引发的异常 |
| KeyError | 在使用映射中不存在的键时引发的异常 |
| NameError | 在找不到名字（变量）时引发的异常 |
| SyntaxError | 在代码为错误形式时引发的异常 |
| TypeError | 在内建操作或者函数应用于错误类型的对象时引发的异常 |
| ValueError | 在内建操作或者函数应用于正确类型的对象，但是该对象使用不合适的值时引发的异常 |
| ZeroDivisionError | 在除法或者模除操作的第二个参数为 0 时引发的异常 |

（7）测试常用函数

现在我们介绍一些测试过程中可能会用到的函数。首先是用于数据类型转换的函数，如表 8-5 所示。

表 8-5 数据类型转换函数

| 函　　数 | 描　　述 |
|---|---|
| int($x$) | 将 $x$ 转换为一个整数 |
| long($x$) | 将 $x$ 转换为一个长整数 |

（续）

| 函　　数 | 描　　述 |
| --- | --- |
| float($x$) | 将 $x$ 转换为一个浮点数 |
| str($x$) | 将对象 $x$ 转换为字符串 |
| tuple($s$) | 将序列 $s$ 转换为一个元组 |
| list($s$) | 将序列 $s$ 转换为一个列表 |
| chr($x$) | 将一个整数转换为一个字符 |
| ord($x$) | 将一个字符转换为它的整数值 |
| hex($x$) | 将一个整数转换为一个十六进制字符串 |
| oct($x$) | 将一个整数转换为一个八进制字符串 |

以 int($x$) 为例，其使用方式为：

```
>>> a = 3.14159
>>> a = int(a)
>>> a
    3
```

然后是对列表进行操作的函数，如表 8-6 所示。

**表 8-6　列表操作函数**

| 函　　数 | 描　　述 |
| --- | --- |
| len(list) | 获取列表中元素的个数 |
| max(list) | 返回列表中元素的最大值 |
| min(list) | 返回列表中元素的最小值 |
| list.append(obj) | 在列表末尾添加新的对象 |
| list.count(obj) | 统计某个元素在列表中出现的次数 |
| list.index(obj) | 从列表中找出某个值第一个匹配项的索引位置 |
| list.insert(index，obj) | 将对象插入列表 |
| list.remove(obj) | 移除列表中某个值的第一个匹配项 |
| list.reverse() | 反向列表中的元素 |
| list.sort() | 对原列表进行排序 |

以测试过程中常用的 append 函数为例，其使用方式为：

```
>>> list1 = [1, 2, 3]
>>> list1.append(4)
>>> list1
    [1, 2, 3, 4]
```

最后是对字符串进行操作的函数，如表 8-7 所示。

表 8-7　字符串操作函数

| 函　　数 | 描　　述 |
| --- | --- |
| string.count(str) | 返回 str 在 string 里面出现的次数 |
| string.find(str) | 检测 str 是否包含在 string 中，如果是则返回开始的索引值，否则返回 –1 |
| string.join(seq) | 以 string 作为分隔符，将 seq 中所有的元素（的字符串表示）合并为一个新的字符串 |
| string.replace(str1, str2) | 把 string 中的 str1 替换成 str2 |
| string.split(str="") | 以 str 为分隔符切片 string |

以测试过程中常用的 split 函数为例，其使用方式为：

```
>>> str = '55, AA, 00, 11, 33, AA, 55'
>>> str.split(',')
['55', 'AA', '00', '11', '33', 'AA', '55']
```

**3. ETest 相关对象及方法**

（1）协议对象

协议对象指的是在协议定义文本中定义的协议。例如，空调控制板测试项目中的遥控器协议 Protocol_1 定义如下：

```
Protocol Main #
    Segment Head StandardUInt16 ByteOrder=Big Default=21930 #包头
    Segment Flag StandardUInt8 #标志位
    Segment Cmd StandardUInt16 Default=32 #命令标识
    Segment Tmp StandardUInt16 #温度
    Segment Check Checking Algorithm=常用校验_1 BitCount=16 Range=[Flag, Tmp] #校验和
    Segment Tail StandardUInt16 ByteOrder=Big Default=21930
End
```

协议对象在测试脚本中可以被引用，实现向待测系统的接口发送 / 接收数据。协议对象包含如下方法。

1）协议字段获取。

语法：协议名称 . 字段名 .Value。

描述：对用户定义的协议字段进行赋值或对该字段进行计算公式的逻辑处理。

例如：

```
def Test(arg,exp):
    #对协议字段进行赋值
    Protocol_1.Flag.Value=arg[0]
    Protocol_1.Tmp.Value=arg[1]
    Protocol_1.Cmd.Value=arg[2]
```

```
    #调用协议字段
    print Protocol_1.Flag.Value
    print Protocol_1.Tmp.Value
    print Protocol_1.Cmd.Value
Standard_Test(Test)
```

2）解析指定的数据。

语法：协议名称 .FromBytes(Arr, *p*)。

描述：对字节序列进行解析，根据解析结果对相应的协议字段进行赋值。Arr 是要解析的字节序列。*p* 是要解析的数据在所要解析的字节序列中的起始位置。

例如：

```
def Main():
    print 'Test Start'
    Arr = [1,2,3]
    Proto1. FromBytes(Arr, 0)
    print 'Proto1.name1.Value = %d'%Proto1.name1.Value
    print 'Proto1.name2.Value = %d'%Proto1.name2.Value
    print 'Proto1.name3.Value = %d'%Proto1.name3.Value
Main()
```

3）将协议编码为字节数组。

语法：协议名称 .Encode()，按位打包数据。

　　　协议名称 .ToBytes()，按字节打包数据。

描述：使用 Encode/ToBytes 函数将协议对象打包成数组。

例如：

```
def Main():
    print 'Test Start'
    Proto1.name1.Value = 0x31
    Proto1.name2.Value = 0x32
    Proto1.name3.Value = 0x33
    Arr1 = Proto1.ToBytes()#按字节打包数据
    Arr2 = Proto1.Encode()#按位打包数据
Main()
```

4）将协议编码后从通道写入。

语法：协议名称 .Write()。

描述：使用指定的协议向待测系统写入一帧内容。成功则返回 True，失败则返回 False。

例如在空调控制板的测试过程中，测试者需要模拟遥控器向空调控制板发送设置温度的数据包，首先对协议字段进行赋值，然后调用 Write() 方法进行协议帧的写入。对应的代码如下：

```
def Test(arg,exp):
    print '测试用例%d: 命令设定温度值为%d' % (arg[0], arg[1])
    Protocol_1.Tmp.Value=arg[1]
    Protocol_1.Write()
Standard_Test(Test)
```

5）使用协议从通道读取数据。

语法：协议名称 .Read()。

描述：使用指定的协议从待测系统读取一帧内容。成功则返回 True，失败则返回 False。假设协议 $X$ 包含 3 个 8 位整数的协议段 $A$、$B$、$C$，并且通道当前的数据内容为【0x11, 0x22, 0x33, 0x44, 0x55, 0x66, 0x77, 0x88, 0x99, 0x00】。这时运行脚本 $b$ = 协议 $X$ . Read()，那么 $b$ 等于 True，并且通道当前的数据内容为【0x44, 0x55, 0x66, 0x77, 0x88, 0x99, 0x00】，协议 $X$ . $A$ .Value 等于 11，协议 $X$ . $B$ .Value 等于 22，协议 $X$ . $C$ .Value 等于 33。

在空调系统中，空调在每次获取遥控器温度或者室温采集数据后，会根据最新的数据发送控制工作电机组的指令。接下来的例子演示如何读取空调控制板发送给工作电机组的指令：

```
def Test(arg, exp):
    Protocol_1.Tmp.Value = 20
    #向待测系统发送设置温度的数据包
    bool=Protocol_1.Write()
    #读取运转状态
    bool=Protocol_4.Read()
    print Protocol_4.运转状态.Value
Standard_Test(Test)
```

6）阻塞方式使用协议从通道读取数据。

语法：协议名称 .BlockRead()。

描述：使用指定的协议从待测系统阻塞读取一帧内容，直到读取到数据为止。如果成功读到数据则返回；否则阻塞调用线程。

BlockRead() 和 Read() 的功能类似，区别在于，BlockRead() 是阻塞式的读取，如果通道中没有读取的数据，它会阻塞测试脚本的运行，一直等到通道中出现数据为止。而 Read() 如果读取不到数据，会直接返回 False。除此之外，它们对于数据读取的处理都是一样的。下面是一个 BlockRead() 的例子：

```
def Test(arg, exp):
    Protocol_1.Tmp.Value = 20
    #向待测系统发送设置温度的数据包
    bool=Protocol_1.Write()
    #读取运转状态
    bool=Protocol_4.BlockRead()
    print Protocol_4.运转状态.Value
```

```
Standard_Test(Test)
```

（2）通道对象

1）通道写数据。

语法：通道名称 .Write(buffer)。

描述：使用指定通道向待测系统写入指定的数据，成功则返回 True，失败则返回 False。buffer 指需要向待测系统写入的字节内容数组。

例子如下：

```
buffer = [0x55, 0xAA, 0x00, 0x20, 0x00, 0x14, 0x00, 0x34, 0x00,0x55,0xAA]
bool = CH_232_1.Write(buffer)
print bool
```

2）通道读取数据。

①读取指定长度的数据。

语法：通道名称 .Read(Length)。

描述：从通道读取指定长度的数据内容（字节数组），成功则返回指定长度的数据，失败则返回 None。Length 指定需要读取的数据长度。假设待测系统向外发送了数据 [11，22，33，44，55，66，77，88，99，00]，执行脚本 ret= 通道 X.Read(5)，那么 ret 的内容为 [11，22，33，44，55]。

下面是空调控制板的测试脚本中利用通道读函数读取工作电机组指令的例子：

```
seekresult=CH_232_3.Clear()
Protocol_1.Tmp.Value=20
bool=Protocol_1.Write()
array=CH_232_3.Read(7)
print array
```

② 阻塞读取指定长度的数据。

语法：通道名称 .BlockRead(Length)。

描述：从通道读取指定长度的数据内容（字节数组），成功则返回指定长度的数据，失败则阻塞测试程序，直到读取到数据为止。

例子如下：

```
seekresult=CH_232_3.Clear()
Protocol_1.Tmp.Value=20
bool=Protocol_1.Write()
array=CH_232_3.BlockRead(7)
print array
```

3）通道缓存清理。

语法：Ret = 通道 .Clear( count=–1)。

描述：清理通道缓存里的历史数据，成功则返回清理结果对象；失败则返回 None。Count 表示需要清理的字节数，默认值为 –1，代表全部清除；大于 0 的值有效。Ret.Value 表示清除成功或失败。Ret.Data 表示被清理掉的数据。Ret.Count 表示清理掉的数据的个数，以 bit 为单位。

例子如下：

```
seekresult=CH_232_3.Clear()
Protocol_1.Tmp.Value=20
bool=Protocol_1.Write()
#通道里数据为55 AA 30 00 30 00 55 AA
seekresult=CH_232_3.Clear(32)
print seekresult.Data
print CH_232_3.Read(4)
#输出结果为55 AA 30 00
```

（3）时间对象

由于嵌入式设备往往对时间性能有较高的要求，因此在测试过程中通常会用到有关时间的函数。下面是一些常用的时间函数：

```
API.Common.Timer.HighTimer.Reset()                    #重置计时器
API.Common.Timer.HighTimer.Restart()                  #重新开始计时
API.Common.Timer.HighTimer.Start()                    #开始计时
API.Common.Timer.HighTimer.Stop()                     #停止计时
timespan=API.Common.Timer.HighTimer.Elapsed()         #已经计算的时间
API.Common.Timer.HighTimer.Sleep(us)                  #休眠μs指定的微秒
time=API.Common.Timer.Normal.Now()                    #当前时间
API.Common.Timer.Normal.Sleep(ms)                     #暂停指定时间（ms）
```

其中最常用的是获取当前时间的函数和暂停测试进程的函数。在空调系统中，室温采集器每 500ms 采集一次室温，空调控制板会取三次采集到的室温的平均值作为显示的室温，因此在测试过程中，需要模拟室温采集器每 500ms 一次采集室温的动作，要用到暂停测试的函数。其测试脚本如下：

```
def Test(arg,exp):
    Protocol_3.当前室温.Value=arg[0]
    Protocol_3.Write()
    API.Common.Timer.Normal.Sleep(500)
    Protocol_3.当前室温.Value=arg[1]
    Protocol_3.Write()
    API.Common.Timer.Normal.Sleep(500)
    Protocol_3.当前室温.Value=arg[2]
    Protocol_3.Write()
    API.Common.Timer.Normal.Sleep(500)
Standard_Test(Test)
```

## 8.1.4　测试自动化的执行

### 1. 测试数据控制方式

ETest 中创建的测试用例提供了一种方便的测试数据管理方式。每个测试用例包含 2 个标签页，分别是“测试任务”和“测试数据”，如图 8-7 所示。

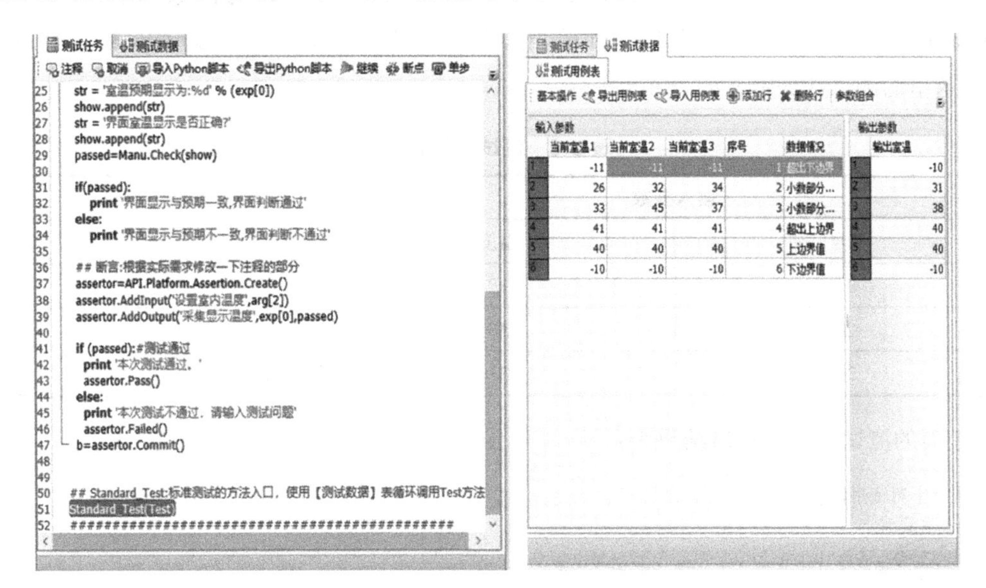


图 8-7　测试任务和测试数据

“测试任务”描述的是测试执行的过程，也就是测试脚本的编写页面。

“测试数据”部分提供了一个数据描述表格。该表格包含左右两部分，左边是输入数据，右边是预期输出结果。每一行数据左右两部分相结合，就构成了一次测试需要使用的数据。

“测试任务”部分有两种使用方式：可以结合测试数据使用，也可以独立使用。如果结合测试数据使用，则不需要建立循环结构。ETest 框架会自动为每一行数据调用一次测试循环体。测试数据和测试过程独立的方式能够更清晰地观察测试数据的设计，有利于测试人员使用各种测试用例设计方法，设计出更合理的测试数据。接下来具体介绍测试数据和测试任务的使用方式。

ETest 提供了用于调用测试数据的 Standard_Test(Test) 函数，该函数能够使用“测试数据”表格中的测试数据，循环调用 Test 函数执行测试。下面是一个例子：

```
## Test:测试数据执行函数体，【测试数据】每一行数据调用一次Test
## arg: 输入参数
## exp: 预期输出
```

```
def Test(arg,exp):
    print '第%d次测试' % arg[0]
    print '输入参数: %d ' % arg[1]
    print '输出参数: %d ' % exp[0]
## Standard_Test:标准测试的方法入口，使用【测试数据】表循环调用Test方法
Standard_Test(Test)
```

在这个例子中，我们定义了一个包含 arg 和 exp 两个参数的函数 Test，然后使用 Standard_Test 去调用它。输入参数和输出参数会分别被封装成两个列表，赋值给 arg 和 exp。这里的测试数据定义如表 8-8 所示。

表 8-8 测试数据定义

| 输入参数 | | 输出参数 |
|---|---|---|
| 序号 | 温度 | 预期温度 |
| 1 | 29 | 29 |
| 2 | 30 | 30 |
| 3 | 31 | 30 |

上面的测试脚本的输出结果为：

```
执行【测试用例】开始......
第1次测试
输入参数: 29
输出参数: 29
第2次测试
输入参数: 30
输出参数: 30
第3次测试
输入参数: 31
输出参数: 30
执行【测试用例】完成......
```

当我们设计了多行测试数据时，Standard_Test(Test) 函数会循环调用 Test() 函数，并每次取测试数据表中的一行，分别把输入参数和输出参数封装成 Test() 函数的两个参数 arg 与 exp，传入 Test() 函数中进行测试。如运行结果中所示，第一次循环时，读取了第一行测试数据，此时的 arg[0] 对应的是序号 1，arg[1] 对应的是温度 29，exp[0] 对应的是温度 29。后面每次循环会重新读取一行，更新 arg 和 exp 两个列表。

**2. 测试执行交互**

嵌入式设备的指令执行速度往往远远快于人的反应速度，为了观察待测设备的输出情况，往往需要在脚本执行过程中暂停并记录设备的输出。

ETest 提供了 Manu 模块来实现交互式的测试执行过程。Manu 模块提供了一个

Check(list) 函数，list 是一个列表。该函数能够暂停脚本执行过程，并弹出一个可点击的确认窗口，窗口会将 list 中的内容以文字形式逐行显示，点击符合会返回 True，不符合则返回 False。

Manu 模块的使用方式如下：

```
import Manu
def Test(arg,exp):
    show = []
    str = '输入参数: %d, 预期输出: %d ' % (arg[1], exp[0])
    show.append(str)
    passed=Manu.Check(show)
    if(passed):
        print '输出与预期一致，测试通过'
    else:
        print '输出与预期不一致，测试不通过'
Standard_Test(Test)
```

该脚本运行之后，在执行到 Check 函数时，会弹出如图 8-8 所示的对话框。点击“符合”会返回 True，点击“不符合”则会返回 False。最后 print 函数会把执行返回的结果记录下来。

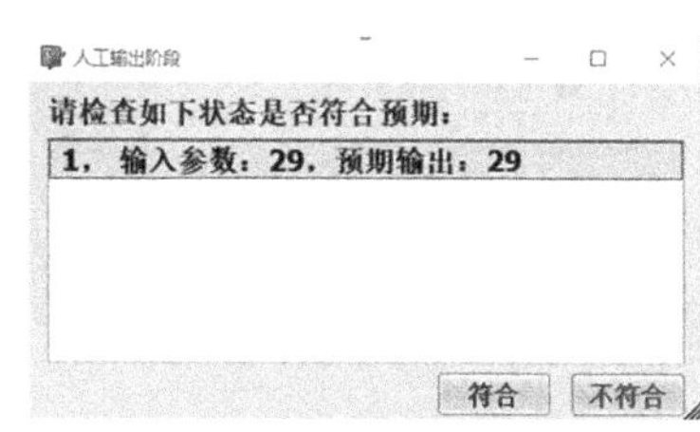


图 8-8　Check 函数产生的对话框

### 3. 测试结果判读

ETest 可以在测试脚本中编写结果判读信息。使用测试结果判读信息，将执行预期结果和实际结果进行比对。如果预期结果和实际结果之差在允许的误差范围内，则认为测试用例执行通过；否则认为测试用例执行不通过。

测试用例判读的结果在 ETest 生成的测试报告中能够体现出来，方便用户查看。

测试用例判读信息使用 Assertion 对象实现。其中：

- assertor=API.Platform.Assertion.Create() 创建一个判读对象 assertor。
- assertor.AddInput() 添加输入参数信息。
- assertor.AddOutput() 添加输出参数信息。
- assertor.Pass() 判定测试结果为通过。
- assertor.Failed() 判定测试结果为不通过。
- assertor.Commit() 提交判定结果。

生成的测试报告中会包含测试判定结果。测试报告样例如图 8-9 所示。

测试脚本执行判读的功能能够给出测试用例执行的结果是通过或不通过。这对于大规模开发自动化测试脚本并反复执行十分重要。

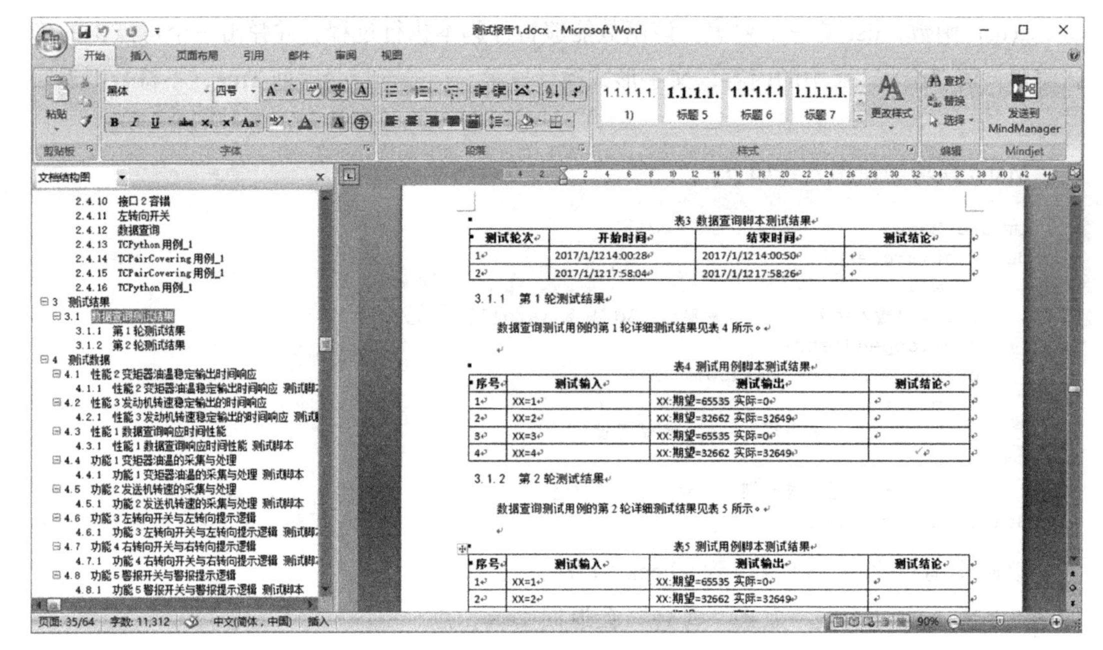


图 8-9 测试报告样例

## 8.1.5 测试监控

嵌入式系统的测试和实际的嵌入式硬件是分不开的，测试者在进行测试时，需要时刻观察待测设备的运行情况。然而，在实际的测试过程中，往往不能方便、及时地获取到测试的相关数据，所以我们需要对待测设备进行监控，以便实时获取测试所需的信息。如图 8-10 所示，ETest 提供了功能强大的测试监控设计和使用功能。测试监控可以通过用户自定义的监控面板，实时监视 / 查看测试数据，通过直观的方式观察数据的变化。除此之外，还可以通过按钮触发协议和通道的事件操作，从而实现一些简单的测试动作。

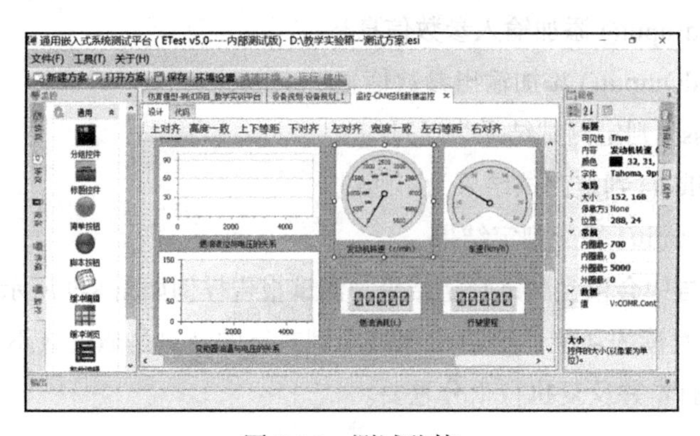


图 8-10 测试监控

### 1. 测试监控设计

要在 ETest 中进行实时监控窗口的设计，首先需要创建一个空白的测试监控面板；然后从左侧的工具栏中选择合适的监控控件，用拖拽的方式将其添加到监控面板上。打开控件的属性栏，修改控件的标题、颜色、外观。修改控件的绑定信息，将其绑定到接口协议的字段上。保存监控设计。

监控控件分为“监视”“控制”“通用”三类。“监视”控件包含“曲线图”“圆盘仪表”“数字仪表”“指示灯”等监视控件。“控制”类控件包含“文本框”“控制条”“按钮”等类型的控件。监控面板可以进行数据的输出显示和输入控制，形成一个用户界面，同待测系统进行数据的交互。

在空调系统中，空调在每次获取遥控器温度或者室温采集数据后，会根据最新的数据发送控制工作电机组的指令，测试者需要判断发送给工作电机组的指令是否正确。因此，我们可以使用测试监控来实现遥控器温度和室温采集器温度的发送，并利用指示灯来显示空调控制板发送给工作电机组的指令。

因此可以设计出如图 8-11 所示的测试监控。对两个文本输入框的属性进行设置，使文本框的值分别与 Protocol_1 的 Tmp 字段和 Protocol_3 的当前室温字段绑定，并为三个按钮分别设置遥控器协议写、室温协议写和工作电机组协议读的事件。最后再将指示灯的亮暗和工作电机组协议的运转状态协议绑定，就可以达到使用测试监控按钮发送室温和遥控器温度以及通过指示灯监控工作电机组指令的目的。

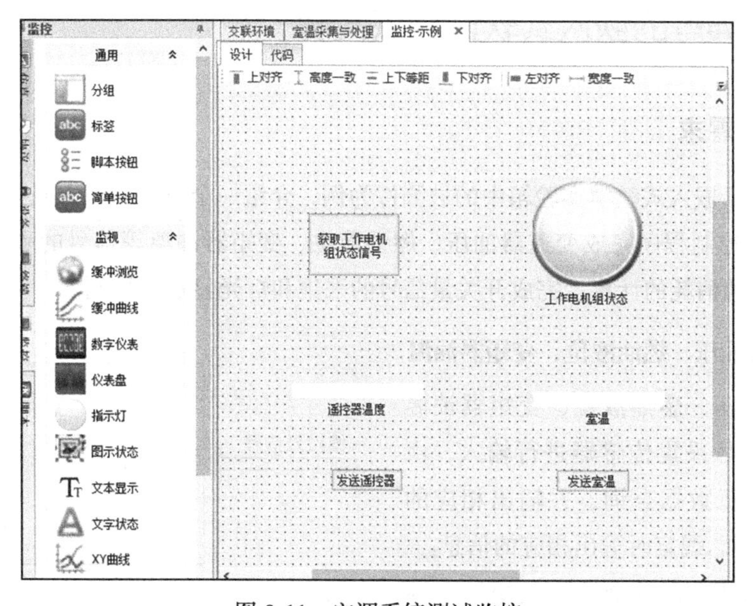


图 8-11　空调系统测试监控

**2. 测试监控运行**

测试监控和测试脚本都可以进行测试执行的控制。

在测试脚本执行过程中，用户可以打开监控界面。监控界面上的控件可以改变协议字段的值，也可以执行发送 / 接收的操作。图 8-12 是上面设计的测试监控的实际运行结果。

测试监控和测试脚本可以同时指向测试，监控控件执行的发送 / 接收操作会以中断的方式打断测试脚本的执行序列，插入测试脚本的执行过程中。监控控件执行的操作结束后，测试脚本的执行序列会继续执行，从而实现测试监控和测试脚本的同步测试。

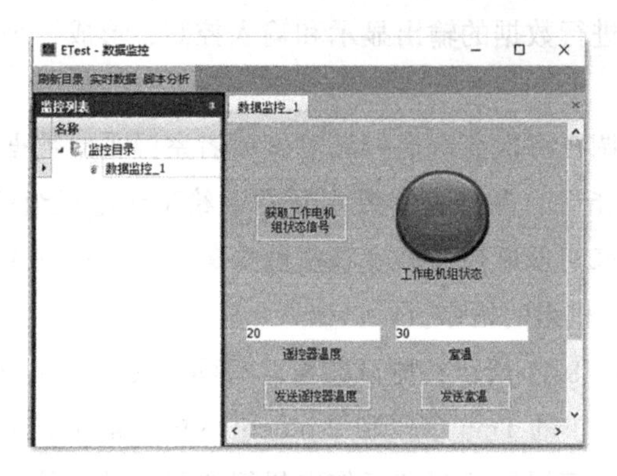


图 8-12 空调系统测试监控运行结果

## 8.2 一个典型的嵌入式软件测试案例

### 8.2.1 软件需求

以下以凯云嵌入式教学实验箱中的被测件为例，介绍一个典型的嵌入式系统需求。

待测件板控制程序完成变速器油压、燃油液位、变矩器油温等信号的采集处理，进行行驶里程、燃油消耗的计算，完成开关量信号的采集和灯光显示的控制。

**1. 变速器油压、燃油液位、变矩器油温**

变速器油压、燃油液位、变矩器油温通过模拟量信号采集传感器进行输入，由 RS232 串口进行数据查询，并输出相应的信息；由 CAN 总线定时输出相应的信息。

变速器油压、燃油液位、变矩器油温的数据流如图 8-13 所示。

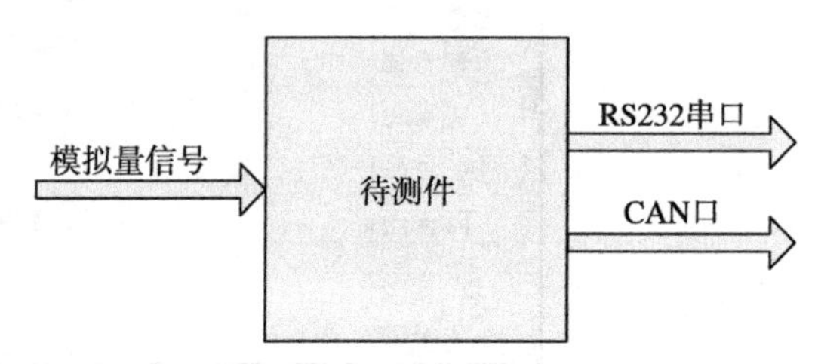


图 8-13 变速器油压、燃油液位、变矩器油温的数据流图

3 路传感器为电压型传感器，电压范围为 0 ~ 5V，电压到物理量含义的计算公式如表 8-9 所示。

**表 8-9 变速器油压、燃油液位、变矩器油温的计算公式**

| 序号 | 信号名称 | 检测范围 | 公式 | 允许误差 |
|---|---|---|---|---|
| 1 | 变速器油压 | 0 ~ 4.0MPa | $(V_c*2/3*1000-400)*150/1600/50$ | ± 0.1MPa |
| 2 | 燃油液位 | 0% ~ 100% | $(V_c*2/3*10-4)*100/20+15$ | ± 1% |
| 3 | 变矩器油温 | 0 ~ 150℃ | $(V_c*2/3*1000-400)*150/1600*2/3$ | ± 1.5℃ |

模拟量输入通过 AD 电路进行采集，AD 采集的位数为 12bit，即 $V_c = 5*D_i/2^{12}$，其中 $D_i$ 为各路 AD 采集的值，$V_c$ 为电压值。

**2. 车速、转速、里程、燃油消耗**

车速、发动机转速、行驶里程、燃油消耗的数据流图如图 8-14 所示。

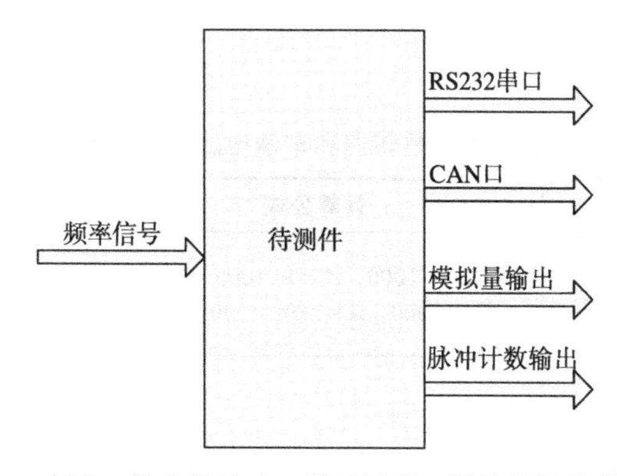


图 8-14 车速、发动机转速、行驶里程、燃油消耗的数据流图

车速、发动机转速的输入：车速、发动机转速由频率信号输入。通过测频得到 $f$（单位为 Hz），然后计算发动机转速与车速。其计算公式如表 8-10 所示。

**表 8-10 发动机转速、车速计算公式**

| 序号 | 信号名称 | 检测范围 | 公式 | 允许误差 |
|---|---|---|---|---|
| 1 | 发动机转速 | 0 ~ 5000r/min | $f/138*80$ | ± 2r/min |
| 2 | 车速 | 0 ~ 80km/h | $f/(580*18.13)*3.14*2*0.76*3.6*4$ | ± 1km/h |

行驶里程、燃油消耗由车速和发动机转速计算而来。计算过程分为两步：第一步计算行驶里程，计算公式为 $D=V*t/3600$，其中 $V$ 为车速，单位为 km/h，$t$ 为所经历的时间，单位为 s，输出范围为 0 ~ 1000km；第二步计算燃油消耗，计算公式为 $L=D*L_v/100$，其中 $D$

为里程，单位为 km，$L_v$ 为燃油消耗率，单位为升 / 百千米。燃油消耗单位为升。

行驶里程的输出：行驶里程用一定频率的脉冲输出，接口板通过对脉冲的计数来识别待测件板的里程值；每 10m 发送一个脉冲，即行驶里程精度为 0.01km。若按照车速等于 60km/h 进行计算，10m 需要的时间为 10/(60*1000)*3600=0.6s，即每 0.6s 输出一个脉冲，相当于脉冲频率为 1/0.6=1.6Hz。

燃油消耗的输出：燃油消耗用一定频率的脉冲输出，接口板通过对脉冲的计数来识别待测件板的燃油消耗。每 10 毫升发送一个脉冲，即燃油消耗精度为 0.01 升。若按照车速等于 60km/h 进行计算，燃油效率 $L_v$=10 升 / 百千米，则消耗 10 毫升油的行驶里程为 10/($L_v$*1000/100)=10/（10*1000/100）=10/100=0.1km，0.1km 的时间为 0.1/60*3600=6s，即每 6s 输出一个脉冲，相当于脉冲频率为 1/6=0.16Hz。

脉冲计数允许误差范围：里程脉冲计数允许误差为 ±1km/h，燃油消耗脉冲计数允许误差为 ±0.1L/h。

车速和发动机转速利用模拟量输出，输出 0 ~ 5V 的电压信号以驱动仪表的显示。其计算公式如表 8-11 所示。

**表 8-11　发动机转速和车速电压输出计算公式**

| 序号 | 信号名称 | 计算公式 | 参数含义 | 允许误差 |
|---|---|---|---|---|
| 1 | 发动机转速表显示 | 当 $n \leqslant 1000$，$A = n/1000$<br>当 $n>1000$，$A=1+(n-1000)*4/4200$ | $A$ 表示 DA 输出的电压值，$n$ 为发动机转速（r/min） | ±0.1V |
| 2 | 车速表显示 | $A=V*5/200$ | $A$ 表示 DA 输出的电压值，$V$ 表示车速（km/h） | ±0.1V |

**3. RS232 串口**

教学实验箱提供了两路 RS232 串口，一路用于实现 Android 显示屏与待测件板的信息通信，一路用于串口通信板与待测件板的信息通信。两路 RS232 串口的波特率设置均为 9600Kbit/s，无校验位，并有 8 位起始位、1 位停止位。

通信协议格式由帧头、指令字、长度、内容、校验和、帧尾组成，帧头与帧尾各占 2 个字节（固定为 AA 55），指令字占 1 个字节、长度占 2 个字节（包含指令字加内容的字节长度），校验和占 2 个字节（从长度开始到内容结束字节的累加和）。

（1）通过串口接收自检指令

串口自检查询指令结构描述如表 8-12 所示。

表 8-12 串口自检查询指令结构描述

| B0 ~ B1 | B2 | B3 | B4 ~ B5 | B6 ~ B7 |
|---|---|---|---|---|
| 帧头 | 长度 | 指令字 | 校验和 | 帧尾 |
| aa 55 | 1 | Fa | B2 到 B3 的累加和 | aa 55 |

（2）通过串口向外发送自检结果

串口查询自检结果结构描述如表 8-13 所示。

表 8-13 串口查询自检结果结构描述

| B0 ~ B1 | B2 | B3 | B4 | B5 ~ B6 | B7 ~ B8 |
|---|---|---|---|---|---|
| 帧头 | 长度 | 指令字 | 自检状态 | 校验和 | 帧尾 |
| aa 55 | 2 | Fa | 1：正常。0：故障 | B2 到 B4 的累加和 | aa 55 |

（3）通过串口接收数据查询指令

串口数据查询指令结构描述如表 8-14 所示。

表 8-14 串口数据查询指令结构描述

| B0 ~ B1 | B2 | B3 | B4 ~ B5 | B6 ~ B7 | B7 ~ B8 |
|---|---|---|---|---|---|
| 帧头 | 长度 | 指令字 | 查询的数据 | 校验和 | 帧尾 |
| aa 55 | 3 | Fb | 由低到高每两个字节代表一个数据的查询，两位全为 1 表示需要查该数，否则不需要查询该数 | B2 到 B5 的累加和 | aa 55 |

B4 分别表示是否查询变速器油压、燃油液位、变矩器油温、保留字段；B5 分别表示是否查询发动机转速、车速值、里程、燃油消耗。

（4）通过串口向外发送 AD 采集数据结果

串口数据查询结果结构描述如表 8-15 所示。

表 8-15 串口数据查询结果结构描述

| B0 ~ B1 | B2 | B3 | B4 ~ B19 | B20 ~ B21 | B22 ~ B23 |
|---|---|---|---|---|---|
| 帧头 | 长度 | 指令字 | 每两个字节表示变速器油压到燃油消耗 | 校验和 | 帧尾 |
| aa 55 | 0x11 | Fb | | B2 到 B19 的累加和 | aa 55 |

B4 ~ B19 用两个字节代表各个值；其中 B10 ~ B11 为保留字节（默认值为 0xFFFF），值域范围 0 ~ 0xFFFE 代表 0 到相应参数的最大值，当值为 0xFFFF 时，表示对方未查询该数。

**4. CAN 口**

CAN 数据帧采用标准帧数据格式，内容长度为 8 个字节，每 180ms 输出 1 帧数据（允许的时间误差范围为 ±20ms）。当发动机转速和车速均为 0 时，停止输出 CAN 信息。CAN 口模拟量信号输出协议结构描述如表 8-16 所示。CAN 口传感器信号输出协议结构描述如表 8-17 所示。

表 8-16 CAN 口模拟量信号输出协议结构描述

| 信号名称 | 长度 | 内容 |
|---|---|---|
| 变速器油压 | 两个字节 | 用 0 ~ 65535 代表 0 ~ 4.0MPa |
| 燃油液位 | 两个字节 | 用 0 ~ 65535 代表 0 ~ 100% |
| 变矩器油温 | 两个字节 | 用 0 ~ 65535 代表 0 ~ 150℃ |
| 保留 | 两个字节 | 0xFFFF |

表 8-17 CAN 口传感器信号输出协议结构描述

| 信号名称 | 长度 | 内容 |
|---|---|---|
| 里程 | 两个字节 | 用 0 ~ 65535 代表 0 ~ 1000km |
| 燃油消耗 | 两个字节 | 用 0 ~ 65535 代表 0 ~ 50L |
| 发动机转速 | 两个字节 | 用 0 ~ 65535 代表 0 ~ 5000 r/min |
| 车速 | 两个字节 | 用 0 ~ 65535 代表 0 ~ 80km/h |

**5. 灯光控制**

灯光控制使用数字量输入代表 9 路开关信号，分别为 IGN 开关、左转向开关、右转向开关、警报灯开关、示宽灯开关、远光开关、近光开关、制动开关、防空开关。

使用数字量输出代表 10 路灯光信号，分别为顶灯、左转向灯、右转向灯、开关照明灯、示宽灯、远光灯、近光灯、制动灯、防空制动灯、防空照明灯。

灯光控制逻辑如下：

1）IGN 开关为总开关，当 IGN 开关关闭时，除警报灯开关外，其余灯光控制开关均无效；

2）IGN 开关打开后，如果防空开关打开，则顶灯必须熄灭，远光灯、近光灯、左转向灯、右转向灯、示宽灯、制动灯不再受各自开关的控制，并且要处于熄灭状态，警报灯开关不再有效；

3）IGN 开关打开后，如果防空开关打开，防空制动灯受制动开关控制，并且制动灯应为熄灭状态；

4）如果防空开关关闭，当警报灯开关打开时，左右转向灯同时闪烁；

5）IGN 开关打开后，如果防空开关关闭，只有当近光开关打开时，远光开关才能控制远光灯的打开与关闭（即当近光开关关闭时，远光开关无论打开与否，远光灯都不会点亮）；

6）IGN 开关打开后，如果防空开关关闭，顶灯点亮，左转向灯、右转向灯、示宽灯、近光灯受各自开关控制；

7）IGN 开关打开后，如果防空灯开关关闭，开关照明灯受示宽灯开关控制。

上述所有 7 条灯光控制逻辑需要同时满足。

### 8.2.2 测试设计与执行

为比较手工测试与自动化测试的优缺点，本节分别给出了被测软件的手工测试过程和自动化测试过程。由于篇幅有限，下面仅给出其串口和 CAN 总线的手工测试和自动化测试方法，其他接口的测试方法可参见本书配套的实验指导书。

**1. 手工测试**

（1）手工测试待测件板串口通道

教学实验箱的待测件板有两个 RS232 串口通道，一个用于向 Android 显示屏传输显示的数据信息，另一个用于向串口通信板进行数据通信。我们可以使用外部 RS232 接口适配器与待测件板上向串口通信板进行数据通信的串口相连，使用串口调试工具软件测试待测件板的数据输出情况，以开展串口通信通道的手工测试。

要进行串口通信通道的手工测试，需要先与待测件板的 RS232 串口连接，我们需要使用 RS232 接口适配器，如图 8-15 所示。

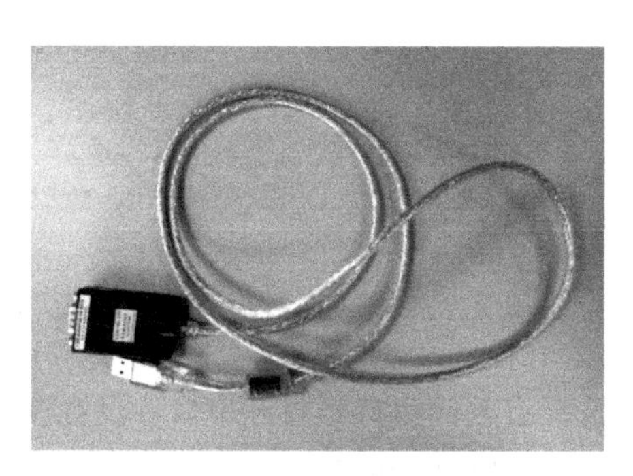

图 8-15　RS232 接口适配器

RS232 接口适配器与待测件板进行连接，一端与测试主机上的 USB 口连接，另一端与串口通信板上的 RS232 串口连接，如图 8-16 所示。

图 8-16　RS232 接口适配器与待测件板连接

SSCOM32 是一款串口调试工具软件，可以设置不同的串口参数，用于串口数据的收发，可以执行十六进制和十进制串口数据的发送和接收，如图 8-17 所示。

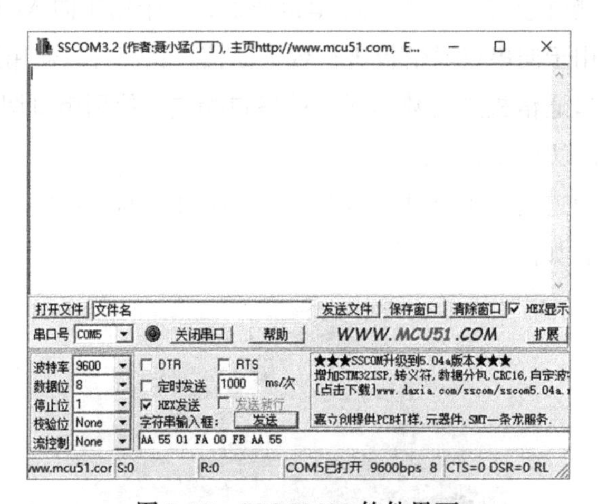


图 8-17　SSCOM32 软件界面

打开软件 SSCOM32，选择有效的串口号打开串口，设置波特率为 9600，数据位为 8，停止位为 1，校验位为 None，如图 8-18 所示。

图 8-18 中使用的串口号是 COM5，实际串口号会根据测试主机的不同而变化，读者需要依据实际情况进行设定。

图 8-18　SSCOM32 的设置与查询

选中“HEX 发送”选项和“HEX 显示”选项，在字符串输入框中输入查询指令，例如“AA 55 01 FA 00 FB AA 55”，点击【发送】按钮后，在软件上方的内容显示框中显示查询结果“AA 55 02 FA 01 FD 00 AA 55”。发送一次查询指令，在内容显示框中显示一次查询结果。

根据教学实验箱串口通信设计需求，可以通过设置串口查询指令获取串口自检结果和数据查询结果，其操作方式如下。

1）串口自检查询。当发送串口自检指令“AA 55 01 FA 00 FB AA 55”后，串口将返回自检结果，如图 8-19 所示。

图 8-19　串口自检查询

返回的自检结果为“ AA 55 02 FA 01 FD 00 AA 55”，如图 8-19 所示。按照串口自检返回结果通信协议标准，其中的 B4 字节“01”为返回的自检结果。按照“1：正常。0：故障”的标准，自检结果通过。

按照上面的测试方案，可以对串口进行如下测试：

- 错误的帧头和帧尾。输入自检指令“55 AA 01 FA 00 FB 55 AA”，观察串口是否有返回结果。如果有返回结果，说明自检错误。如果无返回结果，说明自检符合要求。
- 错误的长度。输入自检指令“ AA 55 02 FA 00 FC AA 55”，观察串口是否有返回结果。如果有返回结果，说明自检错误。如果无返回结果，说明自检符合要求。
- 错误的指令字。输入自检指令“ AA 55 01 FB 00 FC AA 55”，观察串口是否有返回结果。如果有返回结果，说明自检错误。如果无返回结果，说明自检符合要求。

2）串口输出数据查询。根据串口接收数据查询指令标准，遵循 B4-B5“由低到高每两个字节代表一个数据的查询，两位全为 1 表示需要查该数，否则为不需要查询该数”的原则，输入全部查询指令“ AA 55 03 FB FF FF 02 FC AA 55”，可以获取查询结果，如图 8-20 所示。

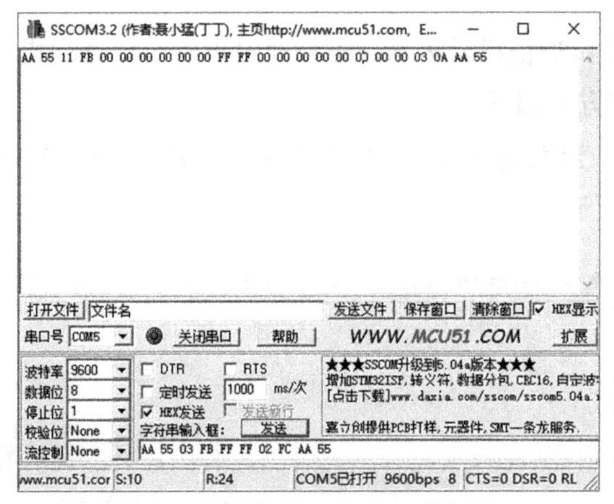

图 8-20　无数据设置的串口数据返回

如图 8-20 所示，返回结果“ AA 55 11 FB 00 00 00 00 00 00 FF FF 00 00 00 00 00 00 00 00 03 0A AA 55”，有效返回字节值是从“ FB ”后的“00”开始到“03”之前的部分“00 00 00 00 00 00 FF FF 00 00 00 00 00 00 00 00”，其返回值每 2 组代表一个物理值，从左到右的排列顺序为：变速器油压、燃油液位、变矩器油温、保留字段、行驶里程、燃油消耗、发动机转速、车速。由于待测件板未设置，因此输出结果均为 0。

①全数据查询。查询变速器油压、燃油液位、变矩器油温、行驶里程、燃油消耗、发

动机转速、车速的串口输出值，请先按照第 2 ～ 8 章的操作，设置待测件板，使其有数据输出。执行数据查询指令“ AA 55 03 FB FF FF 02 FC AA 55”，观察数据查询结果，如图 8-21 所示。

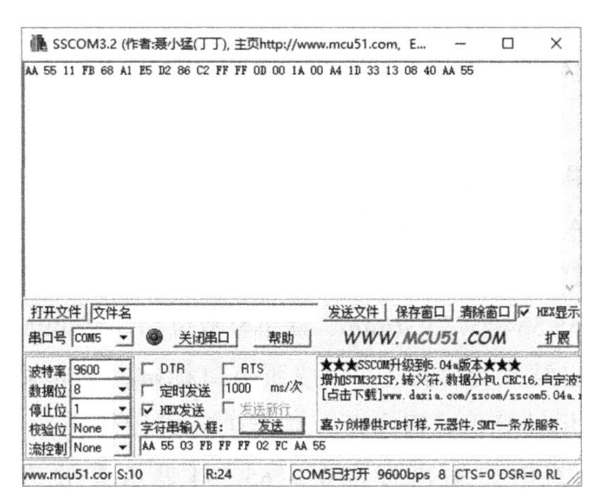


图 8-21　串口数据查询结果

根据查询结果进行以下数据分析。

❑ 变速器油压：串口输出结果为“68 A1”，按照串口标准，其正确输出的十六进制数据为“ A168”，使用计算器“程序员”功能进行进制转换，如图 8-22 所示。

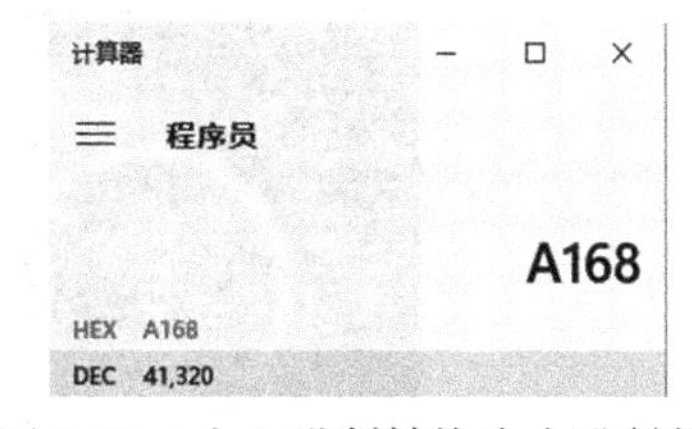


图 8-22　十六进制转换为十进制数值

如图 8-22 所示，十进制数据为“41320”，根据教学实验箱串口输出标准 0 ～ 65 534 表示有效值 0 ～ 4MPa 范围，即 41 320 × 4/65 534=2.52MPa。

❑ 燃油液位：串口输出结果为“ E5 D2”，按照串口标准，其正确输出的十六进制数据为“ D2E5”，使用计算器“程序员”功能进行进制转换，十进制数据为“53 989”，根据教学实验箱串口输出标准 0 ～ 65 534 表示有效值 0% ～ 100% 范围，即 53 989 × 100/65 534=82.38%。

❑ 变矩器油温：串口输出结果为“86 C2”，按照串口标准，其正确输出的十六进制数据为“ C286”，使用计算器“程序员”功能进行进制转换，十进制数据为“49 798”，根据教学实验箱串口输出标准 0 ～ 65 534 表示有效值 0 ～ 150℃范围，即 49 798 × 150/65 534=113.98℃。

❑ 行驶里程：串口输出结果为“0D 00”，按照串口标准，其正确输出的十六进制数据为“000D”，使用计算器“程序员”功能进行进制转换，十进制数据为“13”，根据教学实验箱串口输出标准 0 ~ 65 534 表示有效值 0 ~ 1000km 范围，即 13 × 1000/65 534=0.19km。

- 燃油消耗：串口输出结果为“1A 00”，按照串口标准，其正确输出的十六进制数据为“001A”，使用计算器“程序员”功能进行进制转换，十进制数据为“26”，根据教学实验箱串口输出标准 0 ~ 65 534 表示有效值 0 ~ 50L 范围，即 26 × 50/65 534=0.01L。
- 发动机转速：串口输出结果为“ A4 1D”，按照串口标准，其正确输出的十六进制数据为“1DA4”，使用计算器“程序员”功能进行进制转换，十进制数据为“7588”，根据教学实验箱串口输出标准 0 ~ 65 534 表示有效值 0 ~ 5000r/min 范围，即 7588 × 5000/65 534=578.93r/min，保留整数位为 579r/min。
- 车速：串口输出结果为“33 13”，按照串口标准，其正确输出的十六进制数据为“1333”，使用计算器“程序员”功能进行进制转换，十进制数据为“4915”，根据教学实验箱串口输出标准 0 ~ 65 534 表示有效值 0 ~ 80km/h 范围，即 4915 × 80/65 534=5.99km/h，保留整数位为 6km/h。

观察 Android 显示屏上的输出情况，如图 8-23 所示。

图 8-23　串口数据在 Android 显示屏上的输出

根据与 Andriod 显示屏输出结果对比，发动机转速、车速、变速器油压、燃油液位、变矩器油温与串口输出结果计算值误差均小于误差标准，串口输出结果测试通过。行驶距离和燃油消耗由于是脉冲输出，会随时间发生变化，因此与串口输出结果计算值不一致也是正常的。

②部分数据查询。可以通过修改查询指令，查询部分数据的串口输出情况。

查询车速：输入查询指令“aa 55 03 fb 00 03 01 01 aa 55”，观察串口输出结果，如图 8-24 所示。

图 8-24　查询部分数据返回情况

结果中除车速“33 13”之外，其他均返回“FF FF”，和设计中返回“FF FF”一致，测试通过。

同理，采用上述方法，可以进行下面的测试。

- 查询发动机转速、车速：输入查询指令“aa 55 03 fb 00 0f 01 0D aa 55”，观察串口输出结果。
- 查询燃油消耗、发动机转速、车速：输入查询指令“aa 55 03 fb 00 3f 01 3D aa 55”，观察串口输出结果。
- 查询行驶里程、燃油消耗、发动机转速、车速：输入查询指令“aa 55 03 fb 00 ff 01 fd aa 55”，观察串口输出结果。
- 查询变矩器油温、行驶里程、燃油消耗、发动机转速、车速：输入查询指令“aa 55 03 fb 0f ff 02 0c aa 55”，观察串口输出结果。
- 查询燃油液位、变矩器油温、行驶里程、燃油消耗、发动机转速、车速：输入查询指令“aa 55 03 fb 3f ff 02 3c aa 55”，观察串口输出结果。

（2）手工测试待测件板 CAN 通道

教学实验箱的待测件板含有一个 CAN 总线通信接口，待测件可以通过 CAN 总线通信接口向外传输各个物理量的实时数据信息，因此可以使用 CAN 总线适配器与待测件和测试主机连接，以展开 CAN 总线通信的手工测试。

USB-CAN 适配器是带有 USB 2.0 和 2 路 CAN 接口的 CAN 总线适配器，如图 8-25 所示。

USB-CAN 总线适配器的产品介绍如表 8-18 所示，其中 PWR 为电源指示灯，当 CAN 总线适配器与测试主机通过 USB 端口连接时，指示灯变成红色。CAN1 和 CAN2 分别为 CAN1 和 CAN2 通道指示灯，当有数据收发时，指示灯闪烁。R+ 和 R– 为一个 CAN 通道的终端电阻，用导线短接 R+ 和 R– 会使内部的 120Ω 电阻接入总线，正常的总线上必须保证有 120Ω 终端电阻，否则有可能会影响 CAN 总线正常工作。

图 8-25 USB-CAN 适配器外形图

表 8-18 USB-CAN 适配器产品介绍

| 名称 | 描述 | 名称 | 描述 |
|---|---|---|---|
| R+ | 终端电阻 R+ | PWR | 电源指示灯 |
| R– | 终端电阻 R– | CAN1 | CAN1 通道指示灯 |
| CANH | CAN 总线 H 信号 | CAN2 | CAN2 通道指示灯 |
| CANL | CAN 总线 L 信号 | | |

CAN 总线适配器可以被作为一个标准的 CAN 节点，是 CAN 总线产品开发、CAN 总线设备测试、数据分析的强大工具。采用该接口适配器，测试主机可以通过 USB 接口连接一个标准 CAN 网络进行数据处理、数据采集和数据通信。同时，CAN 总线适配器体积小、方便安装等特点，也是便携式系统用户的最佳选择。CAN 总线适配器与待测件板、测试主机的连线如图 8-26 和图 8-27 所示。

图 8-26 CAN 总线适配器与待测件板连线

USB-CAN 适配器通过 USB 端口与测试主机相连，CAN1 口上的接线端子 CANH 与 CANL 通过导线与待测件上 CAN 总线端口的 CANH 和 CANL 对应相连。这样就实现了测试主机与待测件的 CAN 总线通信，可以通过 CAN 口从待测件读回变速器油压、燃油液位、变矩器油温、行驶里程、燃油消耗、发动机转速和车速的值。

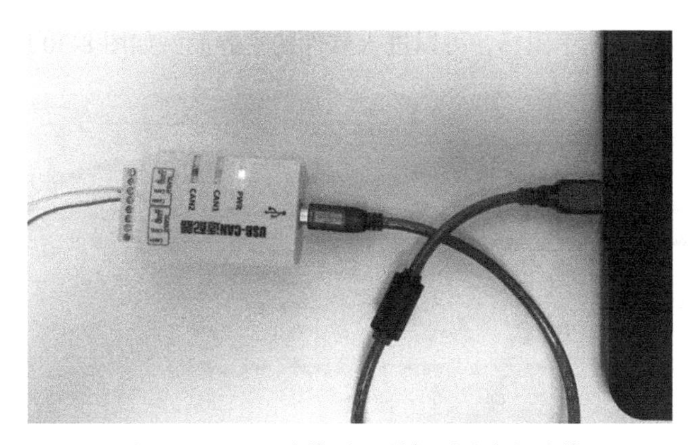

图 8-27　CAN 总线适配器与测试主机连线

下面使用 CAN 总线调试助手进行 CAN 总线通信手工测试。首先在计算机上安装 CAN 总线调试助手，其图标如图 8-28 所示。

图 8-28　CAN 总线调试助手

使用嵌入式系统测试平台，预先设定待测件上各个被测量的值，如图 8-29 所示。

图 8-29　设定各个被测量的值

双击 CAN 总线调试助手图标，可以进入软件的主界面，如图 8-30 所示。

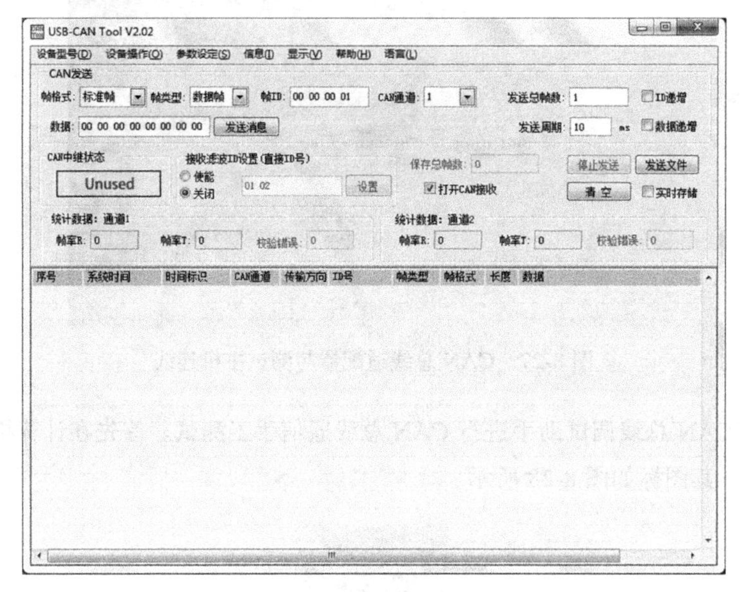


图 8-30　CAN 调试助手主界面

其中【设备型号】选用 USB-CAN 2.0（与 CAN 总线适配器的型号一致），在设备接线正常的情况下单击【设备操作】选择启动设备。弹出【参数确认】对话框，如图 8-31 所示，对它的参数进行规划，其中选择 CAN 通道号为通道 1、波特率选择 500kbit/s，单击【确定】按钮，此时设备就会接收 CAN 总线发出的信息，这里需要注意，可以选择关闭【接收滤波 ID 设置】，必须选中【打开 CAN 接收】复选框才能接收数据，如图 8-32 所示。

8.2.1 节描述的 CAN 口需求通过 CAN 总线调试助手接收到的 ID 号分别为 0x0001 和 0x0002，0x0001 后面接收到的数据是的变速器油压、燃油液位和变矩器油温。0x0002 后面接收到的数据是行驶里程、燃油消耗、发动机转速和车速，每两个字节表示一个被测量。

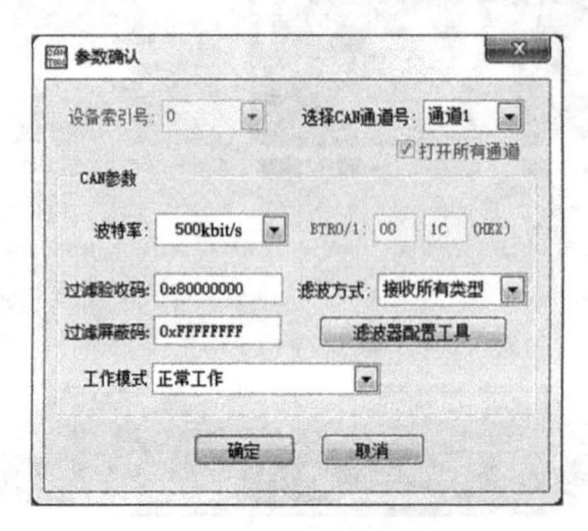


图 8-31　确认参数

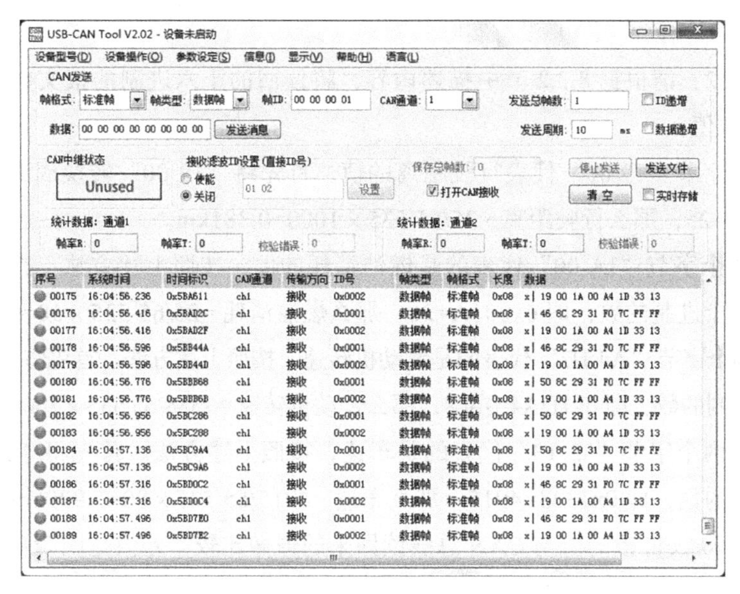


图 8-32 CAN 总线接收信息

从图 8-32 可以看出，它接收的帧类型是数据帧，帧格式为标准帧，内容长度 8 个字节符合 CAN 总线的设计要求。

下面我们来验证 CAN 总线是否满足 CAN 总线的其他设计要求。

1）测试 CAN 总线发送数据的内容是否正确。

下面对 CAN 口读回的数据进行分析。从图 8-27 截取一组数据，如图 8-33 所示。

```
接收    0x0001    数据帧  标准帧  0x08  x| 50 8C 29 31 F0 7C FF FF
接收    0x0002    数据帧  标准帧  0x08  x| 19 00 1A 00 A4 1D 33 13
```

图 8-33 截取的一组数据

对于 0x0001，一共有 8 个字节，每两个字节代表一个实际的物理量，那么如何将它转换为实际的物理量呢？这需要参照第 8.2.1 节中描述的内容。

- 前两个字节“50 8C”代表变速器油压的值，按照 CAN 总线标准，其正确输出的十六进制数据为“8C 50”，首先将“8C 50”转换成十进制的数，即 0x8C50=35 920，那么变速器油压 =35 920/65 535 × 4.0=2.192MPa。
- 中间两个字节“29 31”代表的是燃油液位的值，按照上述方法，首先将“29 31”转换成十进制的数，即 0x3129=12 585，那么燃油液位 =12 585/65 535 × 100=19.203%。
- 之后两个字节“F0 7C”代表的是变矩器油温，按照上述方法，首先将“F0 7C”转换成十进制的数，即 0x7CF0=31 984，那么变矩器油温 =31 984/65 535 × 150= 73.206℃。

❑ 最后的两个字节 FF FF 没有实际的物理意义。

对于 0x0002，请根据 8.2.2 节中描述内容，将读回的十六进制的报文数据转换成有实际物理意义的数值。

❑ 前两个字节“19 00”代表行驶距离的值，首先将“19 00”转换成十进制的数，即 0x0019=25，那么行驶距离 =25/65 535 × 1000=0.381km。

❑ 中间两个字节“1A 00”代表的是燃油消耗的值，按照上述方法。首先将“1A 00”转换成十进制的数，即 0x001A=26，那么燃油消耗 =26/65 535 × 50=0.019L。

❑ 之后两个字节“A4 1D”代表的是发动机转速，按照上述方法。首先将“A4 1D”转换成十进制的数，即 0x1DA4=7588，那么发动机转速 =7588/65 535 × 5000= 578.92r/min。

❑ 最后的两个字节“33 13”代表的是车速，按照上述方法。首先将“33 13”转换成十进制的数，即 0x1333=4915，那么车速 =4915/65 535 × 80=5.999km/h。

结论：将 Android 板的值与 CAN 总线读回来的值做比较，差值范围满足设计要求，所以 CAN 总线可以正常接收数据。

2）检测两帧数据之间的时间间隔是否为 180ms。

从图 8-32 截取若干帧数据，如图 8-34 所示。一帧数据由两部分组成，即 0x0001 和 0x0002，这就是 CAN 总线发送数据的特点。

| | | | | | | | | | | |
|---|---|---|---|---|---|---|---|---|---|---|
| 00248 | 14:22:25.524 | 0x88D83 | ch1 | 接收 | 0x0001 | 数据帧 | 标准帧 | 0x08 | x | E6 64 AA 15 1C 5A FF FF |
| 00249 | 14:22:25.524 | 0x88D85 | ch1 | 接收 | 0x0002 | 数据帧 | 标准帧 | 0x08 | x | 40 00 75 00 A4 1D 33 13 |
| 00250 | 14:22:25.704 | 0x8949F | ch1 | 接收 | 0x0001 | 数据帧 | 标准帧 | 0x08 | x | E6 64 B7 15 1C 5A FF FF |
| 00251 | 14:22:25.704 | 0x894A2 | ch1 | 接收 | 0x0002 | 数据帧 | 标准帧 | 0x08 | x | 40 00 75 00 A4 1D 33 13 |
| 00252 | 14:22:25.884 | 0x89BBC | ch1 | 接收 | 0x0001 | 数据帧 | 标准帧 | 0x08 | x | E6 64 B7 15 1C 5A FF FF |
| 00253 | 14:22:25.884 | 0x89BBF | ch1 | 接收 | 0x0002 | 数据帧 | 标准帧 | 0x08 | x | 40 00 75 00 A4 1D 33 13 |
| 00254 | 14:22:26.064 | 0x8A2D9 | ch1 | 接收 | 0x0001 | 数据帧 | 标准帧 | 0x08 | x | E6 64 B7 15 1F 5A FF FF |
| 00255 | 14:22:26.064 | 0x8A2DB | ch1 | 接收 | 0x0002 | 数据帧 | 标准帧 | 0x08 | x | 40 00 75 00 A4 1D 33 13 |
| 00256 | 14:22:26.244 | 0x8A9F6 | ch1 | 接收 | 0x0001 | 数据帧 | 标准帧 | 0x08 | x | E6 64 BE 15 1F 5A FF FF |
| 00257 | 14:22:26.244 | 0x8A9F8 | ch1 | 接收 | 0x0002 | 数据帧 | 标准帧 | 0x08 | x | 40 00 75 00 A4 1D 33 13 |
| 00258 | 14:22:26.424 | 0x8B113 | ch1 | 接收 | 0x0001 | 数据帧 | 标准帧 | 0x08 | x | E6 64 BE 15 22 5A FF FF |
| 00259 | 14:22:26.454 | 0x8B115 | ch1 | 接收 | 0x0002 | 数据帧 | 标准帧 | 0x08 | x | 40 00 75 00 A4 1D 33 13 |

图 8-34　查看每帧数据的间隔

从图 8-34 中可以看出相邻两帧数据之间的时间间隔为 180ms，例如图中第二行和第三行数据的时间差为 14:22:25:704–14:22:25:524 = 180ms，第四行和第五行数据的时间差为 14:22:25:884–14:22:25:704 = 180ms。

所以，CAN 总线每 180ms 发送一帧数据，满足设计要求。

3）检测当发动机转速和车速都为 0 时，停止输出 CAN 信息。

设定待测件的各个被测量的值如图 8-35 所示，其中发动机转速和车速设定为 0。

使用 CAN 总线调试工具来接收 CAN 总线发送的数据，其接收的数据如图 8-36 所示。

车速与发动机转速为 0 时，CAN 口停止向外发送数据。

结论：当车速和发动机转速为零时，CAN 总线停止发送信息，符合预期的设计要求。

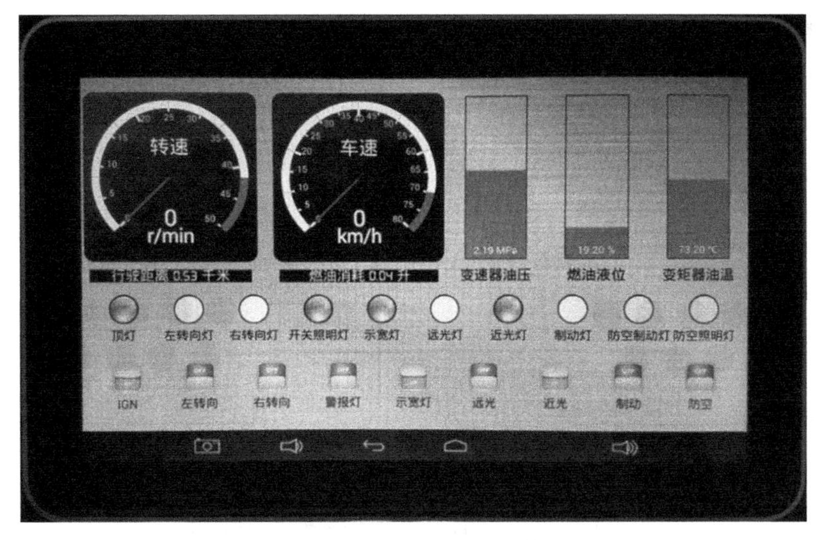


图 8-35　设定待测件的各个被测量的值

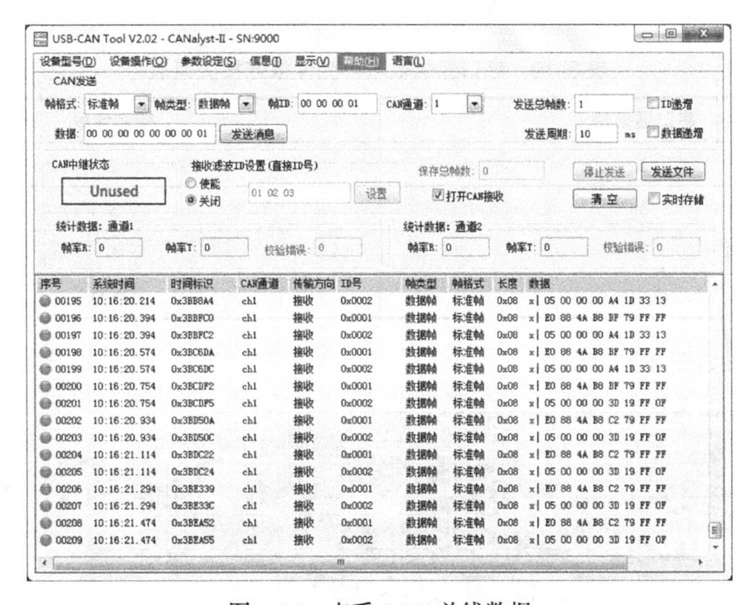


图 8-36　查看 CAN 总线数据

**2. 自动化测试**

（1）使用 ETest Studio 软件进行串口自动化测试

使用 ETest Studio 软件对 RS232 串口通信协议进行定义，并完成设备规划和 PC 规划参数的设定，即可通过测试用例脚本获取到待测件板的串口通信数据，通过使用自检指令和数据查询指令能够获取到待测件板的输出的各个信号。

1）待测件板 RS232 串口与串口通信板 RS232 串口连接。

串口通信板与待测件板连线。串口通信板与待测件板引脚的连接引脚关系，如图 8-37 所示。

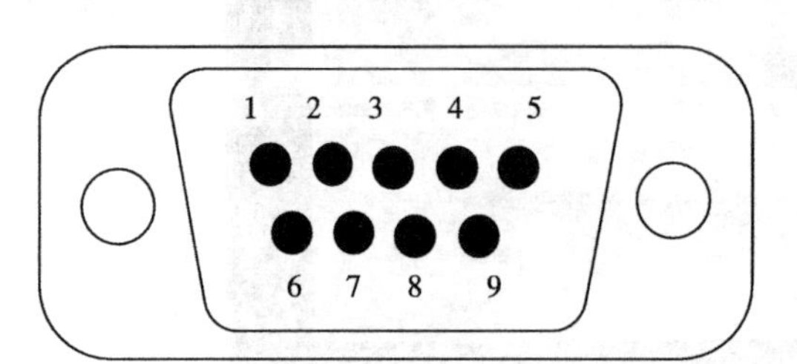


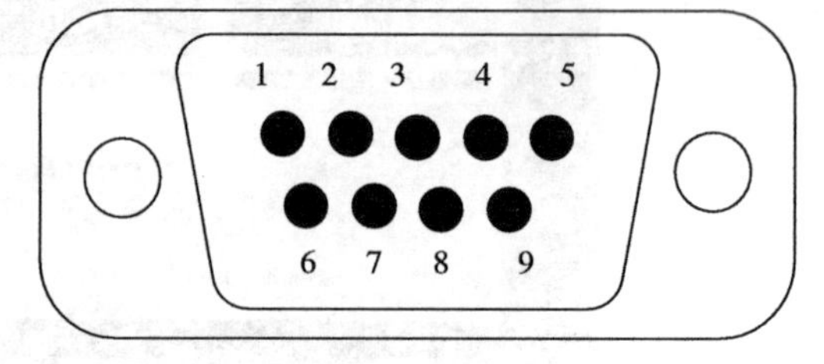


1—DCD 2—RXD 3—TXD 4—DTR 5—GND 6—DSR 7—RTS 8—CTS 9—RI

图 8-37 串口通信板与待测件接板串口引脚图

串口通信板与待测件板连接关系，如表 8-19 所示。

**表 8-19 串口通信板与待测件板连接关系表**

| 串口通信板 | 待测件板 |
|---|---|
| 2 | 2 |
| 3 | 3 |
| 5 | 5 |
| GND | GND |

其连接效果如图 8-38 所示。

图 8-38 串口通信板与待测件板的连线效果

串口通信板与测试主机连线。使用 USB 方口转 USB 标准口连接线将串口通信板的 USB1 接口与测试主机连接（如果之前未安装驱动程序，需要提前安装串口的驱动程序）。

USB 方口转 USB 标准口连接线如图 8-39 所示。

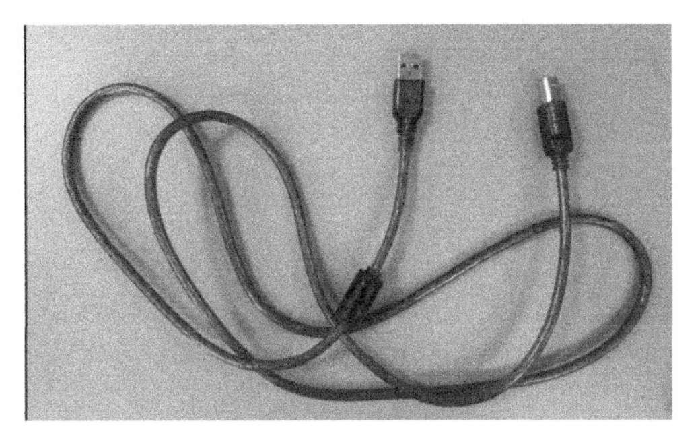

图 8-39　USB 方口转 USB 标准口连接线

串口通信板的 USB1 接口与测试主机连接方式如图 8-40 所示。

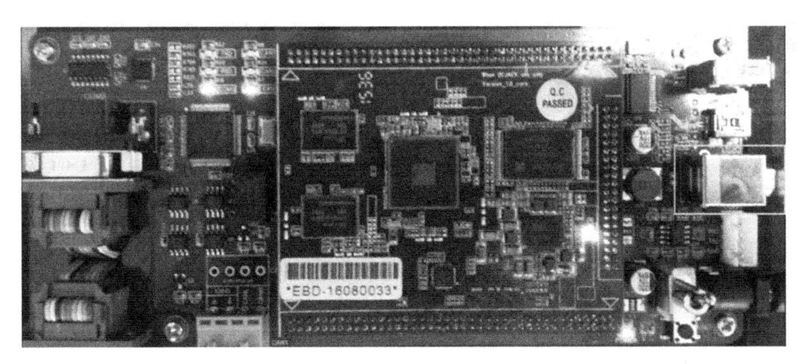


图 8-40　串口通信板 USB1 接口连接图

将连接线的另一端与测试主机上的 USB 口相连，完成串口测试环境的搭建。

2）使用 ETest Studio 软件进行测试。

打开 ETest Studio 软件。双击 Kiyun.EmbedTest.APP.ProcessCenter 图标，打开进程调度服务，如图 8-41 所示。打开后直接关闭窗口，程序将驻留在后台。

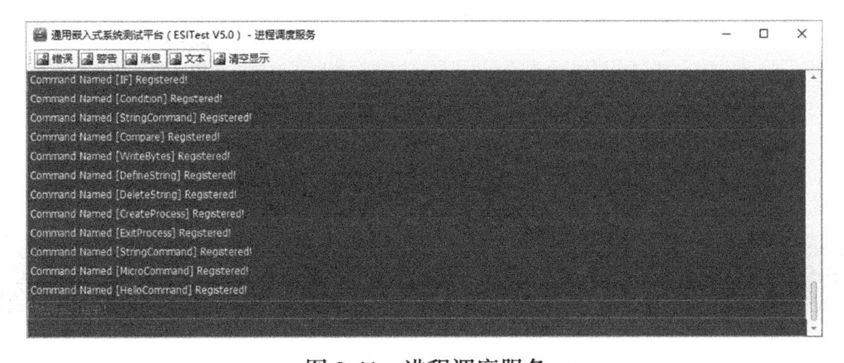


图 8-41　进程调度服务

双击 Kiyun.EmbedTest.APP.Designer2 图标，打开测试设计软件，如图 8-42 所示。

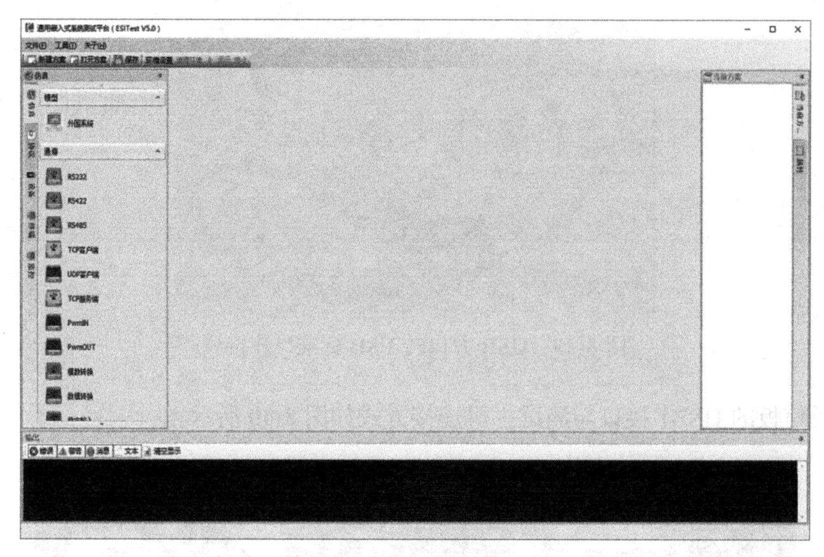


图 8-42　测试设计软件

选择“打开方案”，打开目录下名称为“教学实验箱串口测试方案 .esi”的测试方案，打开后的界面如图 8-43 所示。

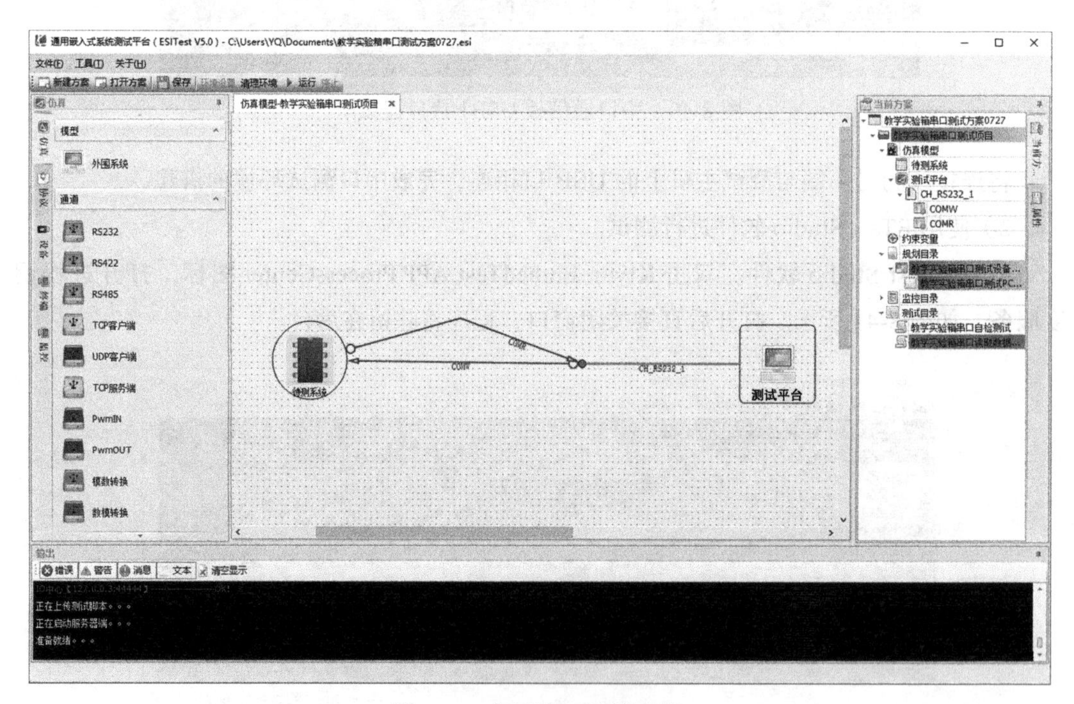


图 8-43　打开串口测试方案

测试方案内容。测试方案中包括仿真模型、通道、协议、硬件规划、测试用例等，如图 8-44 所示。

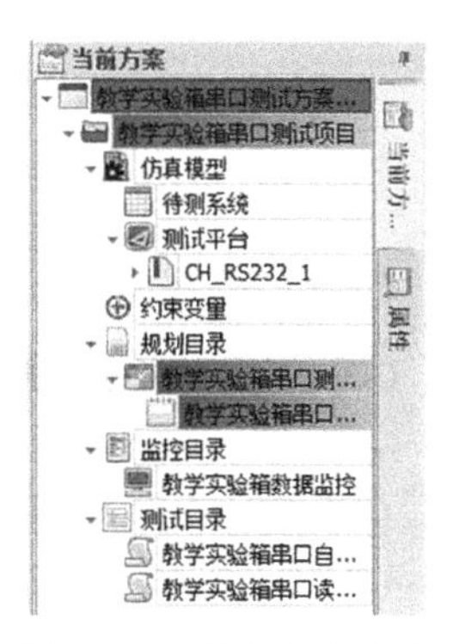


图 8-44　测试方案内容

① 仿真模型。仿真模型描述了待测系统的接口环境，包括 1 个 RS232 接口，如图 8-45 所示。

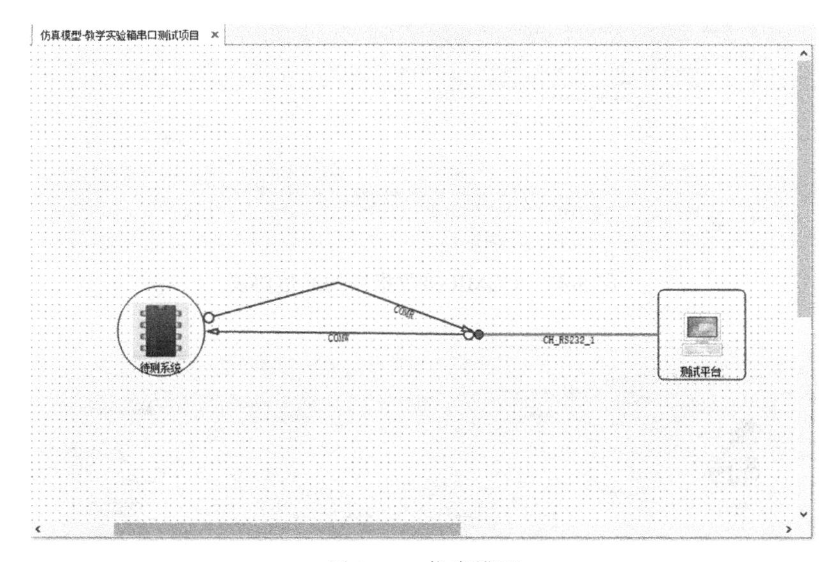


图 8-45　仿真模型

② 通信协议。通信协议描述了数据通信的格式，如图 8-46 和图 8-47 所示。

③ 硬件规划。硬件规划配置设备和通道，如图 8-48 所示。

添加设备的时候，从左侧的工具栏中选择设备，将其拖拽到“物理设备”区域。然后完成通道的绑定：从“待规划通道”中选择通道，将其拖拽到“物理通道”区域。通道“类型”和物理通道“逻辑类型”必须一致才能绑定。

```
Protocol Find
    Segment name StandardUInt16 Default=0 ByteOrder=Big #查询指令
End

Protocol Main
    Segment Head StandardUInt16 Default=0xaa55 ByteOrder=Big #帧头
    Segment Len StandardUInt8 Default=1 #长度
    Segment Key StandardUInt8 Default=0xFa #指令字

    Segment Content   Switch    Key
      case 0xFb    Find
      DEFAULT    null

    Segment name CRC Algorithm=CRC_Check_Sum BitCount=16 Range=(16,200) #校验字段
    Segment Tail StandardUInt16 Default=0xaa55 ByteOrder=Big #帧尾
End
```

图 8-46　COMW 发送指令的通信协议

```
Protocol Result
    Segment name StandardUInt8 Default=0 #返回的自检结果
End

Protocol Data
    Segment youya StandardUInt16 Default=0 ByteOrder=Small #返回的发动机油压
    Segment yewei StandardUInt16 Default=0 ByteOrder=Small #返回的燃油液位
    Segment youwen StandardUInt16 Default=0 ByteOrder=Small #返回的变矩器油温
    Segment h0 StandardUInt16 Default=0 ByteOrder=Small #保留
    Segment licheng StandardUInt16 Default=0 ByteOrder=Small #返回的里程
    Segment licheng_s Compute Value=(Data.licheng*1000.0/65534) #里程计算字段值
    Segment ranyouxiaohao StandardUInt16 Default=0 ByteOrder=Small #返回的燃油消耗
    Segment ranyouxiaohao_s Compute Value=(Data.ranyouxiaohao*50.0/65534) #燃油消耗计算字段值
    Segment zhuansu StandardUInt16 Default=0 ByteOrder=Small #返回的发送机转速
    Segment zhuansu_s Compute Value=(Data.zhuansu*5000.0/65534) #发动机转速计算字段值
    Segment chesu StandardUInt16 Default=0 ByteOrder=Small #返回的车速
    Segment chesu_s Compute Value=(Data.chesu*80.0/65534) #车速计算字段值
End

Protocol Main
    Segment Head StandardUInt16 Default=0xaa55 ByteOrder=Big #帧头
    Segment Len StandardUInt8 Default=2 #长度
    Segment Key StandardUInt8 Default=0xFa #指令字

    Segment Content   Switch  Key
      case 0xFa    Result
      case 0xFb    Data
      DEFAULT    null

    Segment Check CRC Algorithm=CRC_Check_Sum BitCount=16 Range=(16,200) #校验字段
    Segment Tail StandardUInt16 Default=0xaa55 ByteOrder=Big #帧尾
End
```

图 8-47　COMR 接收指令的通信协议

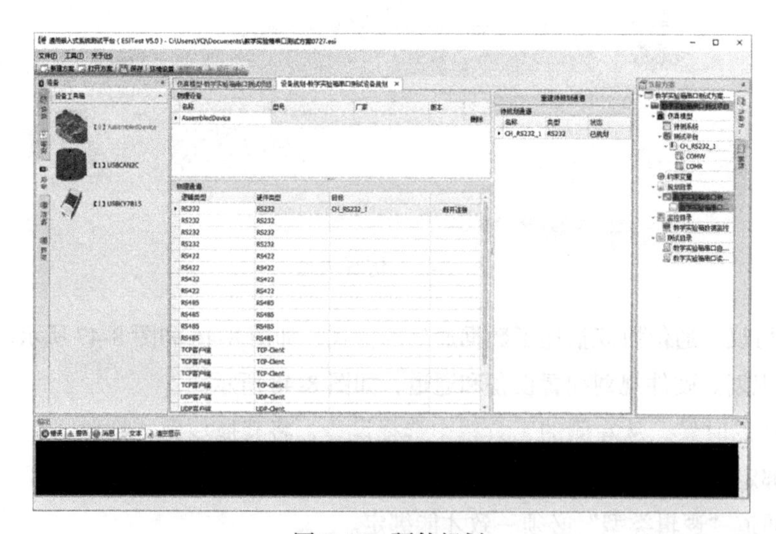

图 8-48　硬件规划

④ PC 规划。PC 规划配置客户端和服务器，如图 8-49 所示。

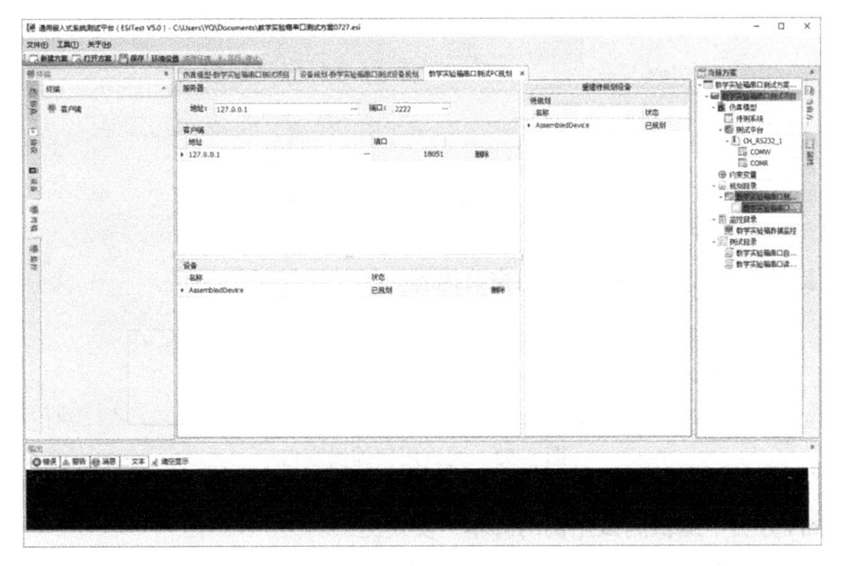

图 8-49　PC 规划

⑤ 测试用例。测试用例实现测试脚本的编辑和执行，如图 8-50 所示。

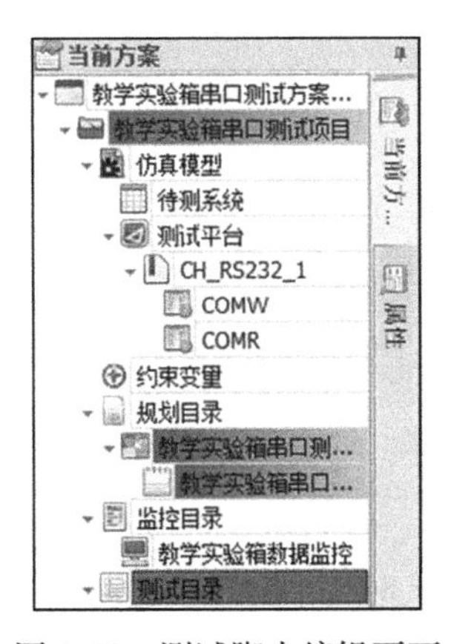


图 8-50　测试脚本编辑页面

鼠标右键单击测试列表中的“测试目录”节点，可以新建测试用例，如图 8-51 所示。

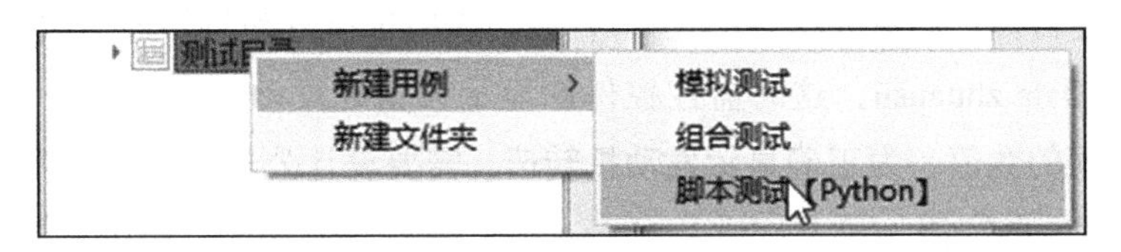


图 8-51　新建测试用例

可选择“脚本测试【Python】”选项创建新的测试用例。

在弹出的测试用例新建窗口中输入测试用例名称，如图 8-52 所示。

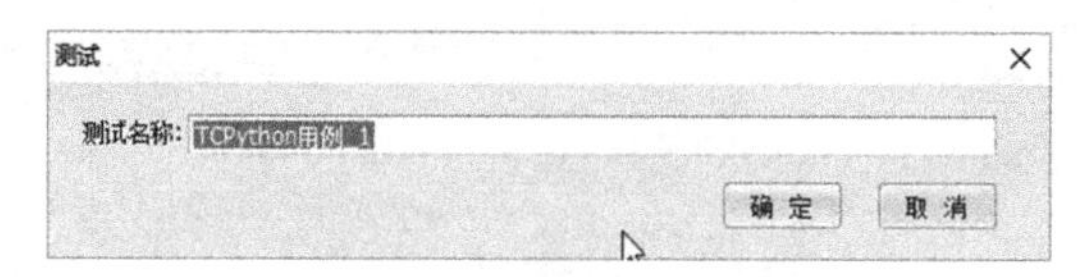


图 8-52　输入测试用例名称

创建后默认显示如图 8-53 所示的窗口内容。

设备规划-教学实验箱计数器输出测试设备规划 | 教学实验箱计数器输出测试PC规划 | TCPython用例_1

```
1  def Main():
2    print 'Hello World!'
3  Main()
4  
```

图 8-53　测试用例编辑窗口

在 Main() 方法中编辑测试用例的脚本，实现测试。

⑥ 测试监控。测试监控实现对串口输出数据的实时观测，可模拟 Android 显示屏数据输出情况设计监控，如图 8-54 所示。

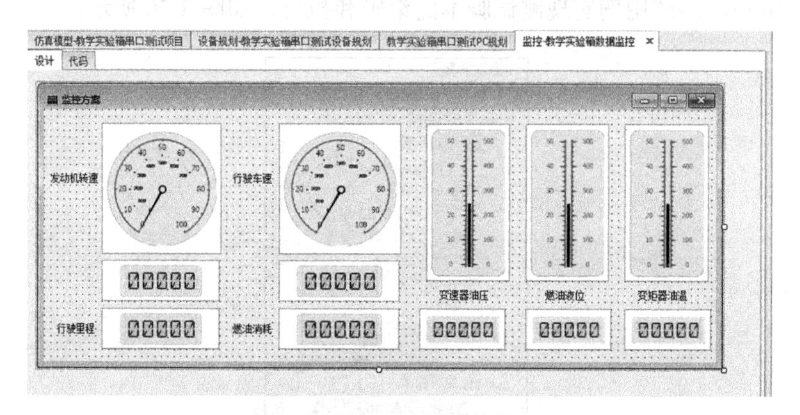


图 8-54　测试监控设计界面

以发动机转速为例，若显示实际数据，则需要进行数据协议绑定和公式设计，其操作方式如图 8-55 所示。

选中“绑定目标”后单元格中的“…”，在列表中选择发动机转速的数据协议 COMR.Content.Case2_Data.zhuansu，这时监控控件的显示数据为发动机转速值 0 ~ 5000 对应的 0 ~ 65 534 之间的数值，为正确显示发动机转速，需要设计公式为 $x$*5000/65 534，其中 $x$ 表示“绑定目标”的数值。

同理，正确配置其他监控控件的“绑定目标”和“公式”，以正确显示对应的数值。

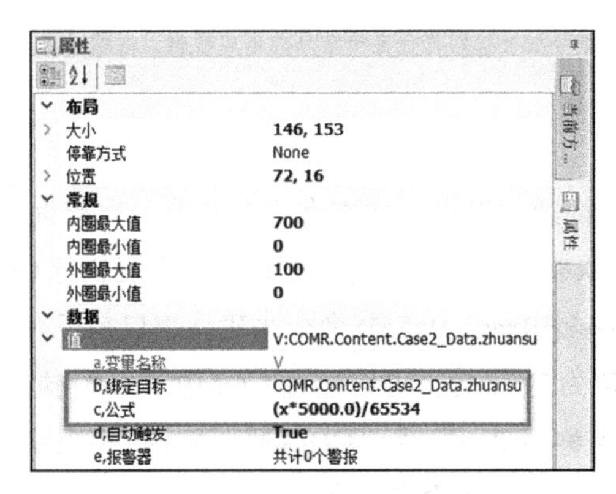


图 8-55 数据协议绑定和公式设计

3）串口通信测试用例设计。

编写测试用例。测试用例需要实现串口数据查询结果的显示，通过设置查询命令，获取对应的查询结果，并对结果进行分析，以实现串口通信的测试。编写如下的测试用例：

```
def Main():
    print 'Test Start!'
    #设置自检读取指令并执行
    CH_RS232_1.Clear(-1)
    COMW.Head.Value=0xaa55
    COMW.Tail.Value=0xaa55
    COMW.Len.Value=1
    COMW.Key.Value=250
    i=1
    while 1:
        #发出自检查询指令
        COMW.Write()
        #读取通道含有aa 55 包头的数据
        b=CH_RS232_1.Seek([0xaa, 0x55])
        if(b.Value==True):
            #读取串口中的数据
            c=COMR.Read()
            #如果读取失败，再次循环读取串口
            if(c!=True):
                print'没有读取到串口中的数据'
                continue
            #读取数据成功，解析数据内容
            Result=COMR.Result.name.Value
            if(Result==1):
                print'自检结果=%d，串口自检通过'%Result
                break
        else:
            print'自检结果=%d，串口自检未通过'%Result
            break
        else:
```

```
            print'第%d遍循环没有找到符合自检结果的串口数据，继续查找'%i
            i=i+1
            continue
Main()
```

实验箱的串口数据查询通过发送一次查询指令获取一次查询结果，如果要再次获取查询结果，还需要再发送一次查询指令，因为在循环中会重复执行 COMW.Write()。

通过 CH_RS232_1.Seek([0xaa，0x55]) 命令来确认串口是否有数据返回，其返回值是布尔类型（bool），当返回值为 True 时，可以通过 COMR.Read() 执行串口数据查询操作，并通过“COMR. 协议字段名称 .Value”或“COMR. 子协议 . 协议字段名称 .Value”获取数据结果。当返回值为 False 时，则表示没有查询到相关串口返回数据，因此需要循环读取 CH_RS232_1.Seek([0xaa,0x55]) 的返回值。

执行测试用例。点击【环境设置】按钮，开启测试环境中的仿真模型服务器、数据中心、客户端 3 个服务，并再次点击【运行】按钮，开始用例服务器端服务，并在用例服务器端 I/O 输出窗口中观察输出的结果，如图 8-56 所示。

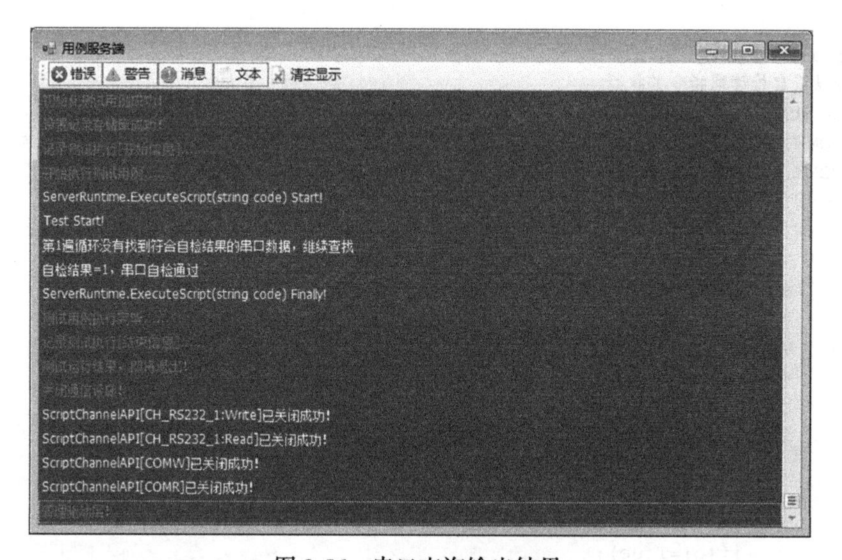


图 8-56　串口查询输出结果

如图 8-56 所示，执行 CH_RS232_1.Seek([0xaa,0x55]) 循环查询中，第二次成功获取帧头为“aa 55”的数据，并且其返回值为 1，因此显示“串口自检通过”。

① 自检指令测试。在测试平台中通过编辑查询指令，观察串口返回结果的情况，其设计用例如下。

**错误的帧头或帧尾。**修改测试用例中的命令，将下面的命令：

```
COMW.Head.Value=0xaa55
```

```
COMW.Tail.Value=0xaa55
```

修改为：

```
COMW.Head.Value=0x55aa
COMW.Tail.Value=0x55aa
```

观察测试平台 I/O 窗口中的输出结果，如图 8-57 所示。

图 8-57　异常指令的输出结果

由于帧头和帧尾设置的查询指令是“55 aa”，当执行通道查询指令 CH_RS232_1.Seek([0xaa,0x55]) 查询帧头或帧尾“aa 55”的数据时候，无法返回有效结果，故而结果会一直循环显示“没有找到符合自检结果的串口数据，继续查找”。这和手工测试的结果一致，测试通过。

**错误的长度。**修改测试用例中的命令，将下面的命令：

```
COMW.Len.Value=1
```

修改为：

```
COMW.Len.Value=2
```

执行测试脚本，并观察测试平台 I/O 窗口中的输出结果是否是无法获取串口数据。

**错误的指令字。**修改测试用例中的命令，将下面的命令：

```
COMW.Key.Value=250
```

修改为：

```
COMW.Key.Value=251
```

执行测试脚本，并观察测试平台 I/O 窗口中的输出结果是否是无法获取串口数据。

进过测试，发现和手工测试的结果一样，输入错误的查询指令是无法获取到相关查询结果。

② 查询指令测试。通过设置查询指令，查询教学实验箱的变速器油压、燃油液位、变矩器油温、行驶里程、燃油消耗、发动机转速和车速值，其测试用例如下所示。

```
def Main():
  print 'Test Start!'
  #设置自检读取指令并执行
  CH_RS232_1.Clear(-1)
  COMW.Len.Value=3
  COMW.Key.Value=251
  COMW.Find.name.Value=0xFFFF
  i=0 #串口读取失败的最大次数
  j=0 #监控读取的次数
  youya=0 #变速器油压
  yewei=0 #燃油液位
  youwen=0 #变矩器油温
  zhuansu=0 #发动机转速
  chesu=0 #行驶车速
  licheng=0 #行驶里程
  ranyou=0 #燃油消耗
  i=1
  while 1:
    COMW.Write()
    b=CH_RS232_1.Seek([0xaa,0x55])
    if(b.Value):
      COMR.BlockRead()
      youya=COMR.Data.youya.Value*4.0/65534
      yewei=COMR.Data.yewei.Value*100.0/65534
      youwen=COMR.Data.youwen.Value*150.0/65534
      licheng=COMR.Data.licheng.Value*1000.0/65534
      ranyou=COMR.Data.ranyouxiaohao.Value*50.0/65534
      zhuansu=COMR.Data.zhuansu.Value*5000.0/65534
      chesu=COMR.Data.chesu.Value*80.0/65534
      if(COMR.Data.youya.Value<>0xFFFF):
        print'1.变速器油压=%.2f'%youya
      if(COMR.Data.yewei.Value<>0xFFFF):
        print'2.燃油液位=%.2f'%yewei
      if(COMR.Data.youwen.Value<>0xFFFF):
        print'3.变矩器油温=%.2f'%youwen
      if(COMR.Data.licheng.Value<>0xFFFF):
        print'4.行驶里程=%.2f'%licheng
      if(COMR.Data.ranyouxiaohao.Value<>0xFFFF):
        print'5.燃油消耗=%.2f'%ranyou
      if(COMR.Data.zhuansu.Value<>0xFFFF):
        print'6.发动机转速=%d'%round(zhuansu)
      if(COMR.Data.chesu.Value<>0xFFFF):
```

```
            print'7.行驶车速=%d'%round(chesu)
          break
        else:
          print'第%d遍循环没有找到符合自检结果的串口数据，继续查找'%i
          i=i+1
          continue
Main()
```

**全数据查询**。在测试用例中，我们使用了 COMR.BlockRead() 命令，与 COMR.Read() 命令不同，它可以实现阻塞读取的效果，当无法获取到有效数据时，会持续等待有效数据的返回，而使用 COMR.Read() 命令可能会读取不到数值，因此在使用 COMR.Read() 命令时，我们通常会以如下方式判断返回值，再进行读取。

```
c=COMR.Read()
if(c!=True):
print'没有读取到串口中的数据'
  continue
```

可以通过读取串口协议中的协议字段值，获取指定的串口参数值。以“变速器油压”为例，使用命令 COMR.Data.youya.Value 可以读取到 0 ~ 65 534 表示的 0 ~ 4MPa 之间的数值。为获取 0 ~ 4MPa 之间数值，我们使用了“ COMR.Data.youya.Value*4.0/65 534”的计算公式，由于变速器油压含有小数位，故而公式中使用了“ *4.0”来进行浮点型数据的计算。其他串口参数可以同理实现。

观察 I/O 窗口中的输出结果，如图 8-58 所示。

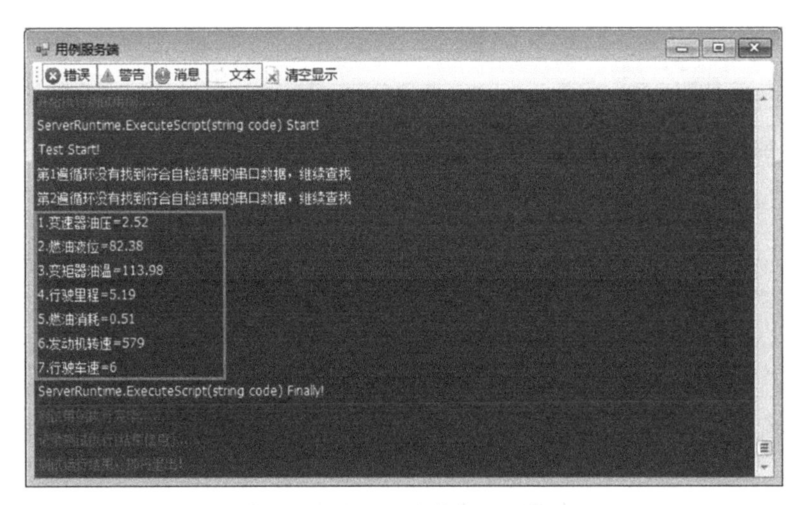


图 8-58 串口查询数据返回结果

通过测试脚本将查询的结果显示在输出窗口中，方便观察。还可以通过监控观察输出结果，查看实验箱返回的各个参数数据，如图 8-59 所示。

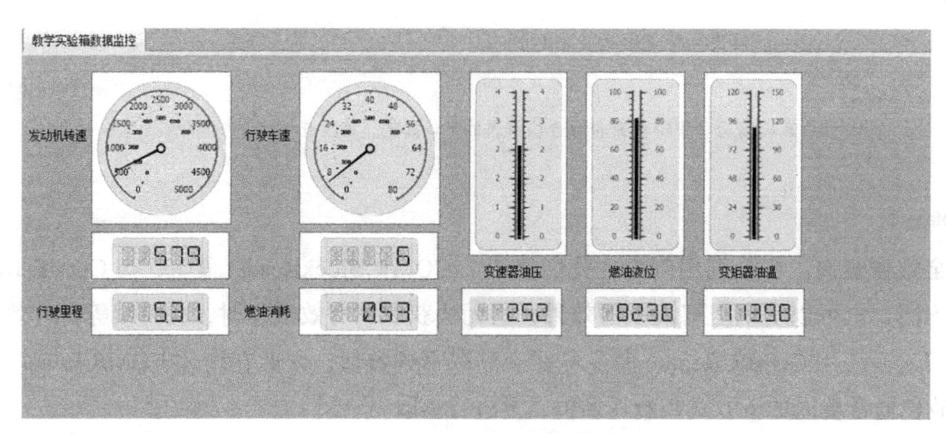


图 8-59　监控界面的运行结果

**部分数据查询。**还可以修改查询指令，查询部分串口数据的输出结果，测试用例调整如下。

查询车速。修改测试脚本中的如下命令，将：

```
OMW.Find.name.Value=0xFFFF
```

修改为：

```
COMW.Find.name.Value=0x0003
```

执行测试用例，并通过 I/O 窗口观察输出结果，如图 8-60 所示。

图 8-60　串口部分数据查询结果

根据串口返回数据的标准，当执行查询指令为“0x0003”时，表示只查询车速，故串口数据仅返回车速数据：“7. 行驶车速 =6”。

查询发动机转速、车速。修改测试脚本中的如下命令，将：

```
COMW.Find.name.Value=0xFFFF
```

修改为：

```
COMW.Find.name.Value=0x000F
```

执行测试用例，并通过 I/O 窗口观察输出结果，串口数据应返回发动机转速和车速值。

查询燃油消耗、发动机转速、车速。修改测试脚本中的如下命令，将：

```
COMW.Find.name.Value=0xFFFF
```

修改为：

```
COMW.Find.name.Value=0x003F
```

执行测试用例，并通过 I/O 窗口观察输出结果，串口数据应返回燃油消耗、发动机转速和车速值。

查询行驶里程、燃油消耗、发动机转速、车速。修改测试脚本中的如下命令，将：

```
COMW.Find.name.Value=0xFFFF
```

修改为：

```
COMW.Find.name.Value=0x00FF
```

执行测试用例，并通过 I/O 窗口观察输出结果，串口数据应返回行驶里程、燃油消耗、发动机转速和车速值。

查询变矩器油温、行驶里程、燃油消耗、发动机转速、车速。修改测试脚本中的如下命令，将：

```
COMW.Find.name.Value=0xFFFF
```

修改为：

```
COMW.Find.name.Value=0x0FFF
```

执行测试用例，并通过 I/O 窗口观察输出结果，串口数据应返回变矩器油温、行驶里程、燃油消耗、发动机转速和车速值。

查询燃油液位、变矩器油温、行驶里程、燃油消耗、发动机转速、车速。修改测试脚本中的如下命令，将：

```
COMW.Find.name.Value=0xFFFF
```

修改为：

```
COMW.Find.name.Value=0x3FFF
```

执行测试用例，并通过 I/O 窗口观察输出结果，串口数据应返回燃油液位、变矩器油温、行驶里程、燃油消耗、发动机转速和车速值。

（2）使用 ETest Studio 软件进行 CAN 总线自动化测试

通过下面的学习，读者可以了解如何使用 ETest Studio 软件完成 CAN 总线通信的自动化测试。待测件可以通过 CAN 总线向测试主机发送包含变速器油压、燃油液位、变矩器油温、行驶里程、燃油消耗、发动机转速和车速的报文数据，通过 ETest Studio 软件读回 CAN 总线发送的数据。

1）使用 ETest Studio 软件进行测试。

打开 ETest Studio 软件。双击 Kiyun.EmbedTest.APP.ProcessCenter 图标，打开进程调度服务，如图 8-61 所示。打开后直接关闭窗口，程序将驻留在后台。

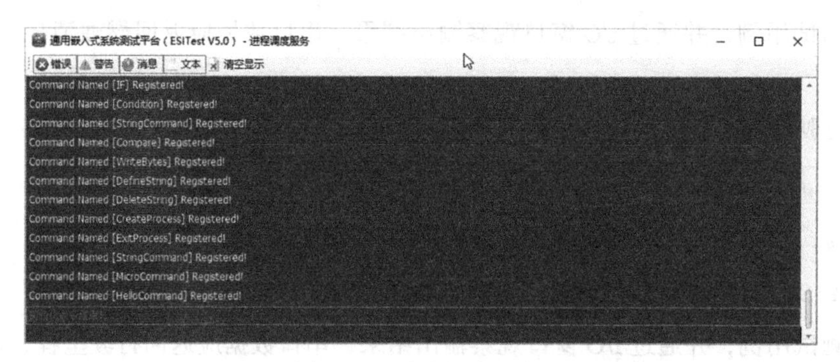


图 8-61　进程调度服务

双击 Kiyun.EmbedTest.APP.Designer2 图标，打开测试设计软件，如图 8-62 所示。

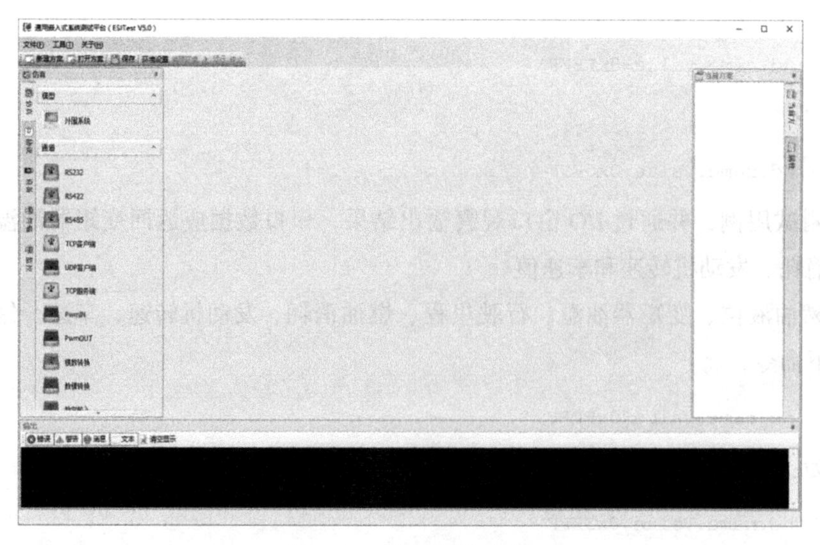

图 8-62　测试设计软件

选择“打开方案”，打开目录下名称为“教学实验箱 CAN 口测试方案 .esi”的测试方案，打开后的界面如图 8-63 所示。

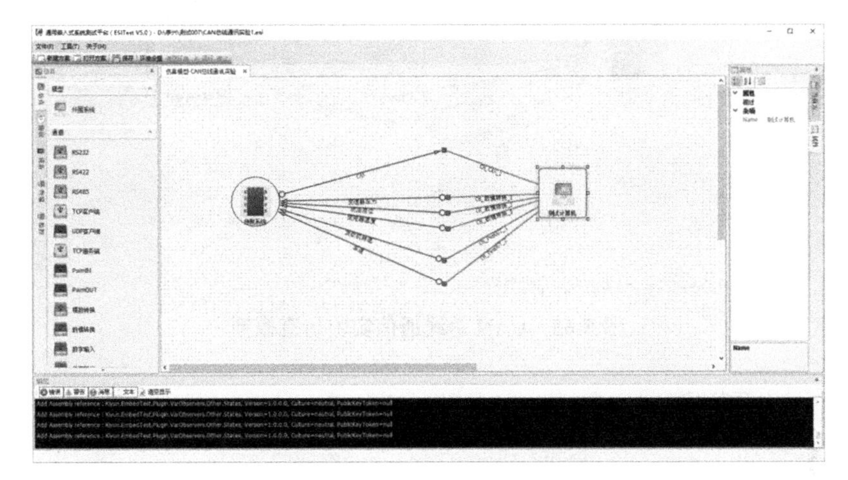

图 8-63　CAN 口测试方案

测试方案内容。测试方案中包括仿真模型、通道协议、设备规划、PC 规划和测试监控等内容，如图 8-64 所示。

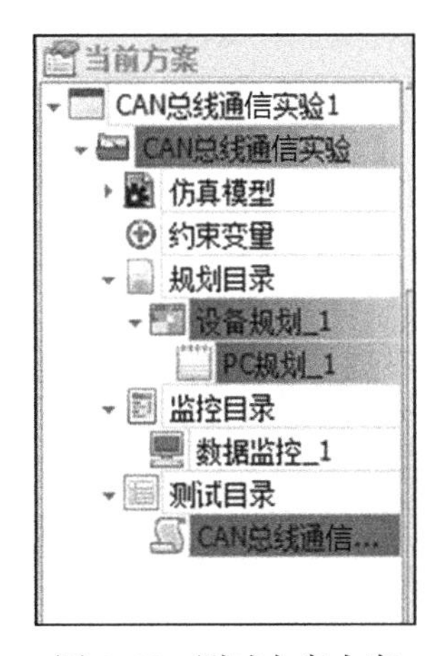


图 8-64　测试方案内容

① 仿真模型。仿真模型描述了待测系统的接口环境，包括一个 CAN 口通道、外围设备和待测系统，如图 8-65 所示。

② 通信协议。通信协议描述了数据通信的格式。CAN 口的通信协议描述如图 8-66 所示。

③ 设备规划。设备规划配置规划设备和通道，如图 8-67 所示。

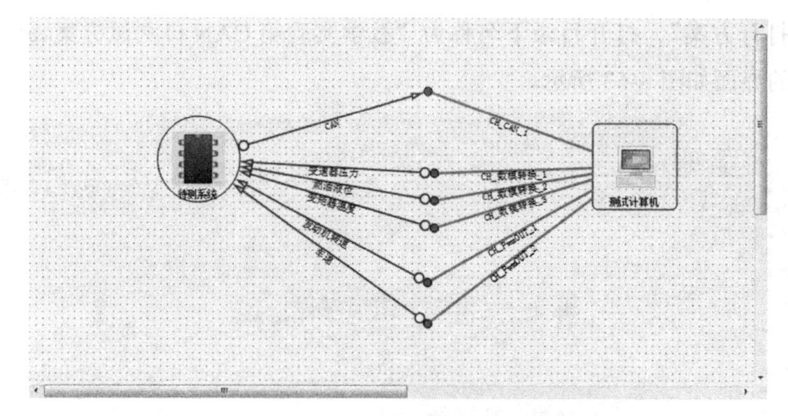


图 8-65　CAN 总线通信实验仿真模型

```
仿真模型-测试项目_1 | TCPython用例_1 | 协议-CANR × | 监控-数据监控_1
导入 导出 保存为模版 编译 注释选中 取消注释 查看文档
1  Protocol Data2
2      Segment licheng StandardUInt16 Default=0 ByteOrder=Small#里程计数
3      Segment ranyou StandardUInt16 Default=0 ByteOrder=Small#燃油消耗计数
4      Segment zhuansu StandardUInt16 Default=0 ByteOrder=Small#发动机转速
5      Segment chesu StandardUInt16 Default=0 ByteOrder=Small#车速
6      Segment cal2 Compute Value=Data2.licheng/65535.0*1000
7      Segment cal3 Compute Value=Data2.ranyou/65535.0*50
8      Segment cal4 Compute Value=Data2.zhuansu/65535.0*5000
9      Segment cal5 Compute Value=Data2.chesu/65535.0*80
10 End
11 Protocol Data1
12     Segment youya StandardUInt16 Default=0 ByteOrder=Small#变速器油压
13     Segment yewei StandardUInt16 Default=0 ByteOrder=Small#燃油液位
14     Segment youwen StandardUInt16 Default=0 ByteOrder=Small#变矩器油温
15     Segment name0 StandardUInt16 Default=0 ByteOrder=Small#保留
16     Segment cal6 Compute Value=Data1.youya/65535.0*4
17     Segment cal7 Compute Value=Data1.yewei/65535.0*100
18     Segment cal8 Compute Value=Data1.youwen/65535.0*150
19 End
20
21 Protocol Main
22     Segment Len     RandomUInt    Length=4              #数据长度
23     Segment h1      RandomInt Length=2    Format=Complement   #保留
24     Segment FrameType    Boolean      #帧类型
25     Segment FrameFormat  Boolean      #帧格式
26     Segment ID     StandardUInt16    #ID1
27     Segment name    Switch    ID
28       case 1    Data1
29       case 2    Data2
30       DEFAULT    null
31 End
```

图 8-66　CAN 总线通信实验的通信协议

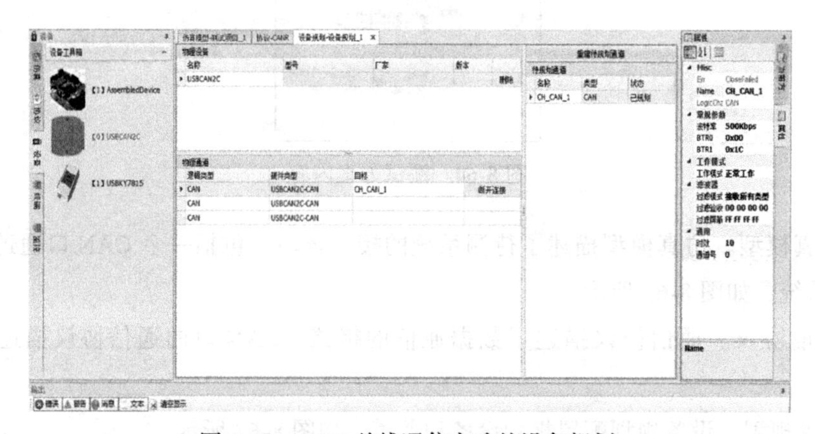

图 8-67　CAN 总线通信实验的设备规划

添加设备的时候，从左侧的工具栏中选择设备，将它拖拽到“物理设备”列表区域。添加的设备为 USBCAN2C。

然后，完成通道的绑定：从“待规划通道”列表中选择通道，将它拖拽到“通道插槽”列表（图中右侧“属性”）区域。这里要注意，CAN 通道的波特率为 500Kbit/s，所以属性的波特率设定要与实际设备一致。

④ PC 规划。PC 规划配置客户端和服务器，如图 8-68 所示。

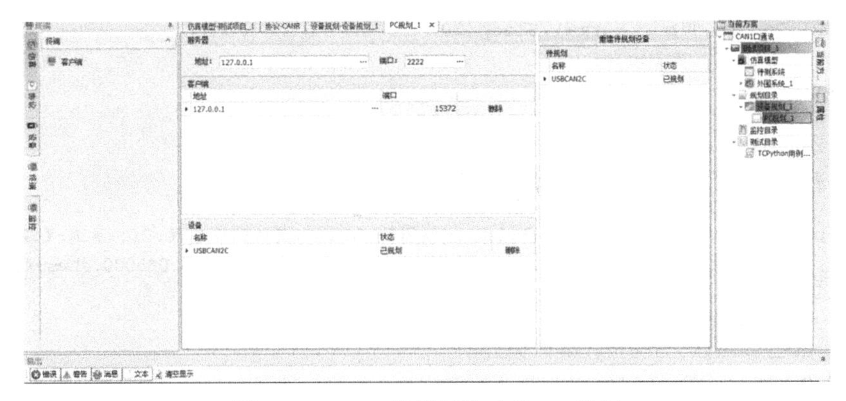

图 8-68 CAN 总线通信实验 PC 规划

⑤ 测试脚本。CAN 总线通道的测试脚本如下所示。

```
import time
def Main():
#******设定初始值******
  变速器压力.Value.Value = 2000
  变速器压力.Write()
  燃油液位.Value.Value = 4000
  燃油液位.Write()
  变矩器温度.Value.Value = 2000
  变矩器温度.Write()
  发动机转速.CMD.Value = 1 #启动
  #发动机转速.Freq.Value = 2000
  发动机转速.Freq.Value = 2000
  发动机转速.ZKB.Value = 5000 #占空
  发动机转速.Write()
  车速.CMD.Value = 1 #启动
  #车速.Freq.Value = 2450
  车速.Freq.Value = 2450
  车速.ZKB.Value = 5000 #占空
  车速.Write()
  API.Common.Timer.Normal.Sleep(2000)
  print'*********从CAN口读回数据测试*********'
  licheng = 0
  ranyou = 0
```

```
zhuansu = 0
chesu = 0
youya = 0
yewei = 0
youwen = 0
i = 1
CH_CAN_1.Clear()
while 1:
  i = i+1
  CAN.BlockRead()
  #API.Common.Timer.Normal.Sleep(20)
  key = CAN.ID.Value
  if(key==2):
    licheng = CAN.Data2.licheng.Value
    ranyou = CAN.Data2.ranyou.Value
    zhuansu = CAN.Data2.zhuansu.Value
    chesu = CAN.Data2.chesu.Value
    print'当key=2时；行驶里程=%.2f，燃油消耗=%.2f，发动机转速=%.2f，车速=%.2f'%
        (licheng/65535.0*1000,ranyou/65535.0*50,zhuansu/65535.0*5000,chesu/65535.0*80)
  elif(key==1):
    youya = CAN.Data1.youya.Value
    yewei = CAN.Data1.yewei.Value
    youwen = CAN.Data1.youwen.Value
    print'当key=1时；变速器油压=%.2f，燃油液位=%.2f，矩器油温=%.2f'%(youya/65535.0*4,
        yewei/65535.0*100,youwen/65535.0*150)
  if (i>50):
    break
print '*****CAN总线时间间隔测试*************'
cnt = 0
fg = 0
CH_CAN_1.Clear()
#time2=time.time()#API.Common.Timer.Normal.Now()
#time1=time.time()#API.Common.Timer.Normal.Now()
CAN.BlockRead()
time2 = time.time()
while 1:
  CAN.BlockRead()
  if CAN.ID.Value==2:
    time1=time2
    time2=time.time()#API.Common.Timer.Normal.Now()
    time_t = round(time2-time1,3)*1000
    if 170<time_t<190:
      print time_t
      cnt = cnt+1
    fg = fg+1
    if fg>=20:
      break
if cnt>=8:
  print 'CAN发送数据间隔时间满足需求，测试通过！'
else:
```

```
      print 'CAN发送数据间隔时间不满足需求，测试不通过！'
    print '\n'
  Main()
```

⑥ 测试监控。测试监控实现对串口输出数据的实时观测，模拟 Android 显示屏数据输出情况设计监控，如图 8-69 所示。

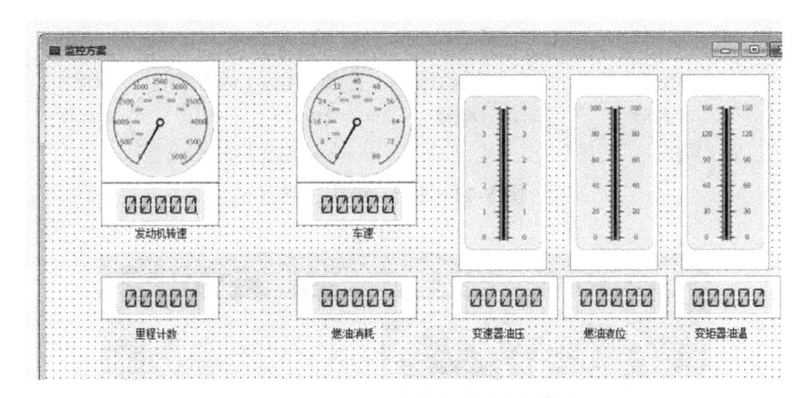


图 8-69　CAN 总线通信实验监控

2）CAN 总线通信用例设计。

执行测试用例，检查 CAN 总线是否可以正确地读回各项数据。

检查待测件、多功能接口板、串口设备和测试主机接线正常以后，运行【环境配置】，如图 8-70 所示。

图 8-70　环境配置成功

【环境配置】成功之后，首先运行【工具】菜单下的【图形监控】，监控运行后再运行测试脚本，如图 8-71 所示。

观察 Android 板上各项的值，如图 8-72 所示。

在 I/O 控制中心，可以看到脚本执行的全过程，并可以查看测试用例执行的结果，如图 8-73 所示。

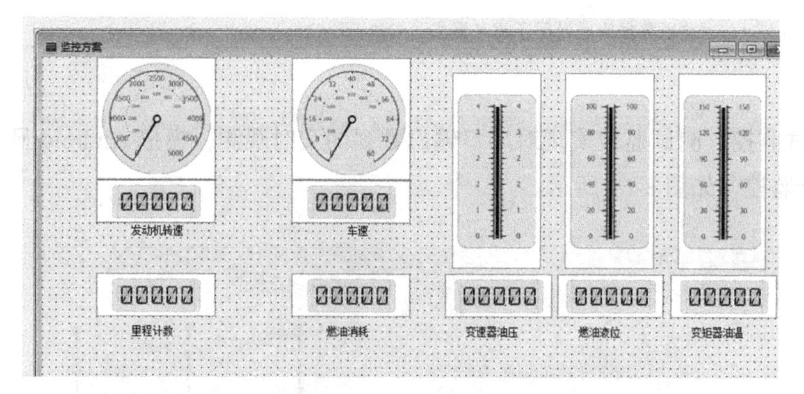


图 8-71　运行图形监控

图 8-72　观察 Android 板上的值

图 8-73　测试用例执行结果

从 I/O 窗口读回的数据为：当 key=1 时，变速器油压 =1.77，燃油液位 =13.69，变矩器温度 =59.31；当 key=2 时，发动机转速 =1157.93，车速 =16，行驶距离 =1.19，燃油消耗 =0.1。

结论：通过 CAN 读回的数据与 Android 板上显示的值一致。所以，CAN 总线可以正确地读回数据。

我们还可以运行测试监控来查看 CAN 总线读回的数据，如图 8-74 所示。

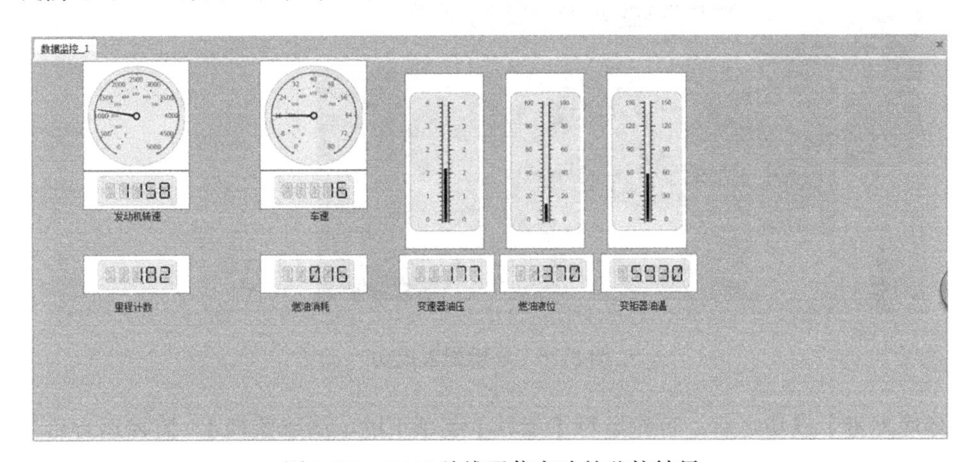


图 8-74　CAN 总线通信实验的监控结果

执行测试用例，检测两帧数据之间的时间间隔是否为 180ms。当转速和车速不为零时，检测两帧数据之间的时间间隔，如图 8-75 所示。

图 8-75　CAN 总线通信实验时间间隔测试

结论：从 CAN 总线读取的数据的时间间隔为 160~200ms 之间，符合 CAN 总线的设计要求。

执行测试用例，测试当车速和转速为 0 时，CAN 总线停止向外发送数据。检查待测件、多功能接口板、串口设备、CAN 总线和测试主机接线正常以后，运行【环境配置】，如图 8-76 所示。

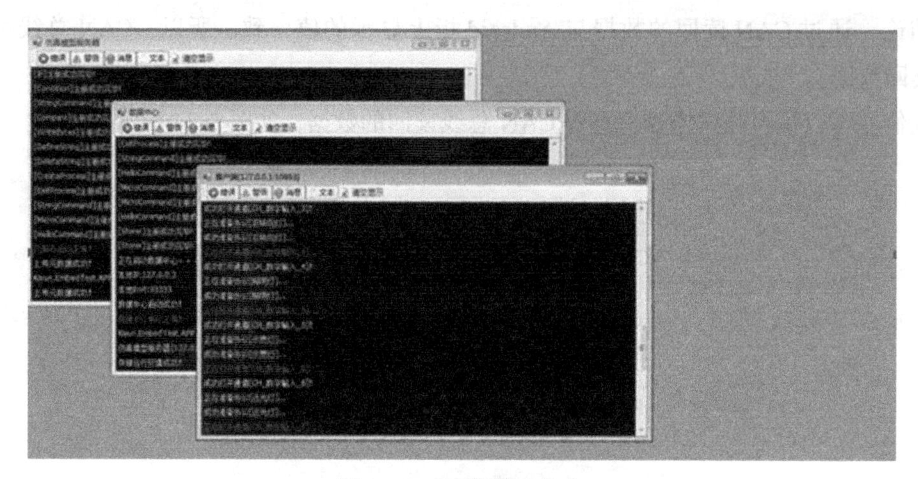

图 8-76　环境配置成功

【环境配置】成功之后，首先运行【工具】菜单下的【图形监控】。监控运行后，在脚本中将发动机转速和车速的频率输入的值都设置为 0，再运行测试脚本。

观察 Android 板上各项的值，如图 8-77 所示。

图 8-77　观察 Android 板上的值

在 I/O 控制中心，可以看到脚本执行的全过程，并可以查看测试用例执行的结果。在 I/O 窗口中，长时间未能从 CAN 总线读回数据，如图 8-78 所示。

结论：当车速和发动机转速为 0 时，CAN 总线停止发送信息，符合预期的设计要求。

图 8-78　用例执行结果

## 8.3　2019 年全国大学生软件测试大赛真题

为了进一步巩固学生对嵌入式软件测试的理解，本书选取了 2019 年全国大学生软件测试大赛嵌入式分项省赛选拔试题作为最后的案例。该案例以某款控温箱为例，让读者从参赛选手的视角体会嵌入式软件测试的魅力。

### 8.3.1　试题内容

**1. 系统概述**

温度控制系统由温度控制器、温度传感器、加热棒、散热风扇、恒温控制箱组成。该系统的功能是：用户在温度控制器上设定恒温控制箱的目标温度，并启动系统。

温度控制器根据用户的设定，控制加热棒和散热风扇，对恒温控制箱的温度进行控制，使其保持在目标温度附近。其中，温度传感器按照固定周期采集恒温控制箱的当前温度，并发送给温度控制器；温度控制器向加热棒和散热风扇发送控制命令；恒温控制箱的温度变化遵循一定的物理模型。温度控制系统模型如图 8-79 所示。

**2. 功能需求**

（1）温度采集处理（Senser_GN）

在运行状态下，工业监控系统采集到温度传感器的当前温度，将采集到的数据显示在软件界面中。当前温度的范围是 –20 ～ 50℃。超出范围时，要做截断处理，截断为边界值。

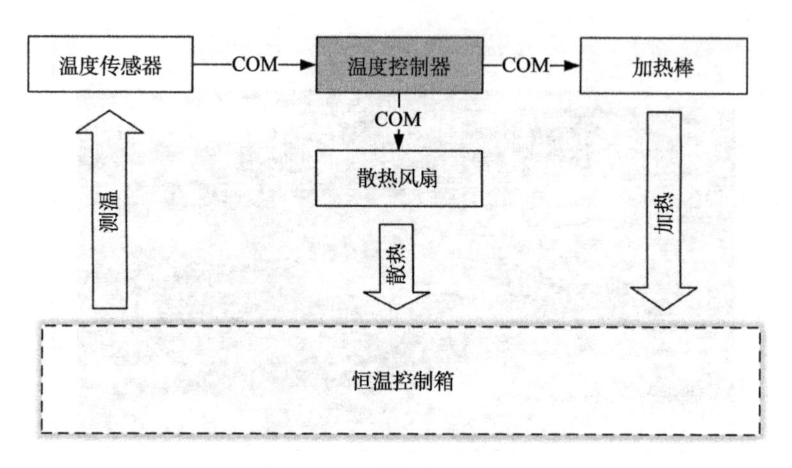


图 8-79　温度控制系统模型

（2）加热棒（Heater_GN）

温度控制器根据温度传感器采集到的当前温度（$T$）和预先设定的控制温度（$T_d$），向加热棒发送不同的控制指令，控制加热棒的输出电压（$V$）。具体情况如下：

$$V(k)-V(k-1) = D_P * [e(k)-e(k-1)] + D_I * e(k) + D_d * [e(k)-2e(k-1)+e(k-2)]$$

其中 $e(k)=T_d-T(k)$，$T_d$ 为设定温度，$T(k)$ 为当前温度；$D_P$、$D_I$、$D_d$ 是控制系数（常量），$D_P=0.05$、$D_I=0.1$、$D_d=0.1$。如果计算得到的电压值为负值，则截断为 0，电压单位为 V。

（3）散热风扇（Fan_GN）

温度控制器根据温度传感器采集到的当前温度，向散热风扇发送不同的控制指令，具体方式如下：

- 当连续检测到 3 次当前温度大于设定温度 +3 时，散热风扇开始转动；
- 当连续检测到 3 次当前温度小于等于设定温度时，散热风扇停止转动；
- 以上两个条件都不满足时，散热风扇的状态保持不变。

**3. 接口需求**

温度控制器与温度传感器、加热棒、散热风扇之间使用串口进行通信。所有串口都采用相同的通信参数。波特率为 9600；不发生奇偶校验；数据位长为 8 位；停止位为 1 位。

（1）温度传感器输入接口（Senser_JK）

温度控制器采集温度传感器的当前温度，其格式如表 8-20 所示。

表 8-20　温度传感器输入接口数据帧格式

| 字节号 | 长度 | 字段 | 内　　容 |
| --- | --- | --- | --- |
| 0 ~ 1 | 2 | 包头 | 固定值：0xFF 0xFA |
| 2 | 1 | 数据类型 1 | 固定值：0x01（传感器数据） |
| 3 | 1 | 数据类型 2 | 固定值：0x10（温度） |
| 4 | 1 | 数据长度 | 固定值：0x04（数据长度） |
| 5 ~ 8 | 4 | 温度值 | 单精度浮点型，小端字节序 |
| 9 ~ 10 | 2 | 校验和 | 校验位，xx xx（从第 2 号到 8 号字节按字节进行累加和，得到校验码）小端字节序 |
| 11 | 1 | 包尾 | 固定值：0x0F |

输入接口处理时，要考虑数据帧格式的容错处理，容错处理的要求如下：

- 当接收到的校验和字段发生错误时，应做丢包处理。
- 包头、数据类型 1、数据类型 2、数据长度、包尾应该按照要求填写，否则做出丢包处理。

（2）控制加热棒输出接口（Heater_JK）

温度控制器依据功能需求向加热棒发送数据，其数据格式如表 8-21 所示。

表 8-21　控制加热棒输出接口数据帧格式

| 字节号 | 长度 | 字段 | 内　　容 |
| --- | --- | --- | --- |
| 0 ~ 1 | 2 | 包头 | 固定值：0xFF 0xFA |
| 2 | 1 | 数据类型 1 | 固定值：0x02（执行数据） |
| 3 | 1 | 数据类型 2 | 固定值：0x11（工作电机组） |
| 4 | 1 | 数据长度 | 固定值：0x04 |
| 5 ~ 8 | 4 | 加热棒输出电压（单位为 V） | 单精度浮点数，小端字节序 |
| 9 ~ 10 | 2 | 校验和 | 校验位，xx xx（从第 2 号到 8 号字节按字节进行累加和，得到校验码），小端字节序 |
| 11 | 1 | 包尾 | 固定值：0x0F |

输出接口处理时，要考虑数据帧格式的容错处理，容错处理的要求如下：输出字段中的包头、包尾、校验和以及固定值是否正确。

（3）控制散热风扇输出接口（Fan_JK）

温度控制器依据功能需求向散热风扇发送数据，其数据格式如表 8-22 所示。

表 8-22 控制散热风扇输出接口数据帧格式

| 字节号 | 长度 | 字段 | 内 容 |
|---|---|---|---|
| 0 ~ 1 | 2 | 包头 | 固定值：0xFF 0xFA |
| 2 | 1 | 数据类型 1 | 固定值：0x02（执行数据） |
| 3 | 1 | 数据类型 2 | 固定值：0x22（风扇） |
| 4 | 1 | 数据长度 | 固定值：0x01 |
| 5 | 1 | 操作指令 | 0：关闭风扇<br>1：打开风扇无符号整形 |
| 6 ~ 7 | 2 | 校验和 | 校验位，xx xx（从第 2 号到 5 号字节进行累加和，得到校验码，小端字节序） |
| 8 | 1 | 包尾 | 固定值：0x0F |

输出接口处理时，要考虑数据帧格式的容错处理，容错处理的要求如下：输出字段中的包头、包尾、校验和以及固定值是否正确。

#### 4. 性能需求

（1）温控稳定时间性能需求（Control_XN）

请按照本节的恒温箱温度变化模型，通过 $t_1$ 时刻温度控制器输出的加热棒电压和散热风扇工作状况，计算出恒温箱下一时刻 $t_2$ 的温度，并将温度信息作为温度传感器采集的输入数据反馈给温度控制器，从而模拟整个温控的过程。$t_2$ 和 $t_1$ 的时间间隔取固定值 1 秒。

从开始控温时刻起到恒温箱温度和设定温度之差的绝对值连续 10 次小于 0.5℃的时刻为止，所经过的时间为温控稳定时间。系统的温控稳定时间指标为：不大于 1 分钟。要求测出下列三种情况下的温控稳定时间，并判定是否满足温控稳定时间指标。

- 当设定温度为 10、室外温度为 0 时；
- 当设定温度为 20、室外温度为 0 时；
- 当设定温度为 0、室外温度为 10 时。

（2）恒温箱温度变化模型

恒温控制箱温度变化情况由加热部分和散热部分共同决定。单位时间可取温度传感器输入采集温度的时间间隔。

- 加热部分单位时间 $t$ 内对恒温控制箱增加的热量 $Q_i = (V*V*t)/R$（$V$ 为加热棒两端所加的电压，$R$ 为加热棒电阻。$t/R=0.2$）。
- 散热部分单位时间 $t$ 对从恒温箱散失的热量为 $Q_o = C*(T-T_o)*t*S+F_s*t$（$C$ 为散热系数，$T$ 为恒温箱内部温度，$T_o$ 为恒温箱外部温度，$S$ 为散热面积。当散热风扇打开时，$F_s$ 为风扇的散热系数；当散热风扇关闭时，$F_s$ 为 0。$C*S=0.1$、$T_o=3$、$F_s=2$）。

❑ 单位时间内恒温控制箱上升的温度为 $\Delta T=(Q_i-Q_o)/(c*m)$（$c$ 为空气比热容，$m$ 为空气的质量，$c*m=1$）。

## 8.3.2　参考答案

2019 年全国大学生软件测试大赛参考答案如表 8-23 所示。

表 8-23　大赛参考答案

| 需求部分 | 需求描述 | 输入 | 预期输出 | 实际输出 | 缺陷描述 |
| --- | --- | --- | --- | --- | --- |
| 温度采集处理 | 模拟温度传感器模块向待测件发送温度低于下限 –20℃的温度信息，观察是否做了数据截断 | 室温设置为 –21℃ | 温度显示为 –20℃ | 温度显示为 –21℃ | 模拟温度传感器模块向待测件发送温度低于下限 –20 ℃的温度信息时，待测件没有做下边界截断处理，界面显示更新为 –21℃，不符合需求中对于温度范围 –20 ~ 50℃的描述 |
| 散热风扇 | 模拟温度传感器模块向待测件连续发送多个温度信息，观察待测件是否能正确控制散热风扇的运行和停止 | 设定温度为 16 ℃，依次发送室温为 16 ℃、16 ℃、16 ℃、20 ℃、20℃ | 散热风扇状态都为关 | 第五次散热风扇状态为开 | 模拟温度传感器模块向待测件连续发送五个温度信息，发现待测件只要检测到 2 次当前温度大于设定温度 +3，就开始转动，不符合需求中第一条对于风扇开始转动条件的规定 |
| | | | 散热风扇状态都为开 | 第三次散热风扇状态为关 | 模拟温度传感器模块向待测件连续发送三个温度信息，发现待测件只要检测到 1 次当前温度小于等于设定温度，就停止转动，不符合需求中第二条对于风扇停止转动条件的规定 |
| 温度传感器输入接口 | 模拟温度传感器向待测件发送校验和错误的报文，观察是否能做丢包处理 | 向温度传感器接口发送 FF,FA,01,10,04,00,00,80,41,D5,00,0F | 界面温度显示不变 | 界面温度显示变为 16℃ | 模拟温度传感器向待测件发送校验和错误的报文时，待测件没有丢包，界面显示报文内的温度，不符合需求第 1 条中软件收到校验和字段错误的数据时应丢包的描述 |
| 控制加热棒输出接口 | 模拟温度传感器向待测件发送温度数据，读取待测件输出的加热棒控制数据，判断数据长度字段是否正确 | 设定温度为 14℃ | 数据长度字段为 0x04 | 数据长度字段为 0x02 | 读取待测件加热棒输出接口的数据时，数据帧中的数据长度字段错误，为 0x02，不符合需求中对于数据长度字段的规定 |

（续）

| 需求部分 | 需求描述 | 输入 | 预期输出 | 实际输出 | 缺陷描述 |
| --- | --- | --- | --- | --- | --- |
| 控制加热棒输出接口 | 模拟温度传感器向待测件发送温度数据，读取待测件输出的加热棒控制数据，判断数据长度字段是否正确 | 设定温度为14℃ | 调用校验和check函数，返回True | 调用校验和check函数，返回False | 读取待测件加热棒输出接口的数据时，数据帧中的数据校验和字段错误，不符合需求中对于校验和字段的规定 |
| 控制散热风扇输出接口 | 模拟温度传感器向待测件发送温度数据，读取待测件输出的散热风扇控制数据，判断数据类型2字段是否正确 | 设定温度为14℃ | 数据类型2字段为0x22 | 数据类型2字段为0x11 | 读取待测件散热风扇输出接口的数据时，数据帧中的数据类型2字段错误，为0x11，不符合需求中对于数据类型2字段的规定 |
| 温控稳定时间性能需求 | 模拟整个温控的过程。计算温控稳定时间，判断温控温度时间是否小于1分钟 | 设定温度为0℃，室外温度为10℃ | 在1分钟之内到达温控稳定状态 | 无法达到温控稳定状态，保持在3℃ | 温度控制器在设定温度为0℃，室外温度为10℃时，无法达到温控稳定状态，不符合需求中温控稳定时间不大于1分钟的需求 |

## 8.3.3 解题思路

**1. 测试环境搭建**

（1）创建ETest测试方案

按需求，待测件（温度控制系统）使用串口RS232通道进行数据交互。该系统共有3个组件，分别是温度传感器、散热风扇和加热棒。为了使3个组件能够和计算机交互，我们必须为其搭建交联环境。

（2）交联环境搭建

选择3个“外围系统”将其拖拽到交联环境中并且将其分别命名为“温度传感器”“散热风扇”“加热棒”，表示这3个外围系统是分别负责监控待测件的3个组件。之后由于每个组件之间都用串口通信，因此我们右击外围系统选择添加通道，选择“232”通道，会生成CH_232这类专用的串口通道，随后我们需要为每个通道添加对应的协议。

协议大致分为3类，即可读、可写、读写双向。在接口需求中，输入接口对应可写协议，输出接口对应可读协议。因此温度传感对应可写协议，散热风扇和加热棒协议则对应可读协议。最终搭建效果如图8-80所示。

（3）协议设计

当设计好交联环境之后，我们还需要为每个协议设计数据格式，也就用到了DPD语言编写协议。以温度传感器接口为例，表8-20中描述了温度传感器的数据帧格式。右击

“Protocol_温度传感器”，选择“编辑”会出现一张表（如图 8-81 所示），这里编辑协议有两种方法，分别是通过表格直接拖拽和编辑代码，通过编写 DPD 代码编辑协议的方法则如下所示。

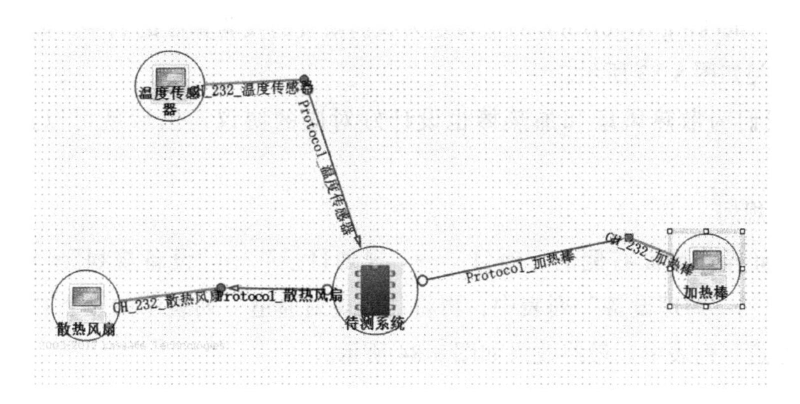


图 8-80　温度控制系统交联环境

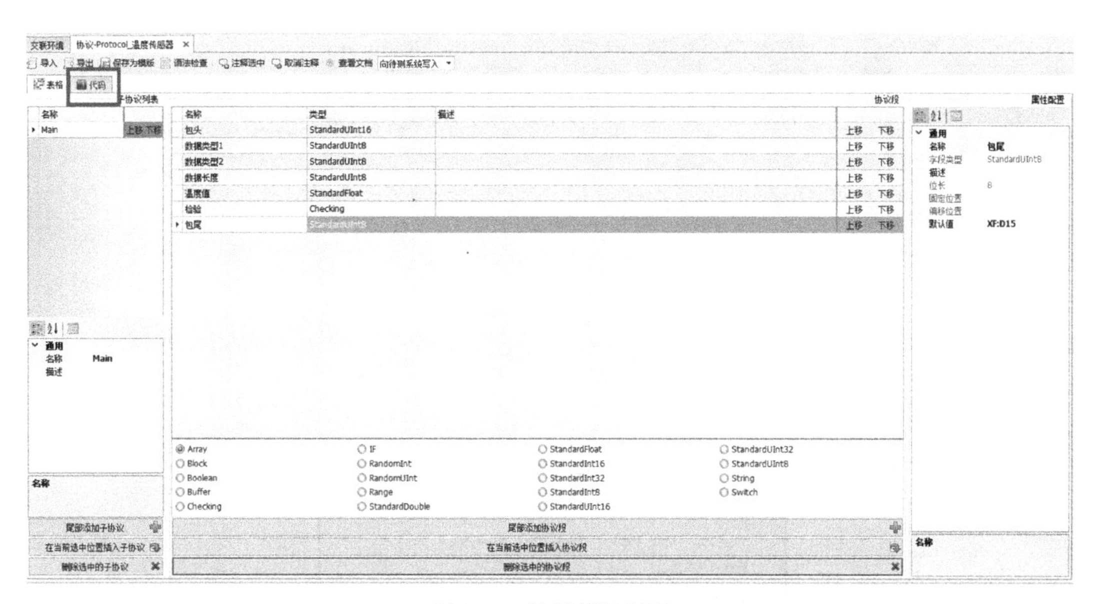


图 8-81　协议编辑界面

```
Protocol Main
    Segment 包头 StandardUInt16 ByteOrder=Big Default=65530
    Segment 数据类型1 StandardUInt8 Default=1
    Segment 数据类型2 StandardUInt8 Default=16
    Segment 数据长度 StandardUInt8 Default=4
    Segment 温度值 StandardFloat
    Segment 检验 Checking Algorithm=校验和 BitCount=16 Range=[数据类型1, 温度值]
    Segment 包尾 StandardUInt8 Default=15
```

```
End
```

其中 Checking Algrithm 对应的校验算法需要手动设计，首先通过 ETest 操作界面右侧的项目按钮选择校验算法，右击选择“新建校验算法”→“常用校验”，然后选择需要的校验算法，并将 Checking Algorithm 的值设定为我们新设的校验算法的名字，如图 8-82 所示。校验算法的种类如图 8-83 所示。

同样，我们为散热风扇和加热棒也设计好对应的协议，然后就可以进行“设备规划”了。

（4）设备规划

选择 ETest 操作界面右侧的“项目”→“规划目录”→“设备规划”。将工具箱中的 KiyunHD 拖拽到“物理设备”列表中，再将“待规划通道”列表中的 3 个 CH_232 通道拖拽到“物理通道”列表中。最终效果如图 8-84 所示。

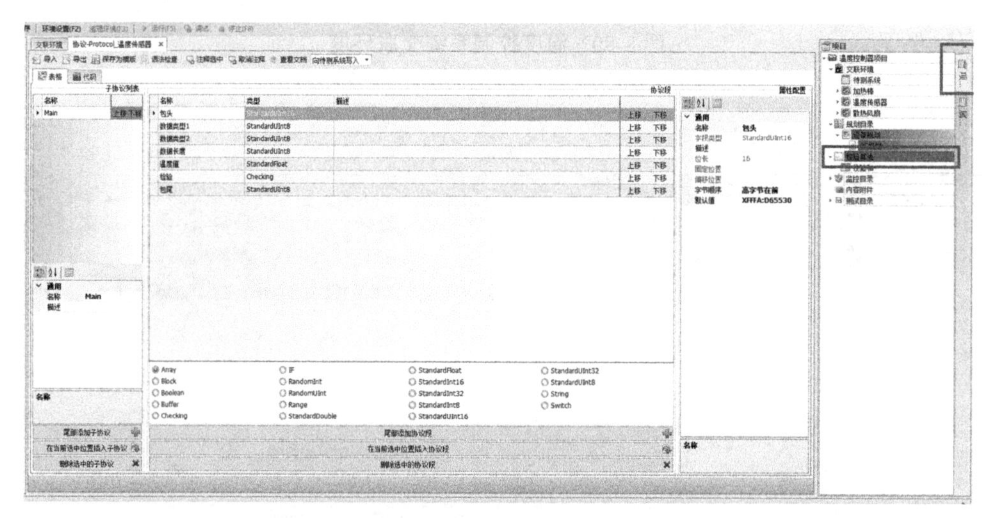

图 8-82 校验算法

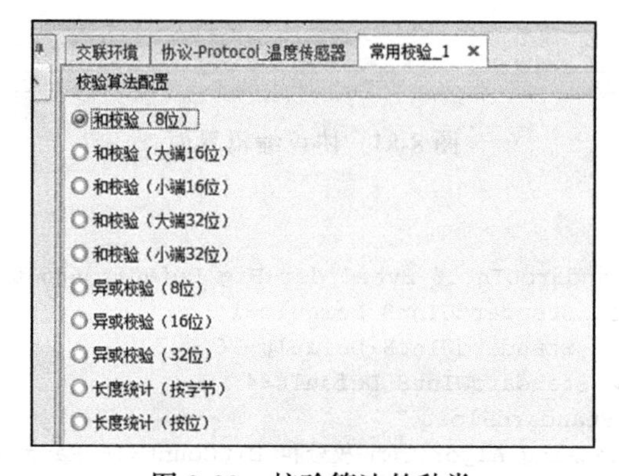


图 8-83 校验算法的种类

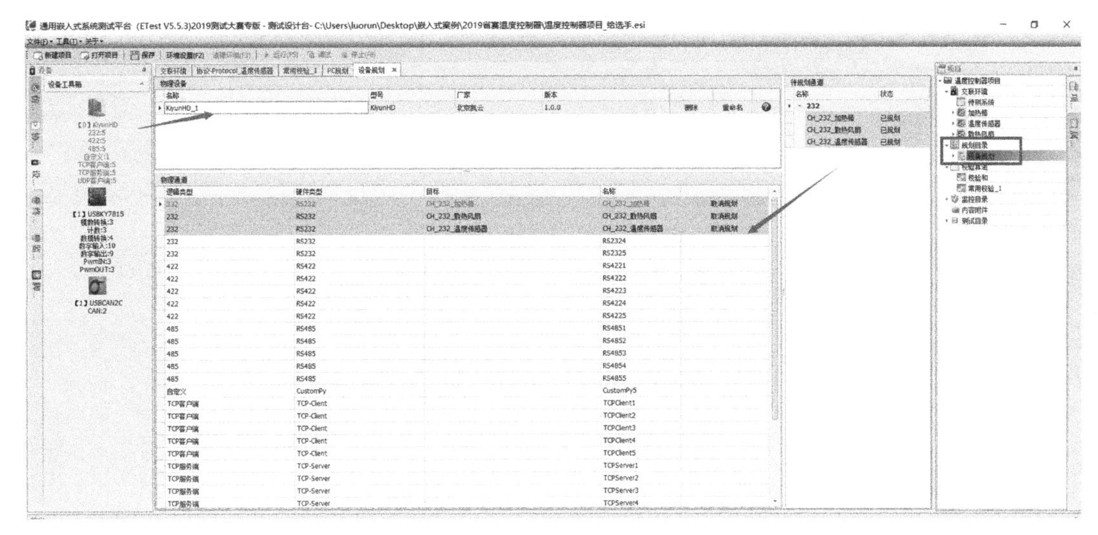

图 8-84　设备规划界面

最后选择“设备规划”下的“ PC 规划”，将终端中的“客户端”组件拖拽到“客户端”列表下，并将“待规划”列表中的设备拖拽到“设备”列表中（如图 8-85 所示）。

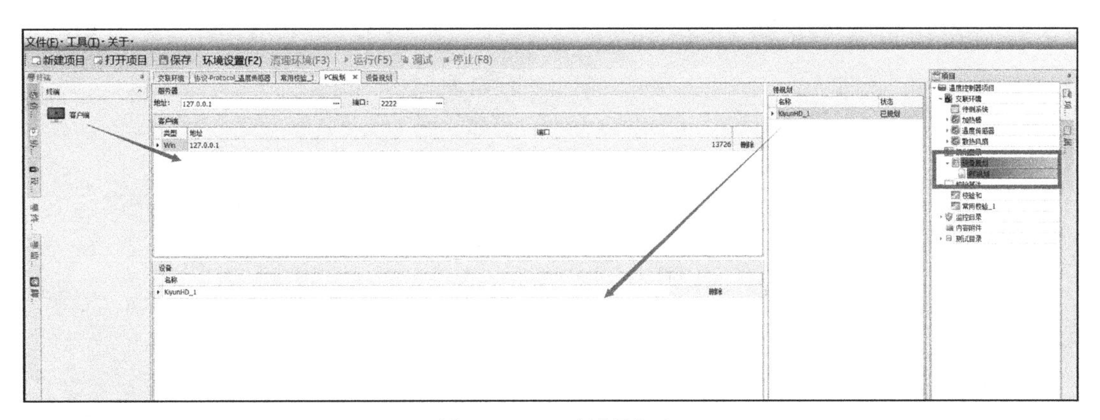

图 8-85　PC 规划界面

（5）环境设置

完成上述步骤后，点击“环境设置”，弹出环境设置对话框后点击“确定”按钮。随后会弹出一个新窗口，如图 8-86 所示，并启动“ ETest I/O 中心”。最终 I/O 中心会显示环境设置成功，如图 8-87 所示。完成这些步骤后，我们就能进行下一步的测试用例设计了。

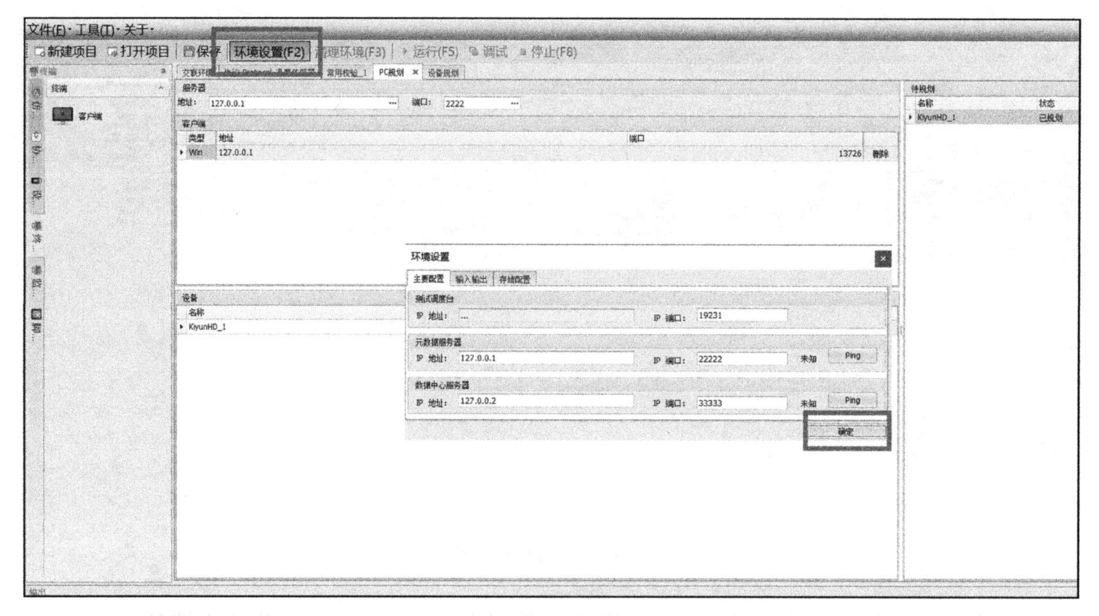

图 8-86　环境设置

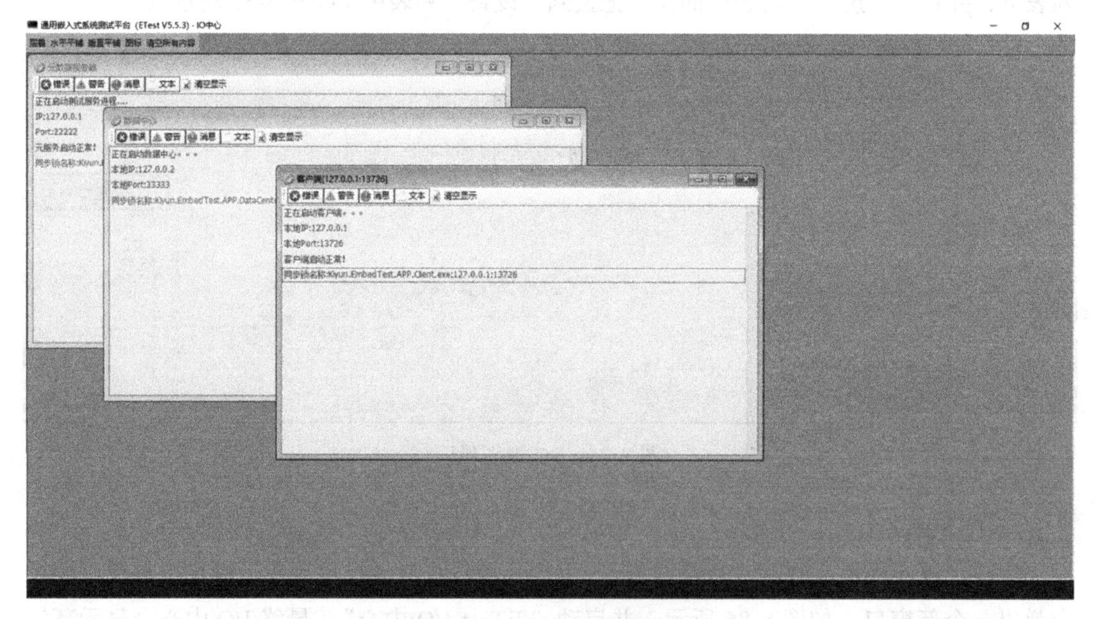

图 8-87　I/O 中心启动完成

**2. 测试用例设计**

（1）功能测试用例设计

以需求中的温度采集为例，需求指出温度采集范围为 –20 ～ 50℃，超出则做截断处理，说明这个需求是一个简单的边界值处理。那么我们设计用例时就要设计等价类，即将输入温度设计为小于 –20℃、–20 ～ 50℃、50℃以上 3 类。于是，我们设计了如图 8-88 所示的测试用例表。

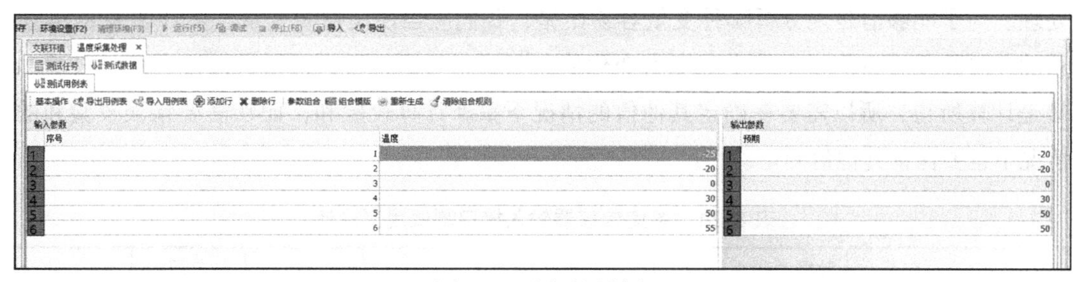


图 8-88　测试用例表

如果超出边界就被截断，例如，–25℃的预期输出应该是 20℃，而 55℃的预期应该为 50℃。当设计好用例后，我们还需要为其编写测试脚本。温度采集处理（Senser_GN）测试脚本如下。

```
############标准测试模板######################
## Test:测试数据执行函数体，【测试数据】每一行数据调用一次Test
## arg:输入参数
## exp: 预期输出
import Manu
def Test(arg,exp):
  print '测试用例%d: 命令设定温度值为%d' % (arg[0],arg[1])
  Protocol_温度传感器.温度值.Value=arg[1]
  bool=Protocol_温度传感器.Write()
  API.Common.Timer.Normal.Sleep(1000)
  show=[]
  str = '设定温度为:%f，界面预期显示为:%f' % (arg[1],exp[0])
  show.append(str)
  show.append('界面室温显示是否正确?')
  passed=Manu.Check(show)
  if(passed):
      print '界面显示与预期一致，界面判断通过'
  else:
      print '界面显示与预期不一致，界面判断不通过'
## Standard_Test:标准测试的方法入口，使用【测试数据】表循环调用Test方法
Standard_Test(Test)
```

其中“Protocol_ 温度传感器 . 温度值 .Value=arg[1]”代码中，“Protocol_ 温度传感器”是之前设计的协议名称，“Protocol_ 温度传感器 . 温度值”则是该协议的温度字段。arg 数组中的数据从测试用例表中读出，这样就完成了对温度的赋值。随后再通过“Protocol_ 温度传感器 .Write()”写入数据。“协议名 .Write()”被称为协议写语句，能够将赋值过的协议字段打包后写入待测件中。

（2）接口测试用例设计

以接口需求中的 3.1 温度传感器输入接口（Senser_JK）为例，需要进行测试的字段分别是包头、包尾、数据字段 1、数据字段 2、数据长度、校验和。如果发生错误应当做丢包处理。为了能够清楚地分析哪种变量容易出错，我们应当使用控制变量法设计如表 8-24 所示的 6 组数据进行测试。其中温度为变化值，不属于待测字段，而随着温度变化的校验和却是计算所得，所以需要在确定其他值的情况下重新计算校验和，而在需要错误校验和的情况下也要保证其他值的正确性。

表 8-24 温度传感器输入接口测试用例设计

| 序号属性 | 包头（定值） | 数据类型 1（定值） | 数据类型 2（定值） | 数据长度（定值） | 温度值 | 校验和 | 包尾（定值） | 描述 |
|---|---|---|---|---|---|---|---|---|
| 1 | 0xFF，0xFB | 0x01 | 0x10 | 0x04 | 任意 | 计算值 | 0x0F | 包头错误 |
| 2 | 0xFF，0xFA | 0x02 | 0x10 | 0x04 | 任意 | 计算值 | 0x0F | 数据类型 1 错误 |
| 3 | 0xFF，0xFA | 0x01 | 0x20 | 0x04 | 任意 | 计算值 | 0x0F | 数据类型 2 错误 |
| 4 | 0xFF，0xFA | 0x01 | 0x10 | 0x02 | 任意 | 计算值 | 0x0F | 数据长度错误 |
| 5 | 0xFF，0xFA | 0x01 | 0x10 | 0x04 | 任意 | 误算 | 0x0F | 校验和错误 |
| 6 | 0xFF，0xFA | 0x01 | 0x10 | 0x04 | 任意 | 计算值 | 0xFF | 包尾错误 |

测试用例设计完成后，我们需编写对应的测试脚本，将我们设计的数据填入 ETest 的测试用例数据表中（图 8-89），并设计如下代码。

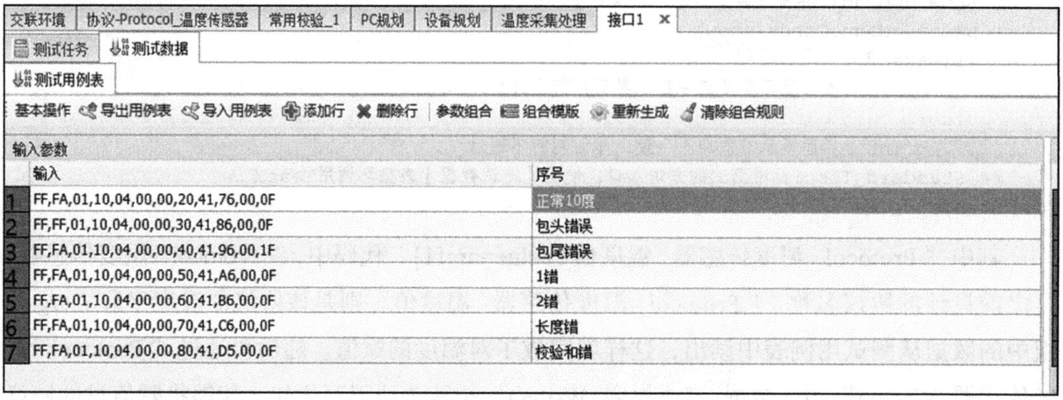

交联环境 | 协议-Protocol_温度传感器 | 常用校验_1 | PC规划 | 设备规划 | 温度采集处理 | 接口1 ×

测试任务 | 测试数据

测试用例表

基本操作 导出用例表 导入用例表 添加行 删除行 | 参数组合 组合模版 重新生成 清除组合规则

输入参数

| | 输入 | 序号 |
|---|---|---|
| 1 | FF,FA,01,10,04,00,00,20,41,76,00,0F | 正常10度 |
| 2 | FF,FF,01,10,04,00,00,30,41,86,00,0F | 包头错误 |
| 3 | FF,FA,01,10,04,00,00,40,41,96,00,1F | 包尾错误 |
| 4 | FF,FA,01,10,04,00,00,50,41,A6,00,0F | 1错 |
| 5 | FF,FA,01,10,04,00,00,60,41,B6,00,0F | 2错 |
| 6 | FF,FA,01,10,04,00,00,70,41,C6,00,0F | 长度错 |
| 7 | FF,FA,01,10,04,00,00,80,41,D5,00,0F | 校验和错 |

图 8-89 ETest 测试数据表

```
import Manu
def Test(arg,exp):
  datas=arg[0].split(',')
  l=[]
  for a in datas:
    l.append(int(a,16))
  seekresult=CH_232_温度传感器.Clear()
  bool=CH_232_温度传感器.Write(l)
  show=[]
  str='预期结果：%s'%arg[1]
  show.append(str)
  show.append('是否和预期一致？')
  passed=Manu.Check(show)

## Standard_Test:标准测试的方法入口，使用【测试数据】表循环调用Test方法
Standard_Test(Test)
```

该代码首先通过一个 for 循环将 arg 数组中的数据帧从字符串转换为十六进制，存入 l 数组中。CH_232_ 温度传感器 .Write(l) 中的 CH_232_ 温度传感器则是我们之前在交联环境中搭建的通道。这种将数据帧直接发送进待测件的方式被称为通道写，与之对应的是通道读。

通道读则是针对接口测试中的输出接口测试，此类接口无须设计专门的数据帧，而是直接从待测件接包分析，从待测件传出的数据帧格式是否正确，加热棒输出接口代码如下。

```
import Manu
def Test(arg,exp):
  seekresult=CH_232_温度传感器.Clear()
  seekresult=CH_232_加热棒.Clear()
  print '命令设定温度值为%d' % (arg[0])
  Protocol_温度传感器.温度值.Value=arg[0]
  bool=Protocol_温度传感器.Write()
  API.Common.Timer.Normal.Sleep(1000)
  Protocol_加热棒.BlockRead()
  print Protocol_加热棒
  if Protocol_加热棒.包头.Value != 0xFFFA:
        print '包头错误'
  if Protocol_加热棒.数据类型1.Value != 0x02:
        print '1错误'
  if Protocol_加热棒.数据类型2.Value != 0x11:
        print '2错误'
  if Protocol_加热棒.数据长度.Value != 0x04:
        print '长度错误'
  if Protocol_加热棒.包头.Value != 0xFFFA:
        print '电压错误'
  if Protocol_加热棒.检验.Checked != True:
        print '校验和错误'
  if Protocol_加热棒.包尾.Value != 0x0F:
        print '包尾错误'
```

```
## Standard_Test:标准测试的方法入口，使用【测试数据】表循环调用Test方法
Standard_Test(Test)
```

（3）性能测试用例设计

性能测试往往和待测件的模型密切相关，这道题目的温度控制系统是针对某款保温箱设定的，所以其性能测试是温度稳定所需的并且设定了3种情况，让选手测试在这3种情况下能否满足性能要求。设计时我们需要设法满足性能测试的所有条件，这道题的模式是，温度传感器采集温度，系统判断散热或者加热，随后产生新的温度，温度采集器再次采集温度，系统再次判断。温度稳定的时间不能超过1分钟。我们需要根据需求中给出的加热、散热模型及其公式设计相应的代码，性能代码如下所示。

```
import math,Manu
#计算温差
def deltaT(v, t, flag):
    #上升热量
    Qi = v * v * 0.2
    #下降的热量，flag判断散热风扇是否工作
    Qo = 0.1 * (t - 3) + 2 * flag
    #温差
    dT = Qi - Qo
    return dT

def Test(arg,exp):
    global temp
    temp = arg[1]
    exp=arg[0]
    #通道清理，将所有数据清空
    seekresult=CH_232_加热棒.Clear()
    seekresult=CH_232_温度传感器.Clear()
    seekresult=CH_232_散热风扇.Clear()
    i = 0
    timer = 0
    #计算时间差
    time1=API.Common.Timer.Normal.Now()
    while True:
        print '时刻：%d， 当前温度%f' %(i, temp)
        if abs(temp - exp) < 0.5:
        timer = timer + 1
        if timer == 10:
            time2=API.Common.Timer.Normal.Now()
            print '温控稳定，时间为：'
            print (time2 - time1)
            break
        else:
            timer = 0

        Protocol_温度传感器.温度值.Value=temp
```

```
        bool=Protocol_温度传感器.Write()

        #获取散热风扇是否工作和加热棒电压
        Protocol_加热棒.BlockRead()
        Protocol_散热风扇.BlockRead()

        getv = Protocol_加热棒.加热棒输出电压.Value
        if Protocol_散热风扇.操作指令.Value == 1:
            temp = temp + deltaT(getv, temp, 1)
        else:
            temp = temp + deltaT(getv, temp, 0)
        #模拟每秒
        API.Common.Timer.Normal.Sleep(1000)
        i = i + 1
Standard_Test(Test)
```

## 8.3.4　测试执行

设计完测试用例后，测试人员需要对待测件进行观察，并关注测试工具的反馈信息。以上面的性能测试为例，我们将用户设定温度设置为 10℃，在室温为 0℃时来观察该情况下的性能是否符合。最终的待测件显示界面如图 8-90 所示，ETest 的输出界面如图 8-91 所示。在 43 秒内，保温箱内从室温 0℃上升到 10℃，并且误差不超过 0.5℃，这满足了 1 分钟以内的性能要求。同理，当我们将用户设定温度设置为 20℃，室温为 0℃，得到如图 8-92 所示的新结果。可以发现这种条件下温度稳定的时间为 30 秒左右。最后我们将用户设定温度设置为 0℃，室温为 10℃。测试结果如图 8-93 所示，超过 1 分钟也没有降低到 0℃，可见这时性能不达标。所以我们也发现了一个性能上的 bug。

图 8-90　待测件显示界面

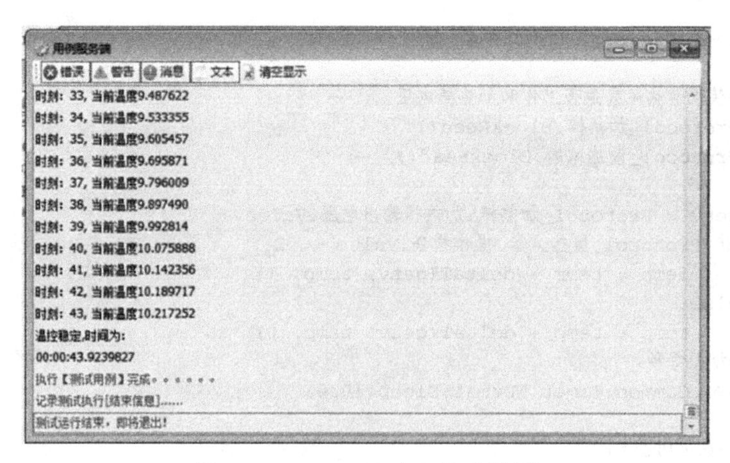


图 8-91　ETest I/O 中心输出界面

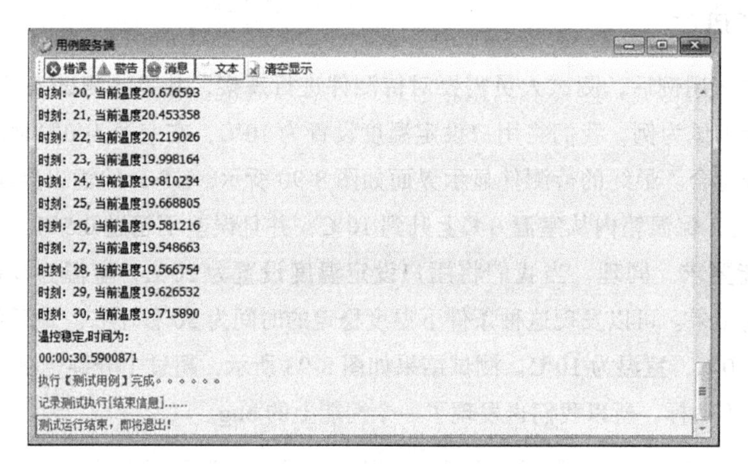


图 8-92　另一种情况下性能达标

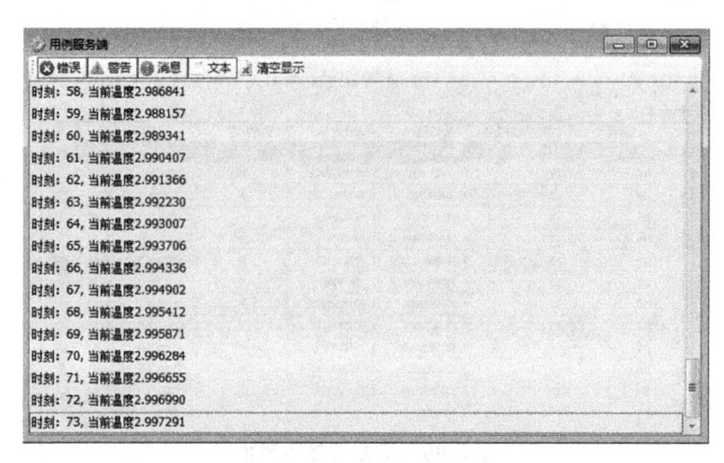


图 8-93　性能超时

同样，我们执行之前设计的温度截断脚本。测试时由于设置了弹出对话框的代码，因此会弹出对话框。可以看出，我们向待测件写入的温度是 –25℃。按照需求文件，–25℃应该被截断为 –20℃，然而待测件显示的却是 –25℃（见图 8-94）。这样又测试出一个 bug。待测件温度采集功能下边界截断功能不符合。之后我们依次运行后续的用例，代码会将最终的结果在 ETest I/O 中心输出（见图 8-95），发现除了下边界不能截断外，上边界是能正常截断的。

最后我们对接口测试中的加热棒输出接口进行测试，运行测试代码。最终结果如图 8-96 所示，发现数据长度错误和校验和计算错误。

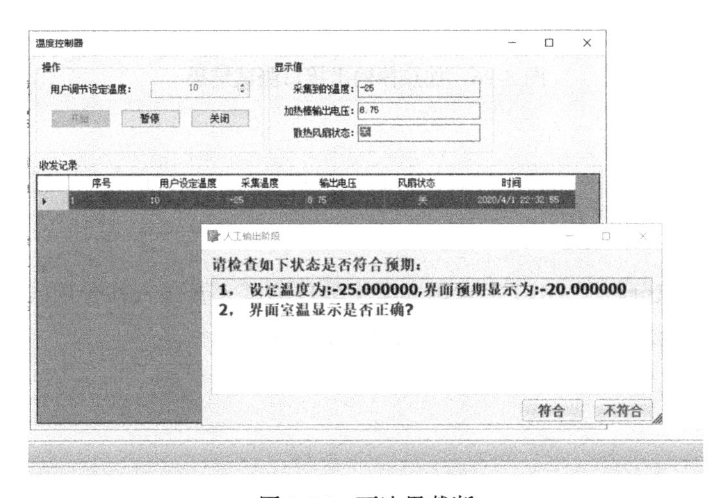


图 8-94　下边界截断

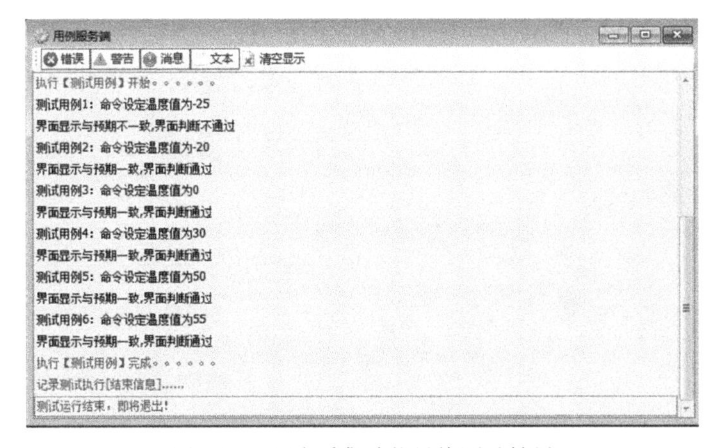


图 8-95　温度采集功能最终测试结果

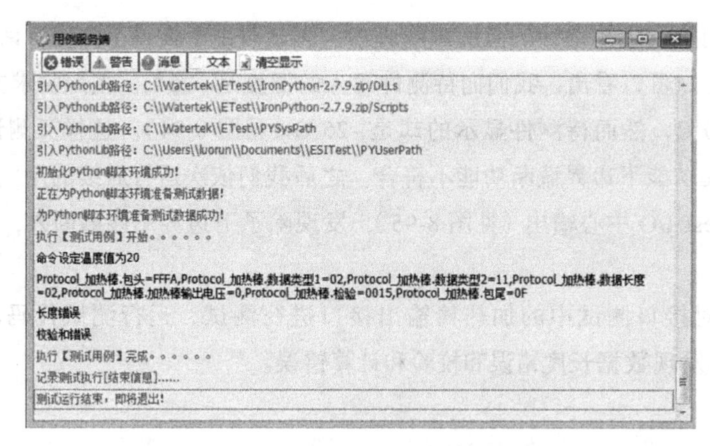


图 8-96 加热棒输出接口测试结果

# 习题

至此，我们大致分析了 2019 年全国大学生软件测试大赛嵌入式分项省赛选拔试题。请各位读者根据上面的测试思路，继续完成这道真题的测试。

附录 A

Appendix A

# 测试需求规格说明模板

## A.1 范围

### A.1.1 标识

a. 文档标识号：TRxx-××××-xx-PXX-CXGSVx.x

b. 文档标题：×××× 软件测试需求规格说明

c. 本文档适用的系统

d. 被测软件标识

e. 术语和缩略语

### A.1.2 系统概述

简要说明被测软件的功能和用途，若它是某系统的分系统，应给出说明；描述该系统的 CSCI 组成，并给出各 CSCI 的用途。可用列表的方式给出，如下所示。

×××× 系统 ××××(以下简称“××××”) 用于 ××××，提供 ×××× 功能。

根据客户要求，本次测试的测试范围为图 X-X 中虚线部分。样品的组成和主要功能如表 A-1 所示。其中 ×××× 开发语言为 C 语言，发行软件大小为 1MB 左右，软件运行后，占用内存为 5MB 左右；×××× 开发语言为 C++，编译环境为 C++ Builder6.0，发行包文件大小为 3MB 左右，可执行文件占用内存约为 27MB。

表 A-1 系统组成表

| 序号 | CSCI 名称 | 用途 |
| --- | --- | --- |
| 1 | | |
| 2 | | |
| 3 | | |

被测软件外部接口如表 A-2 所示。

表 A-2 被测软件接口列表

| 序号 | 接口名称 | 接口描述 | 信源 | 信宿 | 传输形式 | 备注 |
|---|---|---|---|---|---|---|
| 1 | | | | | | |
| 2 | | | | | | |
| 3 | | | | | | |

### A.1.3 文档概述

描述本文档的用途（包括其来源、作用、是编写哪些文档的依据等）和本文档资料包括的主要内容。如：本文档为 ××× 软件测试需求规格说明，文档内容主要包括被测软件需求、测试级别与测试类型、测试需求、测试环境需求和测试需求可追踪性分析等，为测评提供依据。

## A.2 引用文档

描述测试所引用的文档，包括所参照的各种标准和规范以及与被测软件相关的合同、需求规格说明等文档。如：本文档引用的标准和规范见表 A-3，引用文档见表 A-4。

表 A-3 引用标准和规范表

| 序号 | 名称 | 标识 / 版本 | 日期 | 来源 |
|---|---|---|---|---|
| 1 | | | | |
| 2 | | | | |
| 3 | | | | |

表 A-4 引用文档表

| 序号 | 名称 | 标识 | 版本 | 日期 | 来源 |
|---|---|---|---|---|---|
| 1 | ×××× 软件需求规格说明 | | V1.0 | | |
| 2 | ×××× 软件设计说明 | | V1.0 | | |
| 3 | ×××× 软件用户手册 | | V1.0 | | |

# A.3 测试环境需求

## A.3.1 软件环境要求

运行环境软件要求见表 A-5。

表 A-5　运行环境软件要求

| 软件项名称 | 版本号 | 用途 |
| --- | --- | --- |
| | | |
| | | |
| | | |
| | | |

## A.3.2 硬件环境要求

运行环境硬件要求见表 A-6。

表 A-6　运行环境硬件要求

| 硬件项名称 | 最低硬件配置 | 用途 |
| --- | --- | --- |
| | | |
| | | |

## A.3.3 测试环境架构

此处插入网络拓扑配置要求图。

# A.4 测试需求分析

## A.4.1 需求提取方法

例如：××××软件的测试需求提取来源于系统设计文件和软件需求规格说明。

项目组首先对样品进行文档审查，根据系统设计文件和软件需求说明文档对被测系统进行功能分解及需求提取，从中提取需求点。

功能分解是将系统设计文件和软件需求规格说明中的每一个功能加以分解，确保各个功能被全面地测试。步骤如下：

a）使用程序设计中的功能抽象方法把程序分解为功能单元；

b）使用数据抽象方法产生测试每个功能单元的数据。

功能抽象中，程序被看成一种抽象的功能层次，每个层次可标识被测试的功能，层次结构中的某一功能由其下一层功能定义。按照功能层次进行分解，可以得到众多的最低层次的子功能，以这些子功能为对象进行测试用例设计。

数据抽象中，数据结构可以由抽象数据类型的层次图来描述，每个抽象数据类型有其取值集合。程序的每一个输入和输出量的取值集合用数据抽象来描述。

需求提取的目的是便于测试人员对被测试软件全部测试需求的理解和综合分析，检验理解和综合分析结果是否准确、全面，为定义测试项和测试用例设计提供依据，并建立测试需求与软件需求之间的追踪关系。

## A.4.2　测试级别

本次测试级别定为配置项级测试和系统级测试。

## A.4.3　测试类型及其测试要求

测试项的提取依据《××××研制任务书》和《××××软件需求规格说明》，采用手工与工具相结合的方式进行测试，使用的测试方法包括功能分解法、状态图法、等价类划分法、猜错法等。测试完毕后将对软件进行评估。

通过对该软件需求的分析，结合受测软件的特点，对软件进行如下类型的测试：文档审查、安装性测试、功能测试、性能测试、边界测试、接口测试、人机界面测试、安全性测试等。测试类型与测试要求描述如表 A-7 所示。

表 A-7　测试类型与测试要求

| 测试类型名称 | 测试类型标识 | 测试要求描述 |
| --- | --- | --- |
| 文档审查 | WD | 对客户提交的、测试所引用到的××个文档的完整性、一致性和准确性进行检查 |
| 代码审查 | DMSC | 对代码和设计的一致性、代码执行标准的情况、代码逻辑表达的正确性、代码结构的合理性以及代码的可读性进行审查 |
| 静态分析 | JT | 对代码进行机械性和程序化的分析，包括控制流分析、数据流分析、接口分析、表达式分析 |
| 逻辑测试 | LJ | 测试程序逻辑结构的合理性、实现的正确性；利用程序内部逻辑结构及有关信息，完成以下几个覆盖度量标准的测试：语句覆盖、分支覆盖、条件覆盖、条件组合覆盖、路径覆盖 |

（续）

| 测试类型名称 | 测试类型标识 | 测试要求描述 |
| --- | --- | --- |
| 功能测试 | GN | 采用功能分解法、等价类划分和猜错法等方法对软件需求规格说明中所规定的软件测试项设计并执行测试用例，以验证其功能是否满足需求规格说明的要求。包括：用正常值的等价类输入数据值测试；用非正常值的等价类输入数据值测试；进行每个功能的合法边界值和非法边界值输入的测试；一系列真实的数据类型和数据值运行，测试超负荷、饱和及其他“最坏情况”的结果；控制流程和功能组合的测试 |
| 性能测试 | XN | 对软件需求规格说明中的性能需求逐项进行测试，包括：测试其时间特性和实际完成功能的时间（响应时间）；测试其负荷潜力；在系统测试时测试系统对并发事务和并发用户访问的处理能力 |
| 接口测试 | JK | 测试所有外部接口，检查接口信息的格式及内容；对每一个外部输入 / 输出接口必须做出正常和异常情况的测试 |
| 人机交互界面测试 | RJ | 采用人工测试的方法，通过检测被测软件的界面功能和界面对最终用户的清晰性来检查该软件的人机交互界面；测试操作和显示界面及界面风格与软件需求规格说明中要求的一致性和符合性；以非常规操作、误操作、快速操作来检验人机界面的健壮性；测试对非法数据输入的检测能力与提示情况；测试对错误操作流程的检测与提示情况；对照操作手册逐条进行操作和观察 |
| 强度测试 | QD | 通过强制软件运行在不正常到发生故障的情况下，测试以下内容：处理的最大信息量；数据能力的饱和实验指标；进行持续一段规定的时间而且连续不中断的测试 |
| 余量测试 | YL | 软件至少留有 20% 的余量，测试包括：输入 / 输出及通道的吞吐能力余量；功能处理时间的余量 |
| 安全性测试 | AQ | 对安全性关键的软件部件，必须单独测试安全性需求；应进行对异常条件下系统的处理和保护能力的测试（以表明不会因为可能的单个或多个输入错误而导致不安全的状态）；对具有防止非法进入软件并保护软件的数据完整性能力的测试；对重要数据的抗非法访问能力的测试 |
| 恢复性测试 | HF | 测试在克服硬件故障后，系统能否正常地继续工作，且不对系统造成任何损害，内容包括：探测错误功能的测试；能否切换或自动启动备用硬件的测试；在故障发生时能否保护正在运行的作业和系统状态的测试；在系统恢复后，能否从最后记录下来的无错误状态开始继续执行作业的测试 |
| 边界测试 | BJ | 软件的输入域和输出域的边界或端点的测试；状态转换的边界或端点的测试；容量界限（数据库表）的边界或端点的测试 |
| 数据处理测试 | SJ | 对软件的数据处理功能进行测试，包括数据采集功能、数据转换功能、剔除坏数据功能和数据解释功能 |
| 安装性测试 | AZ | 不同配置下的安装和卸载测试；安装规程的正确性测试 |
| 容量测试 | RL | 测试在正常情况下软件所具备的最高并发处理能力；测试在正常情况下满足性能指标要求时的最大数据库容量 |

### A.4.4　测试项提取

**功能测试**

（1）××× 有效性检查

表 A-8　信号量有效性检查

| 测试项名称 | | 测试项标识 | |
|---|---|---|---|
| 测试项对应的需求对象文档的章节号 | | 优先级 | |
| 测试项描述 | | | |
| 测试方法 | | | |
| 测试内容及测试要求 | | | |
| 测试约束条件 | | | |
| 测试终止条件 | | | |
| 评判标准 | | | |

（2）××× 预处理

表 A-9　信号量预处理

| 测试项名称 | | 测试项标识 | |
|---|---|---|---|
| 测试项对应的需求对象文档的章节号 | | 优先级 | |
| 测试项描述 | | | |
| 测试方法 | | | |
| 测试内容及测试要求 | | | |
| 测试约束条件 | | | |
| 测试终止条件 | | | |
| 评判标准 | | | |

## A.5　测试数据

例如：测试过程中采用的数据均为模拟数据，采用工具软件生成以及人工录入相结合的方式产生，符合软件的功能和接口相关数据要求。

## A.6　需求可追踪性

表 A-10　需求可追踪性

| 序号 | 软件需求规格说明 | 测试需求 | | |
|---|---|---|---|---|
| | 软件需求规格说明标识、标题 | 测试类型 | 测试项 | 备注 |
| | | | | |
| | | | | |
| | | | | |
| | | | | |
| | | | | |
| | | | | |
| | | | | |

附录 B

Appendix B

# 测试说明模板

## B.1 范围

### B.1.1 标识

a. 文档标识号：TRxx-××××-00-P0x-CSSMV1.0

b. 标题：×××× 软件测试说明

c. 被测软件名称：××××

d. 被测软件版本：1.0

e. 被测软件样品标识如表 B-1 所示。

**表 B-1 被测软件样品标识表**

| 序号 | 品名 | 类型 | 标识 |
|---|---|---|---|
| 1 | ××× | 应用程序 | ×××× |

### B.1.2 样品概述

样品的组成和主要功能格式见表 B-2。

**表 B-2 样品组成表**

| 编号 | CSCI 名称 | 用途 |
|---|---|---|
| 1 | ××× | ××× |
| 2 | ××× | ××× |
| 3 | ××× | ××× |
| 4 | ××× | ××× |

### B.1.3 文档概述

本文档为测试设计过程的说明文档，包括测试项分解、测试项设计方法与测试用例。

## B.2 引用文档

测评项目引用的标准和规范格式见表 B-3，引用文档格式见表 B-4。

表 B-3 引用标准和规范表

| 编号 | 文档标题 | 版本（日期） |
|---|---|---|
| 1 | | |
| 2 | | |
| 3 | | |
| 4 | | |
| 5 | | |
| 6 | | |
| 7 | | |
| 8 | | |

表 B-4 引用文档表

| 编号 | 文档号 | 文档标题 | 版本号 |
|---|---|---|---|
| A | SUT17-××××-00-P01-XQSMV1.3 | ××软件需求规格说明 | V1.3 |
| B | SUT17-××××-00-P01-SJSMV1.3 | ××软件设计文档 | V1.3 |
| C | SUT17-××××-00-P01-YHSCV1.1-1 | ××软件用户手册 | V1.1 |
| D | TR17-××××-00-P01-CXGSV1.0 | ××软件测试需求规格说明 | V1.0 |
| E | TR17-××××-00-P01-CPJHV1.0 | ××软件测评项目计划 | V1.0 |

## B.3 测试准备

### B.3.1 软硬件环境

**1. 配置项测试软硬件环境**

（1）整体结构

配置项测试的测试环境示意图如图 B-1 所示。

××配置项测试环境

图 B-1　配置项测试环境示意图

（2）软硬件资源

配置项测试环境软件配置要求见表 B-5。

表 B-5　配置项测试环境软件配置表

| 软件名称 | 版　本 | 用　途 |
| --- | --- | --- |
| | | |
| | | |
| | | |
| | | |

配置项测试环境硬件配置见表 B-6。

表 B-6　配置项测试环境硬件配置

| 硬件项名称 | 硬件配置 / 型号 | 用途 | 数量 |
| --- | --- | --- | --- |
| | | | |
| | | | |
| | | | |

**2. 系统测试软硬件环境**

（1）整体结构

系统测试环境如图 B-2 所示。

××系统测试环境

图 B-2　系统测试环境示意图

（2）软硬件资源

系统测试环境软件配置要求如表 B-7 所示。

表 B-7　系统测试环境软件配置表

| 软件名称 | 版　本 | 用　途 |
|---|---|---|
| | | |
| | | |
| | | |
| | | |

系统测试硬件环境配置见表 B-8。

表 B-8　测试环境硬件配置

| 硬件项名称 | 硬件配置 / 型号 | 用途 | 数量 |
|---|---|---|---|
| | | | |
| | | | |

### B.3.2　测评数据

表 B-9　测试数据准备

| 序号 | 数据名称 | 数据内容 | 责任单位 | 数据形式 | 数据密级 | 备注 |
|---|---|---|---|---|---|---|
| | | | | | | |

## B.4　测试设计

### B.4.1　测试项分解

××××××××××，分解测试项如表 B-10 所示。

表 B-10　测试项分解表

| 测试类型 | 测试项名称 | 测试项标识 |
|---|---|---|
| | | |
| | | |
| | | |
| | | |
| | | |

## B.4.2 测试项对应的测试用例设计方法

**1. 总体要求**

表 B-11 测试级别与测试类型表

| 序号 | 被测软件名称 | 测试级别 | | 测试类型 | | | | | | |
|---|---|---|---|---|---|---|---|---|---|---|
| | | 配置项测试 | 系统测试 | 文档审查 | 功能 | 边界 | 接口 | 安全性 | 人机交互界面 | 性能 |
| 1 | ×× 配置项 | √ | | | √ | √ | √ | √ | √ | √ |
| 2 | ×× 配置项 | √ | | | √ | √ | √ | √ | √ | √ |
| 3 | ×× 软件 | | √ | √ | √ | √ | √ | | | √ |

**2. 功能测试用例设计**

××× 有效性检查 GNCS_YXJC

表 B-12 GNCS_YXJC 测试项测试用例设计方法

| 测试项名称 | | 项目唯一标识号 | |
|---|---|---|---|
| 测试类型 | 功能测试 | 测试方法：<br>测试输入：<br>预期输出：<br>判断准则： | |

**3. 边界测试用例设计**

××× 有效性测试 BJCS_YXJC

表 B-13 BJCS_YXJC 测试项测试用例设计方法

| 测试项名称 | | 项目唯一标识号 | |
|---|---|---|---|
| 测试类型 | 边界测试 | 测试方法：<br>测试输入：<br>预期输出：<br>判断准则： | |

# B.5 测试用例

## B.5.1 功能测试 GNCS

**××× 有效性检查 GNCS_YXJC**

功能测试用例

××××_功能测试_××××

表 B-14　××××_功能测试_××××

<table>
<tr><td>测试用例名称</td><td colspan="2"></td><td>测试用例标识</td><td colspan="2"></td></tr>
<tr><td>测试用例说明</td><td colspan="5"></td></tr>
<tr><td>测试用例输入</td><td colspan="5"></td></tr>
<tr><td>前提和约束</td><td colspan="5"></td></tr>
<tr><td>测试终止条件</td><td colspan="5"></td></tr>
<tr><td colspan="6">测试过程描述</td></tr>
<tr><td rowspan="2">序号</td><td rowspan="2">测试步骤</td><td colspan="2">测试结果</td><td rowspan="2">评价准则</td><td rowspan="2">测试结论</td></tr>
<tr><td>预期结果</td><td>实际结果</td></tr>
<tr><td>1</td><td></td><td></td><td></td><td></td><td></td></tr>
<tr><td colspan="2">备注</td><td colspan="4"></td></tr>
</table>

测试员：　　　　　　　　　　测试监督员：　　　　　　　　　　测试时间：

注：评价准则应根据不同情况提供相关信息，如：实际测试结果所需的精确度；允许的测试结果与期望结果之间差异的上、下限；时间的最大或最小间隔；事件数目的最大或最小值；实际测试结果不确定时，重新测试的条件；与产生测试结果有关的出错处理；其他准则。

评价准则举例：

1. 计算误差小于 5%（则测试通过）；
2. 系统稳定运行时间大于 24 小时（则测试通过）；
3. 查询响应时间小于 5 秒（则测试通过）；
4. 实际结果与预期结果一致（则测试通过）；
5. 自动运行过程无错误事务出现（则测试通过）；
6. 数据超过 20 字节部分自动丢弃（则测试通过）；
7. 提示信息内容明确，无错别字（则测试通过）。

## B.5.2　边界测试 BJCS

**××× 有效性测试 BJCS_YXJC**

边界测试用例

××× 测试_边界测试_输入帧字段超长

表 B-15 ××××_边界测试_××××

<table>
<tr><td>测试用例名称</td><td colspan="2"></td><td>测试用例标识</td><td colspan="2"></td></tr>
<tr><td>测试用例说明</td><td colspan="5"></td></tr>
<tr><td>测试用例输入</td><td colspan="5"></td></tr>
<tr><td>前提和约束</td><td colspan="5"></td></tr>
<tr><td>测试终止条件</td><td colspan="5"></td></tr>
<tr><td colspan="6">测试过程描述</td></tr>
<tr><td rowspan="2">序号</td><td rowspan="2">测试步骤</td><td colspan="2">测试结果</td><td rowspan="2">评价准则</td><td rowspan="2">测试结论</td></tr>
<tr><td>预期结果</td><td>实际结果</td></tr>
<tr><td></td><td></td><td></td><td></td><td></td><td></td></tr>
<tr><td>备注</td><td colspan="5"></td></tr>
</table>

测试员： 测试监督员： 测试时间：

## B.6 测试说明可追踪性

测试说明追踪矩阵格式见表 B-16。

表 B-16 测试说明追踪矩阵

| 测试项名称 | 测试项标识 | 测试用例名称 | 测试用例标识 |
|---|---|---|---|
| | | | |
| | | | |
| | | | |
| | | | |
| | | | |
| | | | |
| | | | |
| | | | |

# 参考文献

[ 1 ] 中国国家标准化管理委员会.，计算机软件测试规范：GB/T 15532—2008[S]. 北京：中国标准出版社，2008.

[ 2 ] 中国人民解放军总装备部. 军用软件开发通用要求：GJB 2786A—2009[S]. 北京：中国标准出版社，2009.

[ 3 ] HERRMANN D S. Software safety and reliability: techniques, approaches, and standards of key industrial sectors[J]. IEEE Computer Society，1999.

[ 4 ] NASA-STD-8719.13A. Software Safety[S]. NASA Technical Standard，1997.

[ 5 ] NASA GB-1740.13—96，Guidebook for Safety Critical Software-Analysis and Development[S]. NASA Glenn Research Center, Office of Safety and Mission Assurance，1996.

[ 6 ] KOLACZEK G，WASILEWSKI A. Software Security in the Model for Service Oriented Architecture Quality[M] // Parallel Processing and Applied Mathematics. Berlin: Springer Berlin Heidelberg，2010.

[ 7 ] ST-LOUIS D，SURYN W. Enhancing ISO/IEC 25021 quality measure elements for wider application within ISO 25000 series[C] // Conference of the IEEE Industrial Electronics Society，2012：3120-3125.

[ 8 ] ISO 8492:2013. Metallic materials—Tube—Flattening test[S]. Geneva：ISO，2013.

[ 9 ] ISO/IEC 25023:2016. Systems and software engineering—Systems and software Quality Requirements and Evaluation (SQuaRE)—Measurement of system and software product quality[S]. Geneva：ISO，2016.

[10] BRANSTAD M，POWELL P B. Software engineering project standards[J] . IEEE transactions on software engineering，1984，10(1)：73-78.

[11] MULLERY G P. CORE-a method for controlled requirement specification[C] //Proceedings of the 4th international conference on Software engineering. IEEE Press，1979：126-135.

[12] LU X. MDSL host interface requirement specification：U.S. Patent 5 910 970[P]. 1999.

[13] GELPERIN D，HETZEL B. The growth of software testing[J]. Communications of the ACM，1988，31(6): 687-696.

[14] HETZEL B. Making software measurement work: Building an effective measurement program[M]. New Jersey: John Wiley & Sons，1993.

[15] MYERS G J，SANDLER C，BADGETT T. The art of software testing[M]. New Jersey：John Wiley & Sons，2011.

[16] MYERS G J. 软件测试的艺术 [M]. 3 版 . 张晓明，等译 . 北京：机械工业出版社，2012.

[17] 陈能技 . 软件测试技术大全 [M]. 2 版 . 北京：人民邮电出版社，2011.

[18] HIGHSMITH J，COCKBURN A. Agile software development：The business of innovation[J]. Computer，2001，34(9)：120-127.

[19] BOEHM B，CLARK B，HOROWITZ E，et al. Cost models for future software life cycle processes：COCOMO 2.0[J]. Annals of software engineering，1995，1(1)：57-94.

[20] BOURQUE P，FAIRLEY R E. Guide to the software engineering body of knowledge (SWEBOK (R))：Version 3.0[M]. New Jersey：IEEE Computer Society Press，2014.

[21] 朱少民 . 软件测试方法和技术 [M]. 3 版 . 北京：清华大学出版社，2015.

[22] BARRY B. Software engineering economics[J]. New Jersey：Prentice Hall，1981.

[23] ISO/IEC/IEEE，29119-3. Software and systems engineering-software testing-Part 3：Test documentation[S]. Geneva：ISO，2013.

[24] IEEE 1028:2008. IEEE Standard for software reviews and audits[S]. New York：IEEE，2008.

[25] KHAN M E，KHAN F. A comparative study of white box，black box and grey box testing techniques[J]. Int. J. Adv. Comput. Sci. Appl，2012，3(6): 12-15.

[26] KAELBLING L P. Learning in embedded systems[M]. Cambridge：MIT press，1993.

[27] 李伟，程朝辉 . 嵌入式软件测试策略研究 [J]. 北京化工大学学报（自然科学版），2007，34(0z1)：43-46.

[28] 电子发烧友网 . 关于嵌入式软件系统测试策略和方案设计详解 [EB/OL]. [2018-06]. http://www.elecfans.com/emb/20180617695938.html.

[29] NOERGAARD T. 嵌入式系统：硬件与软件架构 [M]. 马洪兵，谷源涛，译 . 北京：人民邮电出版社，2008.

[30] 李庆诚，刘嘉欣，张金 . 嵌入式系统原理 [M]. 北京：北京航空航天大学出版社，2007.

[31] 贾智平，张瑞华 . 嵌入式系统原理与接口技术 [M]. 北京：清华大学出版社，2009.

[32] 张大波，吴迪，郝军，等 . 嵌入式系统原理、设计与应用 [M]. 北京：机械工业出版社，2005.

[33] 王田苗 . 嵌入式系统设计与实例开发 [M]. 北京：清华大学出版社，2003.

[34] 李善平，刘文峰，王焕龙 . Linux 与嵌入式系统 [M]. 北京：清华大学出版社有限公司，2006.

[35] LEE E A，SESHIA S A. Introduction to embedded systems：A cyber-physical systems approach[M]. Cambridge：Mit Press，2017.

[36] BROEKMAN B，NOTENBOOM E. Testing embedded software[M]. New York：Pearson Education，2003.

[37] GRAAF B，LORMANS M，Toetenel H. Embedded software engineering：The state of the practice[J]. IEEE software，2003，20(6): 61-69.

[38] SIMON D E. An embedded software primer[M]. New Jersey：Addison-Wesley Professional，1999.

[39] MASSA A J. Embedded software development with eCos[M]. New Jersey：Prentice Hall Professional，2002.

[40] 罗国庆 . VxWorks 与嵌入式软件开发 [M]. 北京：机械工业出版社，2003.

[41] BRODKMAN B，NOTENBOOM E. 嵌入式软件测试 [M]. 张思宇，周承平，许菊芳，等译 . 北京：电子工业出版社，2004.

[42] 康一梅，张永革，李志军 . 嵌入式软件测试 [M]. 北京：机械工业出版社，2008.

[43] 王立泽 . 嵌入式软件测试系统执行框架研究 [J] . 测控技术，2010，29(12)：82-86.

[44] 孙昌爱，靳若明，刘超，等 . 实时嵌入式软件的测试技术 [J]. 小型微型计算机系统，2000，21(9)：920-924.

[45] 邓世伟 . 嵌入式软件的测试方法和工具 [J]. 单片机与嵌入式系统应用，2001(4)：26-27.

[46] 张虹，阮镰，刘斌 . 嵌入式软件测试中的仿真建模方法研究 [J]. 测控技术，2002，21(3)：37-38.

[47] 刘利枚，汪文勇，唐科 . 嵌入式软件测试方法与技术 [J]. 计算机与现代化，2005(4)：123-126.

[48] 王荣 . 嵌入式软件测试方法 [J]. 航空兵器，2003(5)：12-14.

[49] 殷永峰，刘斌，陆民燕 . 实时嵌入式软件测试脚本技术研究 [J]. 计算机工程，2003，29(1)：118-119.

[50] 郭远东，黄荣瑛，陈友东，等 . 基于模块化设计的嵌入式软件测试方法 [J]. 单片机与嵌入式系统应用，2005(1)：17-20.

[51] 王璞，张臻鉴，王玉玺 . 基于覆盖的软件测试技术在实时嵌入式软件中的应用研究 [J]. 计算机工程与设计，1998(6)：43-47.

[52] 陈丽蓉，熊光泽，罗蕾，等．嵌入式软件的覆盖测试 [J]. 单片机与嵌入式系统应用，2002(7)：127-130.
[53] 杨俊，张倩，林依刚．一种嵌入式软件覆盖测试方法 [J]. 指挥信息系统与技术，2010，1(6)：24-26.
[54] 罗银，杨春晖，宾建伟，等．面向目标路径的嵌入式软件测试数据生成 [J]. 微计算机信息，2010，26(35)：68-69.
[55] 彭慧伶．嵌入式软件与硬件的集成测试过程研究 [J]. 单片机与嵌入式系统应用，2010(12)：14-16.
[56] 刘斌，高小鹏，陆民燕，等．嵌入式软件可靠性仿真测试系统研究 [J]. 北京航空航天大学学报，2000，26(4)：490-493.
[57] 钟德明，刘斌，阮镰．嵌入式软件仿真测试环境软件体系结构研究 [J]. 北京航空航天大学学报，2005，31(10)：85-89.
[58] 章亮，刘斌，陆民燕．嵌入式软件测试开发环境的框架设计 [J]. 北京航空航天大学学报，2005，31(3)：336-340.
[59] NIE C，LEUNG H. A survey of combinatorial testing[J]. ACM Computing Surveys (CSUR)，2011，43(2)：11.
[60] MASSOL V，HUSTED T. JUnit in Action[M]. Greenwich: Manning Publications，2010.
[61] HAMILTON B. NUnit Pocket Reference: Up and Running with NUnit[M]. New York：O'Reilly Media Inc.，2004.
[62] Nunit[EB/OL].[2018-03]. https://nunit.org/.
[63] cantata[EB/OL].[2018-03]. https://www.qa-systems.com/tools/cantata/.
[64] Cantata++ 6.1 Presentation - Test and Verification Solutions[EB/OL].[2018-03]. https://www.testandverification.com/wp-content/uploads/files/Intelligent_Testing/Intelligent_Testing_for_dummies-GregPhillips.pdf .
[65] Visual Unit 4.5[EB/OL].[2018-03]. http://www.kailesoft.com/download/download_detail/21.html.
[66] CodeSonar[EB/OL].[2018-03]. https://www.grammatech.com/products/codesonar.
[67] JETLEY R P，JONES P L，Anderson P. Static analysis of medical device software using codesonar[C] // Proceedings of the 2008 workshop on Static analysis. ACM，2008：22-29.
[68] Pinpoint[EB/OL].[2018-03]. https://www.sourcebrella.com/pinpoint/.
[69] LU SHAN，et al. Learning from mistakes：a comprehensive study on real world concurrency bug characteristics[J]. Operating Systems Review (ACM)，2008，42(2)：

329–339.

[70] C++Test[EB/OL].[2018-03]. https://www.parasoft.com/products/ctest.

[71] TBrun[EB/OL].[2018-03]. https://ldra.com/collateral/tbrun-unit-system-and-integration-testing/.

[72] 王煜，何永军 . Testbed/Tbrun 应用于嵌入式软件单元测试 [J]. 声学与电子工程，2006，000(004)：36-37.

[73] PureCoverage[EB/OL].[2018-03].https://wiki.jenkins.io/display/JENKINS/PureCoverage+plugin?focusedCommentId=72418786.

[74] PureCoverage User's Guide[EB/OL]. [2018-03]. http://www.ing.iac.es/~docs/external/purify/purecov-4_1.pdf.

[75] CodeTest[EB/OL].[2018-03]. https://www.rapitasystems.com/downloads/codetest-replacement-rvs.

[76] BullseyeCoverage[EB/OL].[2018-03]. https://www.bullseye.com/.

[77] RTT-MBT[EB/OL].[2018-03]. https://www.verified.de/products/model-based-testing/.

[78] EMMA[EB/OL].[2018-03]. http://emma.sourceforge.net/.

[79] Coverage[EB/OL]. [2018-03]. https://github.com/nedbat/coveragepy/.

[80] JSCoverage[EB/OL]. [2018-03]. http://siliconforks.com/jscoverage/.

[81] Rcov[EB/OL]. [2018-03]. https://github.com/relevance/rcov/.

[82] Testbed[EB/OL]. [2018-03]. https://ldra.com/aerospace-defence/products/ldra-testbed-tbvision/.

[83] McCabe Application Lifecycle Management Solutions[EB/OL]. [2018-03]. http://www.mccabe.com/products.htm/.

[84] klcowork[EB/OL]. [2018-03]. https://www.roguewave.com/products-services/klocwork/static-code-analysis/.

[85] Logiscope[EB/OL]. [2018-03]. https://www.kalimetrix.com/logiscope/.

[86] CodeSonar[EB/OL]. [2018-03]. https://www.grammatech.com/products/source-code-analysis/.

[87] VectorCAST[EB/OL]. [2018-03]. https://www.vectorcast.com/software-testing-products/.

[88] ETEST[EB/OL]. [2018-03]. http://www.esitest.cn/index.php?s=/List/soft/cid/22.html.

[89] Bender-RBT[EB/OL]. [2018-03]. http://www.softtest.cn/show/40.html.

[90] HP QC[EB/OL]. [2018-03]. https://www.tutorialspoint.com/qc.

[91] Kiyun STM[EB/OL]. [2018-03]. http://www.kiyun.com/index.php?s=/Show/fangzhen/cid/14/id/74.html.

[92] IBM Rational TestManager[EB/OL].[2018-03]. https://www.ibm.com/support/pages/node/306781.
[93] Micro Focus SilkCentral[EB/OL]. [2018-03]. https://www.microfocus.com/zh-tw/products/silk-central/overview.
[94] JIRA[EB/OL]. [2018-03]. https://www.atlassian.com/software/jira/.
[95] TestLink[EB/OL]. [2018-03]. http://testlink.org/.
[96] QMetry[EB/OL]. [2018-03]. https://www.qmetry.com/.
[97] QAComplete[EB/OL]. [2018-03]. https://qacomplete.com/.
[98] TestCenter[EB/OL]. [2018-03]. http://www.spasvo.com/testcenter/.
[99] 钟林辉，谢冰，邵维忠 . 青鸟软件配置管理系统 JBCM 及相关工具 [J]. 计算机工程，2000(11)：82-84.
[100] TestPlatform 测试平台 [EB/OL]. [2018-03]. http://www.51testing.cn/tp.html.
[101] 禅道 [EB/OL]. [2018-03]. https://www.zentao.net/.
[102] 朱少民 . 全程软件测试 [M]. 北京：电子工业出版社，2014.
[103] 凯纳，等 . 软件测试经验与教训 [M]. 韩柯，等译 . 北京：机械工业出版社，2004.
[104] 赵斌 . 软件测试技术经典教程 [M]. 北京：科学出版社，2007.
[105] 朱少民 . 完美测试：软件测试系列最佳实践 [M]. 北京：电子工业出版社，2012.
[106] DESIKAN S，RAMESH G. 软件测试 – 原理与实践 [M]. 韩柯，李娜，等译 . 北京：机械工业出版社，2009.
[107] 朱少民 . 轻轻松松自动化测试 [M]. 北京：电子工业出版社，2009.
[108] 宫云战 . 软件测试教程 [M]. 北京：机械工业出版社，2008.
[109] 郑炜 . 基于模型的软件验证与测试 [M]. 西安：西北工业大学出版社，2013.
[110] 贺平 . 软件测试教程 [M]. 北京：电子工业出版社，2005.
[111] 周元哲 . 软件测试教程 [M]. 北京：机械工业出版社，2010.
[112] 古乐，史九林 . 软件测试技术概论 [M]. 北京：清华大学出版社，2004.
[113] FEWSTER M，GRAHAM D. 软件测试自动化技术与实例详解 [M]. 舒智勇，包晓露，等译 . 北京：电子工业出版社，2000.
[114] 张克东，庄燕滨 . 软件工程与软件测试自动化教程 [M]. 北京：电子工业出版社，2002.
[115] 飞思科技产品研发中心 . 实用软件测试方法与应用 [M]. 北京：电子工业出版社，2003.
[116] 许育诚 . 软件测试与质量管理 [M]. 北京：电子工业出版社，2004.
[117] 王宜怀，张书奎，王林，等 . 嵌入式技术基础与实践 [M]. 4 版 . 北京：清华大学出版社，2017.
[118] 赵国亮，叶东升，等 . 嵌入式软件测试与实践 [M]. 北京：清华大学出版社，2018.